环 境 监 测

——理实一体化教程

主　编　刘作云

副主编　姬瑞华

东北大学出版社

·沈　阳·

图书在版编目（CIP）数据

环境监测：理实一体化教程 / 刘作云主编. — 沈阳：东北大学出版社，2022.6

ISBN 978-7-5517-3018-1

Ⅰ.①环… Ⅱ.①刘… Ⅲ.①环境监测－教材 Ⅳ.①X83

中国版本图书馆CIP数据核字(2022)第110254号

内容提要

本书以现行的国家环境监测标准和规范为依据，融合了环境监测人员持证上岗考核、大气环境监测与治理技术和水环境监测与治理技术全国职业院校技能大赛内容，以环境监测的全过程控制为思路，详细地介绍了水和废水、大气和废气、土壤、固体废物、噪声、生物、放射性监测及监测质量保证等内容。本书侧重影响环境质量的污染物的测定，注重各种分析测试技术的训练，旨在提高学生独立完成环境监测工作的能力。

本书适于用作高等专科学校、高等职业技术学院环境专业教材，也可用作环境监测和相关领域技术人员的培训或参考用书。

出 版 者：东北大学出版社
地址：沈阳市和平区文化路三号巷11号
邮编：110819
电话：024-83683655(总编室) 83687331(营销部)
传真：024-83687332(总编室) 83680180(营销部)
网址：http://www.neupress.com
E-mail: neuph@neupress.com
印 刷 者：沈阳市第二市政建设工程公司印刷厂
发 行 者：东北大学出版社
幅面尺寸：185 mm×260 mm
印　　张：21.5
字　　数：578千字
出版时间：2022年6月第1版
印刷时间：2022年7月第1次印刷
责任编辑：刘宗玉
责任校对：刘淑芳
封面设计：潘正一
责任出版：唐敏志

ISBN 978-7-5517-3018-1　　定　价：80.00元

前 言

《环境监测——理实一体化教程》以环境质量手工监测为对象，按照高等职业教育高层次技术技能人才培养要求，突出了环境监测的实践性和操作性特征，融入了环境监测人员持证上岗考核、大气环境监测与治理技术和水环境监测与治理技术全国职业院校技能大赛内容，实现了赛证深度融合，加强了理论教学与实验教学的联系。

《环境监测——理实一体化教程》紧密结合我国生态环境质量现状，科学设计理论教学和实验操作内容，理论学习内容涵盖环境监测工作的全过程，实践教学内容覆盖各个环境要素、各种分析技术方法，旨在培养学生独立完成环境监测工作的能力，实用性较强。本教材适于用作高等专科学校、高等职业技术学院环境专业教材，也可用作环境监测和相关领域技术人员的培训或参考用书。

本教材理论部分共分 9 章，有绪论、水和废水监测、大气和废气监测、土壤监测、固体废物监测、噪声监测、环境污染生物监测、放射性污染监测及环境监测质量保证等内容；实验部分侧重影响环境质量的污染物的测定和国赛赛题，共设计了水质、环境空气、室内空气、噪声、土壤等方面的 25 个教学实验。

本教材由刘作云、姬瑞华、魏莎撰写。其中，第一、二、三、五、六章和实验部分由刘作云执笔，第四、七章由姬瑞华执笔，第八、九章由魏莎执笔。刘作云任本教材主编，姬瑞华任副主编，本教材由刘作云统稿。

由于编者水平所限，教材中内容难免存在疏漏或错误之处，恳请读者批评指正。

本教材的出版，得到了湖南省普通高校青年骨干教师培养计划、湖南省职业院校教育教学改革研究项目基金、湖南环境生物职业技术学院支柱工程基金等项目的支持，在此一并表示感谢。

编 者

2021 年 9 月 10 日

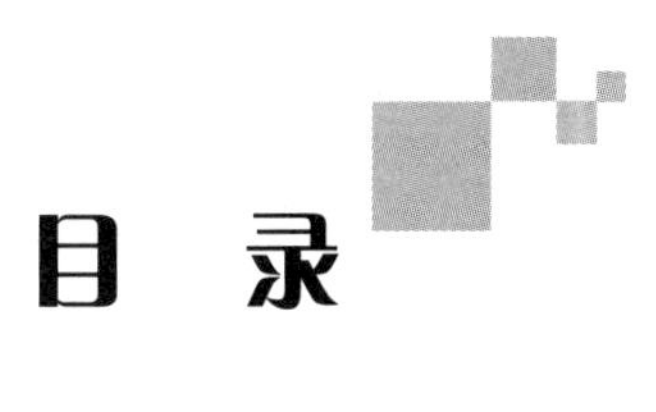

目　录

第一章 绪 论

环境监测是环境科学的一个重要分支学科，环境化学、环境物理学、环境地学、环境工程学、环境医学、环境管理学、环境经济学等环境科学的所有分支学科，都需要在了解、评价环境质量及其变化趋势的基础上，才能进行各项研究和制定有关管理、经济的法规。

环境监测是通过对影响环境质量因素的代表值的测定，确定环境质量或污染程度及其变化趋势。判断环境质量，仅对某一地点、某一时间的某一污染物进行分析测定是不够的，必须对各种有关的污染因素、环境要素在一定时间、空间范围内进行测定，分析其综合测定数据，才能做出确切的评价。

第一节 环境监测的目的和分类

1. 环境监测的目的

环境监测的目的就是通过准确、及时、全面地掌握环境质量现状及发展趋势，为环境管理、污染源控制、环境规划提供科学依据。在实际工作中，一般有以下五种情况：

(1)对污染物及其浓度(强度)作时间和空间方面的追踪，掌握污染物的来源、扩散、迁移、反应、转化，了解污染物对环境质量的影响程度，并在此基础上，对环境污染做出预测、预报和预防。

(2)了解和评价环境质量的过去、现在和将来，掌握其变化规律。

(3)积累环境背景数据、收集长期监测资料，为制定和修订各类环境标准、实施总量控制、目标管理提供依据。

(4)实施准确可靠的污染监测，为环境执法部门提供执法依据。

(5)在深入广泛开展环境监测的同时，结合环境状况的改变和监测理论及技术的发展，不断改革和更新监测方法与手段，为实现环境保护和可持续发展提供可靠的技术保障。

2. 环境监测的分类

(1)环境质量监测。对指定的有关项目进行定期的、长时间的监测，以确定环境质量，衡量环境标准实施情况和环境保护工作的进展。

(2)污染源监督性监测。对污染源的监督监测，旨在掌握污染源排向环境的污染物种类、浓度、数量，分析和判断污染物在时间、空间上分布、迁移、稀释、转化、自净规律，掌握污染物造成的影响和污染水平，确定污染控制和防治对策，为环境管理提供长期的、定期的技术支持和技术服务。

(3)突发环境污染事件应急监测。发生污染事故后的应急监测，旨在掌握污染物扩散方向、速度、危及范围等，为制定科学的控制措施、消除污染提供依据。

(4)仲裁监测。在污染事故和纠纷处理或环境执法过程中存在分歧与矛盾时，为了给仲裁或执法机构提供执法依据进行的监测。

(5)考核验证监测。对环境监测技术人员业务考核、环境监测从业人员持证上岗、环境监测机构资质认证、环境污染治理设施竣工验收等开展的监测。

(6)咨询监测。为政府、科研院所及企业等开展环境规划、环境影响评价等进行的监测。

(7)研究性监测。针对特定目的科学研究而进行的高层次的监测。例如环境本底的监测及研究，有毒有害物质对从业人员的影响研究，统一方法、标准分析方法的研究、标准物质的研制等。

环境监测业务的承担机构主要为各级环境保护行政主管部门，但环境质量自动监测站和污染源自动监测设施的运行维护、固体废物和危险废物鉴别等监测业务，排污单位污染源自行监测、环境损害评估监测、环境影响评价现状监测、清洁生产审核、企事业单位自主调查等环境监测活动可以交由有资质的社会环境监测机构，推进环境监测服务主体多元化和服务方式多样化。

第二节　环境监测的对象和项目

一、监测对象及选择

(一)环境监测的对象

环境监测的对象包括：反映环境质量变化的各种自然因素；对人类活动与环境有影响的各种人为因素；对环境造成污染危害的各种成分。按照环境介质大致可以分为六类。

1. 水质监测

水质监测是监视和测定水体中污染物的种类、各类污染物的浓度及变化趋势，评价水质状况的过程。水质监测包括环境水体监测(地表水和地下水)和水污染源监测(工业废水、生活污水、医院污水、农田退水、初级雨水和酸性矿山排水等)。

2. 空气和废气监测

空气和废气监测是指间断或连续地测定大气和空气中污染物的浓度、来源和分布，研究、分析污染现状和变化趋势。监测任务主要是：① 对大气中的主要污染物进行定期的或连续的监测，在大量数据基础上，评价大气环境质量现状及其发展趋势；② 对向大气排放污染物的污染源进行监督性监测，判断其是否符合国家规定的大气污染物排放标准，并及时地提出控制污染物排放的措施；③ 评价大气污染治理设施的治理效果等。

3. 土壤污染监测

土壤污染主要是由两方面因素所引起的：一方面是工业废弃物，主要是废水和废渣浸出液污染；另一方面是化肥和农药污染。土壤污染监测的目的是查清本底值，监测、预报和控制土壤环境质量。

4. 固体废物监测

固体废物监测是对固体废物进行监视和测定的过程。固体废物是指在生产、建设、日常生活和其他活动中产生的污染环境的固态、半固态废弃物质。工业固体废物是指在工业、交通等生产活动中产生的固体废物。城市生活垃圾是指在城市日常生活中或者为城市日常生活提供服务的活动中产生的固体废物。

5. 环境污染生物监测

生物监测主要有生态监测（群落生态、个体生态）、生物测试（毒性测定、致突变测定等）、生物生理生化指标测定和生物体内污染物残留量测定等。

6. 物理污染监测

包括噪声、振动、电磁辐射、放射性、热辐射等物理能量的环境污染监测。噪声、振动、电磁辐射、放射性对人体的损害与化学污染物质不同，当环境中的这些物理量超过其阈值时，会直接危害人的身心健康，尤其是放射性物质所放射的α、β和γ射线对人体损坏更大，所以物理因素的污染监测也是环境监测的重要内容，其监测项目主要是环境中各种物理量的水平。

（二）监测对象选择原则

1. 通用原则

根据不同监测目的，按照优先监测原则选择最主要、最迫切、最有代表性的污染因子作为监测对象。

（1）综合分析污染物的各种特征性质，选择可行性最好的污染因子作为监测对象。

（2）选择的监测对象应有可靠的监测方法，并能保证获得准确的数据。

（3）可对监测获得的数据作出科学的解释。

2. 优先原则

经过优先选择的污染物称为环境优先污染物，简称为优先污染物。

对优先污染物进行的监测称为优先监测。

我国水中优先控制污染物黑名单共分14个类别，包括68种有毒化学物质，详见表1-1。

表1-1 水中优先控制污染物

序号	化学类别	化学品名称
1	挥发性卤代烃类	二氯甲烷、三氯甲烷、四氯化碳、1，2-二氯乙烷、1，1，1-三氯乙烷、1，1，2-三氯乙烷、1，1，2，2-四氯乙烷、三氯乙烯、四氯乙烯、三溴甲烷
2	苯系物	苯、甲苯、乙苯、邻二甲苯、间二甲苯、对二甲苯
3	氯代苯类	氯苯、邻二氯苯、对二氯苯、六氯苯
4	多氯联苯类	多氯联苯
5	酚类	苯酚、间甲酚、2，4-二氯酚、2，4，6-三氯酚、五氯酚、对硝基酚
6	硝基苯类	硝基苯、对硝基甲苯、2，4-二硝基甲苯、三硝基甲苯、对硝基氯苯、2，4-二硝基氯苯
7	苯胺类	苯胺、二硝基苯胺、对硝基苯胺、2，6-二硝基苯胺
8	多环芳烃类	萘、荧蒽、苯并[b]荧蒽、苯并[k]荧蒽、苯并[a]芘、茚并[1，2，3-c，d]芘、苯并[ghi]芘
9	酞酸酯类	酞酸二甲酯、酞酸二丁酯、酞酸二辛酯
10	农药	六六六、滴滴涕、敌敌畏、乐果、对硫磷、甲基对硫磷、除草醚、敌百虫
11	丙烯腈	丙烯腈
12	亚硝胺类	N-亚硝基二乙胺、N-亚硝基二正丙胺
13	氰化物	氰化物
14	重金属及其化合物	砷及其化合物、铍及其化合物、镉及其化合物、铬及其化合物、铜及其化合物、铅及其化合物、汞及其化合物、镍及其化合物、铊及其化合物

二、环境监测的项目

监测项目应根据不同的监测对象，结合污染源情况、环境功能、污染物质及客观条件等确定。

(一)水质监测项目

水质监测项目依据水体功能和污染源不同而异，包括物理、化学和生物等方面的指标。由于监测项目众多，应当遵循优先监测的原则，结合人力、物力和财力选择影响范围广、危害程度大的项目。

1. 地表水监测项目

地表水包括江河、湖库、集中式饮用水水源地等。按照《地表水和污水监测技术规范》(HJ/T 91—2002)中要求，监测项目分为必测项目和选测项目，详见表1-2。

表1-2　地表水监测项目[①]

水体功能区	必测项目	选测项目
江河	水温、pH值、溶解氧、高锰酸盐指数、化学需氧量、BOD_5、氨氮、总氮、总磷、铜、锌、氟化物、硒、砷、汞、镉、铬(六价)、铅、氰化物、挥发酚、石油类、阴离子表面活性剂、硫化物和粪大肠菌群，潮汐河流增加氯化物	总有机碳、甲基汞，其他项目根据纳污情况由各级相关环境保护主管部门确定； 饮用水保护区或饮用水源的江河除监测常规项目外，必须注意剧毒和“三致”有毒化学品的监测
湖库	水温、pH值、溶解氧、高锰酸盐指数、化学需氧量、BOD_5、氨氮、总磷、总氮、铜、锌、氟化物、硒、砷、汞、镉、铬(六价)、铅、氰化物、挥发酚、石油类、阴离子表面活性剂、硫化物和粪大肠菌群	总有机碳、甲基汞、硝酸盐、亚硝酸盐，其他项目根据纳污情况由各级相关环境保护主管部门确定
集中式饮用水水源地	水温、pH值、溶解氧、悬浮物[②]、高锰酸盐指数、化学需氧量、BOD_5、氨氮、总磷、总氮、铜、锌、氟化物、铁、锰、硒、砷、汞、镉、铬(六价)、铅、氰化物、挥发酚、石油类、阴离子表面活性剂、硫化物、硫酸盐、氯化物、硝酸盐和粪大肠菌群	三氯甲烷、四氯化碳、三溴甲烷、二氯甲烷、1，2-二氯乙烷、环氧氯丙烷、氯乙烯、1，1-二氯乙烯、1，2-二氯乙烯、三氯乙烯、四氯乙烯、氯丁二烯、六氯丁二烯、苯乙烯、甲醛、乙醛、丙烯醛、三氯乙醛、苯、甲苯、乙苯、二甲苯[③]、异丙苯、氯苯、1，2-二氯苯、1，4-二氯苯、三氯苯[④]、四氯苯[⑤]、六氯苯、硝基苯、二硝基苯[⑥]、2，4-二硝基甲苯、2，4，6-三硝基甲苯、硝基氯苯[⑦]、2，4-二硝基氯苯、2，4-二氯苯酚、2，4，6-三氯苯酚、五氯酚、苯胺、联苯胺、丙烯酰胺、丙烯腈、邻苯二甲酸二丁酯、邻苯二甲酸二(2-乙基己基)酯、水合肼、四乙基铅、吡啶、松节油、苦味酸、丁基黄原酸、活性氯、滴滴涕、林丹、环氧七氯、对硫磷、甲基对硫磷、马拉硫磷、乐果、敌敌畏、敌百虫、内吸磷、百菌清、甲萘威、溴氰菊酯、阿特拉津、苯并[a]芘、甲基汞、多氯联苯[⑧]、微囊藻毒素-LR、黄磷、钼、钴、铍、硼、锑、镍、钡、钒、钛、铊

注：① 监测项目中，有的项目监测结果低于检出限，并确认没有新的污染源增加时，可减少监测频次。根据各地经济发展情况不同，在有监测能力(配置GC/MS)的地区，每年应监测1次选测项目；② 悬浮物在5 mg/L以下时，测定浊度；③ 二甲苯指邻二甲苯、间二甲苯和对二甲苯；④ 三氯苯指1，2，3-三氯苯、1，2，4-三氯苯和1，3，5-三氯苯；⑤ 四氯苯指1，2，3，4-四氯苯、1，2，3，5-四氯苯和1，2，4，5-四氯苯；⑥ 二硝基苯指邻二硝基苯、间二硝基苯和对二硝基苯；⑦ 硝基氯苯指邻硝基氯苯、间硝基氯苯和对硝基氯苯；⑧ 多氯联苯指PCB-1016、PCB-1221、PCB-1232、PCB-1242、PCB-1248、PCB-1254和PCB-1260。

河流、湖库底质监测：必测项目有砷、汞、烷基汞、铬、六价铬、铅、镉、铜、锌、硫化物和有机质；选测项目有有机氯农药、有机磷农药、除草剂、PCBs、烷基汞、苯系物、多环芳烃和邻苯二甲酸酯类。

按照《地表水自动监测技术规范（试行）》（HJ 915—2017）中规定，设置了自动监测系统的地表水监测站点，必须按照要求配备常规五参数（水温、pH 值、溶解氧、电导率和浊度）等必测项目和选测项目的监测能力，详见表 1-3。

表 1-3 地表水水质自动监测站监测项目

水体	必测项目	选测项目
河流	常规五参数、高锰酸盐指数、氨氮、总磷、总氮	挥发酚、挥发性有机物、油类、重金属、粪大肠菌群、流量、流速、流向、水位等
湖库	常规五参数、高锰酸盐指数、氨氮、总磷、总氮、叶绿素 a	挥发酚、挥发性有机物、油类、重金属、粪大肠菌群、藻类密度、水位等

2. 地下水监测项目

按照《地下水环境监测技术规范》（HJ/T 164—2004）中规定，地下水监测项目分常规监测项目和特殊项目。

（1）常规监测项目。必测项目：pH 值、总硬度、溶解性总固体、氨氮、硝酸盐氮、亚硝酸盐氮、挥发性酚、总氰化物、高锰酸盐指数、氟化物、砷、汞、镉、六价铬、铁、锰、大肠菌群；选测项目：色、臭和味、浑浊度、氯化物、硫酸盐、碳酸氢盐、石油类、细菌总数、硒、铍、钡、镍、六六六、滴滴涕、总 α 放射性、总 β 放射性、铅、铜、锌、阴离子表面活性剂。

（2）特殊项目。生活饮用水：根据《生活饮用水卫生标准》（GB 5749—2006）中要求，监测指标分为微生物指标、毒性指标以及感官性状和一般化学指标三类。微生物指标：总大肠菌群、耐热大肠菌群、大肠埃希氏菌、菌落总数；毒性指标：砷、镉、铬（六价）、铅、汞、硒、氰化物、氟化物、硝酸盐、三氯甲烷、四氯化碳、溴酸盐、甲醛（使用臭氧消毒）、亚氯酸盐（使用二氧化氯消毒）、氯酸盐（使用复合二氧化氯消毒）；感官性状和一般化学指标：肉眼可见物、色、臭和味、浑浊度、pH 值、总硬度、铝、铁、锰、铜、锌、氯化物、硫酸盐、溶解性总固体、耗氧量、挥发酚类、阴离子合成洗涤剂。工业用水：工业上用作冷却、冲洗和锅炉用水的地下水，可增测侵蚀性二氧化碳、磷酸盐、硅酸盐等项目。城郊、农村地下水：考虑施用化肥和农药的影响，可增加有机磷、有机氯农药及凯氏氮等项目。当地下水用作农田灌溉时，可按照《农田灌溉水质标准》（GB 5084—2005）中规定，选取全盐量等项目。北方盐碱区和沿海受潮汐影响的地区：可增加电导率、溴化物和碘化物等监测项目。矿泉水：应增加水量、硒、锶、偏硅酸等反映矿泉水质量和特征的特种监测项目。水源性地方病流行地区：应增加地方病成因物质监测项目。如：在地甲病区，应增测碘化物；在大骨节病、克山病区，应增测硒、钼等监测项目；在肝癌、食道癌高发病区，应增测亚硝胺以及其他有关有机物、微量元素和重金属项目。地下水受污染地区：根据污染物的种类和浓度，适当增加或减少有关监测项目。如：放射性污染区应增测总 α 放射性及总 β 放射性监测项目；对有机物污染地区，应根据有关标准增测相关有机污染物监测项目；对人为排放热量的热污染源影响区域，可增加溶解氧、水温等监测项目。在区域水位下降漏斗中心地区、重要水源地、缺水地区的易疏干开采地段，应增测水位。

3. 工业废水监测项目

按照《地表水和污水监测技术规范》（HJ/T 91—2002）中要求，按照不同行业将监测项目分为必测项目和选测项目，详见表 1-4。

表 1-4　工业废水监测项目

类型		必测项目	选测项目①
黑色金属矿山（包括磷铁矿、赤铁矿、锰矿等）		pH 值、悬浮物、重金属②	硫化物、锑、铋、锡、氯化物
钢铁工业（包括选矿、烧结、炼焦、炼铁、炼钢、连铸、轧钢等）		pH 值、悬浮物、COD、挥发酚、氰化物、油类、六价铬、锌、氨氮	硫化物、氟化物、BOD_5、铬
选矿药剂		COD、BOD_5、悬浮物、硫化物、重金属	
有色金属矿山及冶炼（包括选矿、烧结、电解、精炼等）		pH 值、COD、悬浮物、氰化物、重金属	硫化物、铍、铝、钒、钴、锑、铋
非金属矿物制品业		pH 值、悬浮物、COD、BOD_5、重金属	油类
煤气生产和供应业		pH 值、悬浮物、COD、BOD_5、油类、重金属、挥发酚、硫化物	多环芳烃、苯并[a]芘、挥发性卤代烃
火力发电（热电）		pH 值、悬浮物、硫化物、COD	BOD_5
电力、蒸汽、热水生产和供应业		pH 值、悬浮物、硫化物、COD、挥发酚、油类	BOD_5
煤炭采选业		pH 值、悬浮物、硫化物	砷、油类、汞、挥发酚、COD、BOD_5
焦化		COD、悬浮物、挥发酚、氨氮、氰化物、油类、苯并[a]芘	总有机碳
石油开采		COD、BOD_5、悬浮物、油类、硫化物、挥发性卤代烃、总有机碳	挥发酚、总铬
石油加工及炼焦业		COD、BOD_5、悬浮物、油类、硫化物、挥发酚、总有机碳、多环芳烃	苯并[a]芘、苯系物、铝、氯化物
化学矿开采	硫铁矿	pH 值、COD、BOD_5、硫化物、悬浮物、砷	
	磷矿	pH 值、氟化物、悬浮物、磷酸盐（P）、黄磷、总磷	
	汞矿	pH 值、悬浮物、汞	硫化物、砷
无机原料	硫酸	酸度（或 pH 值）、硫化物、重金属、悬浮物	砷、氟化物、氯化物、铝
	氯碱	碱度（或酸度、或 pH 值）、COD、悬浮物	汞
	铬盐	酸度（或碱度、或 pH 值）、六价铬、总铬、悬浮物	汞
有机原料		COD、挥发酚、氰化物、悬浮物、总有机碳	苯系物、硝基苯类、总有机碳、有机氯类、邻苯二甲酸酯等

表1-4(续)

类型		必测项目	选测项目[①]
塑料		COD、BOD_5、油类、总有机碳、硫化物、悬浮物	氯化物、铝
化学纤维		pH值、COD、BOD_5、悬浮物、总有机碳、油类、色度	氯化物、铝
橡胶		COD、BOD_5、油类、总有机碳、硫化物、六价铬	苯系物、苯并[a]芘、重金属、邻苯二甲酸酯、氯化物等
医药生产		pH值、COD、BOD_5、油类、总有机碳、悬浮物、挥发酚	苯胺类、硝基苯类、氯化物、铝
染料		COD、苯胺类、挥发酚、总有机碳、色度、悬浮物	硝基苯类、硫化物、氯化物
颜料		COD、硫化物、悬浮物、总有机碳、汞、六价铬	色度、重金属
油漆		COD、挥发酚、油类、总有机碳、六价铬、铅	苯系物、硝基苯类
合成洗涤剂		COD、阴离子合成洗涤剂、油类、总磷、黄磷、总有机碳	苯系物、氯化物、铝
合成脂肪酸		pH值、COD、悬浮物、总有机碳	油类
聚氯乙烯		pH值、COD、BOD_5、总有机碳、悬浮物、硫化物、总汞、氯乙烯	挥发酚
感光材料，广播电影电视业		COD、悬浮物、挥发酚、总有机碳、硫化物、银、氰化物	显影剂及其氧化物
其他有机化工		COD、BOD_5、悬浮物、油类、挥发酚、氰化物、总有机碳	pH值、硝基苯类、氯化物
化肥	磷肥	pH值、COD、BOD_5、悬浮物、磷酸盐、氟化物、总磷	砷、油类
	氮肥	COD、BOD_5、悬浮物、氨氮、挥发酚、总氨、总磷	砷、铜、氰化物、油类
合成氨工业		pH值、COD、悬浮物、氨氮、总有机碳、挥发酚、硫化物、氰化物、石油类、总氮	镍

表1-4(续)

类型		必测项目	选测项目[①]
农药	有机磷	COD、BOD_5、悬浮物、挥发酚、硫化物、有机磷、总磷	总有机碳、油类
	有机氯	COD、BOD_5、悬浮物、硫化物、挥发酚、有机氯	总有机碳、油类
除草剂工业		pH值、COD、悬浮物、总有机碳、百草枯、阿特拉津、吡啶	除草醚、五氯酚、五氯酚钠、2，4-D、丁草胺、绿麦隆、氯化物、铝、苯、二甲苯、氨、氯甲烷、联吡啶
电镀		pH值、碱度、重金属、氰化物	钴、铝、氯化物、油类
烧碱		pH值、悬浮物、汞、石棉、活性氯	COD、油类
电气机械及器材制造业		pH值、COD、BOD_5、悬浮物、油类、重金属	总氮、总磷
普通机械制造		COD、BOD_5、悬浮物、油类、重金属	氰化物
电子仪器、仪表		pH值、COD、BOD_5、氰化物、重金属	氟化物、油类
造纸及纸制品业		酸度(或碱度)、COD、BOD_5、可吸附有机卤化物(AOX)、pH值、挥发酚、悬浮物、色度、硫化物	木质素、油类
纺织染整业		pH值、色度、COD、BOD_5、悬浮物、总有机碳、苯胺类、硫化物、六价铬、铜、氨氮	总有机碳、氯化物、油类、二氧化氯
皮革、毛皮、羽绒服及其制品		pH值、COD、BOD_5、悬浮物、硫化物、总铬、六价铬、油类	总氮、总磷
水泥		pH值、悬浮物	油类
油毡		COD、BOD_5、悬浮物、油类、挥发酚	硫化物、苯并[a]芘
玻璃、玻璃纤维		COD、BOD_5、悬浮物、氰化物、挥发酚、氟化物	铅、油类
陶瓷制造		pH值、COD、BOD_5、悬浮物、重金属	
石棉(开采与加工)		pH值、石棉、悬浮物	挥发酚、油类
木材加工		COD、BOD_5、悬浮物、挥发酚、pH值、甲醛	硫化物
食品加工		pH值、COD、BOD_5、悬浮物、氨氮、硝酸盐氮、动植物油	总有机碳、铝、氯化物、挥发酚、铅、锌、油类、总氮、总磷

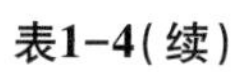

表1-4(续)

类型		必测项目	选测项目[①]
屠宰及肉类加工		pH 值、COD、BOD_5、悬浮物、动植物油、氨氮、大肠菌群	石油类、细菌总数、总有机碳
饮料制造业		pH 值、COD、BOD_5、悬浮物、氨氮、粪大肠菌群	细菌总数、挥发酚、油类、总氮、总磷
兵器工业	弹药装药	pH 值、COD、BOD_5、悬浮物、梯恩梯(TNT)、地恩锑(DNT)、黑索今(RDX)	硫化物、重金属、硝基苯类、油类
	火工品	pH 值、COD、BOD_5、悬浮物、铅、氰化物、硫氰化物、铁(Ⅰ、Ⅱ)氰络合物	肼和叠氮化物(叠氮化钠生产厂为必测)、油类
	火炸药	pH 值、COD、BOD_5、悬浮物、色度、铅、TNT、DNT、硝化甘油(NG)、硝酸盐	油类、总有机碳、氨氮
航天推进剂		pH 值、COD、BOD_5、悬浮物、氨氮、氰化物、甲醛、苯胺类、肼、一甲基肼、偏二甲基肼、三乙胺、二乙烯三胺	油类、总氮、总磷
船舶工业		pH 值、COD、BOD_5、悬浮物、油类、氨氮、氰化物、六价铬	总氮、总磷、硝基苯类、挥发性卤代烃
制糖工业		pH 值、COD、BOD_5、色度、油类	硫化物、挥发酚
电池		pH 值、重金属、悬浮物	酸度、碱度、油类
发酵和酿造工业		pH 值、COD、BOD_5、悬浮物、色度、总氮、总磷	硫化物、挥发酚、油类、总有机碳
货车洗刷和洗车		pH 值、COD、BOD_5、悬浮物、油类、挥发酚	重金属、总氮、总磷
管道运输业		pH 值、COD、BOD_5、悬浮物、油类、氨氮	总氮、总磷、总有机碳
宾馆、饭店、游乐场所及公共服务业		pH 值、COD、BOD_5、悬浮物、油类、挥发酚、阴离子洗涤剂、氨氮、总氮、总磷	粪大肠菌群、总有机碳、硫化物
绝缘材料		pH 值、COD、BOD_5、挥发酚、悬浮物、油类	甲醛、多环芳烃、总有机碳、挥发性卤代烃

表1-4(续)

类型	必测项目	选测项目[①]
卫生用品制造业	pH 值、COD、悬浮物、油类、挥发酚、总氮、总磷	总有机碳、氨氮
生活污水	pH 值、COD、BOD_5、悬浮物、氨氮、挥发酚、油类、总氮、总磷、重金属	氯化物
医院污水	pH 值、COD、BOD_5、悬浮物、油类、挥发酚、总氮、总磷、汞、砷、粪大肠菌群、细菌总数	氟化物、氯化物、醛类、总有机碳

注：表中所列必测项目、选测项目的增减，由县级以上环境保护行政主管部门认定。① 根据各地经济发展情况不同，在有监测能力(配置 GC/MS)的地区每年应监测 1 次选测项目；② 重金属系指 Hg、Cr、Cr(Ⅵ)、Cu、Pb、Zn、Cd 和 Ni 等，具体监测项目由县级以上环境保护行政主管部门确定。

4. 海水监测

按照《海水水质标准》(GB 3097—1997)中规定，海水主要监测指标包括：水温、漂浮物、悬浮物、色、臭、味、大肠菌群、粪大肠菌群、病原体、pH 值、溶解氧、COD、BOD_5、无机氮、非离子氨、活性磷酸盐、汞、镉、铅、六价铬、总铬、砷、铜、锌、硒、镍、氰化物、硫化物、挥发性酚、石油类、六六六、滴滴涕、马拉硫磷、甲基对硫磷、苯并[a]芘、阴离子表面活性剂、放射性核素(^{60}Co，^{90}Sr，^{106}Rn，^{134}Cs，^{137}Cs)。

(二)空气和废气监测项目

1. 环境空气质量监测项目

《环境空气质量监测规范》中将环境空气质量监测项目分为必测项目和选测项目两类，详见表 1-5。

表 1-5 国家环境空气质量监测网监测项目

项目分类	监测项目
必测项目	二氧化硫(SO_2)、二氧化氮(NO_2)、可吸入颗粒物(PM_{10})、一氧化碳(CO)、臭氧(O_3)
选测项目	总悬浮颗粒物(TSP)、铅(Pb)、氟化物(F)、苯并[a]芘(BaP)、有毒有害有机物

《环境空气质量标准》(GB 3095—2012)中规定，除了上述必测项目和选测项目外，国务院环境保护行政主管部门根据国家环境管理需求和点位实际情况，增加湿沉降、有机物、温室气体、颗粒物组分和特殊组分等其他特征监测项目。其中，湿沉降包括降雨量、pH 值、电导率、氯离子、硝酸根离子、硫酸根离子、钙离子、镁离子、钾离子、钠离子、铵离子等；有机物包括挥发性有机物(VOCs)、持久性有机物(POPs)；温室气体包括二氧化碳(CO_2)、甲烷(CH_4)、氧化亚氮(N_2O)、六氟化硫(SF_6)、氢氟碳化物(HFC_S)、全氟化碳(PFCs)；颗粒物主要物理化学特性包括颗粒物浓度谱分布、$PM_{2.5}$或PM_{10}中的有机碳、元素碳、硫酸盐、硝酸盐、氯盐、钾盐、钙盐、钠盐、镁盐、铵盐等。

对于建立了大气环境自动监测系统的站点，必测具备二氧化硫、氮氧化物、总悬浮颗粒物或可吸入颗粒物(PM_{10})、一氧化碳的监测能力，同时选择性增加臭氧和总碳氢化合物进行监测。

2. 大气污染源监测项目

依据《大气污染物综合排放标准》(GB 16297—1996)中规定，应按照新老污染源区别控制的原则，设置常规监测项目和特殊监测项目。

常规监测项目：二氧化硫、氮氧化物、颗粒物、氯化氢、铬酸雾、硫酸雾、氟化物、氯气、铅、汞、镉、铍、镍、锡。

特殊监测项目：苯、甲苯、二甲苯、酚类、甲醛、乙醛、丙烯腈、丙烯醛、氯化氢、甲醇、苯胺类、氯苯类、硝基苯类、氯乙烯、苯并[a]芘、光气、沥青烟、石棉尘、非甲烷总烃。

3. 恶臭污染物监测项目

《恶臭污染物排放标准》(GB 14554—93)中对恶臭污染物厂界浓度值进行了限定，监测项目包括：氨、三甲胺、硫化氢、甲硫醇、甲硫醚、二甲二硫、二硫化碳、苯乙烯和臭气浓度。

4. 室内空气质量监测项目

《室内环境空气质量监测技术规范》(HJ/T 167—2004)中将室内环境分为居室和公共场所。其中，居室监测项目包括一氧化碳、氨、苯、甲苯、二甲苯、苯乙烯、甲醛、可吸入颗粒物和氡；公共场所监测项目包括温度、相对湿度、空气流速、新风量、一氧化碳、二氧化碳、氨、甲醛和臭氧。

(三)土壤污染监测项目

《土壤环境监测技术规范》(HJ/T 166—2004)中规定，土壤监测项目分为常规项目、特定项目和选测项目，详见表 1-6。

表 1-6 土壤监测项目

<table>
<tr><th>项目类型</th><th>项目类别</th><th>监测项目</th></tr>
<tr><td rowspan="2">常规项目</td><td>基本项目</td><td>pH 值、阳离子交换量</td></tr>
<tr><td>重点项目</td><td>镉、铬、汞、砷、铅、铜、锌、镍、六六六、滴滴涕</td></tr>
<tr><td>特定项目</td><td>污染事故</td><td>特征项目</td></tr>
<tr><td rowspan="4">选测项目</td><td>影响产量项目</td><td>全盐量、硼、氟、氮、磷、钾等</td></tr>
<tr><td>污水灌溉项目</td><td>氰化物、六价铬、挥发酚、烷基汞、苯并[a]芘、有机质、硫化物、石油类等</td></tr>
<tr><td>POPs 与高毒类农药</td><td>苯、挥发性卤代烃、有机磷农药、PCB、PAH 等</td></tr>
<tr><td>其他项目</td><td>结合态铝(酸雨区)、硒、钒、氧化稀土总量、钼、铁、锰、镁、钙、钠、铝、硅、放射性比活度等</td></tr>
</table>

(四)固体废物监测项目

国务院环境保护主管部门规定，凡列入《国家危险废物名录》的废物直接属于危险废物，其他工业固废的鉴别项目包括急性毒性、易燃性、腐蚀性、反应性、放射性和浸出毒性。

生活垃圾按照处理方式不同，分别进行特性分析，包括淀粉、生物降解度、热值、渗滤液分析、蝇类滋生密度等。

(五)环境污染生物监测项目

按照生物监测对象不同，监测项目各异，详见表 1-7。

表 1-7 环境污染生物监测项目

监测介质	监测对象	监测项目
水污染生物监测	河流	必测底栖动物和大肠菌群的种类和数量； 选测着生生物和浮游植物的种类和数量
	湖库	必测叶绿素 a 含量、浮游植物和大肠菌群的种类和数量； 选测底栖生物的种类和数量
	城市水体	选测鱼类、溞类、藻类和发光细菌的急性毒性试验及微型生物群落级毒性试验，主要测定项目包括 96 h 死亡率、48 h LC50、96 h EC50 和折光率
	近岸海域	必测浮游植物、大型浮游动物、大肠菌群、细菌总数、底栖动物（底内生物）的种类和数量，以及叶绿素 a 的含量； 选测初级生产力、赤潮生物、中小型浮游动物、底栖生物（底上生物）、大型藻类、鱼类的种类和数量
空气污染生物监测	指示植物及其受害症状	SO_2、NO_x、HF、光化学氧化剂和持久性有机污染物
土壤污染生物监测	指示植物观测	小大蕨、狐茅、紫云英、地衣、芒萁骨、映日红、蜈蚣草、柏木、碱蓬等
	指示动物观测	蚯蚓、原生动物、土壤线虫、土壤甲螨
	微生物观测	大肠菌群、真菌、放线菌、腐生菌、嗜热菌等
生物污染监测	植物根、茎、叶和果实	汞、镉、铅、铜、铬、砷、氟等无机化合物和农药（六六六、滴滴涕、有机磷等）、多环芳烃、多氯联苯、激素等有机化合物
	动物尿液、血液、唾液、胃液、乳液、粪便、毛发、指甲、骨骼和组织	汞、镉、铅、铜、铬、砷、氟等无机化合物和农药（六六六、滴滴涕、有机磷等）、多环芳烃、多氯联苯、激素等有机化合物

（六）物理污染监测项目

声环境监测项目包括区域声环境监测、道路交通声环境监测、功能区声环境监测和工业企业噪声监测。

放射性监测主要测定空气、水体、土壤、生物和固体废物的 α 和 β 放射性核素的放射源强度、半衰期、射线种类与能量，以及环境和人体中放射性物质的含量、放射性强度、空间照射量或电离辐射剂量。

第三节 环境监测技术

环境监测技术包括采样技术、分析测试技术和数据处理技术。采样技术和数据处理技术在后续章节中详细介绍。常用的分析测试技术分为化学分析法、仪器分析法和生物技术三类，详见表 1-8。

表 1-8 环境监测分析测试技术一览表

技术类别		监测技术
化学分析法		重量法
		容量分析法
仪器分析法	光谱分析法	可见分光光度法
		紫外分光光度法
		红外光谱法
		原子吸收光谱法
		原子发射光谱法
		X-荧光射线分析法
		荧光分析法
		化学发光分析法
	电化学分析法	极谱法
		溶出伏安法
		电导分析法
		电位分析法
		离子选择电极法
		库仑分析法
	色谱分析法	气相色谱法
		高效液相色谱法
		薄层色谱法
		离子色谱法
		色谱-质谱联用技术
生物技术		生物监测技术
		生理生化反应分析
		群落结构分析

重量法常用作残渣、降尘、油类、硫酸盐等的测定，容量分析法被广泛地用于水中酸度、碱度、化学需氧量、溶解氧、硫化物、氰化物的测定。仪器分析方法被广泛地用于对环境中污染物进行定性和定量的测定。如分光光度法常被用于大部分金属、无机非金属的测定，气相色谱法常被用于有机物的测定，对于污染物状态和结构的分析常采用紫外光谱、红外光谱、质谱及核磁共振等技术。常用水质监测方法应用范围见表 1-9。

表 1-9 常用水质监测方法应用范围

方法	测定项目
重量法	SS、可滤残渣、矿化度、油类、SO_4^{2-}、Cl^-、Ca^{2+}等
容量法	酸度、碱度、CO_2、DO、总硬度、Ca^{2+}、Mg^{2+}、氨氮、Cl^-、F^-、CN^-、SO_4^{2-}、S^{2-}、COD、BOD_5、挥发酚等

表1-9(续)

方法	测定项目
分光光度法	Ag、Al、As、Be、Bi、Ba、Cd、Co、Cr、Cu、Hg、Mn、Ni、Pb、Sb、Se、Th、U、Zn、氨氮、NO_2^--N、NO_3^--N、凯氏氮、PO_4^{3-}、F^-、Cl^-、C、S^{2-}、SO_4^{2-}、BO_3^{2-}、SiO_3^{2-}、Cl_2、挥发酚、甲醛、三氯乙醛、苯胺类、硝基苯类、阴离子洗涤剂等
荧光分光光度法	Se、Be、U、油、BaP 等
原子吸收法	Ag、Al、Be、Bi、Ba、Ca、Cd、Co、Cr、Cu、Fe、Hg、K、Na、Mg、Mn、Ni、Pb、Sb、Se、Sn、Te、Tl、Zn 等
氢化物及冷原子吸收法	As、Sb、Bi、Ge、Sn、Pb、Se、Te、Hg
原子荧光法	As、Sb、Bi、Se、Hg
火焰光度法	Li、Ni、K、Sr、Ba 等
电极法	Eh、pH 值、DO、F^-、Cl^-、CN^-、S^{2-}、NO_3^-、K^+、Na^+、NH_4^+等
离子色谱法	F^-、Cl^-、Br^-、NO_2^-、NO_3^-、SO_3^{2-}、SO_4^{2-}、$H_2PO_4^-$、K^+、Na^+、NH_4^+等
气相色谱	Be、Se、苯系物、挥发性卤代烃、氯苯类、六六六、DDT、有机磷农药类、三氯乙醛、PCB 等
液相色谱法	多环芳烃类
电感耦合等离子体原子发射光谱法(ICP-AES)	用于水中金属元素、污染重金属以及底质中多种元素的同时测定

第四节　环境标准

环境标准是为了保护人群健康、防治环境污染、促使生态良性循环；同时，又合理利用资源，促进经济发展，依据环境保护法和有关政策，对有关环境的各项工作，对有害成分含量及其排放源规定的限量阈值和技术规范所做的规定。

一、环境标准的分类和分级

1. 标准分类

我国环境标准分为：环境质量标准，污染物排放标准(或污染控制标准)，环境基础标准，环境方法标准，环境标准物质标准和环保仪器、设备标准等六类。

环境质量标准：为了保护人类健康、维持生态良性平衡和保障社会物质财富，并考虑技术经济条件，对环境中有害物质和因素所作的限制性规定。它是衡量环境质量的依据、环保政策的目标、环境管理的依据，也是制定污染物控制标准的基础。

污染物排放标准：为了实现环境质量目标，结合技术经济条件和环境特点，对排入环境的有害物质或有害因素所作的控制规定。

环境基础标准：在环境标准化工作范围内，对有指导意义的符号、代号、指南、程序、规范等所作的统一规定，是制定其他环境标准的基础。

环境方法标准：在环境保护工作中以试验、检查、分析、抽样、统计计算为对象制定的标准。主要是为了提高数据的准确性和可比性，保证工作质量。

环境标准物质标准：环境标准物质是在环境保护工作中，用来标定仪器、验证测量方法、进行量值传递或质量控制的材料或物质。

环保仪器、设备标准：为了保证污染治理设备的效率和环境监测数据的可靠性和可比性，对环境保护仪器、设备的技术要求所作的规定。

2. 标准分级

环境标准分为国家标准和地方标准两级。其中，环境基础标准，环境方法标准，标准物质标准和环保仪器、设备标准等只有国家标准。地方标准只有环境质量标准和污染物排放标准。中国环境标准体系结构图见图 1-1。

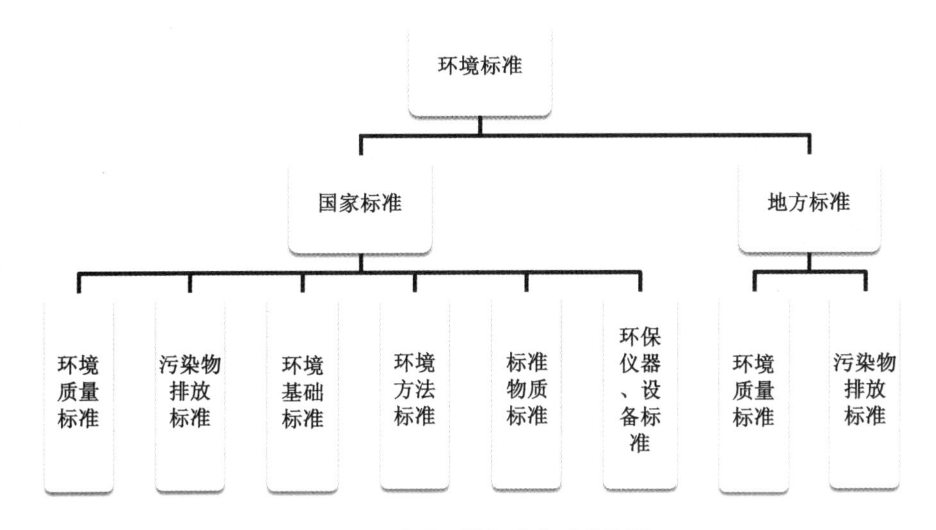

图 1-1 中国环境标准体系结构图

地方标准制定的基本要求是：① 国家标准中所没有规定的项目；② 地方标准应严于国家标准，以起到补充、完善的作用。

二、环境质量标准

1. 环境空气质量标准

该标准从 2012 年 2 月公布，2016 年 1 月 1 日正式实施，适用于全国范围内的环境空气质量评价。

(1) 环境空气功能区。

一类区：自然保护区、风景名胜区和其他需要特殊保护的区域。

二类区：居住区、商业交通居民混合区、文化区、工业区和农村地区。

(2) 环境空气功能区质量要求。一类区适用一级浓度限值，二类区适用二级浓度限值，环境空气污染物浓度限值情况见表 1-10、表 1-11。

表 1-10　环境空气污染物基本项目浓度限值

序号	污染物项目	平均时间	浓度限值		单位
			一级	二级	
1	二氧化硫(SO_2)	年平均	20	60	μg/m³
		24 h 平均	50	150	
		1 h 平均	150	500	
2	二氧化氮(NO_2)	年平均	40	40	μg/m³
		24 h 平均	80	80	
		1 h 平均	200	200	
3	一氧化碳(CO)	24 h 平均	4	4	mg/m³
		1 h 平均	10	10	
4	臭氧(O_3)	日最大 8 h 平均	100	160	μg/m³
		1 h 平均	160	200	
5	颗粒物(PM_{10})	年平均	40	70	μg/m³
		24 h 平均	50	150	
6	颗粒物($PM_{2.5}$)	年平均	15	35	μg/m³
		24 h 平均	35	75	

表 1-11　环境空气污染物其他项目浓度限值

序号	污染物项目	平均时间	浓度限值		单位
			一级	二级	
1	总悬浮颗粒物(TSP)	年平均	80	200	μg/m³
		24 h 平均	120	300	
2	氮氧化物(NO_x)	年平均	50	50	μg/m³
		24 h 平均	100	100	
		1 h 平均	250	250	
3	铅(Pb)	年平均	0.5	0.5	μg/m³
		季平均	1	1	
4	苯并[a]芘(BaP)	年平均	0.001	0.001	μg/m³
		24 h 平均	0.0025	0.0025	

(3)数据统计有效性规定。任何情况下，有效的污染物浓度数据均应符合有效性的最低要求，否则视为无效数据。污染物浓度数据有效性的最低要求见表 1-12。

表 1-12　污染物浓度数据有效性的最低要求

污染物项目	平均时间	数据有效性规定
SO_2、NO_2、PM_{10}、$PM_{2.5}$、NO_x	年平均	每年至少有 324 个日平均浓度值； 每月至少有 27 个日平均浓度值(二月至少有 25 个日平均浓度值)

表1-12(续)

污染物项目	平均时间	数据有效性规定
SO_2、NO_2、CO、PM_{10}、$PM_{2.5}$、NO_x	24 h 平均值	每日至少有 20 个小时平均浓度值或采样时间
O_3	8 h 平均	每 8 h 至少有 6 h 平均浓度值
SO_2、NO_2、CO、O_3、NO_x	1 h 平均	每小时至少有 45 min 的采样时间
TSP、BaP、Pb	年平均	每年至少有分布均匀的 60 个日平均浓度值； 每月至少有分布均匀的 5 个日平均浓度值
Pb	季平均	每季至少有分布均匀的 15 个日平均浓度值； 每月至少有分布均匀的 5 个日平均浓度值
TSP、BaP、Pb	24 h 平均	每日应有 24 个小时的采样时间

2. 地表水环境质量标准

该标准将地表水水域环境功能和保护目标划分为五类：

Ⅰ类：主要适用于源头水、国家自然保护区；

Ⅱ类：主要适用于集中式生活饮用水地表水源地一级保护区、珍稀水生生物栖息地、鱼虾类产卵场、仔稚幼鱼的索饵场等；

Ⅲ类：主要适用于集中式生活饮用水地表水源地二级保护区、鱼虾类越冬场、洄游通道、水产养殖区等渔业水域及游泳区；

Ⅳ类：主要适用于一般工业用水区及人体非直接接触的娱乐用水区；

Ⅴ类：主要适用于农业用水区及一般景观要求水域。

对应地表水上述五类水域功能，将地表水环境质量标准基本项目标准值分为五类，不同功能类别分别执行相应类别的标准值。

本标准将标准项目分为：地表水环境质量标准基本项目、集中式生活饮用水地表水源地补充项目和集中式生活饮用水地表水源地特定项目。地表水环境质量标准基本项目适用于全国江河、湖泊、运河、渠道、水库等具有使用功能的地表水水域；集中式生活饮用水地表水源地补充项目和特定项目适用于集中式生活饮用水地表水源地一级保护区和二级保护区。集中式生活饮用水地表水源地特定项目由县级以上人民政府环境保护行政主管部门根据本地区地表水水质特点和环境管理的需要进行选择，集中式生活饮用水地表水源地补充项目和选择确定的特定项目作为基本项目的补充指标。

我国地表水环境质量标准限值见表 1-13、表 1-14、表 1-15。

表 1-13 地表水环境质量标准基本项目标准限值 单位：mg/L

序号	项目	Ⅰ类	Ⅱ类	Ⅲ类	Ⅳ类	Ⅴ类
1	水温/℃	人为造成的环境水温变化应限制在：周平均最大温升≤1，周平均最大温降≤2				
2	pH 值(无量纲)	6~9				
3	溶解氧≥	饱和率 90%(或 7.5)	6	5	3	2
4	高锰酸盐指数≤	2	4	6	10	15

表1-13(续)

序号	项目	Ⅰ类	Ⅱ类	Ⅲ类	Ⅳ类	Ⅴ类
5	化学需氧量(COD)≤	15	15	20	30	40
6	五日生化需氧量(BOD_5)≤	3	3	4	6	10
7	氨氮(NH_3-N)≤	0.015	0.5	1.0	1.5	2.0
8	总磷(以P计)≤	0.02(湖、库0.01)	0.1(湖、库0.025)	0.2(湖、库0.05)	0.3(湖、库0.1)	0.4(湖、库0.2)
9	总氮(湖、库以N计)≤	0.2	0.5	1.0	1.5	2.0
10	铜≤	0.01	1.0	1.0	1.0	1.0
11	锌≤	0.05	1.0	1.0	2.0	2.0
12	氟化物(以F^-计)≤	1.0	1.0	1.0	1.5	1.5
13	硒≤	0.01	0.01	0.01	0.02	0.02
14	砷≤	0.05	0.05	0.05	0.1	0.1
15	汞≤	0.00005	0.00005	0.0001	0.001	0.001
16	镉≤	0.001	0.005	0.005	0.005	0.001
17	铬(六价)≤	0.01	0.05	0.05	0.05	0.1
18	铅≤	0.01	0.01	0.05	0.05	0.1
19	氰化物≤	0.005	0.05	0.2	0.2	0.2
20	挥发酚≤	0.002	0.002	0.005	0.01	0.1
21	石油类≤	0.05	0.05	0.05	0.5	1.0
22	阴离子表面活性剂≤	0.2	0.2	0.2	0.3	0.3
23	硫化物≤	0.05	0.1	0.2	0.5	1.0
24	粪大肠菌群/(个/升)≤	200	2000	10000	20000	40000

表1-14 集中式生活饮用水地表水源地补充项目标准限值 单位：mg/L

序号	项目	标准值
1	硫酸盐(以SO_4^{2-}计)	250
2	氯化物(以Cl^-计)	250
3	硝酸盐氮(以N计)	10
4	铁	0.3
5	锰	0.1

表 1-15 集中式生活饮用水地表水源地特定项目标准限值 单位：mg/L

序号	项目	标准值	序号	项目	标准值
1	三甲烷	0.06	21	乙苯	0.3
2	四氯化碳	0.002	22	二甲苯	0.5
3	三溴甲烷	0.1	23	异丙苯	0.25
4	二氯甲烷	0.02	24	氯苯	0.3
5	1，2-二氯乙烷	0.03	25	1，2-二氯苯	1.0
6	环氧氯丙烷	0.02	26	1，4-二氯苯	0.3
7	氯乙烯	0.005	27	三氯苯	0.02
8	1，1-二氯乙烯	0.03	28	四氯苯	0.02
9	1，2-二氯乙烯	0.05	29	六氯苯	0.05
10	三氯乙烯	0.07	30	硝基苯	0.017
11	四氯乙烯	0.04	31	二硝基苯	0.5
12	氯丁二烯	0.002	32	2，4-二硝基甲苯	0.0003
13	六氯丁二烯	0.0006	33	2，4，6-三硝基甲苯	0.5
14	苯乙烯	0.02	34	硝基氯苯	0.0003
15	甲醛	0.9	35	2，4-二硝基氯苯	0.5
16	乙醛	0.05	36	2，4-二氯苯酚	0.093
17	丙烯醛	0.1	37	2，4，6-三氯苯酚	0.2
18	三氯乙醛	0.01	38	五氯酚	0.009
19	苯	0.01	39	苯胺	0.1
20	甲苯	0.7	40	联苯胺	0.0002

3. 其他环境质量标准

除环境空气质量标准、地表水环境质量标准外，我国还在地下水、海水、农田灌溉水、生活饮用水、声环境、土壤环境等领域制定了一系列环境质量标准，详见表 1-16。

表 1-16 其他环境质量标准一览表

序号	标准名称	标准号
1	土壤环境质量 农用地土壤污染风险管控标准(试行)	GB 15618—2018
2	土壤环境质量 建设用地土壤污染风险管控标准(试行)	GB 36600—2018
3	声环境质量标准	GB 3096—2008
4	海水水质标准	GB 3097—1997
5	地下水环境质量标准	GB 14848—2017
6	生活饮用水卫生标准	GB 5749—2006
7	生活饮用水水源水质标准	CJ 3020—93
8	电磁环境控制限值	GB 8702—2014

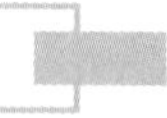

三、污染物排放标准

1. 大气污染物综合排放标准

《大气污染物综合排放标准》(GB 16297—1996)中规定了33种大气污染物的排放限值，其指标体系为最高允许排放浓度、最高允许排放速率和无组织排放监控浓度限值。

国家在控制大气污染物排放方面，除本标准为综合性排放标准外，还有若干行业性排放标准共同存在，即除若干行业执行各自的行业性国家大气污染物排放标准外，其余均执行本标准。

本标准规定的最高允许排放速率，现有污染源(1997年1月1日前)分为一、二、三级，新污染源(1997年1月1日起)分为二、三级。按照污染源所在的环境空气质量功能区类别，执行相应级别的排放速率标准，即位于一类区的污染源执行一级标准(一类区禁止新、扩建污染源，一类区现有污染源改建时执行现有污染源的一级标准)；位于二类区的污染源执行二级标准；位于三类区的污染源执行三级标准。我国大气污染物排放限值要求见表1-17、表1-18。

表1-17　现有污染源部分大气污染物排放限值

序号	污染物	最高允许排放浓度/(mg/m³)	最高允许排放速率/(kg/h)				无组织排放监控浓度限值	
			排气筒/m	一级	二级	三级	监控点	浓度/(mg/m³)
1	二氧化硫	1200(硫、二氧化硫、硫酸和其他含硫化合物生产)	15	1.6	3.0	4.1	无组织排放源上风向设参照点，下风向设监控点	0.50(监控点与参照点浓度差值)
			20	2.6	5.1	7.7		
			30	8.8	17	26		
			40	15	30	45		
		700(硫、二氧化硫、硫酸和其他含硫化合物使用)	50	23	45	69		
			60	33	64	98		
			70	47	91	140		
			80	63	120	190		
			90	82	160	240		
			100	100	200	310		
2	氮氧化物	1700(硝酸、氮肥和火炸药生产)	15	0.47	0.91	1.4	无组织排放源上风向设参照点，下风向设监控点	0.15(监控点与参照点浓度差值)
			20	0.77	1.5	2.3		
			30	2.6	5.1	7.7		
			40	4.6	8.9	14		
		420(硝酸使用和其他)	50	7.0	14	21		
			60	9.9	19	29		
			70	14	27	41		
			80	19	37	56		
			90	24	47	72		
			100	31	61	92		

表 1-17(续)

序号	污染物	最高允许排放浓度/(mg/m³)	最高允许排放速率/(kg/h)				无组织排放监控浓度限值	
			排气筒/m	一级	二级	三级	监控点	浓度/(mg/m³)
3	颗粒物	22(碳黑尘、染料尘)	15 20 30 40	禁排	0. 60 1. 0 4. 0 6. 8	0. 87 1. 5 5. 9 10	周界外浓度最高点	肉眼不可见
		80(玻璃棉尘、石英粉尘、矿渣棉尘)	15 20 30 40	禁排	2. 2 3. 7 14 25	3. 1 5. 3 21 37	无组织排放源上风向设参照点,下风向设监控点	2. 0(监控点与参照点浓度差值)
		150(其他)	15 20 30 40 50 60	2. 1 3. 5 14 24 36 51	4. 1 6. 9 27 46 70 100	5. 9 10 40 69 110 150	无组织排放源上风向设参照点,下风向设监控点	5. 0(监控点与参照点浓度差值)

表 1-18 新污染源部分大气污染物排放限值

序号	污染物	最高允许排放浓度/(mg/m³)	最高允许排放速率/(kg/h)			无组织排放监控浓度限值	
			排气筒/m	二级	三级	监控点	浓度/(mg/m³)
1	二氧化硫	960(硫、二氧化硫、硫酸和其他含硫化合物生产) 550(硫、二氧化硫、硫酸和其他含硫化合物使用)	15 20 30 40 50 60 70 80 90 100	2. 6 4. 3 15 25 39 55 77 110 130 170	3. 5 6. 6 22 38 58 83 120 160 200 270	周界外浓度最高点	0. 40

表 1-18(续)

序号	污染物	最高允许排放浓度/(mg/m^3)	最高允许排放速率/(kg/h)			无组织排放监控浓度限值	
			排气筒/m	二级	三级	监控点	浓度/(mg/m^3)
2	氮氧化物	1400(硝酸、氮肥和火炸药生产)	15	0.77	1.2	周界外浓度最高点	0.12
			20	1.3	2.0		
			30	4.4	6.6		
			40	7.5	11		
		240(硝酸使用和其他)	50	12	18		
			60	16	25		
			70	23	35		
			80	31	47		
			90	40	61		
			100	52	78		
3	颗粒物	18(碳黑尘、染料尘)	15	0.15	0.74	周界外浓度最高点	肉眼不可见
			20	0.85	1.3		
			30	3.4	5.0		
			40	5.8	8.5		
		60(玻璃棉尘、石英粉尘、矿渣棉尘)	15	1.9	2.6	周界外浓度最高点	1.0
			20	3.1	4.5		
			30	12	18		
			40	21	31		
		120(其他)	15	3.5	5.0	周界外浓度最高点	1.0
			20	5.9	8.5		
			30	23	34		
			40	39	59		
			50	60	94		
			60	85	130		

2. 污水综合排放标准

《污水综合排放标准》(GB 8978—1996)中按照污水排放去向，分年限规定了 69 种水污染物最高允许排放浓度及部分行业最高允许排水量。适用于现有单位水污染物的排放管理，以及建设项目的环境影响评价、建设项目环境保护设施设计、竣工验收及其投产后的排放管理。

对于排入 GB 3838 Ⅲ类水域(划定的保护区和游泳区除外)和排入 GB 3097 中二类海域的污水，执行一级标准；排入 GB 3838 中Ⅳ、Ⅴ类水域和排入 GB 3097 中三类海域的污水，执行二级标准；排入设置二级污水处理厂的城镇排水系统的污水，执行三级标准。

本标准将排放的污染物按其性质及控制方式分为两类：第一类污染物，不分行业和污水排放方式，也不分受纳水体的功能类别，一律在车间或车间处理设施排放口采样，其最高允许排放浓度必须达到本标准要求(采矿行业的尾矿坝出水口不得视为车间排放口)；第二类污染物，在排污单位排放口采样，其最高允许排放浓度必须达到本标准要求。我国污水综合最高允许排放浓度限值见表 1-19、表 1-20。

表 1-19 第一类污染物最高允许排放浓度 单位：mg/L

序号	污染物	最高允许排放浓度
1	总汞	0.05
2	烷基汞	不得检出
3	总镉	0.1
4	总铬	1.5
5	六价铬	0.5
6	总砷	0.5
7	总铅	1.0
8	总镍	1.0
9	苯并[a]芘	0.00003
10	总铍	0.005
11	总银	0.5
12	总 α 放射性	1 Bq/L
13	总 β 放射性	10 Bq/L

表 1-20 第二类污染物最高允许排放浓度 单位：mg/L

序号	污染物	适用范围	一级标准		二级标准		三级标准	
			老	新	老	新	老	新
1	悬浮物（SS）	采矿、选矿、选煤工业	100	70	300	300	—	—
		脉金选矿	100	70	500	400	—	—
		边远地区砂金选矿	100	70	800	800	—	—
		城镇二级污水处理厂	20	20	30	30	—	—
		其他排污单位	70	70	200	150	400	400
2	五日生化需氧量（BOD_5）	甘蔗制糖、苎麻脱胶、湿法纤维板、染料、洗毛工业	30	20	100	60	600	600
		甜菜制糖、酒精、味精、皮革、化纤浆粕工业	30	20	150	100	600	600
		城镇二级污水处理厂	20	20	30	30	—	—
		其他排污单位	30	20	60	30	300	300
3	化学需氧量（COD）	甜菜制糖、合成脂肪酸、湿法纤维板、染料、洗毛、有机磷农药工业	100	100	200	200	1000	1000
		味精、酒精、医药原料药、生物制药、苎麻脱胶、皮革、化纤浆粕工业	100	100	300	300	1000	1000
		石油化工工业（包括石油炼制）	100	60	150	120	500	—
		城镇二级污水处理厂	60	60	120	120	—	500
		其他排污单位	100	100	150	150	500	500

表 1-20(续)　　单位：mg/L

序号	污染物	适用范围	一级标准		二级标准		三级标准	
			老	新	老	新	老	新
4	氨氮	医药原料药、染料、石油化工工业	15	15	50	50	—	—
		其他排污单位	15	15	25	25	—	—

注：“老”指 1997 年 12 月 31 日之前建设的单位，“新”指 1998 年 1 月 1 日后建设的单位。

3. 其他污染物排放及控制标准

除大气污染物综合排放标准、污水综合排放标准外，我国还制定了各类行业企业的水污染物和大气污染物、工业企业厂界噪声等一系列排放标准，构建了我国污染物排放标准体系，详见表 1-21。

表 1-21　其他污染物排放标准一览表

序号	标准名称	标准号
1	工业企业厂界环境噪声排放标准	GB 12348—2008
2	建筑施工场界环境噪声排放标准	GB 12523—2011
3	含多氯联苯废物污染控制标准	GB 13015—2017
4	钢铁工业水污染物排放标准	GB 13456—2012
5	合成氨工业水污染物排放标准	GB 13458—2013
6	火葬场大气污染物排放标准	GB 13801—2015
7	恶臭污染物排放标准	GB 14554—93
8	磷肥工业水污染物排放标准	GB 15580—2011
9	烧碱、聚氯乙烯工业污染物排放标准	GB 15581—2016
10	炼焦化学工业污染物排放标准	GB 16171—2012
11	畜禽养殖业污染物排放标准	GB 18596—2001
12	城镇污水处理厂污染物排放标准	GB 18918—2002
13	柠檬酸工业水污染物排放标准	GB 19430—2013
14	摩托车污染物排放限值及测量方法(中国第四阶段)	GB 14622—2016
15	船舶发动机排气污染物排放限值及测量方法(中国第一、二阶段)	GB 15097—2016
16	轻便摩托车污染物排放限值及测量方法(中国第四阶段)	GB 18176—2016
17	汽油车污染物排放限值及测量方法(双怠速法及简易工况法)	GB 18285—2018
18	轻型汽车污染物排放限值及测量方法(中国第六阶段)	GB 18352. 6—2016
19	轻型混合动力电动汽车污染物排放控制要求及测量方法	GB 19755—2016
20	皂素工业水污染物排放标准	GB 20425—2006
21	煤炭工业污染物排放标准	GB 20426—2006
22	储油库大气污染物排放标准	GB 20950—2007
23	汽油运输大气污染物排放标准	GB 20951—2007
24	加油站大气污染物排放标准	GB 20952—2007
25	煤层气(煤矿瓦斯)排放标准(暂行)	GB 21522—2008

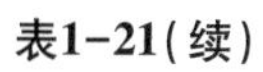

表1-21(续)

序号	标准名称	标准号
26	杂环类农药工业水污染物排放标准	GB 21523—2008
27	电镀污染物排放标准	GB 21900—2008
28	羽绒工业水污染物排放标准	GB 21901—2008
29	合成革与人造革工业污染物排放标准	GB 21902—2008
30	发酵类制药工业水污染物排放标准	GB 21903—2008
31	化学合成类制药工业水污染物排放标准	GB 21904—2008
32	提取类制药工业水污染物排放标准	GB 21905—2008
33	中药类制药工业水污染物排放标准	GB 21906—2008
34	生物工程类制药工业水污染物排放标准	GB 21907—2008
35	混装制剂类制药工业水污染物排放标准	GB 21908—2008
36	制糖工业水污染物排放标准	GB 21909—2008
37	社会生活环境噪声排放标准	GB 22337—2008
38	淀粉工业水污染物排放标准	GB 25461—2010
39	酵母工业水污染物排放标准	GB 25462—2010
40	油墨工业水污染物排放标准	GB 25463—2010
41	陶瓷工业污染物排放标准	GB 25464—2010
42	铝工业污染物排放标准	GB 25465—2010
43	铅、锌工业污染物排放标准	GB 25466—2010
44	铜、镍、钴工业污染物排放标准	GB 25467—2010
45	镁、钛工业污染物排放标准	GB 25468—2010
46	硝酸工业污染物排放标准	GB 26131—2010
47	硫酸工业污染物排放标准	GB 26132—2010
48	稀土工业污染物排放标准	GB 26451—2011
49	钒工业污染物排放标准	GB 26452—2011
50	平板玻璃工业大气污染物排放标准	GB 26453—2011
51	发酵酒精和白酒工业水污染物排放标准	GB 27631—2011
52	橡胶制品工业污染物排放标准	GB 27632—2011
53	铁矿采选工业污染物排放标准	GB 28661—2012
54	钢铁烧结、球团工业大气污染物排放标准	GB 28662—2012
55	炼铁工业大气污染物排放标准	GB 28663—2012
56	炼钢工业大气污染物排放标准	GB 28664—2012
57	轧钢工业大气污染物排放标准	GB 28665—2012
58	铁合金工业污染物排放标准	GB 28666—2012
59	缫丝工业水污染物排放标准	GB 28936—2012

表1-21(续)

序号	标准名称	标准号
60	毛纺工业水污染物排放标准	GB 28937—2012
61	麻纺工业水污染物排放标准	GB 28938—2012
62	电子玻璃工业大气污染物排放标准	GB 29495—2013
63	砖瓦工业大气污染物排放标准	GB 29620—2013
64	电池工业污染物排放标准	GB 30484—2013
65	水泥窑协同处置固体废物污染控制标准	GB 30485—2013
66	制革及毛皮加工工业水污染物排放标准	GB 30486—2013
67	石油炼制工业污染物排放标准	GB 31570—2015
68	石油化学工业污染物排放标准	GB 31571—2015
69	合成树脂工业污染物排放标准	GB 31572—2015
70	无机化学工业污染物排放标准	GB 31573—2015
71	再生铜、铝、铅、锌工业污染物排放标准	GB 31574—2015
72	制浆造纸工业水污染物排放标准	GB 3544—2008
73	船舶水污染物排放控制标准	GB 3552—2018
74	非道路柴油移动机械排气烟度限值及测量方法	GB 36886—2018
75	挥发性有机物无组织排放控制标准	GB 37822—2019
76	制药工业大气污染物排放标准	GB 37823—2019
77	涂料、油墨及胶粘剂工业大气污染物排放标准	GB 37824—2019
78	柴油车污染物排放限值及测量方法(自由加速法及加载减速法)	GB 3847—2018
79	纺织染整工业水污染物排放标准	GB 4287—2012
80	水泥工业大气污染物排放标准	GB 4915—2013
81	危险废物焚烧污染控制标准	GB 18484—2020
82	医疗废物处理处置污染控制标准	GB 39707—2020
83	一般工业固体废物贮存和填埋污染控制标准	GB 18599—2020

复习题

(1)环境监测有几种类型，分别解决哪些实际问题?

(2)环境监测对象选择必须遵循哪些原则?

(3)常见的环境监测技术有哪些?

(4)试述我国的环境标准分类与分级。

(5)国家环境标准和地方环境标准有何不同? 为什么要制定地方环境标准?

(6)我国《污水综合排放标准》(GB 8978—1996)中对污染物如何分类?

第二章　水和废水监测

第一节　水和水体污染

水体是河流、湖泊、沼泽、冰川、海洋及地下水的总称，同时还包括水中的悬浮物、底泥及水生生物。广义的水资源是指地球表层可供人类利用的水，狭义的水资源则是能为人类直接利用的淡水。

地球上的含水量大约有 14 亿 km^3。其中，海水占 97.3%，淡水只占 2.7%。淡水资源中冰山、冰川水占 77.2%。可用水量实际不足 4.5 万 km^3（约为总量的 0.003%），而且其中只有 0.9 万~1.4 万 km^3（约占总的 0.001%）适合人类使用。

据统计，2020 年，我国水资源总量 31605.2 亿 m^3。其中，地表水资源量 30407 亿 m^3，地下水资源量 8553.5 亿 m^3，地下水与地表水资源不重复量为 1198.2 亿 m^3，占全球水资源的 6%，仅次于巴西、俄罗斯和加拿大，名列世界第四位。在空间分布上呈南多北少、东多西少；时间分布上呈冬春少、秋夏多。

我国的人均水资源量只有 2300 m^3，仅为世界平均水平的 1/4，是全球人均水资源最贫乏的国家之一。按照国际公认的标准，人均水资源低于 3000 m^3 为轻度缺水，人均水资源低于 2000 m^3 为中度缺水，人均水资源低于 1000 m^3 为重度缺水，人均水资源低于 500 m^3 为极度缺水。我国目前有 16 个省（自治区、直辖市）人均水资源量（不包括过境水）低于重度缺水线，有 6 个省（自治区）（宁夏、河北、山东、河南、山西、江苏）人均水资源量低于 500 m^3，为极度缺水地区。

据统计，2020 年，全国用水总量 5812.9 亿 m^3。其中，生活用水占 14.9%，工业用水占 17.7%，农业用水占 62.1%，人工生态环境补水占 5.3%。以现行用水方式推算，我国到 2030 年用水最高峰期将达 8800 亿 m^3，将超过水资源、水环境承载力极限。

随着人口的不断增长、工农业的快速发展，人类生活和生产活动会产生大量的生活污水和工业废水，其未经处理或处理不完善而排入天然水体，在一定程度上造成江、河、湖（库）、海洋及地下水等污染。依据污染的性质，水污染可以分成化学型污染、物理型污染和生物型污染。化学型污染是由酸碱、有机和无机污染造成的污染；物理型污染是指色度、浊度、悬浮固体、热污染、放射性等；生物型污染是指未经处理的生活污水、医院污水等排入水体，引入某些细菌和污水微生物等造成的水体污染。

一定量的污染物进入水体后，经稀释及一系列复杂的化学、物理和生物作用，浓度逐步降低，并通过水体自净功能使水质得到改善。但当污染物持续排入，其浓度超过水体的环境容量时，水体的自净功能就会衰退甚至丧失，水质将急剧恶化。判断水体是否受到污染及污染程度，可以针对性和持续性地监测水体中污染物的种类、各类污染物的浓度，掌握其变化趋势，以科学地作出水质评价。

第二节　水环境监测方案制定

监测方案是完成一项监测任务的技术路线的总体设计，在明确监测目的和实地调查基础上，确定监测项目，布设监测网点，合理安排采样时间和采样频率，选定采样方法和分析测定方法，并提出监测报告要求，制定质量控制和保证措施及实施细则。

为了正确反映环境质量状况，必须控制几个环节：采样或测定前的现场调查、资料收集、采样断面和采样点的设置、采样频率的确定、采样设备和采样方法、样品的保存运输和管理方法等。

为了顺利地达到上述目的，在监测之前，必须根据具体情况制定监测方案，并按照方案的内容有条不紊地实施，才能保证合格地完成任务。监测方案的内容如下：

(1)明确地、具体地规定监测目的。

(2)确定监测介质和监测项目，以此选择分析方法，前后统一，使监测数据具有可比性。

(3)规定采样地点、方法、时间和频次，并具体责任到人。

(4)明确排放特点、自然环境条件、居民分布情况等，据此确定采样设备、交通工具及运输路线。

(5)对监测结果尽可能地提出定量要求，如监测项目结果的表示方法、有效数字的位数及可疑数据的取舍等。

一、地表水监测方案制定

(一)现场调查与资料收集

主要调查和收集以下四个方面的资料：

(1)水体的水文、气候、地质和地貌资料，如水位、水量、流速及流向的变化，降雨量、蒸发量及历史上的水情，河流的宽度、深度、河床结构及地质状况，湖泊沉积物的特性、间温层分布、等深线等。

(2)水体沿岸城市分布、工业布局、污染源及其排污情况、城市给排水情况等。

(3)水体沿岸的资源现状和水资源的用途，饮用水源分布和重点水源保护区，水体流域土地功能及近期使用计划等。

(4)历年水质监测资料，如水文实测数据、水环境研究成果等。

在基础资料收集基础之上，要进行目标水体的实地调查，更全面地了解和掌握水体周边环境信息的动态及其变化趋势。

(二)监测断面设置

1. 河流监测断面设置

为了评价完整江、河水系的水质，需要设置背景、对照、控制和削减四种监测断面；对于某一河段，只需设置对照、控制和削减(或过境)三种断面。河流监测断面设置方法及数量见表2-1，图2-1为河流监测断面设置示意图。

表 2-1　河流监测断面设置

断面名称	设置目的	设置方法	设置数目
背景断面	为了评价一个完整水系的污染程度，提供水环境背景值	基本未受污染人类活动影响、水质清洁的河段	一般一个水系一个； 当水系源头支流较多时，可根据需要设置
对照断面	了解流入监测断面前的水质状况，提供监测水系区域本底值	位于监测区域所有污染源上游处，排污口上游100~500 m处； 在河流进入城市或工业区前的地方； 避开各种废水、污水流入或回流处	一个河段区域设置一个对照断面； 由主要支流汇入时，酌情增加
控制断面	监测污染源对水质的影响	主要排污口下游污染物混合较充分的断面下游，一般位于排污口下游500~1000 m处； 对有特殊要求的区域可酌情增加	多个； 根据城市工业布局和排污口分布确定
削减断面	了解污染物经稀释、扩散和自净作用后的水质情况	断面污染浓度较均匀的断面，最后一个排污口下游1500 m以外； 小河流视具体情况确定位置	1个

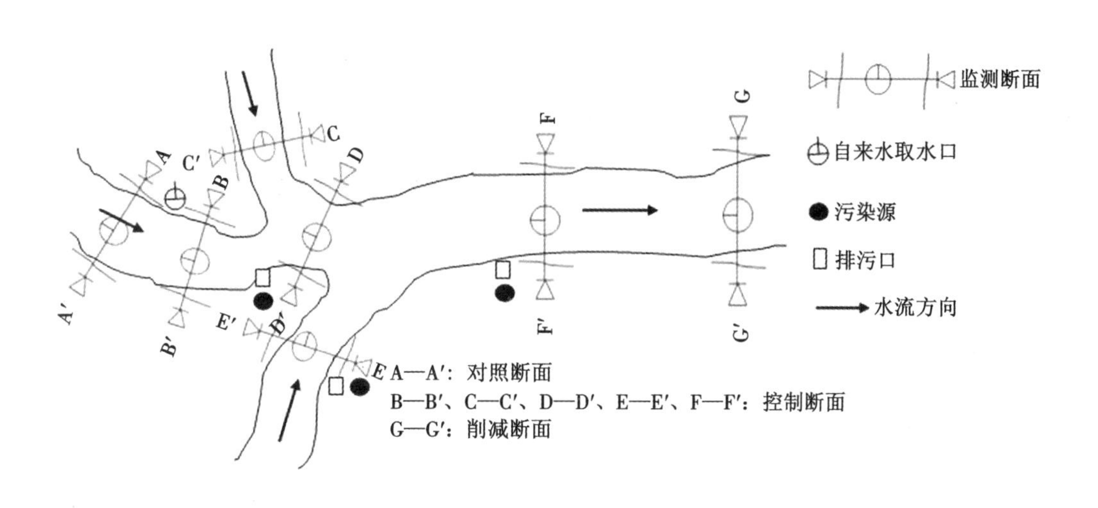

图 2-1　河流监测断面设置示意图

2. 湖泊、水库监测断面的设置

首先判断湖、库是单一水体还是复杂水体；考虑汇入湖、库的河流数量，水体的径流量、季节变化及动态变化，沿岸污染源分布及污染物扩散与自净规律、生态环境特点等。然后按照以下原则确定监测断面的位置：

(1)进出湖、库的河流汇合处分别设置监测断面。

(2)以各功能区(如城市和工厂的排污口、饮用水源、风景游览区、排灌站等)为中心，在其辐射线上设置弧形监测断面。

(3)在湖库中心，深、浅水区，滞流区，不同鱼类的洄游产卵区，水生生物经济区等设置监测断面。

(4)无明显功能区别，可用网格法等设置监测垂线。

图 2-2 为湖、库监测断面设置示意图。

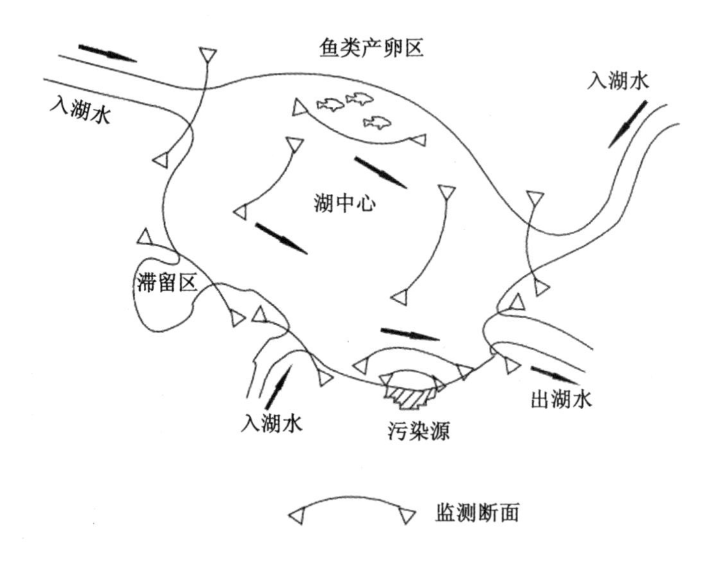

图 2-2　湖、库监测断面设置示意图

3. 近岸海域监测断面设置

(1)近岸海域空间尺度大，一般采用网格法布设监测断面，网格密度随着海域范围和受污染影响的情况而定。

(2)海洋环境功能区采用收敛型集束式(近似扇形)法布设监测断面，并以经纬度表示。

(三)采样点确定

河流、湖库监测断面设置后，应根据水面的宽度确定断面上的采样垂线，再根据采样垂线处水深确定采样点的数目和位置。河流采样垂线确定方法见表 2-2，采样垂线上的采样点数见表 2-3，湖库监测垂线采样点数的设置方法见表 2-4。

表 2-2　采样垂线确定

水面宽度	采样垂线数量	说 明
≤50 m	1 条，中泓垂线	应避开岸边污染带； 对有必要进行监测的污染带，可在污染带内酌情增加垂线； 对无排污河段或有充分数据证明断面上水质均匀时，可只设 1 条中泓垂线； 凡布设于河口，要计算污染物排放通量的断面，必须按照上述要求设置采样垂线
50~100 m	2 条，左右近岸有明显水流处	
>100 m	3 条，中泓垂线和左右近岸有明显水流处	

表 2-3 采样垂线上的采样点数的设置

<table>
<tr><th>水深</th><th>采样点数</th><th>说 明</th></tr>
<tr><td>≤5 m</td><td>上层一点</td><td rowspan="3">上层指水面下 0.5 m 处，水深不到 0.5 m 时，在水深 1/2 处；
下层指河底以上 0.5 m 处；
中层指 1/2 水深处；
封冻时在冰下 0.5 m 处采样，水深不到 0.5 m 时，在水深 1/2 处；
凡布设于河口，要计算污染物排放通量的断面，必须按照上述要求设置采样点</td></tr>
<tr><td>5~10 m</td><td>上、下层两点</td></tr>
<tr><td>>10 m</td><td>上、中、下三层三点</td></tr>
</table>

表 2-4 湖库监测垂线采样点数的设置

<table>
<tr><th>水深</th><th>分层情况</th><th>采样点数</th><th>说 明</th></tr>
<tr><td>≤5 m</td><td></td><td>1 点(水面下 0.5 m 处)</td><td rowspan="4">分层是指湖水温度分层状况；
水深不足 1 m，在 1/2 水深处设置测点；
有充分数据证实垂线水质均匀时，可酌情减少测点</td></tr>
<tr><td rowspan="2">5~10 m</td><td>不分层</td><td>2 点(水面下 0.5 m，水底上 0.5 m)</td></tr>
<tr><td>分层</td><td>3 点(水面下 0.5 m，1/2 斜温层，水底上 0.5 m)</td></tr>
<tr><td>>10 m</td><td></td><td>除水面下 0.5 m，水底上 0.5 m 处外，按每一斜温分层 1/2 处设置</td></tr>
</table>

近岸海域环境质量监测点位一般在内水海域布设，渤海考虑在沿岸 12 海里以内布设；当监测点位不能反映污染范围时，点位布设应当扩大，但不能超出领海范围。

临岸监测点位一般在低潮线(或人工岸线离岸)向海方向 2~8 km 内的海域布设，淤涨型岸线在近 3 年年均淤涨宽度的 10 倍以上距离外布设点位，兼顾重要海湾和河口。当滨海城镇、人口密集区、重要港口、工业园区、重要河口及海上养殖区等附近海域布设的临岸监测点位水质符合一类海水水质标准时，应在其附近 0.5~5 km 内布设 1 个临岸监测点位，并在两侧自然岸线布设 1~2 个临岸对照监测点位。

(四)采样时间和频率

(1)饮用水源地、省(自治区、直辖市)交界断面中需要重点控制的监测断面每月至少采样一次。

(2)国控水系、河流、湖、库上的监测断面，逢单月采样一次，全年六次。

(3)水系的背景断面每年采样一次。

(4)受潮汐影响的监测断面的采样，分别在大潮期和小潮期进行。每次采集涨、退潮水样分别测定。涨潮水样应在断面处水面涨平时采样，退潮水样应在水面退平时采样。

(5)如某必测项目连续三年均未检出，且在断面附近确定无新增排放源，而现有污染源排污量未增的情况下，每年可采样一次进行测定。一旦检出，或在断面附近有新的排放源或现有污染源有新增排污量时，即恢复正常采样。

(6)国控监测断面(或垂线)每月采样一次，在每月 5~10 日内采样。

(7)遇有特殊自然情况，或发生污染事故时，要随时增加采样频次。

(8)为配合局部水流域的河道整治，及时反映整治的效果，应在一定时期内增加采样频次，具体由整治工程所在地方环境保护行政主管部门制定。

二、地下水监测方案制定

储存在土壤和岩石空隙中的水统称地下水。地下水埋藏在地层的不同深度，相对地面水而言，其流动性和水质参数的变化比较缓慢，监测方案的制定过程与地面水基本相同。

1. 现场调查与资料收集

主要调查和收集以下七个方面的资料：

(1)地形地貌。包括监测区地貌类型、分布、形态、成因及时代、物质组成以及地貌单元之间的关系等，分析地形地貌与地下水的形成、赋存、补给、径流和排泄的关系。

(2)气象与水文。包括监测区及周边地区降水量、蒸发量等建站以来逐月气象资料和地表水体资料(主要河流的流域面积、径流量、水位、水质，水库、湖泊的蓄水量、水位和水质等)。

(3)区域地质。包括地层岩性资料(地层层序、地质时代、成因类型、岩性岩相特征、产状、厚度、分布及接触关系等)和地质构造(地质构造单元、类型、性质、规模、分布、形成时代及其水文地质意义等)。

(4)水文地质。包括区域地下水埋藏类型、分布、补给、径流、排泄，含水层岩性、渗透性和富水性，包气带岩性及厚度；监测区内地表水体的类型、出露条件、补给来源、流量、水温、水质；岩溶发育特征。

(5)地下水开发利用现状。包括监测区水源地资料，地下水开采历史资料，地下水多年开采量及各含水层的开采量，工业、农业、生态和生活等地下水用水量分类统计；监测区地下水开采井位置、数量、开采量和泉位置、数量、流量等资料，并进行核查；地下水人工调蓄工程位置、范围、调蓄量及运行情况等资料。

(6)地下水开发引起的地质环境问题与地质灾害。地下水水位、超采情况，地下水位持续下降区范围、下降幅度和下降速度；海水入侵的范围、发生发展历史、影响因素、主要危害等；地下水污染范围、受污染含水层的层位、污染物类型、污染程度、污染源、发生发展历史、趋势及危害等；与地下水开发利用有关的土地荒漠化及植被退化的分布、程度，发生发展历史、影响因素、发展趋势及危害；土壤盐渍化的分布、程度，土壤类型、发生发展历史、影响因素、发展趋势及危害等。

(7)已有的监测井。监测点的级别、类型、数量、分布，监测层位、监测手段、监测频率与运行状况，是否便于水样的采集等；监测井附近有无地表水体、水体类型与特征、对地下水质的影响，周边抽水井的分布、开采时间、开采量、开采层位等；井口保护措施、井房、标识及警示标志等。

2. 监测点网布设

监测井一般包括污染控制监测井和背景值监测井。

污染控制监测井依据污染源的分布和污染物在地下水中扩散形式布设。各地可根据当地地下水流向、污染源分布状况和污染物在地下水中扩散形式，采取点面结合的方法布设污染控制监测井，监测重点是供水水源地保护区。渗坑、渗井和固体废物堆放区的污染物在含水层渗透性较大的地区以条带状污染扩散，监测井应沿地下水流向布设，以平行及垂直的监测线进行控制。

背景值监测井是为了了解地下水体未受人为影响条件下的水质状况，需在研究区域的非污染地段设置。根据区域水文地质单元状况和地下水主要补给来源，在污染区外围地下水水流上方垂直水流方向，设置一个或数个背景值监测井。背景值监测井应尽量远离城市居民区、工业区、农药化肥施放区、农灌区及交通要道。

根据监测区域和目的不同，监测点网的布设要求不同。地下水监测点位布设方法如表2-5所示。

表2-5　地下水监测点位布设方法

监测对象	设置条件	数量	备注
区域地下水质监测	地下水风险性评价高风险区	6~10个/100千米^2	
	地下水风险性评价风险性较高地区	5~6个/100千米^2	
	地下水风险性评价风险性中等、较低和低的地区	3~4个/100千米^2	
地下水饮用水源保护区和补给区	区域面积小于50 km^2	不少于7个	
	区域面积50~100 km^2	不少于10个	
	区域面积大于100 km^2	10个以上	每增加25 km^2，至少增加1个监测点
工业集聚区	对照监测井	1个	位于工业企业地下水流向上游边界处
	污染扩散监测点	至少5个	垂直于地下水流向呈扇形布设不少于3个，在集聚区两侧沿地下水流方向各布设1个
	集聚区内部监测点	3~5个/10千米^2	面积大于100 km^{2}时，每增加15 km^{2}至少增设1个，布设在主要污染源附近的地下水下游
工业集聚区外工业企业	对照监测井	1个	位于工业企业地下水流向上游边界处
	污染扩散监测点	至少3个	地下水下游及两侧的监测点均不得少于1个
	工业企业内部监测点	1~2个/10千米^2	面积大于100 km^{2}时，每增加15 km^{2}至少增设1个，布设在存在地下水污染隐患区域
再生水农用区	对照监测点	1个	设置在再生水农用区地下水流向上游边界
	污染扩散监测点	不少于6个	分别在再生水农用区两侧各1个，再生水农用区及其下游不少于4个； 面积大于100 km^{2}时，监测点不少于20个，且面积每增加15 km^2，监测点数量增加1个

表2-5(续)

监测对象	设置条件	数量	备注
畜禽养殖场和养殖小区	对照监测点	1个	设置在养殖场和养殖小区地下水流向上游边界
	污染扩散监测点	不少于3个	地下水下游及两侧的地下水监测点均不得少于1个； 若养殖场和养殖小区面积大于1 km^2，在场区内监测点数量增加2个

3. 采样时间和频率

依据不同的水文地质条件和地下水监测井使用功能，结合当地污染源、污染物排放实际情况，力求以最低的采样频次，取得最有时间代表性的样品，达到全面反映区域地下水质状况、污染原因和规律的目的。地下水采样频次、采样时间及频次要求如表2-6所示。

表2-6　不同监测对象的地下水采样频次

监测对象	采样频次
区域地下水质监测	地下水风险性评价高风险区每年取样4次，每个季度1次；较高风险区每年取样2次(枯、丰水期各1次)；中等、较低、低风险区每年取样1次(枯水期)
地下水饮用水源取水井	常规指标采样宜不少于每月1次，非常规指标采样宜不少于每年1次
地下水饮用水源保护区和补给区	采样宜不少于每年2次(枯、丰水期各1次)
污染源	背景监测点每年取样1次(枯水期)； 污染监测点每年取样4次，每个季度1次

三、水污染源监测方案制定

水污染源包括工业废水、生活污水和医院污水等。

(一)现场调查与资料收集

现场监测期间，监测人员应对排污单位进行现场监测调查，做好相应的记录，由排污单位人员确认。

现场监测调查内容包括：排污单位和监测点位的基本信息、监测期间是否正常生产及生产负荷、污水处理设施处理工艺、污水处理设施运行是否正常及运行负荷、污水排放去向及排放规律等。

(二)监测点位设置

1. 污染物排放监测点位

对于含有在环境中难以降解或能在动植物体内蓄积，对人体健康和生态环境产生长远不良影响，具有致癌、致畸、致突变的污染物和根据环境管理要求确定的应在车间或生产设施排放口监控的水污染物的污水，在与其他污水混合前的车间或车间预处理设施的出水口设置监测点位；若需对含此类水污染物的同种污水实行集中预处理，则车间预处理设施排放口是指集中预处理设施的出水口。如环境管理另有要求，还可同时在排污单位的总排放口设置监测点位。

对于其他水污染物，监测点位设在排污单位的总排放口。如环境管理有要求，还可同时在污水集中处理设施的排放口设置监测点位。

2. 污水处理设施处理效率监测点位

监测污水处理设施的整体处理效率时，在各污水进入污水处理设施的进水口和污水处理设施的出水口设置监测点位；监测各污水处理单元的处理效率时，在各污水进入污水处理单元的进水口和污水处理单元的出水口设置监测点位。

3. 雨水排放监测点位

排污单位应雨污分流，雨水经收集后，由雨水管道排放，监测点位设在雨水排放口；如环境管理要求雨水经处理后排放的，监测点位按照“污染物排放监测点位”设置。

（三）采样时间和频率

（1）排污单位的排污许可证、相关污染物排放（控制）标准、环境影响评价文件及其审批意见、其他相关环境管理规定等对采样频次有规定的，按照规定执行。

（2）如未明确采样频次的，按照生产周期确定采样频次。生产周期在 8 h 以内的，采样时间间隔应不小于 2 h；生产周期大于 8 h 的，采样时间间隔应不小于 4 h；每个生产周期内采样频次应不少于 3 次。如无明显生产周期的稳定、连续生产，采样时间间隔应不小于 4 h，每个生产日内采样频次应不少于 3 次。排污单位间歇排放或排放污水的流量、浓度、污染物种类有明显变化的，应在排放周期内增加采样频次。雨水排放口有明显水流动时，可采集一个或多个瞬时水样。

（3）为确认自行监测的采样频次，排污单位也可在正常生产条件下的一个生产周期内进行加密监测：周期在 8 h 以内的，每小时采 1 次样；周期大于 8 h 的，每 2 h 采 1 次样；但每个生产周期采样次数不少于 3 次；采样的同时测定流量。

第三节　水样的采集与保存

水样采集和保存是水质监测的重要环节，必须保证所采集的水样具有足够的代表性，同时应避免受到任何可能引入的污染。

一、水样类型

水样主要分为三种类型（详见表 2-7），其采样时间和地点不同，适用范围也各异，可以根据实际情况选用。

表 2-7　水样类型及适用范围

水样类型	采集要求	适用范围
瞬时水样	某一时间和地点从水体中不连续地随机采集的单一水样	适用于水质稳定或组分在一定时间和空间范围内变化不大的情况；当水质随着时间发生变化时，应隔时、多点采集瞬时水样

表2-7(续)

水样类型		采集要求	适用范围
混合水样	等比例混合水样	某一时段内，在同一采样点位所采水样量随着时间或流量成比例的混合水样	适用于观察平均浓度，不适合用于被测成分在贮存过程中容易发生变化的水样
	等时混合水样	某一时段内，在同一采样点按照等时间间隔所采等体积水样的混合水样	
综合水样		不同地点、同一时间采集的瞬时水样组成的混合水样	主要用于废水河、渠建设综合污水处理厂，作为其参数设计依据

二、地表水样采集

(一)采样前的准备

采样前，要根据监测项目的性质和采样方法的要求，选择适宜材质的盛水容器和采样器，并清洗干净。此外，还需准备好交通工具，确定采样体积，准备好现场使用的保护剂等。

(二)采样器材

常见的采水器有塑料桶、简易采水器、深层采水器、采水泵和自动采水器等。

(1)简易采水器：将其沉降至所需深度(可从提绳上的标度看出)，上提提绳，打开瓶塞，待水充满采样瓶后，提出。图2-3分别为有机玻璃和金属材质的简易采水器。

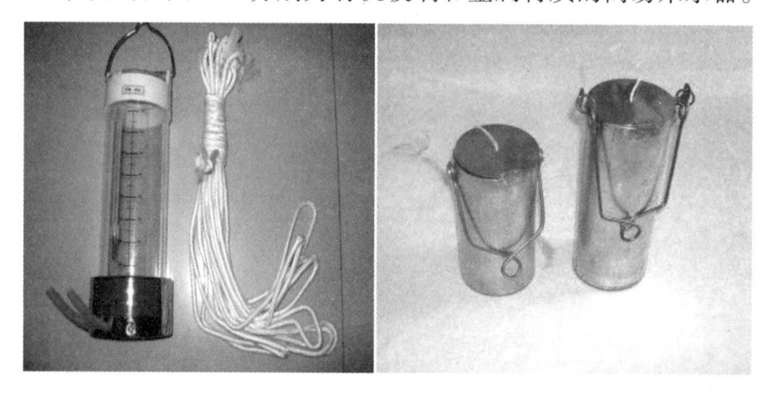

(a)有机玻璃材质　　(b)金属材质

图2-3　简易采水器实物图

(2)急流采水器：将一根长钢管固定在铁框上，管内装一根橡胶管，胶管上部用夹子夹紧，下部与瓶塞上的短玻璃管相连，瓶塞上另有一长玻璃管通至采样瓶近底处；采样前，塞紧橡胶塞，然后沿船身垂直伸入设定水深处，打开上部橡胶管夹，水样即沿长玻璃管流入样品瓶中，瓶内空气由短玻璃管沿橡胶管排出。这样采集的水样也可用于测定水中溶解性气体，因为它是与空气隔绝的。图 2-4 是一种急流采水器。

图 2-4　急流采水器实物图

（3）机械（泵）式采水器：用泵通过采水管抽吸预定水层的水样，其示意图如图 2-5 所示。

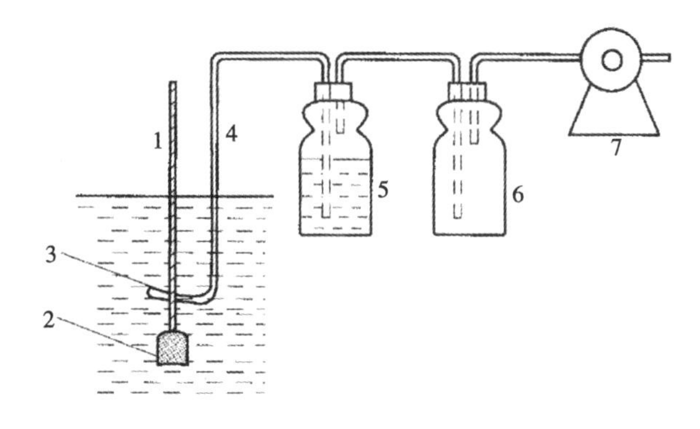

图 2-5　泵式采水器示意图

1—细绳；2—重锤；3—采样头；4—采样管；
5—采样瓶；6—安全瓶；7—泵

（4）自动采水器：可以定时将一定量水样分别采入采样容器，也可以采集一个生产周期内的混合水样。图 2-6 是一种自动采水器。

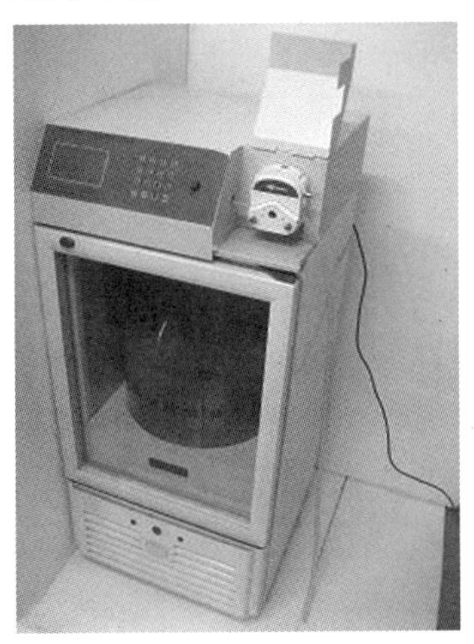

图 2-6　自动采水器实物图

对采样器具的材质要求为化学性能稳定、大小和形状适宜、不吸附待测组分、容易清洗并可反复使用。采样及盛水容器材质的稳定性顺序为：聚四氟乙烯>聚乙烯>石英玻璃>硼硅玻璃。通常使用塑料容器作为测定金属、放射性和其他无机物监测样品的盛水容器，使用玻璃容器作为测定有机物和生物类监测项目的盛水容器。针对不同的监测项目，盛水容器材质和采样量有具体要求，见表2-8。

表2-8　水样采集容器及洗涤要求

项目	采样容器	采样量/mL	容器洗涤	项目	采样容器	采样量/mL	容器洗涤
浊度	G、P	250	Ⅰ	Na	P	250	Ⅱ
色度	G、P	250	Ⅰ	Mg	G、P	250	Ⅱ
pH值	G、P	250	Ⅰ	K	P	250	Ⅱ
电导率	G、P	250	Ⅰ	Ca	G、P	250	Ⅱ
悬浮物	G、P	500	Ⅰ	Cr(Ⅵ)	G、P	250	Ⅲ
碱度	G、P	500	Ⅰ	Mn	G、P	250	Ⅲ
酸度	G、P	500	Ⅰ	Fe	G、P	250	Ⅲ
COD	G	500	Ⅰ	Ni	G、P	250	Ⅲ
高锰酸盐指数	G	500	Ⅰ	Cu	P	250	Ⅲ
DO	溶解氧瓶	250	Ⅰ	Zn	P	250	Ⅲ
BOD_5	溶解氧瓶	250	Ⅰ	As	G、P	250	Ⅰ
TOC	G	250	Ⅰ	Se	G、P	250	Ⅲ
F^-	P	250	Ⅰ	Ag	G、P	250	Ⅲ
Cl^-	G、P	250	Ⅰ	Cd	G、P	250	Ⅲ
Br^-	G、P	250	Ⅰ	Sb	G、P	250	Ⅲ
I^-	G、P	250	Ⅰ	Hg	G、P	250	Ⅲ
SO_4^{2-}	G、P	250	Ⅰ	Pb	G、P	250	Ⅲ
PO_4^{3-}	G、P	250	Ⅳ	油类	G	250	Ⅱ
总磷	G、P	250	Ⅳ	农药类	G	1000	Ⅰ
氨氮	G、P	250	Ⅰ	除草剂类	G	1000	Ⅰ
NO_2-N	G、P	250	Ⅰ	邻苯二甲酸酯类	G	1000	Ⅰ
NO_3-N	G、P	250	Ⅰ	挥发性有机物	G	1000	Ⅰ
总氮	G、P	250	Ⅰ	甲醛	G	250	Ⅰ
硫化物	G、P	250	Ⅰ	酚类	G	1000	Ⅰ

表2-8(续)

项目	采样容器	采样量/mL	容器洗涤	项目	采样容器	采样量/mL	容器洗涤
总氰	G、P	250	Ⅰ	阴离子表面活性剂	G、P	250	Ⅳ
Be	G、P	250	Ⅲ	微生物	G	250	Ⅰ
B	P	250	Ⅰ	生物	G、P	250	Ⅰ

注：a：G 为硬质玻璃瓶；P 为聚乙烯瓶。

b：Ⅰ表示洗涤剂洗一次，自来水洗三次，蒸馏水洗一次；Ⅱ表示洗涤剂洗一次，自来水洗二次，1+3HNO_3荡洗一次，自来水洗三次，蒸馏水洗一次；Ⅲ表示洗涤剂洗一次，自来水洗二次，1+3HNO_3荡洗一次，自来水洗三次，去离子水洗一次；Ⅳ表示铬酸洗液洗一次，自来水洗三次，蒸馏水洗一次。

c：经 160 ℃干热灭菌 2 h 的微生物、生物采样容器，必须在两周内使用，否则应重新灭菌；经 121 ℃高压蒸汽灭菌 15 min 的采样容器，如不立即使用，应于 60 ℃将瓶内冷凝水烘干，两周内使用。细菌监测项目采样时不能用水样冲洗采样容器，不能采混合水样，应单独采样后 2 h 内送实验室分析。

d：本表所列洗涤方法，系指对已用容器的一般洗涤方法。如新启用容器，则应事先作更充分的清洗，容器应做到定点、定项。

(三)采样方法

在河流、湖泊、水库、海洋中采样，常乘监测船或采样船、手划船等交通工具到采样点采集，也可涉水和在桥上采集。

采集表层水样时，可用适当的容器(如塑料桶等)直接采集。

采集深层水样时，可用简易采水器、深层采水器、采水泵、自动采水器等。

1. 开阔河流的采样

在对开阔河流进行采样时，应做到下列几个基本点：用水地点的采样；污水流入河流后，应在充分混合的地点以及流入前的地点采样；支流合流后，对充分混合的地点及混合前的主流与支流地点的采样；主流分流后地点的选择；根据其他需要设定的采样地点。

各采样点原则上应在河流横向及垂向的不同位置采集样品。采样时间一般选择在采样前至少连续两天晴天，水质较稳定的时间(特殊需要除外)。采样时间是在考虑人类活动、工厂企业的工作时间及污染物到达时间的基础上确定的。另外，在潮汐区，应考虑潮的情况，确定把水质最差的时刻包括在采样时间内。

2. 封闭管道的采样

在封闭管道中采样，也会遇到与开阔河流采样中所出现的类似问题。采样器探头或采样管应妥善地放在进水的下游，采样管不能靠近管壁。湍流部位，例如在 T 形管、弯头、阀门的后部，可充分混合，一般作为最佳采样点，但是对于等动力采样(即等速采样)除外。

采集自来水或抽水设备中的水样时，应先放水数分钟，使积留在水管中的杂质及陈旧水排出，然后再取样。采集水样前，应先用水样洗涤采样器容器、盛样瓶及塞子 2~3 次(油类除外)。

3. 水库和湖泊的采样

水库和湖泊的采样，由于采样地点不同和温度的分层现象可能引起水质较大的差异。

在调查水质状况时，应考虑到成层期与循环期的水质明显不同。了解循环期水质，可采集表层水样；了解成层期水质，应按照深度分层采样。

在调查水域污染状况时，需进行综合分析判断，抓住基本点，以取得代表性水样。如废水流入前、流入后充分混合的地点、用水地点、流出地点等，有些可参照开阔河流的采样情况，但不能等同而论。

在可以直接汲水的场合，可用适当的容器（如水桶）采样。从桥上等地方采样时，可将系着绳子的聚乙烯桶或带有坠子的采样瓶投于水中汲水。要注意不能混入漂浮于水面上的物质。

在采集一定深度的水时，可用直立式或有机玻璃采水器。这类装置在下沉时，水会从采样器中流过。当到达预定深度时，容器能够闭合而汲取水样。在水流动缓慢，仍采用上述方法时，最好在采样器下系上适宜质量的坠子；当水深流急时，要系上相应重的铅坠，并配备绞车。

4. 底部沉积物采样

底质采样量通常为 1~2 kg，当一次的采样量不够时，可在周围采集几次，并将样品混匀。样品中的砾石、贝壳、动植物残体等杂物应予剔除。在较深水域一般用掘式采泥器采样。在浅水区或干涸河段用塑料勺或金属铲等即可采样。样品在尽量沥干水分后，用塑料袋包装或用玻璃瓶盛装。供测定有机物的样品，用金属器具采样，置于棕色磨口玻璃瓶中。瓶口不要沾污，以保证磨口塞能塞紧。

5. 采样注意事项

采样时，需注意以下五点：

（1）采样时，不可搅动水底部的沉积物。

（2）采样时，应保证采样点的位置准确；必要时，使用 GPS 定位。

（3）测定油类的水样，应在水面至水面下 300 mm 采集柱状水样，并单独采样，全部用于测定，采样瓶不能用采集的水样冲洗。测溶解氧、生化需氧量和有机污染物等项目时的水样，必须注满容器，不留空间，并用水封口。测定湖库水 COD、高锰酸盐指数、叶绿素 a、总氮、总磷时的水样，静置 30 min 后，用吸管一次或几次移取水样，吸管进水尖嘴应插至水样表层 50 mm 以下位置，再加保存剂保存。测定 pH 值、COD、BOD_5、DO、硫化物、油类、有机物、余氯、粪大肠菌群、悬浮物、放射性等项目要单独采样。

（4）如果水样中含沉降性固体，如泥沙等，应分离除去。分离方法为：将所采水样摇匀后，倒入筒型玻璃容器，静置 30 min，将已不含沉降性固体但含有悬浮性固体的水样移入盛样容器并加入保存剂。测定总悬浮物和油类的水样除外。

（5）认真填写采样记录表（表 2-9、表 2-10），字迹应端正清晰。采样结束前，应核对采样方案、记录和水样，如有错误和遗漏，应立即补采或重新采样。如采样现场水体很不均匀，无法采到有代表性样品，应详细记录不均匀的情况和实际采样情况，供使用数据者参考。

表 2-9　水质采样记录表

监测站名：　　　　　　　　　年度：

编号	河流（湖库）名称	采样月日	断面名称	采样位置				气象参数					流速 /(m/s)	流量 /(m^3/s)	现场测定记录						备注
				断面号	垂线号	点位号	水深 /m	气温 /℃	气压 /kPa	风向	风速 /(m/s)	相对湿度 /%			水温 /℃	pH 值	溶解氧 /(mg/L)	透明度 /cm	电导率 /(μS/cm)	感官指标描述	

采样人员：　　　　　　　　　记录人员：

表 2-10　底质采样记录表

监测站名：　　　　　　　　　年度：

序号	河流（湖库）名称	采样断面（点）	采样时间	水深/m	采样工具	编号	底质类型	颜色	嗅	其他特征	备注
现场情况描述											

采样人员：　　　　　　　　　记录人员：

三、地下水样采集

1. 采样前的准备

应当依据不同的监测目的、监测项目、实际井深和采样深度，选取合适的采样器具，保证能取到有代表性地下水样品。地下水采样器具应能在监测井中准确定位，并能取到足够量的代表性水样。

应定期对水样容器清洗质量进行抽查，每批抽查3%，检测其待测项目（不包括细菌类指标）能否检出，待测项目水样容器空白值应低于分析方法的检出限；否则，应立即对实验条件、水样容器来源及清洗状况进行核查，查出原因并纠正。

若需对水位、水温、pH值、电导率、浑浊度、溶解氧、氧化还原电位、色、嗅和味等项目进行现场监测，应在实验室内准备好所需的仪器设备，并进行检查和校准，确保性能正常，符合使用要求。

2. 采样器具

常用地下水采样器具有气囊泵、小流量潜水泵、惯性泵、蠕动泵及贝勒管等，各种地下水采样器的适用采集项目见表2-11。水样容器不能受到沾污；容器壁不应吸收或吸附某些待测组分；容器不应与待测组分发生反应；能严密封口，且易于开启。

水样容器选择、洗涤方法和水样保存方法与地表水相同。

表2-11　常见地下水采样器具及其适用的监测项目

项目名称	采样器						
	敞口定深取样器	闭合定深取样器	惯性泵	气囊泵	气提泵	潜水泵	自吸泵
电导率	√	√	√	√	√	√	√
pH值	—	√	√	√	—	√	√
碱度	√	√	√	√	—	√	√
氧化还原电位	—	√	—	√	—	√	—
金属	√	√	√	√	√	√	√
硝酸盐等阴离子	√	√	√	√	√	√	√
非挥发性有机物	√	√	√	√	√	√	√
挥发性有机物（VOCs）和半挥发性有机物（SVOCs）	—	√	—	√	—	√	—
总有机碳（TOC）	√	√	—	√	—	√	—
总有机卤化物（TOX）	—	√	—	√	—	√	—
微生物指标	√	√	√	√	—	√	√

3. 采样方法

地下水水质监测通常采集瞬时水样。

（1）需要测水位的井水，在采样前，应先测地下水位。

（2）从井中采集水样，必须在充分抽汲后进行，抽汲水量不得少于井内水体积的2倍，采样深度应在地下水水面0.5 m以下，以保证水样能代表地下水水质。对封闭的生产井可在抽

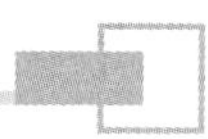

水时从泵房出水管放水阀处采样，采样前，应将抽水管中存水放净。对于自喷的泉水，可在涌口处出水水流的中心采样。采集不自喷泉水时，将停滞在抽水管的水汲出，新水更替之后，再进行采样。

（3）采样前，除五日生化需氧量、有机物和细菌类监测项目外，先用采样水荡洗采样器和水样容器2~3次。

（4）测定溶解氧、五日生化需氧量和挥发性、半挥发性有机污染物项目的水样，采样时，水样必须注满容器，上部不留空隙。但对准备冷冻保存的样品则不能注满容器；否则，冷冻之后，因水样体积膨胀，易使容器破裂。测定溶解氧的水样采集后，应在现场固定，盖好瓶塞后，再用水封口。测定五日生化需氧量、硫化物、石油类、重金属、细菌类、放射性等项目的水样应分别单独采样。

（5）各监测项目所需水样采集量与地表水监测相同。在水样采集或装入容器后，立即加入保存剂，加入方法与地表水监测相同。

（6）采集水样后，立即将水样容器瓶盖紧、密封，贴好标签，填写“地下水采样记录表”（表2-12）。

四、水污染源水样采集与保存

（一）采样前的准备

采样前，监测人员应对排污单位进行现场监测调查，做好相应的记录，由排污单位人员确认。

现场监测调查内容包括：排污单位和监测点位的基本信息、监测期间是否正常生产及生产负荷、污水处理设施处理工艺、污水处理设施运行是否正常及运行负荷、污水排放去向及排放规律等。

准备现场采样所需的保存剂、样品箱、低温保存箱以及记录表格、标签、安全防护用品等辅助用品。

（二）采样器材

采样器材主要是采样器具和样品容器。应按照监测项目所采用的分析方法的要求，准备合适的采样器材。

采样器材的材质应具有较好的化学稳定性，在样品采集、样品贮存期内，不会与水样发生物理化学反应。采样器具可选用聚乙烯、不锈钢、聚四氟乙烯等材质，样品容器可选用硬质玻璃、聚乙烯等材质。

采样器具内壁表面应光滑，易于清洗、处理。采样器具应有足够的强度，使用灵活、方便可靠，没有弯曲物干扰流速，尽可能减少旋塞和阀的数量。样品容器应具备合适的机械强度、密封性好，用于微生物检验的样品容器应能耐受高温灭菌，并在灭菌温度下，不释放或产生任何能抑制生物活动或导致生物死亡或促进生物生长的化学物质。

污水监测应配置专用采样器材，不能与地表水、地下水等环境样品的采样器材混用。

（三）采样方法

1. 废水样类型

根据污染源实际情况，可以分别采集瞬时水样或混合水样。

适用采集瞬时水样的情况：

（1）所测污染物性质不稳定，易受到混合过程的影响；

表 2-12　地下水采样记录表

监测站点：

<table>
<tr><td rowspan="2">监测井编号</td><td rowspan="2">经纬度</td><td colspan="3">采样日期</td><td rowspan="2">采样时间</td><td rowspan="2">采样方法</td><td rowspan="2">采样深度/m</td><td rowspan="2">气温/℃</td><td rowspan="2">天气状况</td><td colspan="8">现场测定记录</td><td>样品性状</td></tr>
<tr><td>年</td><td>月</td><td>日</td><td>水位/m</td><td>水温/℃</td><td>氧化还原电位/mV</td><td>pH 值</td><td>电导率/（μS/cm）</td><td>浑浊度</td><td>嗅和味</td><td>肉眼可见物</td><td>色（描述）</td></tr>
<tr><td></td><td></td><td></td><td></td><td></td><td></td><td></td><td></td><td></td><td></td><td></td><td></td><td></td><td></td><td></td><td></td><td></td><td></td><td></td></tr>
<tr><td></td><td></td><td></td><td></td><td></td><td></td><td></td><td></td><td></td><td></td><td></td><td></td><td></td><td></td><td></td><td></td><td></td><td></td><td></td></tr>
<tr><td colspan="2">固定剂加入情况</td><td colspan="8"></td><td>备注</td><td colspan="8"></td></tr>
</table>

采样人员：　　　　　　　　　　记录人员：

(2)不能连续排放的污水，如间歇排放；

(3)需要考查可能存在的污染物，或特定时间的污染物浓度；

(4)需要得到污染物最高值、最低值或变化情况的数据；

(5)需要得到短期(一般不超过 15 min)的数据，以确定水质的变化规律；

(6)需要确定水体空间污染物变化特征，如污染物在水流的不同断面(或深度)的变化情况；

(7)污染物排放(控制)标准等相关环境管理工作中规定可采集瞬时水样的情况；

(8)当排污单位的生产工艺过程连续且稳定，有污水处理设施并正常运行，其污水能稳定排放的(浓度变化不超过 10%)，瞬时水样具有较好的代表性，可用瞬时水样的浓度代表采样时间段内的采样浓度。

适用采集混合水样的情况：

(1)计算一定时间的平均污染物浓度；

(2)计算单位时间的污染物质量负荷；

(3)污水特征变化大；

(4)污染物排放(控制)标准等相关环境管理工作中规定可采集混合水样的情况。

混合采样包括等时混合水样和等比例混合水样两种。当污水流量变化小于平均流量的 20%，污染物浓度基本稳定时，可采集等时混合水样；当污水的流量、浓度甚至组分都有明显变化，可采集等比例混合水样。等比例混合水样一般采用与流量计相连的水质自动采样器采集，分为连续比例混合水样和间隔比例混合水样两种。连续比例混合水样是在选定采样时段内，根据污水排放流量，按照一定比例连续采集的混合水样。间隔比例混合水样是根据一定的排放量间隔，分别采集与排放量有一定比例关系的水样混合而成。

2. 采样方法

(1)浅层废水。当废水以沟渠形式向水体排放时，可用容器直接灌注或用长柄采水勺采样。

(2)深层废水。废水或污水处理池采集可用塑料样品容器固定在负重架内，沉入一定深度采样，或直接用深层采样器、手摇泵、采水泵等采集。

(3)自动采样。自动采水器有瞬时自动混合采样器和定时自动分配混合采样器之分。前者可在一个生产周期内，将按照时间间隔采集的多个水样混合，也可将按照流量比采集的水样混合，结果以平均值的形式表达；后者可连续自动定时采集水样，并分配于不同的容器中，可获得监测指标浓度与时间关系，为研究水质时间变化趋势提供数据。

当水深小于 1 m 时，在水面下 1/2 水深处采样；当水深在 1 m 以上时，在水面下 1/4 水深处采样。污水样品的采集和保存技术参照《污水监测技术规范》(HJ 91.1—2019)中附录 A 的要求。

3. 注意事项

用样品容器直接采样时，必须用水样冲洗三次后，再行采样，但当水面有浮油时，采油的容器不能冲洗；采样时，应注意除去水面的杂物、垃圾等漂浮物；用于测定悬浮物、BOD_5、硫化物、油类、余氯的水样，必须单独定容采样，全部用于测定；在选用特殊的专用采样器(如油类采样器)时，应按照该采样器的使用方法采样；采样时，应认真填写“污水采样记录表”(表 2-13)。

表 2-13　污水采样记录表

监测站名：　　　　　　　　年度：

序号	企业名称	行业名称	采样口	采样口位置（车间或出厂口）	采样口流量 /(m^3/s)	采样时间 月 日	颜色	嗅	备注
现场情况描述									
治理设施运行状况									

采样人员：　　　　　企业接待人员：　　　　　记录人员：

五、流量测定

为了计算地表水污染负荷是否超过环境容量和评价污染控制效果，掌握污废水排放源污染物排放总量和排水总量，采样时，需要同步测定污废水的流量。

1. 污水流量计法

已安装自动污水流量计，且通过计量部门检定或验收的，可采用流量计显示的流量值。采用明渠流量计测定流量，应按照《城市排水流量堰槽测量标准》等相关技术要求修建或安装标准化计量堰(槽)。

2. 容积法

将污水纳入已知容量的容器中，测定其充满容器所需要的时间，从而计算污水量的方法。

本方法简单易行，测量精度较高，适用于污水量较小的连续或间歇排放的污水。对于流量小的排放口用此方法。在溢流口与受纳水体应有适当落差或能用导水管形成落差。

3. 流速仪法

通过测量排污渠道的过水截面积，以流速仪测量污水流速计算污水量。适当地选用流速仪，可用于很宽范围的流量测量。多数用于渠道较宽的污水量测量。测量时，需要根据渠道深度和宽度确定点位垂直测点数和水平测点数。

本方法简单，但易受污水水质影响，难用于污水量的连续测定。排污截面底部需硬质平滑，截面形状为规则几何形，排污口处有不少于 3~5 m 的平直过流水段，且水位高度不小于 0.1 m。

4. 溢流堰法

该方法适用于不规则的污水沟、污水渠中水流量的测量。用三角形或矩形、梯形堰板拦住水流，形成溢流堰，测量堰板前后水头和水位，计算流量。如果安装液位计，可连续自动测量液位。

$$Q = Kh^{\frac{5}{2}}, K = 1.354 + \frac{0.004}{h} + \left(0.14 + \frac{0.2}{\sqrt{D}}\right)\left(\frac{h}{B} - 0.09\right)^2$$

式中：Q——水流量，m^3/s；

h——过堰水头高度，m；

K——流量系数；

D——从水流底至堰缘的高度，m；

B——堰上游水流宽度，m。

利用堰板测流量时，堰板的安装会造成一定的水头损失。另外，固体沉积物在堰前堆积或藻类等物质在堰板上黏附均会影响测量精度，必须经常清除。

5. 量水槽法

在明渠或涵管内安装量水槽，通过测量其上游水位计量污水量。常用的有巴氏槽。用量水槽测量流量与溢流堰法相比，同样可以获得较高的精度（±2%～±5%）和进行连续自动测量。

本法优点为水头损失小、壅水高度小、底部冲刷力大，不易沉积杂物。但造价较高，施工要求也较高。

6. 浮标法

浮标法是一种粗略测量小型河、渠水流速的简易方法。测量时，选择一段平直河段，测量该河段 2 m 间距内起点、中点和终点三个过水横断面面积，求出平均横断面面积。在上游投入浮标，测量浮标流经确定河段（L）所需时间，重复测量几次，求出所需时间的平均值（t），即可计算出流速（L/t），再按下式计算流量：

$$Q = 60 \times \bar{v} \times S$$

式中：Q—水流量，m^3/min；

$\bar{v}$——水流平均流速，m/s；

S——水流平均横断面积，m^2。

在选用以上方法时，应注意各自的测量范围和所需条件。以上方法无法使用时，可用统计法。

六、水样的保存

采集水样后，有时因为人力、时间等问题，需要在实验室存放一段时间后才能分析，为了降低水样中待测成分的变化程度或减缓变化速率，应及时采取保护措施。

1. 冷藏或冷冻保存法

冷藏或冷冻主要通过低温抑制微生物活动，减缓物理挥发和化学反应速率。

冷藏一般为将水样置于冰箱或冰-水浴中，4 ℃左右。冷冻一般将水样置于冰柜或制冷剂中，-20 ℃左右。冷冻时，要注意水样不要填满储存容器，防止溶液结冰膨胀。

2. 加入化学试剂保存法

加入化学保护剂，能抑制微生物活动、减缓氧化还原反应速率。

（1）加生物抑制剂。在水样中加入适量的生物抑制剂可以抑制微生物作用，加何种试剂视具体情况而定。如在测氨氮、硝酸盐氮和 COD 的水样中，加氯化汞或加入三氯甲烷、甲苯作为防护剂以抑制生物对亚硝酸盐、硝酸盐、铵盐的氧化还原作用。在测酚水样中，用磷酸调节溶液的 pH 值，加入硫酸铜以控制苯酚分解菌的活动。

（2）调节 pH 值。加入酸或碱调节水样的 pH 值，可使一些处于不稳定态的待测组分转变成稳定态。如测定水样中的金属离子，常加酸调节水样 pH≤2，防止金属离子水解沉淀或被器壁吸附；测定氰化物的水样用 NaOH 调节 pH≥11，使其生成稳定的钠盐。

（3）加入氧化剂或还原剂。氧化剂或还原剂可以阻止或减缓某些组分发生氧化-还原反应。如水样中痕量汞易被还原，引起汞的挥发性损失，加入硝酸-重铬酸钾溶液可使汞维持在高氧化态，汞的稳定性大为改善；测定硫化物的水样，如在水样中加入抗坏血酸可阻止硫化物被氧化；在测定溶解氧的水样中，加入少量硫酸锰和碘化钾可改变 O_2 的存在状态，使其不易逸散；含余氯水样，能氧化氰离子，可使酚类、烃类、苯系物氯化生成相应的衍生物，为此，在采样时，加入适当的硫代硫酸钠予以还原，除去余氯干扰。

不同监测指标的水样的保存条件及保存时间如表 2-14 所示。

表 2-14　水样保存条件及期限

项目	保存剂及用量	保存期	项目	保存剂及用量	保存期
浊度*		12 h	Mg	HNO_3，1 L 水样中加入浓 HNO_3 10 mL	14 d
色度*		12 h	K	HNO_3，1 L 水样中加入浓 HNO_3 10 mL	14 d
pH 值*		12 h	Ca	HNO_3，1 L 水样中加入浓 HNO_3 10 mL	14 d
电导率*		12 h	Cr(Ⅵ)	NaOH，pH=8~9	14 d
悬浮物**		14 h	Mn	HNO_3，1 L 水样中加入浓 HNO_3 10 mL	14 d
碱度**		12 h	Fe	HNO_3，1 L 水样中加入浓 HNO_3 10 mL	14 d
酸度**		30 d	Ni	HNO_3，1 L 水样中加入浓 HNO_3 10 mL	14 d
COD	加入 H_2SO_4，$pH \leq 2$	2 d	Cu	HNO_3，1 L 水样中加入浓 HNO_3 10 mL	14 d
高锰酸盐指数**		2 d	Zn	HNO_3，1 L 水样中加入浓 HNO_3 10 mL	14 d
DO*	加入硫酸锰、碱性碘化钾、叠氮化钠溶液，现场固定	24 h	As	HNO_3，1 L 水样中加入浓 HNO_3 10 mL，DDTC 法，HCl 2 mL	14 d
BOD_5**		12 h	Se	HCl，1 L 水样中加入浓 HCl 2 mL	14 d
TOC	加入 H_2SO_4，$pH \leq 2$	7 d	Ag	HNO_3，1 L 水样中加入浓 HNO_3 2 mL	14 d
F^-**		14 d	Cd	HNO_3，1 L 水样中加入浓 HNO_3 10 mL	14 d
Cl^-**		30 d	Sb	HCl，0.2%(氢化物法)	14 d

表2-14(续)

项目	保存剂及用量	保存期	项目	保存剂及用量	保存期
Br^{-} * *		14 h	Hg	加入 HCl，使其含量达到 1%；如水样为中性，1 L 水样中加入浓 HCl 10 mL	14 d
I^{-}	NaOH，pH=12	14 h	Pb	加入 HNO_3，使其含量达到 1%；如水样为中性，1 L 水样中加入浓 HNO_3 10 mL	14 d
SO_4^{2-} * *		30 d	油类	加入 HCl 至 pH≤2	7 d
PO_4^{3-}	NaOH，H_2SO_4 调节 pH = 7，$CHCl_3$ 0.5%	7 d	农药类 * *	加入抗坏血酸 0.01~0.02 g 除去残余氯	24 h
总磷	HCl，H_2SO_4，pH≤2	24 h	除草剂类 * *	加入抗坏血酸 0.01~0.02 g 除去残余氯	24 h
氨氮	H_2SO_4，pH≤2	24 h	邻苯二甲酸酯类 * *	加入抗坏血酸 0.01~0.02 g 除去残余氯	24 h
NO_2-N * *		24 h	挥发性有机物 * *	用 1+10 HCl 调节至 pH=2，加入 0.01~0.02 g 抗坏血酸除去残余氯	12 h
NO_3-N * *		24 h	甲醛 * *	加入 0.2~0.5 g/L 硫代硫酸钠除去残余氯	24 h
总氮	H_2SO_4，pH≤2	7 d	酚类 * *	用 H_3PO_4 调节至 pH = 2，用 0.01 ~ 0.02 g 抗坏血酸除去残余氯	24 h
硫化物	1 L 水样加入 NaOH 至 pH=9，加入 5%抗坏血酸 5 mL，饱和 EDTA 3 mL，滴加饱和 $Zn(AC)_2$ 至胶体产生，常温蔽光	24 h	阴离子表面活性剂		24 h
总氰	NaOH，pH≥9		微生物 * *	加入硫代硫酸钠至 0.2~0.5 g/L 除去残余物，4 ℃保存	12 h
Be	HNO_3，1 L 水样中加入浓 HNO_3 10 mL	14 d	生物 * *	不能现场测定时，用甲醛固定	12 h
B	HNO_3，1 L 水样中加入浓 HNO_3 10 mL	14 d	Na	HNO_3，1 L 水样中加入浓 HNO_3 10 mL	14 d

注： * 表示尽量现场测定；* * 表示低温(0~4 ℃)遮光保存。

第四节　水样预处理

水样中污染物种类多，组成复杂，通常包括几十甚至几百种成分，各种组分浓度差异大，形态多样。因此，需要进行预处理，以获得待测组分满足分析方法要求的形态和浓度，并最大限度地去除干扰成分。常用的预处理方法有消解、富集和分离等。

一、消解

水样的消解是将样品与酸、氧化剂或催化剂等共同置于回流装置或密闭装置中，加热分解并破坏有机物的一种方法。当测定水样中无机物时，常采用此法，既可以破坏有机物、溶解悬浮物，还可以将各种价态的待测元素氧化成单一高价态或转变成易于分离的无机物。常见的消解方法可分为湿式消解法、干灰化法和微波消解法。

（一）湿式消解法

在进行水样消解时，应根据水样的类型及测定方法选择消解方法。最常使用的一元酸为硝酸，但有时为了提高消解温度、加快消解速率和改善消解效果，可采用多元酸消解。

1. 硝酸消解法

适用于较清洁的水样。方法要点是：取混匀的水样50~200 mL于烧杯中，加入5~10 mL浓硝酸，在电热板上加热煮沸，蒸发至小体积，试液应清澈透明，呈浅色或无色；否则，应补加硝酸继续消解。蒸至近干，取下烧杯，稍冷后，加入2%HNO_3 20 mL，温热溶解可溶盐。若有沉淀，应过滤，滤液冷至室温后，于50 mL容量瓶中定容备用。

2. 硝酸-高氯酸消解法

适用于含有机物、悬浮物较多的水样。方法要点是：取适量的水样于烧杯或锥形瓶中，加入5~10 mL硝酸，在电热板上加热，消解至大部分有机物被分解。取下烧杯，稍冷，加入2~5 mL高氯酸，继续加热至开始冒白烟，如试液呈深色，再补加硝酸，继续加热至冒浓厚白烟并逐渐消失（不可蒸至干涸）。取下烧杯冷却，用2% HNO_3溶解，如有沉淀，应过滤，滤液冷至室温定容备用。

因为高氯酸能与羟基化合物反应生成不稳定的高氯酸酯，有发生爆炸的危险，故先加入硝酸，氧化水样中的羟基化合物，稍冷后，再加高氯酸处理。

3. 硝酸-硫酸消解法

硝酸和硫酸都有较强的氧化能力，其中硝酸沸点低，而硫酸沸点高，二者结合使用，可提高消解温度和消解效果，常用的硝酸与硫酸的比例为5∶2。不适合用于易生成难溶性硫酸盐的水样。方法要点是：先将硝酸加入水样中，加热蒸发至小体积，稍冷，再加入硫酸、硝酸，继续加热蒸发至冒大量白烟，冷却，加入适量水，温热溶解可溶盐，若有沉淀，应过滤。为提高消解效果，常加入少量的过氧化氢。

4. 硫酸-磷酸消解法

适用于需要消除Fe^{3+}等离子干扰的水样。两种酸的沸点都比较高，其中硫酸的氧化性较强，磷酸能与一些金属离子（如Fe^{3+}等）络合。

5. 硫酸-高锰酸钾消解法

适用于消解测定汞的水样。高锰酸钾是强氧化剂，在中性、碱性、酸性条件下都可以氧化有机物，其氧化产物多为草酸根，但在酸性介质中还可继续氧化。方法要点是：取适量的水样，加入适量的硫酸和5%高锰酸钾，混匀后加热煮沸，冷却，滴加盐酸羟胺溶液破坏过量的高锰酸钾。

6. 多元消解法

为提高消解效果，在某些情况下，需要采用三元以上酸或氧化剂消解体系。例如，处理测总铬的水样时，用硫酸、磷酸和高锰酸钾消解。

7. 碱分解法

当用酸体系消解水样造成易挥发组分损失时，可改用碱分解法。方法要点是：在水样中加入氢氧化钠-过氧化氢混合溶液，或者氨水-过氧化氢混合溶液，加热煮沸至近干，用去离子水或稀碱溶液温热溶解可溶性盐。如有沉淀，应过滤处理，滤液冷却至室温后定容，备测。

（二）干灰化法

适用于有机物多、无机物为痕量的测定无机物的水样，不适合处理测定易挥发组分（如砷、汞、镉、硒、锡等）的水样。方法要点是：取适量的水样于白瓷或石英蒸发皿中，利用水浴蒸干后移入马弗炉内，于450～550 ℃灼烧到残渣呈灰白色，使有机物完全分解除去。取出蒸发皿，冷却，用适量2% HNO_3（或HCl）溶解样品灰分，过滤，滤液定容后供测定。

（三）微波消解法

微波消解是将高压消解和微波快速加热相结合的消解技术。其原理是以水样和消解酸的混合液为发热体，从内部对样品进行激烈搅拌，充分混合和快速加热，显著提高样品分解速率，缩短消解时间，提高热氧化效率。消解过程中，水样处于密闭容器中，避免了待测元素的损失和可能造成的污染。

二、富集和分离

当水样中的待测组分含量低于测定方法的测定下限时，就必须进行富集或浓缩；当有共存干扰组分时，就必须采取分离或掩蔽措施。富集和分离过程往往是同时进行的，常用的方法有过滤、气提、顶空、蒸馏、溶剂萃取、离子交换、吸附、共沉淀、层析等，要根据具体情况选择使用。

（一）蒸馏法和顶空法

1. 蒸馏法

蒸馏法是基于气-液平衡原理，利用各组分的沸点及蒸气压不同达到分离目的。在加热时，水样中的易挥发组分富集在蒸气相，通过冷凝，进入馏出液或吸收液中，实现富集。蒸馏分为常压蒸馏和减压蒸馏。常压蒸馏适合于沸点40～150 ℃的化合物的分离，如挥发酚、氰化物和氨氮水样预处理。图2-7为挥发酚和氰化物蒸馏装置示意图。

2. 顶空法

顶空法是在一密闭容器中加入适量的水样，在一定温度下，水样中易挥发性物质进入顶部气相，当容器内气-液两相达到平衡时，气相中的组分能反映水样中挥发性物质的组成。适用于复杂水样中易挥发物质的测定。

依据待测组分在两相中的分配系数 K 和两相体积比 β 及可实测得到的待测组分在气相中的平衡浓度 $[X]_G$，水样中原始浓度 $[X]_L^0$ 可由下式计算得到：

$$[X]_{L}^{0}=(K+\beta)\times[X]_{G},K=\frac{[X]_{G}}{[X]_{L}},\beta=\frac{V_{G}}{V_{L}}$$

式中：$[X]_{G}$，$[X]_{L}$——平衡状态下待测物质 X 在气相和液相中的浓度；

V_{G}，V_{L}——气相和液相的体积。

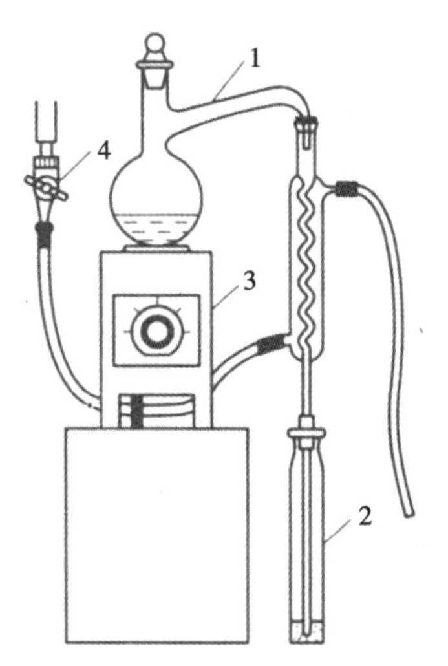

图 2-7　挥发酚和氰化物蒸馏装置示意图

1—全玻璃蒸馏器；2—接收瓶；3—电炉；4—冷凝水调节阀

（二）萃取法

1. 溶剂萃取法

也称液-液萃取法，是基于物质在互不相溶的两种溶剂中分配系数不同，进行组分的分离和富集。

（1）有机物的萃取。分散在水相中的有机物质易被有机溶剂萃取，利用此原理可以富集分散在水样中的有机污染物质。如用4-氨基安替比林光度法测定水样中的挥发酚时，当酚的含量低于0.05 mg/L，水样经蒸馏分离后，需再用三氯甲烷进行萃取浓缩。操作要点是：向250 mL预蒸馏并显色后的水样馏出液中加入10 mL三氯甲烷，剧烈振摇2 min，倒置放气，静置分层。用干脱脂棉或滤纸拭干分液漏斗颈管内壁，于颈管内塞一小团干脱脂棉或滤纸，将三氯甲烷层通过干脱脂棉团或滤纸，弃去最初滤出的数滴萃取液后，将余下的三氯甲烷直接放入比色皿中测定。

（2）无机物的萃取。由于有机溶剂只能萃取水相中以非离子状态存在的物质（主要是有机物），而多数无机物质在水相中以水合离子状态存在，故无法用有机溶剂直接萃取。为实现用有机溶剂萃取，需先加入一种试剂，使其与水相中的离子态组分相结合，生成一种不带电、易溶于有机溶剂的物质，即将无机物质由亲水性物质变成疏水性物质，与有机相、水相共同构成萃取体系。根据生成可萃取物类型不同，可分为螯合物萃取体系、离子缔合物萃取体系、三元配合物萃取体系和协同萃取体系等。如双硫腙分光光度法测水样中的镉，采取螯合物萃取体系，先使镉离子与双硫腙生成红色络合物，再用氯仿萃取后，测定氯仿层。

2. 固相萃取法

也称液-固萃取法，基于液-固相色谱理论，采用选择性吸附、选择性洗脱的方式对水样进行富集、分离和净化。常用的方法是让水样通过固体吸附剂，吸附待测物质，再选用适当强度的溶剂冲去共吸附的杂质，随后用少量的溶剂迅速洗脱待测物质。萃取流程如图 2-8 所示。如水样中百草枯和杀草快的测定，采取固相萃取-高效液相色谱法，先将水样中百草枯和杀草快经弱阳离子交换固相萃取柱富集，再用含甲酸的乙腈溶液洗脱，用液相色谱分离、紫外检测器检测。

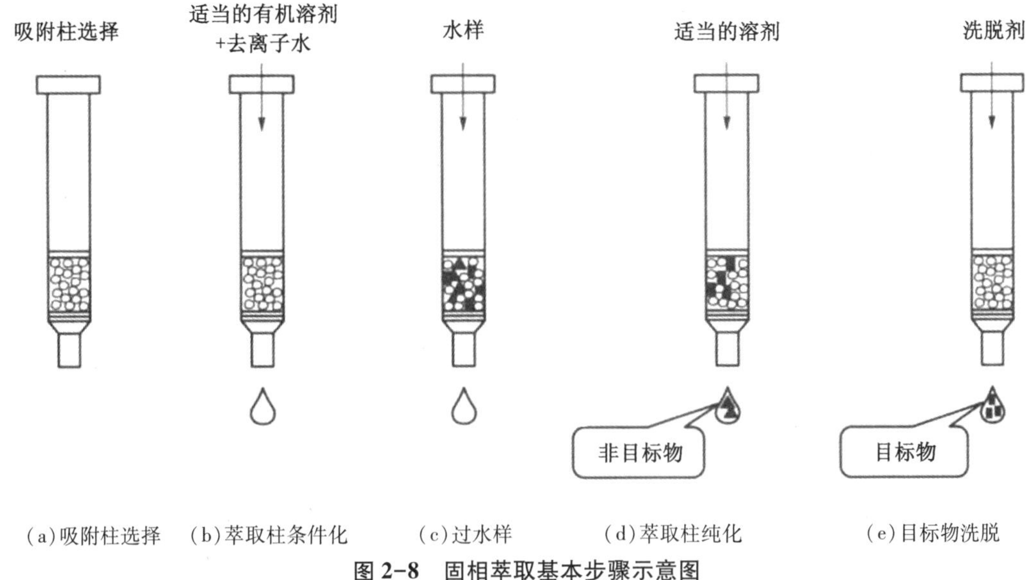

图 2-8 固相萃取基本步骤示意图

影响固相萃取效率的因素主要有吸附剂类型和用量、洗脱剂性质、样品体积及组分、流速等，关键因素是吸附剂和洗脱剂。常见的固相萃取剂是含 C_{18} 或 C_8、腈基、氨基等基团的特殊填料，其中碳层滤纸常用于铜、镉、铅、铁离子的分离，吸附后，用浓硝酸洗脱，测定洗脱液中离子含量。

(三)离子交换法

离子交换法是用离子交换树脂交换分离和富集水样中目标离子的预处理方法。离子交换树脂是一种带有交换离子的活性基团、具有网状结构与不溶性的球形高分子颗粒物，有阳离子交换树脂和阴离子交换树脂，前者利用氢离子交换水中阳离子(Na^+ 、Ca^{2+} 、Al^{3+} 等)，后者利用氢氧根离子交换水中阴离子(Cl^- 、NO_2^- 、NO_3^- 等)。将阴、阳离子交换树脂分别装入不同体积的离子交换柱中，制备成阴离子交换柱和阳离子交换柱。预处理时，含待分离成分的水样由交换树脂顶部注入，在交换柱内发生交换吸附后，可用洗脱剂连续流过交换柱，使交换吸附的待测离子从交换柱解吸出来，达到分离和富集的目的。

(四)共沉淀法

沉淀分离法是基于溶度积原理、利用沉淀反应进行分离的方法。共沉淀是指溶液中一种难溶化合物在形成沉淀过程中，将共存的某些痕量组分一起载带沉淀出来的现象，其机理是基于吸附、生成混晶、异电荷胶体物质相互作用等。如分光光度法测水中六价铬时，当水样有色度、浑浊，且 Fe^{3+} 浓度低于 200 mg/L 时，可在 pH 值为 8~9 的条件下，用 $Zn(OH)_2$ 作共沉淀剂吸附分离干扰物质；分离水样中痕量 Pb^{2+} 时，可加入适量 Sr^{2+} 和过量可溶性硫酸盐，生成 $PbSO_4$-$SrSO_4$ 混晶，将 Pb^{2+} 共沉淀出来。

第五节 物理指标检验

水体物理性质的监测是水质评价的指标之一，它包括水温、色度、臭、浊度、残渣、电导率和透明度等。

一、水温

水的物理化学性质与水温有密切关系，如密度、黏度、含盐量、pH 值、气体的溶解度、化学和生物化学反应速率，以及生物活动等都受水温影响。水温的测量对水体自净、热污染判断及水处理过程的运转控制都具有重要意义。

水温测量在现场进行，常用的方法有水温计法、深水温度计法和颠倒温度计法等。各种温度计均应定期校准。

1. 水温计法

水温计是安装于金属半圆槽壳内的水银温度表，下端连接一金属贮水杯，温度表水银球部悬于杯中，其顶端的槽壳带一圆环，拴以一定长度的绳子。测温范围通常为-6～41 ℃，最小分度为 0. 2 ℃。测量时，将其插入预定深度的水中，放置 5 min 后，迅速提出水面并读数。

普通水温计适宜测量表层水水温[见图 2-9(a)]，深水水温计适宜测量水深 40 m 以内水深的水体水温[见图 2-9(b)]。

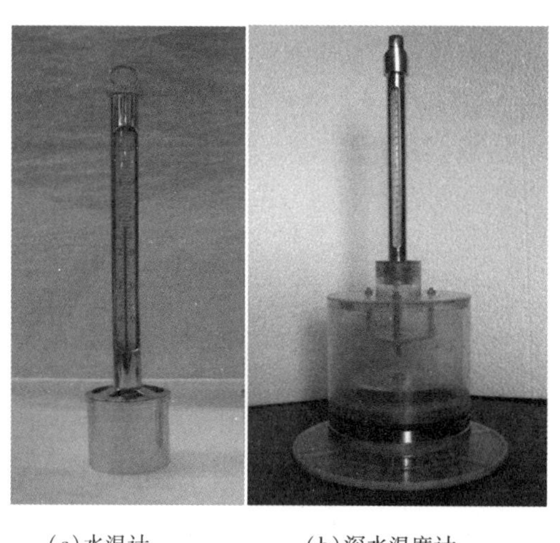

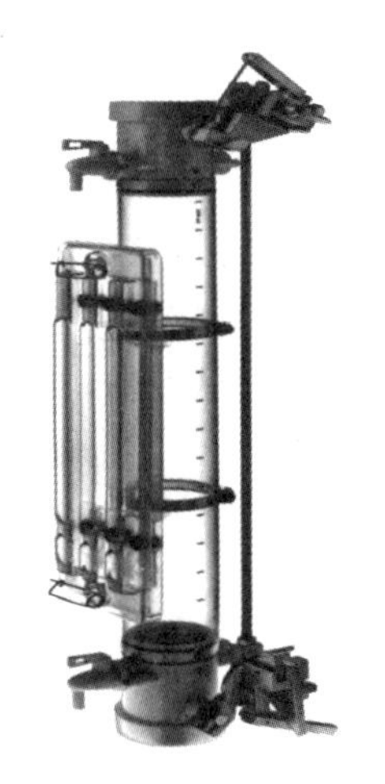

(a)水温计　(b)深水温度计　(c)颠倒温度计

图 2-9　温度计实物图

2. 颠倒温度计法

颠倒温度计由主温表和辅温表组装在厚壁玻璃套管内构成。主温表是双端式水银温度计，用于测量水温；辅温表为普通水银温度计，用于校正因环境温度改变而引起的主温表读数变化。测量时，将装有这种温度计的颠倒采水器沉入预定深度处，感温 10 min 后，由“使锤”打开采水器的“撞击开关”，使采水器完成颠倒动作，提出水面，立即读取主、辅温度表的读数，经校正后，获得实际水温。主温表测量范围-2～+32 ℃，分度值 0. 1 ℃，辅温表测量范围-20～+50 ℃，分度值 0. 5 ℃。

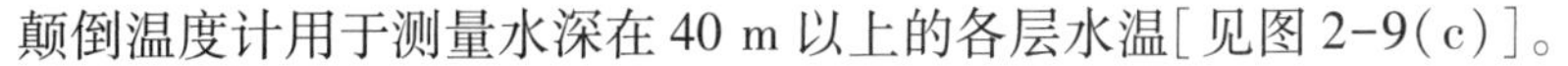

颠倒温度计用于测量水深在 40 m 以上的各层水温[见图 2-9(c)]。

【拓展知识】温度计的校正

将欲校正的温度计感温元件与标准温度计一并插入恒温水浴槽中，放入冰块，校正零点，经 5~10 min 后记录读数；提高水浴温度，记录标准温度计 20，40，60，80，100 ℃时的读数，即可得到相对应的校正温度。

二、色度

纯水无色透明，清洁水较浅时无色，水深时呈浅蓝绿色。天然水中含有泥土、有机质、无机矿物质、浮游生物等，往往呈现一定的颜色。工业废水含有染料、生物色素、有色悬浮物等，是环境水体着色的主要来源。有颜色的水减弱水的透光性，影响水生生物生长和观赏的价值。

水的颜色分为表色和真色。真色指去除悬浮物后的水的颜色，没有去除悬浮物的水具有的颜色称为表色。对于清洁或浊度很低的水，真色和表色相近。对于着色深的工业废水或污水，真色和表色差别较大。水的色度一般是指真色，故在测定前，需先用澄清或离心沉降的方法除去水中的悬浮物，但不能用滤纸过滤。

1. 铂钴比色法

用氯铂酸钾与氯化钴配成标准色列，与水样进行目视比较，以确定水样的颜色强度。规定每升水中含 1 mg 铂[以六氯铂(Ⅳ)酸计]和 2 mg 六水合氯化钴(Ⅱ)所具有的颜色为 1 个色度单位，称为 1 度。当 0 度<色度<40 度时，精确到 5 度；40 度≤色度<70 度时，精确到 10 度。当色度≥70 度时，先用光学纯水将水样适当稀释，使色度落入标准溶液范围之内再测定。

如果水样中有泥土或其他分散很细的悬浮物，用澄清、离心等方法处理仍不透明时，则测定表色，但需要注明。

该方法适用于较清洁、带有黄色色调的天然水和饮用水的测定。

2. 稀释倍数法

首先用眼睛观察水样，用文字描述水样的颜色种类和深浅程度(如无色、浅色、深色等)、色调(如蓝色、黄色、灰色等)，或包括透明度(如透明、浑浊、不透明)。然后取一定量水样装入比色管中，用无色水稀释至无色，以稀释倍数表示该水样的色度，单位为倍。色度在 50 倍以上时，先用光学纯水稀释至色度在 50 倍之内再测定。色度在 50 倍以下时，按照每次 2 倍逐级稀释。

所取水样应无树叶、枯枝等杂物；取样后，应尽快测定，否则只能在 4 ℃下保存 48 h。

该方法适用于受工业废水污染的地面水和工业废水颜色的测定。

3. 分光光度法

用分光光度法求出有色水样的三激励值，查图和表，确定水样以波长表示的色调(红、蓝、黄等)、以明度表示的亮度、以纯度表示的高合度(柔和、浅淡等)来评定水的色度。

该方法适用于各种水色度的测定。

三、臭

臭是检验原水和处理水水质的必测项目之一，也是评价水处理效果的重要指标。水中异臭和异味主要来源于工业废水和生活污水中的污染物、天然物质的分解或与之有关的微生物活动、消毒剂残留等。

1. 定性描述法

选定不少于4人组成闻测小组，评价样品的感官特性，并对样品的不同臭特征做出描述。样品加热到一定温度时，闻测小组成员闻其臭气，同时给出每种臭特征的强度评价，共同讨论并计算，确定样品的评价结果。臭强度等级表如表2-15所示。

表2-15 臭强度等级表

等级	强度	说明
0	无	无任何异臭
1	微弱	一般饮用者难以察觉，闻测小组成员可以准确闻测并描述
2	弱	一般饮用者刚能察觉，易分辨不同异臭种类
3	明显	已能明显察觉异臭
4	强	有显著的异臭，长时间闻测难以忍受
5	很强	有强烈的异臭，并让人无法忍受

检测时，先量取200 mL样品于锥形瓶中，同时取无臭水做空白试样，样品不得沾染容器瓶口。在45 ℃恒温水浴下加热15 min后，闻测小组成员分别闻测样品。闻测时，一只手托住闻测样品瓶底，另一只手压紧瓶盖，不要接触瓶颈部位，以画圆圈的形式轻轻摇动闻测样品瓶，确保挥发性物质转移到顶部空气中，然后将玻璃瓶靠近鼻孔，移除瓶盖，进行闻测。盖紧瓶塞，重新加热后，由闻测小组另一成员进行闻测，以此类推。对水样中存在的臭种类及强度分别进行记录。记录时，应以第一感觉的结果为主。每次闻测样品前，应先闻空白试样，使闻测小组成员的嗅觉保持良好状态。

该方法适用于生活饮用水及其水源水的测定。

2. 臭阈值法

用无臭水稀释水样，当稀释到刚能闻出臭味时的稀释倍数称为臭阈值。

$$\text{臭阈值} = \frac{\text{水样体积} + \text{无臭水体积}}{\text{水样体积}}$$

检测时，先用水样和无臭水在具塞锥形瓶中配制系列稀释水样，在水浴上加热至60±1 ℃；取下锥形瓶，振荡2~3次，去塞，闻其气味，与无臭水比较，确定刚能闻出臭味的稀释水样，计算臭阈值。如水样中含有余氯，则应在脱氯前后各检测一次。

该方法适用于近无臭的天然水至臭阈值达数千的工业废水的测定。

水样中如含有余氯，用硫代硫酸钠滴定脱除，并在脱氯前后各检测一次。无臭水不能用蒸馏水代替，可用水通过颗粒活性炭制取，也可将蒸馏水煮沸除臭。由于不同检验人员嗅的敏感程度有差异，检验结果会不一致，因此，一般选择5名及以上嗅觉灵敏的检验人员同时检验，并要求检臭人员在检臭前避免外来气味的刺激。

四、浊度

浊度是反映水中的不溶解物质对光线透过时阻碍程度的指标，通常仅用于天然水和饮用水，而污水和废水中不溶物质含量高，一般要求测定悬浮物(SS)。

1. 分光光度法

将一定量的硫酸肼和六次甲基四胺聚合，生成白色高分子聚合物，以此作为浊度标准溶液，配制标准浊度溶液，在一定条件下与水样比较。

测定时，首先用标准浊度溶液配制系列浊度标准溶液，于680 nm波长处，以无浊水为参比，测定系列浊度标准溶液和水样的吸光度，绘制标准曲线，并从标准曲线上查得相应浊度。

该方法适用于饮用水、天然水及高浊度水的测定，最低检测浊度为3度，浊度单位为散射浊度单位(NTU)。

2. 目视比浊法

将水样与用硅藻土配制的浊度标准溶液进行比较来确定水样的浊度。规定1000 mL水中含1 mg一定粒度的硅藻土所产生的浊度为一个浊度单位，简称“度”。

测定时，先用通过0.1 mm(150目)孔径筛，并经烘干的硅藻土和蒸馏水配制浊度标准贮备液。再视水样浊度高低，用浊度标准贮备液和具塞比色管或具塞无色玻璃瓶配制系列浊度标准溶液。然后取与系列浊度标准溶液等体积的摇匀水样或稀释水样，置于与之同规格的比浊器皿中，与系列浊度标准溶液比较，选出与水样产生视觉效果相近的标准液，即为水样的浊度。如水样浊度超过100度，先用无浊水稀释后再测定，测得浊度应再乘以稀释倍数。

该方法适用于饮用水和水源水等低浊度水的测定，最低检测浊度为1度。

3. 浊度仪法

浊度仪法是利用一束稳定光源通过盛有待测样品的样品池，传感器处在与发射光线垂直的位置上测量散射光强度。光束射入样品时产生的散射光的强度与样品中浊度在一定范围内成比例关系。

测定时，用六次甲基四胺和硫酸肼配制浊度标准溶液，然后配制系列浊度标准溶液，再使用浊度仪测定系列浊度标准溶液的浊度，绘制校正曲线，然后用同样的方法测定水样的浊度值，通过标准曲线进行校准。10NTU以下的样品选择入射光为400~600 nm的浊度计，有颜色的样品选择入射光为860±30 nm的浊度计。

该方法适用于地表水、地下水和海水中浊度的测定，检出限0.3NTU。

五、残渣

水中的残渣分为总残渣、可滤残渣和不可滤残渣三种。它们是表征水中溶解性物质和不溶解性物质含量的指标。

1. 总残渣

总残渣是水或污水样在一定的温度下蒸发、烘干后剩余的物质，包括不可滤残渣和可滤残渣。

测定时，取适量(一般50 mL)振荡均匀的水样于称至恒重的蒸发皿中，在蒸汽浴或水浴上蒸干，移入103~105 ℃烘箱内烘至恒重，蒸发皿增加的质量即为总残渣。计算式如下：

$$总残渣(mg/L)=\frac{(m-m_0)\times 1000\times 1000}{V}$$

式中：m——总残渣和蒸发皿质量，g；

m_0——蒸发皿质量，g；

V——水样体积，mL。

2. 可滤残渣

可滤残渣是指将过滤后的水样放在称至恒重的蒸发皿内蒸干，再在一定温度下烘至恒重所增加的质量。

测定时，先将水样用 0.45 μm 滤膜或滤纸过滤，滤液置于已恒重的蒸发皿中，在蒸汽浴或水浴上蒸干，然后移入烘箱中于 103~105 ℃恒重，蒸发皿增加的质量即为可滤残渣量。但有时要求测定 180±2 ℃烘干的可滤残渣，因为水样在此温度下烘干，可将吸着水全部赶尽，所得结果与化学分析结果所计算的总矿物质(如钙、镁离子等)含量较接近。

3. 不可滤残渣

水样经过滤后留在过滤器上的固体物质，于 103~105 ℃烘至恒重得到的物质量称为不可滤残渣量，又称悬浮物，用 SS 表示。它包括不溶于水的泥砂、各种污染物、微生物及难溶无机物等。悬浮物是决定工业废水和生活污水能否直接排入公共水域或必须处理到何种程度才能排入水体的重要条件之一。

测定时，用已恒重的 0.45 μm 滤膜(两次称量的质量差≤0.2mg)过滤一定量(一般 50 mL)水样，将载有悬浮物的滤膜移入烘箱中于 103~105 ℃恒重(两次称量的质量差≤0.4mg)，滤膜增加的质量即为不可滤残渣量。水样较清洁时，为了保证滤膜截留足够量的悬浮物，可以适当增加水样量；悬浮物较多时，除了会延长干燥时间外，还可能造成过滤困难，可以酌情减少水样量；一般以 5~100 mg 悬浮物量作为水样体积的适用范围。

常用的滤器有滤纸、滤膜、石棉坩埚，由于它们的滤孔大小不一致，故报告结果时应注明。石棉坩埚通常用于过滤酸或碱浓度高的水样。

六、电导率

电导率是指相距 1 cm 的两平行金属板电极间充以 1 cm^3 电解质溶液所具有的电导。水的电导率与其所含无机酸、碱、盐的量有一定的关系。当它们的浓度较低时，电导率随着浓度的增大而增加，因此，该指标常用于推测水中离子的总浓度或含盐量。

电导率的测定通常采用电导仪。测定时，先用氯化钾配制系列电导率标准溶液；然后根据水样电导率大小，选用不同电导池常数电极(如表 2-16 所示)，将电极和温度计用待测水样冲洗 2~3 次，再浸入水样中测定 2~3 次，最后进行温度校正。

表 2-16 不同电导池常数的电极选择

电导池常数/cm^{-1}	电导率/(μS/cm)
0.001	0.1 以下
0.01	0.1~10
0.1~1.0	10~100
1.0~10	100~100000
10~50	100000~500000

电导率随着温度的变化而变化，温度每升高 1 ℃，电导率增加 2%，通常规定 25 ℃为测定电导率的标准温度，如果测定温度不是 25 ℃，则需进行温度校正，校正公式如下：

$$S = \frac{S_t K}{1 - \beta(t - 25)}$$

式中：S——换算成 25 ℃时的电导率，μS/cm；

S_t——温度为 t 时的电导，μS；

K——电导池常数，cm^{-1}；

β——温度校正系数，一般取 0.022；

t——测定时的水温，℃。

电导池常数的校正，用校正电导池常数的电极测定已知电导率的氯化钾溶液的电导率。

$$K = \frac{S_0 - S_1}{S_2}$$

式中：K——电导池常数，cm^{-1}；

S_0——配制氯化钾所用试剂水的电导率，μS/cm；

S_1——氯化钾标准溶液的电导率，μS/cm；

S_2——用校正电导池常数的电极测定氯化钾标准溶液的电导，μS。

氯化钾标准溶液的电导率见表2-17。

表2-17 氯化钾标准溶液的电导率

溶液浓度/(mol/L)	温度/℃	电导率/(μS/cm)
1	0	65176
	18	97838
	25	111342
0.1	0	7138
	18	11167
	25	12856
0.01	0	773.6
	18	1220.5
	25	1408.8
0.001	25	146.93
1×10^{-4}	25	14.89
1×10^{-5}	25	1.4985
1×10^{-6}	25	1.4985×10^{-1}

七、透明度

透明度是指水样的澄清程度。洁净的水是透明的，水中存在悬浮物、胶体物质、有色物质和藻类时，会使透明度降低。湖泊、水库、海洋水等常要求测定透明度。常用的透明度测定方法有铅字法、塞氏盘法等。

1. 铅字法

该方法用透明度计测定（如图2-10示）。透明度计是一种长33 cm，内径2.5 cm，并具有刻度的五色玻璃筒，筒底有一磨光玻璃片和放水侧管。

图2-10 铅字法透明度计

测定时，将摇匀的水样倒入筒内，从筒口垂直向下观察，并缓慢由放水口放水，直至刚好能看清放在底部的标准铅字印刷符号，此时筒中水柱高度（以cm计）即为被测水样的透明度，读数估计至0.5 cm。水位超过30 cm时，视为透明水样。

该方法受检验人员的主观因素影响较大，在保证照明等条件相同的条件下，最好取多次或多人测定结果的平均值。光源原则上为白色光，避免日光直射。

该法常用于天然水和轻度污染水的测定。

2. 塞氏盘法

塞氏盘（如图2-11示）为直径200 mm的生青铜圆盘，盘面从中心平分为四个部分，黑白相间，中心穿一带铅锤的铅丝，上面系一用“cm”标记的细绳或卷尺。

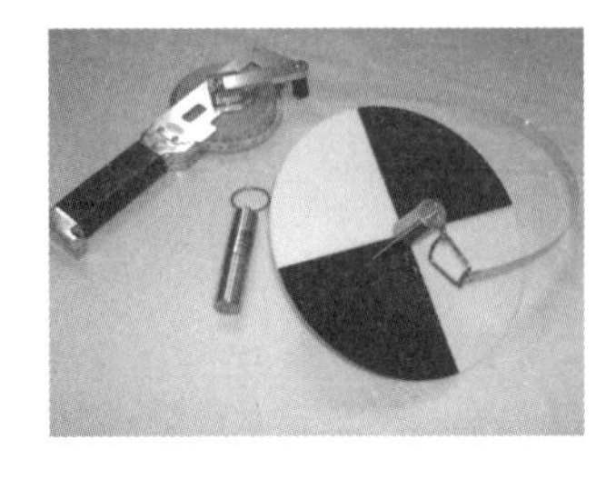

图2-11　塞氏盘

测定时，将塞氏盘平放入水中，逐渐下沉，直到刚好看不到盘面的白色时，记录其深度，即为被测水的透明度。重复数次，求平均值。1 m以内，用cm表示，结果精确到1 cm；1 m以上，用m表示，结果精确到0.1 m。测量条件最好为晴天、水面平稳。

该法常用于地面水的现场测定。

第六节　金属化合物的测定

水体中的金属元素有些是维持人体健康必须的常量元素或微量元素，有些是有害于人体健康的。有害金属侵入人的肌体后，将会使某些酶失去活性而出现不同程度的中毒症状，其毒性大小与金属种类、理化性质、浓度及存在的价态和形态有关。例如，汞、铅、镉、铬(Ⅵ)及其化合物是对人体健康产生长远影响的有害金属；汞、铅、砷、锡等金属的有机化合物比相应的无机化合物毒性要大得多；可溶性金属要比颗粒态金属毒性大；六价铬比三价铬毒性大等。

一、汞

汞及其化合物属于剧毒物质，特别是有机汞化合物，由食物链进入人体，引起全身中毒。汞污染主要来源于金属冶炼、仪器仪表制造、颜料、塑料、食盐电解及军工等工业废水。天然水中含汞量一般不超过0.1 μg/L，我国生活饮用水中标准限值为0.001 mg/L。工业废水中汞的最高允许排放浓度为0.05 mg/L。

汞的测定方法有双硫腙分光光度法、冷原子吸收分光光度法、冷原子荧光法、气相色谱法、EDTA配位滴定法、阳极溶出伏安法、X射线荧光光谱法等。各种汞的测定方法的原理及适用范围见表2-18。

表2-18　常见汞的监测方法

分析方法	标准号	原　理	浓度范围	适用范围
冷原子荧光法	HJ/T 341—2007	水样中的汞离子被还原剂还原为单质汞，形成汞蒸气。其基态汞原子受到波长253.7 nm的紫外光激发，当激发态汞原子去激发时，便辐射出相同波长的荧光。在给定的条件下和较低的质量浓度范围内，荧光强度与汞的质量浓度成正比	最低检出质量浓度为0.0015 μg/L，测定下限为0.0060 μg/L，测定上限为1.0 μg/L	地表水、地下水及氯离子含量较低的水样中汞的测定

表2-18(续)

分析方法	标准号	原　理	浓度范围	适用范围
原子荧光法	HJ 694—2014	经预处理后的试液进入原子荧光仪，在酸性条件的硼氢化钾还原作用下，生成砷化氢和汞原子，氢化物在氩氢火焰中形成基态原子，其基态原子和汞原子受元素灯发射光的激发，产生原子荧光，原子荧光强度与试液中待测元素含量在一定范围内呈正比	检出限 0.04 μg/L，测定下限 0.16 μg/L	地表水、地下水、生活污水和工业废水中汞的溶解态和总量的测定
双硫腙分光光度法	GB 7469—87	在 95 ℃用高锰酸钾和过硫酸钾将试样消解，把所含汞全部转化为二价汞。用盐酸羟胺将过剩氧化剂还原，在酸性条件下，汞离子与双硫腙生成橙色螯合物，用有机溶剂萃取，再用碱溶液洗去过剩的双硫腙	取水样 250 mL 时，最低检出限 2 μg/L，测定上限 40 μg/L	生活污水、工业废水和受汞污染的地面水
冷原子吸收分光光度法	HJ 597—2011	在加热条件下，用高锰酸钾和过硫酸钾在硫酸-硝酸介质中消解样品；或用溴酸钾-溴化钾混合剂在硫酸介质中消解样品；或在硝酸-盐酸介质中用微波消解仪消解样品； 消解后的样品中所含汞全部转化为二价汞，用盐酸羟胺将过剩的氧化剂还原，再用氯化亚锡将二价汞还原成金属汞。在室温下通入空气或氮气，将金属汞气化，载入冷原子吸收汞分析仪，于 253.7 nm 波长处测定响应值，汞的含量与响应值成正比	取样量 100 mL 时，检出限 0.02 μg/L，测定下限 0.08 μg/L；取样量 200 mL 时，检出限 0.01 μg/L，测定下限 0.04 μg/L；采用微波消解法，取样量 25 mL 时，检出限 0.06 μg/L，测定下限 0.24 μg/L	地表水、地下水、工业废水和生活污水中总汞的测定。有机物含量较高，消解试剂用量不足以氧化样品中有机物时，不适合使用本方法
气相色谱法	GB/T 17132—1997	采用巯基纱布和巯基棉二次富集的前处理方法，用气相色谱仪(电子捕获检测器)测定水、沉积物和尿中甲基汞；采用盐酸溶液浸提的前处理方法，用气相色谱仪(电子捕获检测器)测定鱼肉和人发组织中甲基汞	水、沉积物和尿样中检出浓度分别为 0.01 ng/L、0.02 μg/kg、2 ng/L，鱼肉和人发的检出浓度分别为 0.1 μg/kg 和 1 μg/kg	地面水、生活饮用水、生活污水、工业废水、沉积物、鱼体及人发和人尿中甲基汞含量的测定

二、镉

镉属剧毒金属，可在人体的肝、肾等组织中蓄积，造成脏器组织损伤，尤以对肾脏损害最为明显。还会导致骨质疏松，诱发癌症。淡水中镉含量一般低于 1 μg/L，海水中镉的平均含量为 0.15 μg/L。我国生活饮用水卫生标准规定镉的浓度不能超过 0.005 mg/L，工厂最高允许排放浓度为 0.1 mg/L，并且不得用稀释的方法代替必要的处理。

镉污染主要来源于电镀、采矿、冶炼、颜料、电池等工业排放的废水。

镉的测定方法有原子吸收光谱法、双硫腙分光光度法、阳极溶出伏安法和电感耦合等离子体原子发射光谱法等。各种镉的测定方法的原理及适用范围见表 2-19。

表 2-19 常见镉的监测方法

分析方法	标准号	原理	浓度范围	适用范围
电感耦合等离子体发射光谱法	HJ 776—2015	经过滤或消解的水样注入电感耦合等离子体发射光谱仪后，镉元素在等离子体火炬中被气化、电离、激发并辐射出特征谱线，在一定浓度范围内，其特征谱线的强度与元素的浓度成正比	水平：检出限0.05 mg/L，测定下限0.20 mg/L； 垂直：检出限0.005 mg/L，测定下限0.02 mg/L	地表水、地下水、生活污水和工业废水
电感耦合等离子体质谱法	HJ 700—2014	水样经预处理后，采用电感耦合等离子体质谱仪进行检测，根据元素的质谱图进行定性，内标法定量。样品由载气带入雾化系统进行雾化后，以气溶胶形式进入等离子体的轴向通道，在高温和惰性气体中被充分蒸发、解离、原子化和电离，转化成的带电荷的正离子经离子采集系统进入质谱仪，质谱仪根据离子的质荷比，即元素的质量数进行分离并定性、定量地分析。在一定范围内，元素质量数处所对应的信号响应值与其浓度成正比	检出限0.05 mg/L，测定下限0.20 mg/L	地表水、地下水、生活污水和低浓度工业废水
双硫腙分光光度法	GB 7471—87	在强碱性溶液中，镉离子与双硫腙生成红色络合物，用氯仿萃取后，于518 nm波长处进行分光光度法测定	1~50 μg/L，镉浓度高于50 μg/L时，可对样品适当稀释后测定	天然水和废水中微量镉
原子吸收分光光度法	GB 7475—87	直接法：将样品或消解后的样品直接吸入火焰，在火焰中形成的原子对特征电磁辐射产生吸收，将测得的样品吸光度和标准溶液的吸光度进行比较，确定样品中镉含量； 螯合萃取法：吡咯烷二硫代氨基甲酸铵在pH值为3.0时与镉离子螯合后萃入甲基异丁基甲酮中，然后吸入火焰进行原子吸收光谱测定	直接法0.05~1 mg/L； 螯合萃取法1~50 μg/L	直接法适用于地下水、地面水和废水中镉测定； 螯合萃取法适用于地下水和清洁地面水中低浓度镉测定

三、铅

铅是可在人体和动植物中蓄积的有毒金属，其主要毒性效应是导致贫血、神经机能失调和肾损伤等。淡水中铅的含量为0.06~120 μg/L，海水中含铅0.03~13 μg/L。铅对水生生物的安全浓度为0.16 mg/L，我国饮用水限值为0.2 mg/L。

铅的主要污染源是蓄电池、冶炼、五金、机械、涂料和电镀工业等部门排放的废水。

铅的测定方法有双硫腙分光光度法、原子吸收分光光度法、电感耦合等离子体发射光谱法等。各种铅的测定方法的原理及适用范围见表2-20。

表 2-20　常见铅的监测方法

分析方法	标准号	原理	浓度范围	适用范围
电感耦合等离子体发射光谱法	HJ 776—2015	经过滤或消解的水样注入电感耦合等离子体发射光谱仪后，铅元素在等离子体火炬中被气化、电离、激发并辐射出特征谱线，在一定浓度范围内，其特征谱线的强度与铅元素的浓度成正比	水平：检出限 0.009 mg/L，测定下限 0.04 mg/L； 垂直：检出限 0.07 mg/L，测定下限0.28 mg/L	地表水、地下水、生活污水和工业废水
电感耦合等离子体质谱法	HJ 700—2014	水样经预处理后，采用电感耦合等离子体质谱仪进行检测，根据元素的质谱图进行定性，内标法定量。样品由载气带入雾化系统进行雾化后，以气溶胶形式进入等离子体的轴向通道，在高温和惰性气体中被充分蒸发、解离、原子化和电离，转化成的带电荷的正离子经离子采集系统进入质谱仪，质谱仪根据离子的质荷比，即元素的质量数进行分离并定性、定量地分析。在一定范围内，元素质量数处所对应的信号响应值与其浓度成正比	检出限 0.09 mg/L，测定下限 0.36 mg/L	地表水、地下水、生活污水和低浓度工业废水
双硫腙分光光度法	GB 7470—87	在 pH 值为 8.5~9.5 的氨性柠檬酸盐-氰化物的还原介质中，铅与双硫腙形成可被氯仿萃取的淡红色的双硫腙铅螯合物，萃取的氯仿混色液于510 nm 波长下进行光度测量	测定范围 0.01 ~ 0.30 mg/L；当使用 10 mm比色皿，试样体积 100 mL，用 10 mL 双流总萃取时，最低检出限可达0.01 mg/L	天然水、废水中微量铅的测定
原子吸收分光光度法	GB 7475—87	直接法：将样品或消解后的样品直接吸入火焰，在火焰中形成的原子对特征电磁辐射产生吸收，将测得的样品吸光度和标准溶液的吸光度进行比较，确定样品中铅含量； 螯合萃取法：吡咯烷二硫代氨基甲酸铵在 pH 值为 3.0 时与铅离子螯合后萃入甲基异丁基甲酮中，然后吸入火焰进行原子吸收光谱测定	直接法 0.2~10 mg/L； 螯合萃取法 10~200 μg/L	直接法适用于地下水、地面水和废水中铅测定； 螯合萃取法适用于地下水和清洁地面水中低浓度铅测定

四、铜

铜是人体所必需的微量元素，缺铜会发生贫血、腹泄等病症，但过量摄入铜亦会产生危害。铜对水生生物的危害较大，其毒性大小与形态有关，游离铜离子的毒性比配合物毒性大，一般认为水体含铜 0.01 mg/L 对鱼类是安全的，当铜浓度超过 0.01 mg/L 时，水体的自净作用会受到明显的抑制。自然水体中，淡水平均含铜 3 μg/L，海水平均含铜 0.25 μg/L。

铜的主要污染源是电镀、冶炼、五金加工、矿山开采、石油化工和化学工业等部门排放的废水。

测定水中铜的方法主要有原子吸收法、二乙基二硫代氨基甲酸钠萃取分光光度法、2，9-

二甲基-1，10-菲啰啉分光光度法、电感耦合等离子体发射光谱法等。各种铜的测定方法的原理及适用范围见表 2-21。

表 2-21　常见铜的监测方法

分析方法	标准号	原理	浓度范围	适用范围
二乙基二硫代氨基甲酸钠分光光度法	HJ 485—2009	在氨性溶液中(pH=8~10)，铜与二乙基二硫代氨基甲酸钠作用生成黄棕色络合物，此络合物可用四氯化碳或三氯甲烷萃取，在 440 nm 波长处测量吸光度	当使用 20 mm 比色皿，萃取用试样体积为 50 mL 时，方法的检出限为 0.010 mg/L，测定下限为 0.040 mg/L； 当使用 10 mm 比色皿，萃取用试样体积为 10 mL 时，方法的测定上限为 6.00 mg/L	地表水、地下水、生活污水和工业废水中总铜和可溶性铜的测定
2，9-二甲基-1，10-菲啰啉分光光度法	HJ 486—2009	用盐酸羟胺将二价铜离子还原为亚铜离子，在中性或微酸性溶液中，亚铜离子和 2，9-二甲基-1，10-菲啰啉反应生成黄色络合物，于波长 457 nm 处测量吸光度(直接光度法)；也可用三氯甲烷萃取，萃取液保存在三氯甲烷-甲醇混合溶液中，于波长 457 nm 处测量吸光度(萃取光度法)	直接光度法：当使用 50 mm 比色皿，试料体积为 15 mL 时，水中铜的检出限为 0.03 mg/L，测定下限为 0.12 mg/L，测定上限为 1.3 mg/L； 萃取光度法：当使用 50 mm比色皿，试料体积为 50 mL 时，铜的检出限为 0.02 mg/L，测定下限为 0.08 mg/L；当使用 10 mm 比色皿，试料体积为 50 mL 时，测定上限为 3.2 mg/L	直接光度法适用于较清洁的地表水和地下水中可溶性铜和总铜的测定； 萃取光度法适用于地表水、地下水、生活污水和工业废水中可溶性铜和总铜的测定
电感耦合等离子体发射光谱法	HJ 776—2015	经过滤或消解的水样注入电感耦合等离子体发射光谱仪后，铜元素在等离子体火炬中被气化、电离、激发并辐射出特征谱线，在一定浓度范围内，其特征谱线的强度与铜元素的浓度成正比	水平：检出限 0.04 mg/L，测定下限 0.16 mg/L； 垂直：检出限 0.006 mg/L，测定下限 0.02 mg/L	地表水、地下水、生活污水和工业废水
电感耦合等离子体质谱法	HJ 700—2014	水样经预处理后，采用电感耦合等离子体质谱仪进行检测，根据元素的质谱图进行定性，内标法定量。样品由载气带入雾化系统进行雾化后，以气溶胶形式进入等离子体的轴向通道，在高温和惰性气体中被充分蒸发、解离、原子化和电离，转化成的带电荷的正离子经离子采集系统进入质谱仪，质谱仪根据离子的质荷比，即元素的质量数进行分离并定性、定量地分析。在一定范围内，元素质量数处所对应的信号响应值与其浓度成正比	检出限 0.08 mg/L，测定下限 0.32 mg/L	地表水、地下水、生活污水和低浓度工业废水

表2-21(续)

分析方法	标准号	原理	浓度范围	适用范围
原子吸收分光光度法	GB 7475—87	直接法：将样品或消解后的样品直接吸入火焰，在火焰中形成的原子对特征电磁辐射产生吸收，将测得的样品吸光度和标准溶液的吸光度进行比较，确定样品中铜含量； 螯合萃取法：吡咯烷二硫代氨基甲酸铵在 pH 值为 3.0 时与铜离子螯合后萃入甲基异丁基甲酮中，然后吸入火焰进行原子吸收光谱测定	直接法 0.05 ~5 mg/L； 螯合萃取法 1~50 μg/L	直接法适用于地下水、地面水和废水中铜测定； 螯合萃取法适用于地下水和清洁地面水中低浓度铜测定

五、锌

锌是人体必不可少的有益元素，每升水含数毫克锌对人体和温血动物无害，但对鱼类和其他水生生物影响较大。锌对鱼类的安全浓度约为 0.1 mg/L，水中含锌 1 mg/L 时，对水体的生物氧化过程有轻微抑制作用。

锌的主要污染源是电镀、冶金、颜料及化工等部门排放的废水。

锌的测定方法主要有原子吸收分光光度法、双硫腙分光光度法、电感耦合等离子体发射光谱法等。各种锌的测定方法的原理及适用范围见表 2-22。

表 2-22　常见锌的监测方法

分析方法	标准号	原理	浓度范围	适用范围
原子吸收分光光度法	GB 7475—87	将样品或消解后的样品直接吸入火焰，在火焰中形成的原子对特征电磁辐射产生吸收，将测得的样品吸光度和标准溶液的吸光度进行比较，确定样品中锌含量	0.05~1 mg/L	适用于地下水、地面水和废水中锌测定
双硫腙分光光度法	GB 7472—87	在 pH4.0~5.5 的乙酸盐缓冲介质中，锌离子与双硫腙形成红色螯合物，用四氯化碳萃取后进行分光光度测定	5 ~ 50 μg/L；当使用 20 mm 比色皿，取样 100 mL 时，检出限为5 μg/L	天然水和某些废水中微量锌
电感耦合等离子体发射光谱法	HJ 776—2015	经过滤或消解的水样注入电感耦合等离子体发射光谱仪后，锌元素在等离子体火炬中被气化、电离、激发并辐射出特征谱线，在一定浓度范围内，其特征谱线的强度与锌元素的浓度成正比	水平：检出限 0.009 mg/L，测定下限 0.04 mg/L； 垂直：检出限 0.004 mg/L，测定下限 0.02 mg/L	地表水、地下水、生活污水和工业废水

表2-22(续)

分析方法	标准号	原理	浓度范围	适用范围
电感耦合等离子体质谱法	HJ 700—2014	水样经预处理后，采用电感耦合等离子体质谱仪进行检测，根据元素的质谱图进行定性，内标法定量。样品由载气带入雾化系统进行雾化后，以气溶胶形式进入等离子体的轴向通道，在高温和惰性气体中被充分蒸发、解离、原子化和电离，转化成的带电荷的正离子经离子采集系统进入质谱仪，质谱仪根据离子的质荷比即元素的质量数进行分离并定性、定量地分析。在一定范围内，元素质量数处所对应的信号响应值与其浓度成正比	检出限 0.67 mg/L，测定下限 2.68 mg/L	地表水、地下水、生活污水和低浓度工业废水

六、铬

铬是生物体所必需的微量元素之一，缺铬可能会引起动脉粥样硬化。铬的化合物常见价态有三价和六价。在水体中，六价铬一般以 CrO_4^{2-}、$HCr_2O_7^-$、$Cr_2O_7^{2-}$ 三种阴离子形式存在，受水体 pH 值、温度、氧化还原物质、有机物等因素影响，三价铬和六价铬化合物可以互相转化。铬的毒性与其存在价态有关，金属铬无毒，六价铬具有强毒性，为致癌物质，并易被人体吸收而在体内蓄积。通常认为六价铬的毒性比三价铬大 100 倍。但是，对鱼类来说，三价铬化合物的毒性比六价铬大。当水中六价铬浓度达 1 mg/L 时，水呈黄色并有涩味；三价铬浓度达 1 mg/L 时，水的浊度明显增加。陆地天然水中一般不含铬，海水中铬的平均浓度为 0.05 μg/L，饮用水中更低。

铬的工业污染源主要来自铬矿石加工、金属表面处理、皮革鞣制、印染等行业的废水。

铬的测定方法主要有原子吸收法、分光光度法和电感耦合等离子体发射光谱法等。各种铬的测定方法的原理及适用范围见表 2-23。

表 2-23　常见铬的监测方法

分析方法	标准号	原理	浓度范围	适用范围
火焰原子吸收分光光度法	HJ 757—2015	试样经过滤或消解后喷入富焰型空气-乙炔火焰，在高温火焰中形成的铬基态原子对铬空心阴极灯或连续光源发射的 357.9 nm 特征谱线产生选择性吸收，在一定条件下，其吸光度值与铬的质量浓度成正比	检出限 0.03 mg/L，测定下限 0.12 mg/L	水和废水中高浓度可溶性铬和总铬的测定
二苯碳酰二肼分光光度法	GB 7467—87	在酸性溶液中，六价铬与二苯碳酰二肼反应，生成紫红色化合物，于波长 540 nm 处进行分光光度测定	试样体积 50 mL，使用 30 mm 比色皿，最小检出量 0.2 μg 六价铬，最低检出浓度 0.004 mg/L；使用 10 mm 比色皿，测定上限 1.0 mg/L	地面水和工业废水中六价铬的测定

表2-23(续)

分析方法	标准号	原理	浓度范围	适用范围
流动注射-二苯碳酰二肼光度法	HJ 908—2017	在封闭的管路中，将一定体积的试样注入连续流动的酸性载液中，试样与试剂在化学反应模块中按照特定的顺序和比例混合，在非完全反应条件下，试样中的六价铬与二苯碳酰二肼生成紫红色化合物，进入流动检测池，于 540 nm 波长处测定吸光度。在一定范围内，试样中六价铬的浓度与其对应的吸光度成线性关系	使用 10 mm 比色皿，检出限 0. 001 mg/L，测定下限 0. 004 mg/L	地面水、地下水和生活污水中六价铬的测定
电感耦合等离子体发射光谱法	HJ 776—2015	经过滤或消解的水样注入电感耦合等离子体发射光谱仪后，铬元素在等离子体火炬中被气化、电离、激发并辐射出特征谱线，在一定浓度范围内，其特征谱线的强度与铬元素的浓度成正比	水平：检出限 0. 03 mg/L，测定下限 0. 11 mg/L； 垂直：检出限 0. 03 mg/L，测定下限 0. 12 mg/L	地表水、地下水、生活污水和工业废水
电感耦合等离子体质谱法	HJ 700—2014	水样经预处理后，采用电感耦合等离子体质谱仪进行检测，根据元素的质谱图进行定性，内标法定量。样品由载气带入雾化系统进行雾化后，以气溶胶形式进入等离子体的轴向通道，在高温和惰性气体中被充分蒸发、解离、原子化和电离，转化成的带电荷的正离子经离子采集系统进入质谱仪，质谱仪根据离子的质荷比，即元素的质量数进行分离并定性、定量地分析。在一定范围内，元素质量数处所对应的信号响应值与其浓度成正比	检出限 0. 11 mg/L，测定下限 0. 44 mg/L	地表水、地下水、生活污水和低浓度工业废水

七、砷

元素砷的毒性极低，而砷的化合物均有剧毒，尤其三价砷化合物毒性最强。砷化物容易在人体内积累，造成急性或慢性中毒。砷在饮用水中的最高允许浓度为 0. 01ppm（百万分之，即 1×10^{-6}）。

砷污染主要来源于硬质合金、染料、涂料、皮革、玻璃脱色、制药、农药、防腐剂等工业废水，化学工业、矿业工业的副产品会产生气态砷化物。

砷的测定方法主要有原子荧光法、分光光度法和电感耦合等离子体发射光谱法等。各种砷的测定方法的原理及适用范围见表 2-24。

表 2-24　常见砷的监测方法

分析方法	标准号	原理	浓度范围	适用范围
原子荧光法	HJ 694—2014	经预处理后的试液进入原子荧光仪，在酸性条件的硼氢化钾还原作用下，生成砷化氢和汞原子，氢化物在氩氢火焰中形成基态原子，其基态原子和汞原子受元素灯发射光的激发产生原子荧光，原子荧光强度与试液中待测元素含量在一定范围内成正比	检出限 0. 3 μg/L，测定下限 1. 2 μg/L	地表水、地下水、生活污水和工业废水中砷的溶解态和总量的测定

表2-24(续)

分析方法	标准号	原理	浓度范围	适用范围
二乙基二硫代氨基甲酸银分光光度法	GB 7485—87	锌与酸作用，产生新生态氢。在碘化钾和氯化亚锡存在下，使五价砷还原为三价；三价砷被初生态氢还原成砷化氢(胂)；用二乙基二硫代氨基甲酸银-三乙醇胺的氯仿液吸收胂，生成红色胶体银，在波长530 nm处，测量吸收液的吸光度	取试样50 mL，10 mm比色皿，检出限0.007 mg/L，测定上限0.5 mg/L	水和废水中砷的测定
硼氢化钾-硝酸银分光光度法	GB 11900—89	硼氢化钾在酸性溶液中产生新生态氢，将试料中砷转变成砷代氢、用硝酸-硝酸银-聚乙烯醇-乙醇溶液为吸收液，将其中银离子还原成单质银，使溶液呈黄色，在400 nm波长处测量吸光度	取250 mL试样，3.00 mL吸收液，10 mm比色皿，最低检出浓度0.4 μg/L，测定上限12 μg/L	地面水、地下水和饮用水中痕量砷的测定
电感耦合等离子体发射光谱法	HJ 776—2015	经过滤或消解的水样注入电感耦合等离子体发射光谱仪后，砷元素在等离子体火炬中被气化、电离、激发并辐射出特征谱线，在一定浓度范围内，其特征谱线的强度与砷元素的浓度成正比	水平：检出限0.2 mg/L，测定下限0.60 mg/L； 垂直：检出限0.2 mg/L，测定下限0.81 mg/L	地表水、地下水、生活污水和工业废水
电感耦合等离子体质谱法	HJ 700—2014	水样经预处理后，采用电感耦合等离子体质谱仪进行检测，根据元素的质谱图进行定性，内标法定量。样品由载气带入雾化系统进行雾化后，以气溶胶形式进入等离子体的轴向通道，在高温和惰性气体中被充分蒸发、解离、原子化和电离，转化成的带电荷的正离子经离子采集系统进入质谱仪，质谱仪根据离子的质荷比即元素的质量数进行分离并定性、定量地分析。在一定范围内，元素质量数处所对应的信号响应值与其浓度成正比	检出限0.12 mg/L，测定下限0.48 mg/L	地表水、地下水、生活污水和低浓度工业废水

八、其他金属化合物

根据水和废水污染类型和对用水水质要求的不同，有时还需测定其他金属元素，具体的监测方法可查阅《水和废水监测分析方法》(第四版)(见本书参考文献[2])。其他金属元素常用监测方法见表2-25。

表2-25 其他金属元素常用监测方法

金属元素	测定方法	标准号
铀	环境样品中微量铀的分析方法	HJ 840—2017
锰	甲醛肟分光光度法(试行)	HJ/T 344—2007
铁	邻菲啰啉分光光度法(试行)	HJ/T 345—2007

表2-25（续）

金属元素	测定方法	标准号
银、铝、钡、铍、铋、钙、钴、铁、钾、锂、镁、锰、钼、钠、镍、锑、锡、锶、钛、钒、锆	电感耦合等离子体发射光谱法	HJ 776—2015
银、铝、金、钡、铍、铋、钙、铈、钴、铯、镝、铒、铕、铁、镓、钆、锗、铪、钬、铟、铱、钾、镧、锂、镥、镁、锰、钼、钠、铌、钕、镍、钯、镨、铂、铷、铼、铑、钌、锑、钪、钐、锡、锶、铽、碲、钍、钛、铊、铥、铀、钒、钨、钇、镱、锆	电感耦合等离子体质谱法	HJ 700—2014
钡	石墨炉原子吸收分光光度法	HJ 602—2011
钒	石墨炉原子吸收分光光度法	HJ 673—2013
铋、锑	原子荧光法	HJ 694—2014
钴	5-氯-2-（吡啶偶氮）-1，3-二氨基苯分光光度法	HJ 550—2015
钴	火焰原子吸收分光光度法	HJ 957—2018
钴	石墨炉原子吸收分光光度法	HJ 958—2018
铊	石墨炉原子吸收分光光度法	HJ 748—2015
锑	火焰原子吸收分光光度法	HJ 1046—2019
锑	石墨炉原子吸收分光光度法	HJ 1047—2019
银	3，5-Br_2-PADAP 分光光度法	HJ 489—2009
银	镉试剂 2B 分光光度法	HJ 490—2009

第七节　非金属无机物的测定

一、pH 值

pH 值是溶液中氢离子活度的负对数，代表水的酸碱性的强弱（即氢离子或氢氧根离子的活性）。酸度或碱度是水中所含酸或碱物质的含量。同样酸度的溶液，如 0.1 mol 盐酸和 0.1 mol 乙酸，二者的酸度都是 100 mmol/L，但其 pH 值却大不相同。盐酸是强酸，在水中几乎 100%电离，其 pH 值为 1；而乙酸是弱酸，在水中的电离度只有 1.3%，其 pH 值为 2.9。

pH 值是最常用的水质指标之一。天然水的 pH 值多在 6~9 范围内；饮用水 pH 值要求在 6.5~8.5 之间；工业用水的 pH 值必须保持在 7.0~8.5 之间，以防止金属设备和管道被腐蚀。此外，pH 值在废水生化处理、评价有毒物质的毒性等方面也具有指导意义。

pH 值的测定方法有电极法和比色法。

1. 电极法

电极法测定 pH 值是通过测量电池的电动势而得。该电池通常由参比电极和氢离子指示电极组成。溶液每变化 1 个 pH 单位，在同一温度下电位差的改变是常数，据此，在仪器上直接以 pH 的读数表示。

测量时，先用已知 pH 值的标准溶液进行 pH 计校准，再将冲洗干净的同一支电极插入待测溶液，在 pH 计上读取 pH 值。

通常选择与待测溶液 pH 值相近的标准溶液对 pH 计进行校准，常用的 pH 标准溶液为：0.05 mol/L 邻苯二甲酸氢钾溶液，25 ℃时 pH 值为 4.00；0.025 mol/L 磷酸二氢钾+0.025 mol/L 磷酸氢二钠溶液，25 ℃时 pH 值为 6.86；0.01 mol/L 四硼酸钠溶液，25 ℃时 pH 值 9.18。

溶液的 pH 值与温度有关，可通过 pH 计上的温度补偿进行校正，即将温度补偿调整为溶液的温度。

玻璃电极测定法准确、快速，受水体色度、浊度、胶体物质、氧化剂、还原剂及盐度等因素的干扰程度小。常用于地表水、地下水、生活污水和工业废水中 pH 值的测定，测定范围为 0~14。

2. 比色法

比色法测定 pH 值是基于各种酸碱指示剂在不同 pH 值的水溶液中显示不同的颜色，而每一种颜色都有一定的变色范围。

测定时，将系列已知 pH 值的缓冲溶液加入适当的指示剂，制成 pH 标准色液并封存在小安瓿瓶内，取与 pH 标准色液同样体积的水样，加入与 pH 标准色液相同的指示剂，然后进行比较，确定水样 pH 值。如果只需粗略了解水样 pH 值，也可使用 pH 试纸。

比色法适用于色度和浓度很低的天然水、饮用水，不适用于有色、浑浊或含有较高游离氯、氧化剂、还原剂的水样。

二、溶解氧

溶解氧(dissolved oxygen，DO)是指溶解于水中的分子态氧。大气压力下降、水温升高、含盐量增加，都会导致溶解氧含量降低。清洁地表水溶解氧接近饱和。当有大量藻类繁殖时，溶解氧可能过饱和；当水体受到有机物质、无机还原物质污染时，会使溶解氧含量降低，甚至趋于零，此时厌氧细菌繁殖活跃，水质恶化。水中溶解氧低于 3~4 mg/L 时，大多数鱼呼吸困难；如果继续减少，则会窒息死亡。一般规定水体中的溶解氧至少在 4 mg/L 以上。在废水生化处理过程中，溶解氧也是一项重要控制指标。

测定水中溶解氧的方法有碘量法及其修正法和电化学探头法。清洁水可用碘量法；受污染的地面水和工业废水必须用修正的碘量法或电化学探头法。

(一)碘量法

1. 原理

在水样中加入硫酸锰和碱性碘化钾，水中的溶解氧将二价锰氧化成四价锰，并生成氢氧化物沉淀。加酸后，沉淀溶解，四价锰又可氧化碘离子而释放出与溶解氧量相当的游离碘。以淀粉为指示剂，用硫代硫酸钠标准溶液滴定释放出的碘，即可计算出溶解氧含量。

2. 适用范围

溶解氧大于 0.2 mg/L、小于 20 mg/L 的各种水样均可采用。

当水中含有氧化性物质、还原性物质及有机物时，会干扰测定，应预先消除并根据不同的干扰物质采用相应的修正碘量法。

（二）修正的碘量法

（1）叠氮化钠修正法。亚硝酸盐能与碘化钾作用释放出游离碘，同时产生 N_2O_2，N_2O_2与新溶入的氧结合，再生成亚硝酸盐，形成一个循环过程，不断释放出碘，使溶解氧的测定结果增大，可用叠氮化钠将亚硝酸盐分解后，再用碘量法测定。具体操作是在加硫酸锰和碱性碘化钾溶液的同时，加入叠氮化钠溶液（或配成碱性碘化钾-叠氮化钠溶液），其他同碘量法。Fe^{3+}含量高时，可以加入氟化钾进行掩蔽。

（2）高锰酸钾修正法。本方法适用于含大量亚铁离子，不含其他还原剂及有机物的水样。具体操作是用高锰酸钾氧化亚铁离子消除干扰，过量的高锰酸钾用草酸钠溶液除去，生成的高价铁离子用氟化钾掩蔽，其他同碘量法。

（三）电化学探头法

溶解氧电化学探头是一个用选择性薄膜封闭的小室，室内有两个金属电极，并充有电解质。氧和一定数量的其他气体及亲液物质可透过这层薄膜，但水和可溶性物质的离子几乎不能透过。将探头浸入水中进行溶解氧的测定时，由于电池作用或外加电压在两个电极间产生电位差，使金属离子在阳极进入溶液，同时氧气通过薄膜扩散在阴极获得电子被还原，产生的电流与穿过薄膜和电解质层的氧的传递速度成正比，即在一定的温度下，该电流与水中氧的分压（或浓度）成正比。

该方法适用于地表水、地下水、生活污水、工业废水和盐水中溶解氧的测定，且不受色度、浊度等的影响。可测定高于 20 mg/L 的溶解氧。

三、氟化物

氟是人体必需的微量元素之一，广泛存在于天然水体中。缺氟易患龋齿病，饮用水中含氟的适宜浓度为 0.5~1.0 mg/L（F^-）；当长期饮用含氟高于 1.5 mg/L 的水时，易患斑齿病；如水中含氟高于 4 mg/L 时，则可导致氟骨病。氟污染主要来源于有色冶金、钢铁和铝加工、玻璃、磷肥、电镀、陶瓷、农药等行业排放的废水和含氟矿物废水。

氟的测定方法有氟试剂分光光度法、目视比色法、离子色谱法和离子选择电极法等。各种氟化物的监测方法原理及适用范围见表 2-26。

表 2-26　常用的氟化物监测方法

分析方法	标准号	原理	浓度范围	适用范围
氟试剂分光光度法	HJ 488—2009	氟离子在 pH 值为 4.1 的乙酸盐缓冲介质中与氟试剂及硝酸镧反应，生成蓝色三元络合物，络合物在 620 nm 波长处的吸光度与氟离子浓度成正比，定量测定氟化物（F^-）	检出限为 0.02 mg/L，测定下限为 0.08 mg/L	地表水、地下水和工业废水中氟化物的测定
离子选择电极法	GB 7484—87	当氟电极与含氟的试液接触时，电池的电动势 E 随着溶液中氟离子活度变化而改变。当溶液的总离子强度为定值且足够时，电池电动势与氟离子浓度的对数成直接关系	最低检出限 0.05 mg/L，测定上限 1900 mg/L	地表水、地下水和工业废水中氟化物的测定；不受色度、浊度影响

表2-26(续)

分析方法	标准号	原理	浓度范围	适用范围
茜素磺酸锆目视比色法	HJ 487—2009	在酸性溶液中，茜素磺酸钠和锆盐生成红色络合物，当样品中有氟离子存在时，能夺取络合物中锆离子，生成无色的氟化锆离子，释放出黄色的茜素磺酸钠，根据溶液由红色褪至黄色的色度不同与标准比色定量	取 50 mL 试样，检出限为 0.1 mg/L，测定下限为 0.4 mg/L，测定上限为 1.5 mg/L，高含量样品可经稀释后分析	饮用水、地表水、地下水和工业废水中氟化物的测定
离子色谱法	HJ 84—2016	水质样品中的阴离子，经阴离子色谱柱交换分离，抑制型电导检测器检测，根据保留时间定性，峰高或峰面积定量	检出限 0.006 mg/L，检测下限 0.024 mg/L	地表水、地下水、工业废水和生活污水中 F^- 的测定
真空检测管-电子比色法	HJ 659—2013	氟化物与羟基蒽醌类测试液在镧存在下反应，生成蓝至玫红色有色络合物，有色络合物的色度值与氟化物的浓度成一定的线性关系	检出限 0.5 mg/L	地下水、地表水、生活污水和工业废水

四、氰化物

氰化物属于剧毒物，氰化物进入人体后，析出氰离子，主要与高铁细胞色素氧化酶的三价铁离子结合，生成氰化高铁细胞色素氧化酶而失去传递氧的作用，引起组织缺氧窒息。水中的氰化物包括简单氰化物、络合氰化物和有机氰化物（腈）。其中，简单氰化物易溶于水、毒性大；络合氰化物在水体中受 pH 值、水温和光照等影响，离解为毒性强的简单氰化物。

地面水一般不含氰化物，其主要污染源是小金矿开采、冶炼、电镀、焦化、造气、选矿、有机化工、有机玻璃制造等工业废水。

氰化物的测定方法有滴定法、分光光度法、电子比色法等。

测定氰化物的水样应在现场加氢氧化钠固定，并在 24 h 内测定。测定前，采用酸性介质中蒸馏的方法预处理水样，把能形成氰化氢的氰化物蒸出，使之与干扰组分分离。根据监测目的不同，有两种预处理方法：① 向水样中加入酒石酸和硝酸锌，调节 pH=4，加热蒸馏，则简单氰化物和部分络合氰化物[如 $Zn(CN)_4^{2-}$]以氰化氢形式被蒸馏出来，用氢氧化钠溶液吸收。此法测得的氰化物为易释放的氰化物，不包括铁氰化物、亚铁氰化物、铜氰络合物、镍氰络合物、钴氰络合物；② 向水样中加入磷酸和 EDTA，在 $pH<2$ 的条件下加热蒸馏，可将全部简单氰化物和除钴氰络合物外的绝大部分络合氰化物以氰化氢形式蒸馏出来，用氢氧化钠溶液吸收，取该蒸馏液，测得的结果为总氰化物。各种氰化物的监测方法原理及适用范围见表 2-27。

表 2-27 常用氰化物的监测方法

分析方法	标准号	原理	浓度范围	适用范围
硝酸银滴定法	HJ 484—2009	经蒸馏得到的碱性试样，用硝酸银标准溶液滴定，氰离子与硝酸银作用生成可溶性的银氰络合离子$[Ag(CN)_2]^-$，过量的银离子与试银灵指示剂反应，溶液由黄色变为橙红色	检出限为 0.25 mg/L，测定下限为 1.00 mg/L，测定上限为 100 mg/L	地表水、生活污水和工业废水中氰化物的测定
异烟酸-吡唑啉酮分光光度法	HJ 484—2009	在中性条件下，样品中的氰化物与氯胺 T 反应，生成氯化氰，再与异烟酸作用，经水解后，生成戊烯二醛，最后与吡唑啉酮缩合生成蓝色染料，在波长 638 nm 处测量吸光度	检出限为 0.004 mg/L，测定下限为 0.016 mg/L，测定上限为 0.25 mg/L	地表水、生活污水和工业废水中氰化物的测定
异烟酸-巴比妥酸分光光度法	HJ 484—2009	在弱酸性条件下，水样中氰化物与氯胺 T 作用，生成氯化氰，然后与异烟酸反应，经水解而成戊烯二醛，最后与巴比妥酸作用生成一紫蓝色化合物，在波长 600 nm 处测定吸光度	检出限为 0.001 mg/L，测定下限为 0.004 mg/L，测定上限为 0.45 mg/L	地表水、生活污水和工业废水中氰化物的测定
吡啶-巴比妥酸分光光度法	HJ 484—2009	在中性条件下，氰离子和氯胺 T 的活性氯反应，生成氯化氰，氯化氰与吡啶反应，生成戊烯二醛，戊烯二醛与两个巴比妥酸分子缩合生成红紫色化合物，在波长 580 nm 处测量吸光度	检出限为 0.002 mg/L，测定下限为 0.008 mg/L，测定上限为 0.45 mg/L	地表水、生活污水和工业废水中氰化物的测定
真空检测管-电子比色法	HJ 659—2013	氰化物与有机酮类测试液在碳酸钠存在下加热，经离子缔合反应，生成黄至深红色有色络合物，有色络合物的色度值与氰化物的浓度成一定的线性关系	检出限 0.009 mg/L	地下水、地表水、生活污水和工业废水
流动注射-分光光度法	HJ 823—2017	在封闭的管路中，将一定体积的试样注入连续流动的载液中，试样与试剂在化学反应模块中按照特定的顺序和比例混合、反应，在非完全反应条件下，进入流动检测池进行光度检测	检测光程 10 mm，异烟酸-巴比妥酸分光光度法检出限 0.001 mg/L，测定范围 0.004～0.10 mg/L；吡啶-巴比妥酸分光光度法检出限 0.002 mg/L，测定范围 0.008～0.50 mg/L	地下水、地表水、生活污水和工业废水

五、含氮化合物

水体中氮的存在形态有氨氮、亚硝酸盐氮、硝酸盐氮、有机氮和总氮。前四者之间通过生物化学作用可以相互转化，有机氮在微生物作用下，逐渐分解变成无机氮。地表水中氮、磷物质超标时，微生物大量繁殖，浮游植物生长旺盛，形成富营养化状态。测定各种形态的含氮化合物，有助于评价水体被污染和自净状况。

卫生学上常用水样中氨氮、亚硝酸盐氮、硝酸盐氮存在与否判断水体污染现状，详见表2-28。

表 2-28 水体受氮化物污染的判断方法

氮化物形式			卫生学意义
NH_4^+	NO_2^-	NO_3^-	
√	×	×	水体受到新鲜污染
√	√	×	水体受污染时间不久，分解反应正在进行
√	√	√	自净反应正在进行
×	√	√	所受污染基本分解完毕
√	×	√	有新污染，原来的污染已自净
×	√	×	水中 NO_3^- 被还原成 NO_2^-
×	×	×	清洁水

注："√" 表示检出，"×" 表示未检出。

(一)氨氮

氨氮是以游离氨(NH_3)和离子态氨(NH_4^+)的形式存在于水体中的氮，两者比例取决于水的 pH 值，当 pH 值偏高时，游离氨比例较高；当 pH 值偏低时，铵盐比例较高。

氨氮的污染源主要有生活污水中含氮有机物分解产物、工业污水，如焦化污水、氨化肥厂污水及农田排水。

水样有色或浑浊及含其他干扰物质，影响氨氮的测定。对于较清洁的水，采用絮凝沉淀法；对污染严重的水或工业污水，采用蒸馏法。絮凝沉淀法：在水样中加入适量硫酸锌溶液和氢氧化钠溶液，生成氢氧化锌沉淀，经过滤即可除去颜色和浑浊等。也可以在水样中加入氢氧化铝悬浮液，过滤除去颜色和浑浊。蒸馏法：调节水样的 pH=6.0~7.4，加入适量氧化镁，使显微碱性(或加入 pH=9.5 的 $Na_4B_4O_7$-NaOH 缓冲溶液使呈弱碱性)蒸馏，释出的氨用硫酸或硼酸溶液吸收。

氨氮的测定方法有分光光度法、蒸馏-中和滴定法、气相分子吸收光谱法等。各种氨氮的监测方法原理及适用范围见表 2-29。

表 2-29 常用氨氮的监测方法

分析方法	标准号	原理	浓度范围	适用范围
纳氏试剂分光光度法	HJ 535—2009	以游离态的氨和铵离子等形式存在的氨氮与纳氏试剂反应，生成淡红棕色络合物，该络合物的吸光度与氨氮含量成正比，于 420 nm 波长处测量吸光度	水样 50 mL，使用 20 mm 比色皿，检出限 0.025 mg/L，测定下限 0.10 mg/L，测定上限 2.0 mg/L(以 N 计)	地表水、地下水、生活污水和工业废水中氨氮的测定

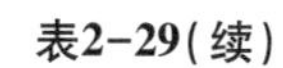

表2-29(续)

分析方法	标准号	原理	浓度范围	适用范围
水杨酸分光光度法	HJ 536—2009	在碱性介质(pH=11.7)和亚硝基铁氰化钠存在下，水中的氨、铵离子与水杨酸盐和次氯酸离子反应，生成蓝色化合物，在697nm处用分光光度计测量吸光度	使用10 mm比色皿时，检出限为0.01 mg/L，测定下限为0.04 mg/L，测定上限为1.0 mg/L(均以N计)； 使用30 mm比色皿时，检出限为0.004 mg/L，测定下限为0.016 mg/L，测定上限为0.25 mg/L(均以N计)	地下水、地表水、生活污水和工业废水中氨氮的测定
蒸馏-中和滴定法	HJ 537—2009	调节水样的pH值在6.0~7.4，加入轻质氧化镁，使呈微碱性，蒸馏释出的氨用硼酸溶液吸收。以甲基红-亚甲蓝为指示剂，用盐酸标准溶液滴定馏出液中氨氮(以N计)	取样250 mL，检出限为0.05 mg/L	生活污水和工业废水中氨氮的测定
气相分子吸收光谱法	HJ/T 195—2005	水样在2%~3%酸性介质中，加入无水乙醇煮沸，除去亚硝酸盐等干扰，用次溴酸盐氧化剂将氨及铵盐(0~50 μg)氧化成等量亚硝酸盐，以亚硝酸盐氮的形式采用气相分子吸收光谱法测定氨氮的含量	最低检出限为0.020 mg/L，测定下限0.050 mg/L，测定上限100 mg/L	地表水、地下水、海水、饮用水、生活污水及工业污水中氨氮的测定
连续流动-水杨酸分光光度法	HJ 665—2013	试样与试剂在蠕动泵的推动下，进入化学反应模块，在密闭的管路中连续流动，被气泡按照一定间隔规律地隔开，并按照特定的顺序和比例混合、反应，显色完全后，进入流动检测池进行光度检测	采用直接比色模块，检测池光程30 mm，检出限0.01 mg/L，测定范围0.04~1.00 mg/L； 采用在线蒸馏模块，检测池光程10 mm，检出限0.04 mg/L，测定范围0.16~10.0 mg/L	地表水、地下水、生活污水和工业废水中氨氮的测定
流动注射-水杨酸分光光度法	HJ 666—2013	在封闭的管路中，将一定体积的试样注入连续流动的载液中，试样和试剂在化学反应模块中按照特定顺序和比例混合、反应，在非完全反应条件下，进入流动检测池进行光度检测	检测光程10 mm时，检出限0.01 mg/L，测定范围0.04~5.00 mg/L	地表水、地下水、生活污水和工业废水中氨氮的测定
真空检测管-电子比色法	HJ 659—2013	将封存有反应试剂的真空玻璃检测管在水样中折断，样品自动定量吸入管中，样品中的待测物质与反应试剂快速定量反应，生成有色化合物，其色度值与待测物质含量成正比。将化学显色反应的色度信号与待测物浓度间对应的函数关系存储于电子比色计中，测定后，直接读取待测物的含量	检出限0.2 mg/L	地表水、地下水、生活污水和工业废水中氨氮的快速测定

(二)亚硝酸盐氮

亚硝酸盐是含氮化合物分解过程中的中间产物，不稳定，是毒性较大的致癌物质。亚硝酸盐进入人体后，可将低铁血红蛋白氧化成高铁血红蛋白，使之失去输送氧的能力，还可与仲胺类反应，生成具致癌性的亚硝胺类物质。根据水环境条件，可被氧化成硝酸盐，也可被还原成氨。淡水、蔬菜中含有少量亚硝酸盐，熏肉中含量很高，一般天然水中含量不超过0.1 mg/L。

亚硝酸盐氮的主要污染源有石油、燃料燃烧、染料企业以及药厂、试剂厂等排放的污水。

亚硝酸盐氮的测定方法有分光光度法、气相分子吸收光谱法和离子色谱法等。各种亚硝酸盐氮的监测方法原理及适用范围见表 2-30。

表 2-30　常用亚硝酸盐氮的监测方法

分析方法	标准号	原理	浓度范围	适用范围
分光光度法	GB 7493—87	在磷酸介质中，pH 值为 1.8 时，试份中的亚硝酸根离子与4-氨基苯磺酰胺反应，生成重氮盐，它再与 N-(1-萘基)-乙二胺二盐酸盐偶联生成红色染料，在 540 nm 波长处测定吸光度。如果使用光程 10 mm 的比色皿，亚硝酸盐氮浓度在 0.2 mg/L 以内，其呈色符合比尔定律	测定上限 0.20 mg/L；采用 10 mm 比色皿，最低检出限 0.003 mg/L；采用 30 mm 比色皿，最低检出限 0.001 mg/L	饮用水、地下水、地面水及废水中亚硝酸盐氮的测定
气相分子吸收光谱法	HJ/T 197—2005	在 0.15~0.3 mol/L 柠檬酸介质中，加入乙醇作为催化剂，将亚硝酸盐瞬间转化成的 NO_2，用空气载入气相分子吸收光谱仪的吸光管中，在213.9 nm 等波长处测得的吸光度与亚硝酸盐氮浓度遵守比耳定率	使用213.9 nm 波长，方法的最低检出限为 0.003 mg/L，测定下限 0.012 mg/L，测定上限 10 mg/L；在波长 279.5 nm 处，测定上限可达500 mg/L	地表水、地下水、海水、饮用水、生活污水及工业污水中亚硝酸盐氮的测定
离子色谱法	HJ 84—2016	水质样品中的阴离子，经阴离子色谱柱交换分离，抑制型电导检测器检测，根据保留时间定性，峰高或峰面积定量	检出限 0.016 mg/L，检测下限 0.064 mg/L	地表水、地下水、工业废水和生活污水中亚硝酸根离子的测定
真空检测管-电子比色法	HJ 659—2013	将封存有反应试剂的真空玻璃检测管在水样中折断，样品自动定量吸入管中，样品中的待测物质与反应试剂快速定量反应，生成有色化合物，其色度值与待测物质含量成正比。将化学显色反应的色度信号与待测物浓度间对应的函数关系存储于电子比色计中，测定后，直接读取待测物的含量	检出限 0.03 mg/L	地表水、地下水、生活污水和工业废水中亚硝酸盐的快速测定

(三)硝酸盐氮

硝酸盐是在有氧环境中最稳定的含氮化合物，也是含氮有机化合物经无机化作用最终阶段的分解产物。清洁的地面水硝酸盐氮(NO_3^--N)含量较低，受污染水体和一些深层地下水中含量较高。人体摄入硝酸盐后，经肠道中微生物作用转化成亚硝酸盐而呈现毒性作用。

硝酸盐氮主要来源于制革、酸洗废水，某些生化处理设施的出水及农田排水中常含大量硝酸盐。

硝酸盐氮的测定方法有分光光度法、紫外分光光度法、气相分子吸收光谱法、离子色谱法等。各种硝酸盐氮的监测方法原理及适用范围见表 2-31。

表 2-31　常用硝酸盐氮的监测方法

分析方法	标准号	原理	浓度范围	适用范围
紫外分光光度法(试行)	HJ/T 346—2007	利用硝酸根离子在 220 nm 波长处的吸收而定量测定硝酸盐氮。溶解的有机物在 220 nm 处也会有吸收，而硝酸根离子在 275 nm 处没有吸收。因此，在 275 nm 处作另一次测量，以校正硝酸盐氮值	最低检出质量浓度为 0.08 mg/L，测定下限为 0.32 mg/L，测定上限为4 mg/L	地表水、地下水中硝酸盐氮的测定
酚二磺酸分光光度法	GB 7480—87	硝酸盐在无水情况下与酚二磺酸反应，生成硝基二磺酸酚，在碱性溶液中，生成黄色化合物，于 410 nm 波长处进行分光光度测定	测定范围 0.02～2.0 mg/L，采用光程 30 mm比色皿，取样50 mL时，最低检出限0.02 mg/L	饮用水、地下水和清洁地面水中硝酸盐氮的测定
气相分子吸收光谱法	HJ/T 198—2005	在 2.5 mol/L 盐酸介质中，于 70±2℃温度下，三氯化钛可将硝酸盐迅速还原分解，生成的 NO 用空气载入气相分子吸收光谱仪的吸光管中，在 214.4 nm 波长处测得的吸光度与硝酸盐氮浓度遵守比耳定律	检出限 0.006 mg/L，测定下限 0.03 mg/L，测定上限 10 mg/L	地表水、地下水、海水、饮用水、生活污水及工业污水中硝酸盐氮的测定
离子色谱法	HJ 84—2016	水质样品中的阴离子，经阴离子色谱柱交换分离，抑制型电导检测器检测，根据保留时间定性，峰高或峰面积定量	检出限 0.016 mg/L，检测下限 0.064 mg/L	地表水、地下水、工业废水和生活污水中硝酸根离子的测定
真空检测管-电子比色法	HJ 659—2013	将封存有反应试剂的真空玻璃检测管在水样中折断，样品自动定量吸入管中，样品中的待测物质与反应试剂快速定量反应，生成有色化合物，其色度值与待测物质含量成正比。将化学显色反应的色度信号与待测物浓度间对应的函数关系存储于电子比色计中，测定后，直接读取待测物的含量	检出限 0.1 mg/L	地表水、地下水、生活污水和工业废水中硝酸盐的快速测定
镉柱还原法		在一定条件下，水样通过镉还原柱(铜-镉、汞-镉、海绵状镉)，使硝酸盐还原为亚硝酸盐，然后以 N-(1-萘基)-乙二胺分光光度法测定。硝酸盐氮含量由测得的总亚硝酸盐氮减去未还原水样所含亚硝酸盐氮而得到	0.01～0.4mg/L	硝酸盐含量较低的饮用水、清洁地表水和地下水

表2-31(续)

分析方法	标准号	原理	浓度范围	适用范围
戴氏合金法		水样在碱性条件下，硝酸盐可被戴氏合金在加热情况下定量还原为氨，经蒸馏出后，被硼酸溶液吸收，用纳氏分光光度法或滴定法测定		水样中硝酸盐氮大于2 mg/L，带深色的污染严重的水及含大量有机物或无机盐的污水

(四)凯氏氮

凯氏氮是指以凯氏法测得的含氮量。它包括氨氮和在此条件下能被转化为铵盐而测定的有机氮化合物。有机氮化合物主要有蛋白质、肽、胨、核酸、尿素、氨基酸以及大量合成的氮为负三价形态的有机氮化合物，不包括硝酸盐、亚硝酸盐、硝基化合物、叠氮化合物等。测定有机氮和凯氏氮主要是为了了解水体受污染状况，对评价湖泊和水库的富营养化有实际意义。

有机氮为测定的凯氏氮和氨氮之差，若需直接测定有机氮，可先将水样预蒸馏除去氨氮，再以凯氏法测定。

1. 凯氏法

原理：水中加入硫酸并加热消解，使有机物中的胺基氮、游离氨和铵盐也转化成硫酸氢铵。消解后的液体调节成碱性，蒸馏出氨，用硼酸溶液吸收，然后以滴定法或分光光度法测定氨的含量。

测定范围：工业废水、湖泊、水库和其他受污染水体中的凯氏氮。取样 50 mL，采用 10 mm比色皿时，最低检出浓度 0. 2 mg/L。

2. 气相分子吸收光谱法

原理：将水样中游离氨、铵盐和有机物中的胺转变成铵盐，用次溴酸盐氧化剂将铵盐氧化成亚硝酸盐后，以亚硝酸盐氮的形式，采用气相分子吸收光谱法测定水样中凯氏氮。

测定范围：地表水、水库、湖泊、江河水中凯氏氮的测定。检出限 0. 020 mg/L，测定下限 0. 100 mg/L，测定上限 200 mg/L。

(五)总氮

总氮是各种形态氮的总和。在数量上其等式为：

总氮=有机氮+氨氮+亚硝酸盐氮+硝酸盐氮
=凯氏氮+亚硝酸盐氮+硝酸盐氮
=有机氮+0. 78 铵+0. 3 亚硝酸盐氮+0. 23 硝酸盐氮

测定方法有碱性过硫酸钾消解紫外分光光度法、气相分子吸收光谱法、连续流动(流动注射)-盐酸萘乙二胺分光光度法。各种总氮的监测方法原理及适用范围见表 2-32。

表 2-32　常用总氮的监测方法

分析方法	标准号	原理	浓度范围	适用范围
碱性过硫酸钾消解紫外分光光度法	HJ 636—2012	在 120～124 ℃下，碱性过硫酸钾溶液使样品中含氮化合物的氮转化为硝酸盐，用紫外分光光度法于 220 nm 和 275 nm 处分别测吸光度	测定范围为 0.2～7mg/L；当取样 10 mL 时，检出限为 0.05 mg/L	地表水、地下水、工业废水和生活污水中总氮的测定
气相分子吸收光谱法	HJ/T 199—2005	在碱性过硫酸钾溶液中，于 120～124 ℃温度下，将水样中氨、铵盐、亚硝酸盐以及大部分有机氮化合物氧化成硝酸盐后，以硝酸盐氮的形式，采用气相分子吸收光谱法进行总氮的测定	检出限 0.050 mg/L，测定下限 0.200 mg/L，测定上限 100 mg/L	地表水、水库、湖泊、江河水中总氮的测定
连续流动-盐酸萘乙二胺分光光度法	HJ 667—2013	在碱性介质中，试料中的含氮化合物在 107－110 ℃、紫外线照射下，被过硫酸盐氧化成硝酸盐后，经镉柱还原成亚硝酸盐。在酸性介质中，亚硝酸盐与磺胺进行重氮化反应，然后与盐酸萘乙二胺偶联生成红色化合物，于 540 nm 波长处测吸光度	测定范围为 0.16～10 mg/L； 当采用 30 mm 比色皿时，检出限为 0.04 mg/L	地表水、地下水、工业废水和生活污水中总氮的测定
流动注射-盐酸萘乙二胺分光光度法	HJ 668—2013	在碱性介质中，试料中的含氮化合物在 95±2 ℃、紫外线照射下，被过硫酸盐氧化为硝酸盐后，经镉柱还原成亚硝酸盐。在酸性介质中，亚硝酸盐与磺胺进行重氮化反应，然后与盐酸萘乙二胺偶联生成紫红色化合物，于 540 nm 波长处测吸光度	测定范围为 0.12～10 mg/L； 当采用 10 mm 比色皿时，检出限为 0.03 mg/L	地表水、地下水、工业废水和生活污水中总氮的测定

六、含磷化合物

在天然水和废（污）水中，磷主要以各种磷酸盐、缩聚磷酸盐和有机磷形式存在，也存在于腐植质粒子和水生生物中。磷是生物生长必需元素之一，但水体中磷含量过高（超过 0.2 mg/L）会导致富营养化，透明度降低，绿潮、赤潮发生，水质恶化。

磷主要来源于化肥、冶炼、合成洗涤剂等行业的废水和生活污水。

磷含量是各类水体监测的主要指标之一，常测总磷（TP）、溶解性总磷、溶解性正磷酸盐、单质磷和有机磷。测定水中磷含量时，先根据监测目的进行恰当的预处理，再选择适宜的监测方法测定，图 2-12 给出各种形态磷的预处理方法。

含磷化合物的监测方法主要有钼酸铵分光光度法、磷钼蓝分光光度法、氯化亚锡还原分光光度法、离子色谱法、气相色谱法和流动注射（连续流动）-钼酸铵分光光度法等。各种磷的监测方法原理及适用范围见表 2-33。

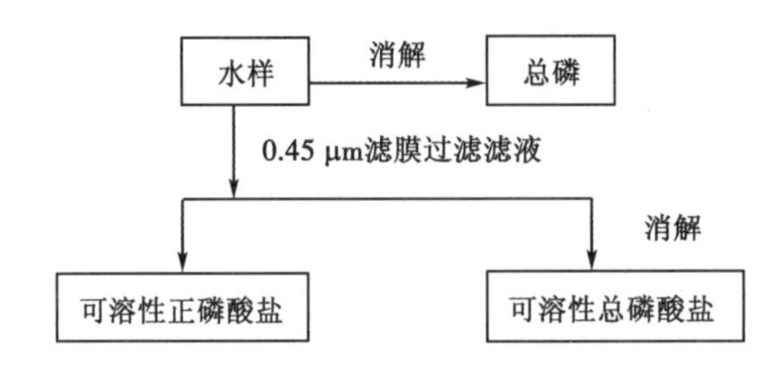

图 2-12　测定水样中各种形态磷的预处理方法

表 2-33　常用磷的监测方法

分析方法	标准号	原理	浓度范围	适用范围
钼酸铵分光光度法	GB 11893—89	在中性条件下，用过硫酸钾使试样消解，将所含磷全部氧化成正磷酸盐。在酸性介质中，正磷酸盐与钼酸铵反应，在锑盐存在下，生成磷钼杂多酸后，立即被抗坏血酸还原，生成蓝色的络合物	最低检出浓度为 0. 01 mg/L，测定上限0. 6 mg/L	地表水、污水和工业废水中总磷的测定
流动注射-钼酸铵分光光度法	HJ 671—2013	在封闭的管路中，一定体积的试样注入连续流动的载液中，试样和试剂在化学反应模块中，按照特定的顺序和比例混合、反应，在非完全反应条件下，进入流动检测池进行光度检测	当检测池光程为 10 mm 时，检出限 0. 005 mg/L，测定范围 0. 020 ~1. 00 mg/L	地表水、污水和工业废水中总磷的测定
连续流动-钼酸铵分光光度法	HJ 670—2013	试样与试剂在蠕动泵的推动下，在密闭的管路中，连续流动，被气泡按照一定间隔规律地隔开，并按照特定的顺序和比例混合、反应，显色完全后，进入流动检测池进行光度检测	磷酸盐检出限 0. 01 mg/L，测定范围 0. 04 ~ 1. 00 mg/L；总磷检出限 0. 01 mg/L，测定范围 0. 04 ~ 5. 00 mg/L	地表水、污水、生活污水和工业废水中磷酸盐和总磷的测定
离子色谱法	HJ 84—2016	水样中的磷酸根，经阴离子色谱柱交换分离，抑制型电导检测器检测，根据保留时间定性，峰高或峰面积定量	检出限 0. 051 mg/L，测定下限 0. 204 mg/L	地表水、地下水、工业废水和生活污水中可溶性磷酸根的测定
	KHJ 669—2013	试料中以各种形式存在的正磷酸盐随强碱性淋洗液进入阴离子色谱柱，以磷酸根的形式被分离出来后，用电导检测器检测。根据保留时间定性，外标法定量	检出限 0. 007 mg/L，测定下限 0. 028 mg/L	地表水、地下水和降水中可溶性磷酸盐的测定

表2-33(续)

分析方法	标准号	原理	浓度范围	适用范围
磷钼蓝分光光度法(暂行)	HJ 593—2010	用甲苯做萃取剂，萃取水样中的单质磷。萃取液经溴酸钾-溴化钾溶液将单质磷氧化成正磷酸盐，在酸性条件下，正磷酸盐与钼酸铵反应生成的磷钼杂多酸被还原剂氯化亚锡还原成蓝色络合物，其吸光度与单质磷的含量成正比，用分光光度计测定其吸光度，计算单质磷的含量	检出限0.003 mg/L，测定下限0.010 mg/L，测定上限0.170 mg/L	地表水、地下水、生活污水和工业废水中单质磷的测定
气相色谱法	HJ 701—2014	以甲苯萃取水样中的黄磷，萃取液经色谱柱分离后，用氮磷检测器或火焰光度检测器检测，根据色谱峰的保留时间定性，外标法定量	使用氮磷检测器时，检出限0.04 μg/L，测定下限0.16 μg/L； 使用火焰广度检测器时，检出限0.1 μg/L，测定下限0.4 μg/L	地表水、地下水、生活污水和工业废水中黄磷的测定
真空检测管-电子比色法	HJ 659—2013	将封存有反应试剂的真空玻璃检测管在水样中折断，样品自动定量吸入管中，样品中的待测物质与反应试剂快速定量反应生成有色化合物，其色度值与待测物质含量成正比。将化学显色反应的色度信号与待测物浓度间对应的函数关系存储于电子比色计中，测定后，直接读取待测物的含量	检出限0.1 mg/L	地表水、地下水、生活污水和工业废水中磷酸盐的快速测定
氯化亚锡还原分光光度法		在酸性条件下，正磷酸盐与钼酸铵反应，生成磷钼杂多酸。加入氯化亚锡还原剂，生成蓝色配合物(磷钼蓝)，于700 nm波长处测量吸光度，用标准曲线法定量	最低检出浓度为0.025 mg/L；测定上限为0.6 mg/L	地表水中正磷酸盐的测定

七、硫化物

地下水(特别是温泉水)及生活污水常含有硫化物，其中一部分是在厌氧条件下，由于微生物的作用，使硫酸盐还原或含硫有机物分解而产生的。焦化、造气、选矿、造纸、印染、制革等工业废水中亦含有硫化物。水中硫化物包含溶解性的 H_2S、HS^- 和 S^{2-}，酸溶性的金属硫化物，以及不溶性的硫化物和有机硫化物。通常所测定的硫化物系指溶解性的及酸溶性的硫化物。硫化氢毒性很大，可危害细胞色素氧化酶，造成细胞组织缺氧，甚至危及生命；它还腐蚀金属设备和管道，并可被微生物氧化成硫酸，加剧腐蚀性，因此，是水体污染的重要指标。

水样有色，含悬浮物、某些还原物质(如亚硫酸盐、硫代硫酸盐等)及溶解的有机物均对碘量法或光度法测定有干扰，需进行预处理。常用的预处理方法有乙酸锌沉淀-过滤法、酸化-吹气法或过滤-酸化-吹气分离法，视水样具体状况选择。

乙酸锌沉淀-过滤法：当水样中只含有少量硫代硫酸盐、亚硫酸盐等干扰物质时，可将现场采集并已固定的水样，用中速定量滤纸或玻璃纤维滤膜进行过滤，然后按照含量高低选择适当的方法，直接测定沉淀中的硫化物。

酸化-吹气法：若水样中存在悬浮物或浑浊度高、色度深时，可将现场采集固定后的水样加入一定量的磷酸，使水样中的硫化锌转变为硫化氢气体，利用载气将硫化氢吹出，用乙酸锌-乙酸钠溶液或2%氢氧化钠溶液吸收，再行测定。

过滤-酸化-吹气分离法：若水样污染严重，不仅含有不溶性物质及影响测定的还原性物质，并且浊度和色度都高时，宜用此法。即将现场采集且固定的水样，用中速定量滤纸或玻璃纤维滤膜过滤后，按照酸化吹气法进行预处理。

各种硫化物的监测方法原理及适用范围见表2-34。

表2-34 常用硫化物的监测方法

分析方法	标准号	原理	浓度范围	适用范围
碘量法	HJ/T 60—2000	在酸性条件下，硫化物与过量的碘作用，剩余的碘用硫代硫酸钠滴定。由硫代硫酸钠溶液所消耗的量，间接地求出硫化物的含量	含硫化物0.40 mg/L以上的水样	水和废水中硫化物测定
亚甲基蓝分光光度法	GB/T 16489—1996	水样经酸化后，硫化物转化成硫化氢，用氮气将硫化氢吹出，转移到盛有乙酸锌-乙酸钠溶液的吸收显色管中，与N，N-二甲基对苯二胺和硫酸铁铵反应，生成蓝色的络合物亚甲基蓝，在665 nm波长处测其吸光度	取样100 mL，使用10 mm比色皿时，检出限0.005 mg/L，测定上限0.700 mg/L	地面水、地下水、生活污水和工业废水中硫化物的测定
直接显色分光光度法	GB/T 17133—1997	将硫化物转化成气态硫化氢，用“硫化氢吸收显色剂”吸收，同时发生显色反应，在400 nm处进行分光光度测定	最低检出限0.004 mg/L，测定范围0.008～25 mg/L	地面水、地下水、生活污水、造纸废水、石油化工废水、炼焦废水、印染废水中溶解性的H_2S、HS^-、S^{2-}以及存在于颗粒物中的可溶性硫化物、酸溶性的金属硫化物
气相分子吸收光谱法	HJ/T 200—2005	在5%～10%磷酸介质中，将硫化物瞬间转变成H_2S，用空气将该气体载入气相分子吸收光谱仪的吸光管中，在202.6 nm等波长处测得的吸光度与硫化物的浓度遵守比耳定律	使用202.6 nm波长时，检出限0.005 mg/L，测定下限0.020 mg/L，测定上限10 mg/L； 使用228.8 nm波长时，测定上限500 mg/L	地表水、地下水、海水、饮用水、生活污水及工业污水中硫化物的测定

表2-34(续)

分析方法	标准号	原理	浓度范围	适用范围
流动注射-亚甲基蓝分光光度法	HJ 824—2017	在封闭的管路中，将一定体积的试样注入连续流动的载液中，试样与试剂在化学反应模块中，按照特定的顺序和比例混合、反应，在非完全反应条件下，进入流动检测池进行光度检测	检出限 0.004 mg/L，测定范围 0.016~2.00 mg/L	地表水、地下水、生活污水和工业废水中硫化物的测定
真空检测管-电子比色法	HJ 659—2013	将封存有反应试剂的真空玻璃检测管在水样中折断，样品自动定量吸入管中，样品中的待测物质与反应试剂快速定量反应，生成有色化合物，其色度值与待测物质含量成正比。将化学显色反应的色度信号与待测物浓度间对应的函数关系存储于电子比色计中，测定后，直接读取待测物的含量	检出限 0.1 mg/L	地表水、地下水、生活污水和工业废水中硫化物的快速测定

八、其他非金属化合物

根据水和废水污染类型和对用水水质要求的不同，有时还需测定其他非金属化合物，具体的监测方法可查阅《水和废水监测分析方法》(第四版)(见本书参考文献[2])。其他非金属化合物常用监测方法见表 2-35。

表 2-35　其他非金属化合物常用监测方法

非金属化合物	测定方法	标准号
硫酸盐	铬酸钡分光光度法(试行)	HJ/T 342—2007
氯化物	硝酸汞滴定法(试行)	HJ/T 343—2007
碘化物	离子色谱法	HJ 778—2015
二氧化氯、亚氯酸盐	连续滴定碘量法	HJ 551—2016
氯酸盐、亚氯酸盐、溴酸盐、二氯乙酸、三氯乙酸	离子色谱法	HJ 1050—2019
无机阴离子(Cl^-、Br^-、SO_3^{2-}、SO_4^{2-})	离子色谱法	HJ 84—2016
游离氯、总氯	N，N-二乙基-1，4-苯二胺分光光度法	HJ 586—2010
游离氯、总氯	N，N-二乙基-1，4-苯二胺滴定法	HJ 585—2010

第八节　有机化合物的测定

水体中存在大量的有机化合物，通常以毒性大、强致癌性和消耗水中溶解氧的形式产生危害作用，所以有机化合物的测定对评价水质十分重要。鉴于水体中有机化合物种类繁多(2200 万种以上)，难以对每种组分逐一定量测定，目前多采用测定与水中有机化合物相当的需氧量来间接地表征有机化合物的含量，如 COD、BOD_5等，或对某一类有机化合物进行测定，如油类、酚类等。有机化合物的污染源主要有农药、医药、染料以及化工企业排放的污水。

一、化学需氧量

化学需氧量(chemical oxygen demand，COD)是指在一定条件下，氧化 1 L 水样中还原性物质所消耗的氧化剂的量，以氧的 mg/L 表示。化学需氧量反映了水体受还原性物质污染的程度，主要包括有机化合物和亚硝酸盐、亚铁盐、硫化物等无机化合物。化学需氧量常作为表征水体有机物相对含量的综合指标，但只能反映能被重铬酸钾氧化的有机污染物。

化学需氧量的测定方法主要有重铬酸钾法、快速消解分光光度法、高氯废水-氯气校正法、高氯废水-碘化钾碱性高锰酸钾法和库仑滴定法。

1. 重铬酸钾法

原理：在水样中加入已知量的重铬酸钾溶液，并在强酸介质下以银盐作为催化剂，经沸腾回流后，以试亚铁灵为指示剂，用硫酸亚铁铵滴定水样中未被还原的重铬酸钾，由消耗的重铬酸钾的量计算出消耗氧的质量浓度。在酸性重铬酸钾条件下，芳烃和吡啶难以被氧化，氧化率较低。在硫酸银催化作用下，直链脂肪族化合物能有效地被氧化。无机还原性物质(如亚硝酸盐、硫化物和二价铁盐等)也能被氧化，消耗重铬酸钾，使结果增大，其需氧量也是 COD_{Cr}的一部分。

测定范围：地表水、生活污水和工业废水 16~700 mg/L 的化学需氧量测定，含氯离子浓度大于 1000 mg/L 的水样不适宜采用此法。

氯化物对 COD_{Cr}测定的干扰十分明显，可以加入适当的硫酸汞去除。硫酸汞的用量可以根据氯离子的含量确定，一般按照硫酸汞质量：氯离子质量≥20：1 的比例添加，最大不超过 2 mL。

氯离子含量判断方法：取 10 mL 未加硫酸的水样，稀释至 20 mL，用氢氧化钠调至中性，加 1 滴铬酸钾指示剂，用滴管滴加硝酸银溶液，直至出现砖红色沉淀，记录滴数。再根据表 2-36 所示估计氯离子浓度值。

表 2-36　氯离子含量与滴数的粗略换算表

取样量/mL	氯离子测试浓度值(mg/L)			
	滴数：5	滴数：10	滴数：20	滴数：50
2	501	1001	2003	5006
5	200	400	801	2001
10	100	200	400	1001

2. 快速消解分光光度法

原理：在水样中加入已知量的重铬酸钾溶液，并在强酸介质中，以硫酸银作为催化剂，经高温消解后，用分光光度法测 COD 值。

高量程(COD 值 100~1000 mg/L)：在 600±20 nm 波长处测被重铬酸钾还原产生的三价铬的吸光度。COD 值与三价铬的吸光度的增加值成正比例。

低量程(COD 值 15~250 mg/L)：在 440±20 nm 波长处测未被重铬酸钾还原的六价铬和被还原产生的三价铬的总吸光度。COD 值与六价铬的吸光度减少值、三价铬的吸光度的增加值、总吸光度减少值成正比例。

测定范围：地表水、地下水、生活污水和工业废水中 15~1000 mg/L 的化学需氧量测定，氯离子含量大于 1000 mg/L 时不适合采用本方法。

稀释需求判断：初步判定水样的 COD 质量浓度，选择对应量程的预装混合试剂，加入相应体积的试样，摇匀，在 165±2 ℃加热 5 min，检查管内溶液是否呈绿色，如变绿，应重新稀释后，再进行测定。

3. 高氯废水-氯气校正法

原理：在水样中加入已知量的重铬酸钾溶液及硫酸汞溶液，并在强酸介质下以硫酸银作为催化剂，经 2 h 沸腾回流后，以 1，10-菲啰啉为指示剂，用硫酸亚铁铵滴定水样中未被还原的重铬酸钾，由消耗的硫酸亚铁铵的量换算成消耗氧的质量浓度，得到表观 COD 值。将水样中未络合而被氧化的那部分氯离子所形成的氯气导出，用氢氧化钠吸收后，加入碘化钾，用硫酸调节 pH 值为 2~3，以淀粉作为指示剂，用硫代硫酸钠标准滴定溶液滴定，消耗的硫代硫酸钠的量换算成消耗氧的质量浓度，获得氯离子校正值。表观 COD 值与氯离子校正值之差即为水样真实的 COD 值。

测定范围：油田、沿海炼油厂、油库、氯碱厂和废水深海排放等氯离子含量小于 20000 mg/L 的废水中 COD 的测定，检出限为 30 mg/L。

4. 高氯废水-碘化钾碱性高锰酸钾法

原理：在碱性条件下，加一定量高锰酸钾溶液于水样中，并在沸水浴上加热反应一定时间，氧化水中的还原性物质。加入过量的碘化钾还原剩余的高锰酸钾，以淀粉作为指示剂，用硫代硫酸钠滴定释放出的碘，换算成氧的浓度，用 $COD_{OH.KI}$表示。

测定范围：油气田和炼化企业氯离子含量在每升几万甚至几十万毫克的废水中化学需氧量的测定，检出限为 0. 2 mg/L，测量上限为 62. 5 mg/L。

由于碘化钾碱性高锰酸钾法与重铬酸盐法氧化条件不同，对同一样品的测定值也不相同，而我国的污水综合排放标准中 COD 指标是指重铬酸盐法的测定结果。通过求出碘化钾碱性高锰酸钾法与重铬酸盐法间的比值 K，可将碘化钾碱性高锰酸钾法的测定结果换算成重铬酸盐法的 COD_{Cr}值来衡量水体的有机物污染状况。分别用重铬酸盐法和碘化钾碱性高锰酸钾法测定有代表性的废水样品的需氧量 O_1、O_2，确定该类废水的 K 值，$K=O_2/O_1$，$COD_{Cr}=COD_{OH.KI}/K$。

5. 库仑滴定法

库仑滴定法是库仑滴定式 COD 测定仪的工作原理，一般由库仑滴定池、电路系统和电磁搅拌器组成，可以直接读取 COD 值。测定时，先在空白溶液和样品溶液中加入等量的重铬酸钾溶液，分别进行回流消解 15 min，冷却后，各加入等量的硫酸铁，于搅拌状态下进行库仑电解滴定，即 Fe^{3+}在工作阴极上还原为 Fe^{2+}去滴定 $Cr_2O_7^{2-}$。库仑滴定空白溶液中 $Cr_2O_7^{2-}$得到的结果为剩余重铬酸钾的氧化量。设前者需要的电解时间为 t_0，后者需要的电解时间为 t_1，则根据法拉第电解定律可计算 COD 值。

$$COD(O_2,\ mg/L)=\frac{I\times(t_0-t_1)}{96500}\times\frac{8000}{V}$$

式中：I——电解电流，A；

V——水样体积，mL；

96500——法拉第常数。

适用范围：地表水和工业废水中 COD 的测定，当用 3 mL 0. 05 mol/L 的重铬酸钾进行标定值测定时，最低检出限为 3 mg/L，测定上限为 100 mg/L。

二、高锰酸盐指数

高锰酸盐指数(I_{Mn})是以高锰酸钾溶液为氧化剂测得的化学需氧量，以氧的 mg/L 表示。水中的亚硝酸盐、亚铁盐、硫化物等还原性无机物和在此条件下可被氧化的有机物，均消耗高锰酸钾。因此高锰酸盐指数常被作为地表水受有机物和还原性无机物污染程度的综合指标。为避免六价铬的二次污染，部分发达国家采用高锰酸盐作为氧化剂测定废水的化学需氧量，但相应的排放标准也更加严格。

化学需氧量和高锰酸盐指数是采用不同的氧化剂在各自的氧化条件下测定的，一般来说，重铬酸钾法的氧化率可达90%，而高锰酸钾法的氧化率为50%左右，两者均未完全氧化，因而都只是一个相对参考数据，国际标准化组织(ISO)建议高锰酸钾法仅限于地表水、饮用水和生活污水。

按照测定溶液的介质不同，高锰酸盐指数分为酸性高锰酸钾法和碱性高锰酸钾法。

1. 酸性高锰酸钾氧化法

原理：样品中加入已知量的高锰酸钾和硫酸，在沸水浴中加热 30 min，高锰酸钾将样品中的某些有机物和无机还原性物质氧化，反应后，加入过量的草酸钠还原剩余的高锰酸钾，再用高锰酸钾标准溶液回滴过量的草酸钠。通过计算得到样品中高锰酸盐指数。

$$I_{Mn}=\frac{\left[(10+V_1)\times\frac{10}{V_2}-10\right]\times c\times 8\times 1000}{100}$$

式中：V_1——样品滴定时，消耗高锰酸钾溶液体积，mL；

V_2——标定时，所消耗高锰酸钾溶液体积，mL；

c——草酸钠标准溶液浓度，0.0100 mol/L。

如样品经过稀释后测定，则按照下式计算：

$$I_{Mn}=\frac{\left\{\left[(10+V_1)\frac{10}{V_2}-10\right]-\left[(10+V_0)\frac{10}{V_2}-10\right]f\right\}\times c\times 8\times 1000}{V_3}$$

式中：V_0——空白试验时，消耗高锰酸钾溶液体积，mL；

V_3——测定时，所取水样体积，mL；

f——稀释样品时，蒸馏水在 100 mL 测定用体积内所占比例。

测定范围：饮用水、水源水和地面水中 0.5~4.5 mg/L 高锰酸盐指数测定。

2. 碱性高锰酸钾氧化法

原理：100 mL 水样中加入 0.5 mL 氢氧化钠溶液和 10 mL 高锰酸钾溶液，在沸水浴中加热 30 min，取出后，再加入 10 mL 硫酸，后续步骤与酸性高锰酸钾法相同。

测定范围：饮用水、水源水和地面水中氯离子含量高于 300 mg/L 时。

三、生化需氧量

生化需氧量(biochemical oxygen demand，BOD)是指在有溶解氧的条件下，好氧微生物在分解水中有机物的生物化学氧化过程中所消耗的溶解氧量，同时还包括如硫化物、亚铁盐等还原性无机物质氧化所消耗的氧量。

有机物在微生物作用下，好氧分解分为两个阶段：第一阶段称为含碳物质氧化阶段，主要是含碳有机物氧化为二氧化碳和水；第二阶段称为硝化阶段，主要是含氮有机物在硝化菌作用下，分解为亚硝酸盐和硝酸盐。两个阶段分主次且同时进行，硝化阶段在 5~7 d 甚至 10 d 以后才显著进行，所以目前广泛采用在 20 ℃下培养 5 d 的方法，其测定的消耗氧量称为五日生化需氧量，记为 BOD_5，在数值上为碳化阶段的 BOD 值。

BOD 是反映水体被有机物污染程度的综合指标，也是研究废水的可生化降解性和生化处理效果，以及生化处理废水工艺设计和动力学研究中的重要参数。

(一)稀释与接种法

1. 原理

水样充满完全密闭的溶解氧瓶中，在 20±1 ℃的暗处培养 5d±4h 或(2+5)d±4h[先在 0~4 ℃的暗处培养 2 d，接着在 20±1 ℃的暗处培养 5d，即培养(2+5)d]，分别测定培养前后水样中溶解氧的质量浓度，由培养前后溶解氧的质量浓度之差，计算每升样品消耗的溶解氧量，以 BOD_5形式表示。

如样品中的有机物含量较少，BOD_5的质量浓度不大于 6 mg/L，且样品中有足够的微生物，用非稀释法测定。

$$\rho = \rho_1 - \rho_2$$

式中：ρ——BOD_5质量浓度，mg/L；

ρ_1——水样在培养前的溶解氧质量浓度，mg/L；

ρ_2——水样在培养后的溶解氧质量浓度，mg/L。

若样品中的有机物含量较少，BOD_5的质量浓度不大于 6 mg/L，但样品中无足够的微生物，如酸性废水、碱性废水、高温废水、冷冻保存的废水或经过氯化处理等的废水，采用非稀释接种法测定。

$$\rho = (\rho_1 - \rho_2) - (\rho_3 - \rho_4)$$

式中：ρ——BOD_5质量浓度，mg/L；

ρ_1——接种水样在培养前的溶解氧质量浓度，mg/L；

ρ_2——接种水样在培养后的溶解氧质量浓度，mg/L；

ρ_3——空白样在培养前的溶解氧质量浓度，mg/L；

ρ_4——空白样在培养后的溶解氧质量浓度，mg/L。

若试样中的有机物含量较多，BOD_5的质量浓度大于 6 mg/L，且样品中有足够的微生物，采用稀释法测定。

若试样中的有机物含量较多，BOD_5的质量浓度大于 6 mg/L，但试样中无足够的微生物，采用稀释接种法测定。

$$\rho = \frac{(\rho_1 - \rho_2) - (\rho_3 - \rho_4) f_1}{f_2}$$

式中：ρ——BOD_5质量浓度，mg/L；

ρ_1——接种稀释水样在培养前的溶解氧质量浓度，mg/L；

ρ_2——接种稀释水样在培养后的溶解氧质量浓度，mg/L；

ρ_3——空白样在培养前的溶解氧质量浓度，mg/L；

ρ_4——空白样在培养后的溶解氧质量浓度，mg/L；

f_1——接种稀释水或稀释水在培养液中所占比例；

f_2——原样品在培养液中所占比例。

2. 测定范围

地表水、工业废水和生活污水中 BOD_5 的测定。方法检出限 0.5 mg/L，测定下限 2 mg/L，非稀释和非稀释接种法的测定上限为 6 mg/L，稀释和稀释接种法的测定上限为 6000 mg/L。

3. 微生物接种

接种液来源：未受工业废水污染的生活污水（化学需氧量不大于 300 mg/L，总有机碳不大于 100 mg/L）、含有城镇污水的河水或湖水、污水处理厂的出水，分析含有难降解物质的工业废水时，在其排污口下游适当处取水样作为废水的驯化接种液，也可取中和或经适当稀释后的废水进行连续曝气，每天加入少量的该种废水，同时加入少量的生活污水，使适应该种废水的微生物大量地繁殖。当水中出现大量的絮状物时，表明微生物已繁殖，可用作接种液。一般驯化过程需 3~8 d。

4. 稀释

稀释水必须满足水体生物化学过程的三个条件：好氧微生物、足够的溶解氧、能被微生物利用的营养物质。配制时，取一定体积的蒸馏水，加入氯化钙、氯化铁、硫酸镁等用作微生物繁殖的营养物，用磷酸盐缓冲液调节 pH 值至 7.2，充分曝气，使溶解氧近饱和，达 8 mg/L 以上。稀释水的 BOD_5 必须小于 0.2 mg/L。

稀释倍数的确定：样品稀释的程度应使消耗的溶解氧质量浓度不小于 2 mg/L，培养后样品中剩余溶解氧质量浓度不小于 2 mg/L，且试样中剩余的溶解氧的质量浓度为开始浓度的 1/3~2/3 为最佳。

稀释倍数可根据样品的总有机碳、高锰酸盐指数或化学需氧量的测定值，按照 BOD_5 与 TOC、I_{Mn} 或 COD_{Cr} 的比值 R（详见表 2-37）估计 BOD_5 的期望值，再确定稀释因子。当不能准确地选择稀释倍数时，一个样品做 2~3 个不同的稀释倍数。

表 2-37　典型的比值 *R*

水样的类型	总有机碳 R（BOD_5/TOC）	高锰酸盐指数 R（BOD_5/I_{Mn}）	化学需氧量 R（BOD_5/COD_{Cr}）
未处理的废水	1.2~2.8	1.2~1.5	0.35~0.65
生化处理的废水	0.3~1.0	0.5~1.2	0.20~0.35

从表中筛选适当的 R 值，按照下式计算 BOD_5 的期望值。

$$\rho = R \times Y$$

式中：ρ——BOD_5 的期望值，mg/L；

Y——TOC、I_{Mn} 或 COD_{Cr} 的实测值，mg/L。

由估算出的 BOD_5 的期望值，再按照表 2-38 所示确定样品的稀释倍数。

表 2-38　BOD_5 测定的稀释倍数

BOD_5 的期望值	稀释倍数	水样类型
6~12	2	河水，生物净化的城市污水
10~30	5	河水，生物净化的城市污水
20~60	10	生物净化的城市污水
40~120	20	澄清的城市污水或轻度污染的工业废水
100~300	50	轻度污染的工业废水或原城市污水

表2-38（续）

BOD_5的期望值	稀释倍数	水样类型
200~600	100	轻度污染的工业废水或原城市污水
400~1200	200	重度污染的工业废水或原城市污水
1000~3000	500	重度污染的工业废水
2000~6000	1000	重度污染的工业废水

为检查稀释水和微生物是否适宜，以及化验人员的操作水平，将每升含葡萄糖和谷氨酸各150 mg的标准溶液以1∶50的比例稀释后，与水样同步测定BOD_5，测得值应在180~230 mg/L之间；否则，应检查原因，予以纠正。

（二）微生物传感器快速测定法

原理：测定水中的BOD的微生物传感器由氧电极和微生物菌膜构成，其原理是当含有饱和溶解氧的样品进入流通池中与微生物传感器接触，样品中溶解性可生化降解的有机物受到微生物菌膜中菌种的作用，消耗一定量的氧，使扩散到氧电极表面上氧的质量减少。当样品中可生化降解的有机物向菌膜扩散速度达到恒定时，扩散到氧电极表面上氧的质量也达到恒定，从而产生一个恒定电流，电流与氧的减少量存在定量关系，可以换算成样品中生化需氧量。

测定范围：地表水、生活污水和不含对微生物有明显毒害作用的工业废水BOD的测定。

（三）测压法

在密闭的培养瓶中，水样中溶解氧由于微生物降解有机物而被消耗，产生与耗氧量相当的CO_2被吸收后，使密闭系统的压力降低，用压力计测出此压降，即可求出水样的BOD值。在实际测定中，先以标准葡萄糖-谷氨酸溶液的BOD值和相应的压差绘制关系曲线，然后以此曲线校准仪器刻度，便可直接读出水样的BOD值。

四、总有机碳

总有机碳（total organic carbon，TOC）是指水体中溶解性和悬浮性有机物含碳的总量，是以碳的含量表示水体中有机物总量的综合指标。由于TOC的测定采用燃烧法，因此能将有机物全部氧化，它比BOD_5或COD更能反映有机物的总量。

目前，总有机碳的测定主要采用燃烧氧化-非分散红外吸收法和湿法氧化-非分散红外吸收法，前者常用于地表水、地下水、生活污水和工业废水中总有机碳的测定，后者主要用于总有机碳的连续自动监测。

燃烧氧化-非分散红外吸收法的测定原理是将试样连同净化气体分别导入高温燃烧管和低温反应管中，经高温燃烧管的试样被高温催化氧化，其中的有机碳和无机碳均转化为二氧化碳；经低温反应管的试样被酸化后，其中的无机碳分解成二氧化碳。两种反应管中生成的二氧化碳分别被导入非分散红外检测器。在特定波长下，一定质量浓度范围内二氧化碳的红外线吸收强度与其质量浓度成正比，由此可对试样总碳（TC）和无机碳（IC）进行定量测定。总碳与无机碳的差值，即为总有机碳。此方法检出限为0.1 mg/L，测定下限为0.5 mg/L。

由于在高温下，水样中的碳酸盐也分解产生二氧化碳，故上面测得的为水样中的总碳（TC），应将水样中的无机碳（IC）扣除。按照无机碳的去除方法不同，总有机碳的测定方法也分为直接法和差减法。直接法主要用于挥发性有机物较少而无机碳含量高的水样；差减法主要用于挥发性有机物含量高的水样。

(1)差减法。该方法使用的 TOC 测定仪有高温炉(900 ℃)和低温炉(150 ℃)两个炉子。将同一等量水样分别注入高温炉和低温炉，高温炉水样中的有机碳和无机碳均转化成 CO_2；而低温炉的石英管中装有磷酸浸渍的玻璃棉，能使无机碳酸盐在 150 ℃分解成 CO_2，有机物却不能分解氧化。将高、低温炉中生成的 CO_2 依次导入非分散红外气体分析仪，分别由绘制的 TC 和 IC 标准曲线测得 TC 和 IC，两者的差值即为 TOC。

图 2-13 所示为 TOC 测定仪流程图。

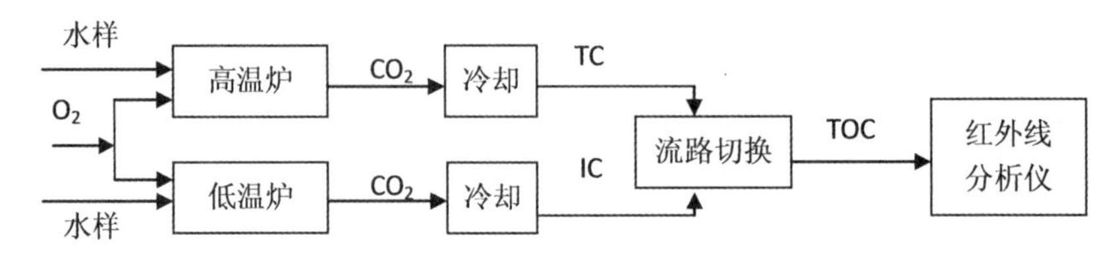

图 2-13 TOC 测定仪流程图

(2)直接法。先将水样酸化至 pH<2，再通入氮气曝气，使无机碳酸盐转化成 CO_2，并被吹脱而除去，再将水样注入高温燃烧管，由预先绘制的 TC 标准曲线可直接测得 TOC。由于酸化曝气会损失可吹扫有机碳(POC)，故测得总有机碳值为不可吹扫有机碳(NPOC)。

五、总需氧量

总需氧量(total oxygen demand，TOD)是指水中能被氧化的物质(主要指有机质)在燃烧过程中变成稳定的氧化物时所需要的氧量，结果以氧气的 mg/L 表示。

TOD 常用 TOD 测定仪测定，其原理是将一定量水样注入装有铂催化剂的石英燃烧管中，通入含已知氧浓度的载气(氮气)，则水样中的还原性物质在高温下被瞬间燃烧氧化，测定燃烧前后载气中氧浓度减少量，即可计算水样的 TOD。

TOD 是衡量水体受有机物污染程度的一项指标，它的值能反映几乎全部有机物质经燃烧后变成 CO_2、H_2O、NO、SO_2 等所需要的氧量，它比 BOD_5、COD 和高锰酸盐指数更接近理论需氧量值。

TOD 和 TOC 的比例关系可用来粗略地判断水样中有机物的种类。对于含碳化合物，因为一个碳原子消耗两个氧原子，按照其相对原子质量，则是 32/12 = 2.67，因此，理论上说，TOD = 2.67TOC。若某水样的 TOD/TOC = 2.67 左右，可认为主要是含碳有机物；若 TOD/TOC >4.0，则应考虑水中有较大量含 S、P 的有机物存在；若 TOD/TOC<2.6，就应考虑水样中硝酸盐和亚硝酸盐可能含量较大，它们在高温和催化条件下分解放出氧，使 TOD 测定呈现负误差。

六、挥发酚

酚属于高毒物质，人体摄入一定量会出现急性中毒症状；长期饮用被酚污染的水，可引起头昏、瘙痒、贫血及神经系统障碍。当水中含酚量大于 5 mg/L 时，就会使鱼中毒死亡。

根据酚类物质能否与水蒸气一起蒸出，分为挥发酚和不挥发酚。沸点在 230 ℃以下的为挥发酚，沸点在 230 ℃以上的为不挥发酚。

酚的主要污染源是炼油、焦化、煤气发生，以及木材防腐和某些化工产品(如酚醛树脂)

等生产过程中产生的工业废水。

为了分离出水样中的挥发酚及消除颜色、浑浊和金属离子的干扰等，必须对水样进行预蒸馏。具体操作为：量取 250 mL 水样于蒸馏烧瓶中，加 2 滴甲基橙溶液，用磷酸溶液将水样调至橙红色（pH=4），加入 5 mL 硫酸铜（采样未加时），加入数粒玻璃珠，以 250 mL 量筒收集馏出液，加热蒸馏，等馏出 225 mL 以上，停止蒸馏，液面静止后，加入 25 mL 水，继续蒸馏到馏出液为 250 mL 为止。

当水样中含有氧化剂或还原剂、油类等干扰物质时，在蒸馏前去除。氧化剂（如游离氯）加入过量亚硫酸铁去除；还原剂（如硫化物）用磷酸把水样的 pH 值调节至 4.0（用甲基橙或 pH 计指示），加入适量硫酸铜溶液生成硫化铜去除，当含量较高时用磷酸酸化水样，生成硫化氢逸出；油类用氢氧化钠颗粒调节 pH 值为 12.0~12.5，用四氯化碳萃取去除。

挥发酚的测定方法主要有 4-氨基安替比林分光光度法和溴化容量法等。各种挥发酚的监测方法的原理及适用范围见表 2-39。

表 2-39 常用的挥发酚监测方法

分析方法	标准号	原理	浓度范围	适用范围
4-氨基安替比林分光光度法	HJ 503—2009	用蒸馏法使挥发性酚类化合物蒸馏出，并与干扰物质和固定剂分离。被蒸馏出的酚类化合物，于 pH 值为 10.0±0.2 介质中，在铁氰化钾存在下，与 4-氨基安替比林反应，成橙红色的安替比林染料； 萃取分光光度法：用三氯甲烷萃取后，在 460 nm 波长下测定吸光度； 直接分光光度法：显色后，在 30 min 内，于 510 nm 波长测定吸光度	地表水、地下水和饮用水用萃取分光光度法，检出限 0.0003 mg/L，测定下限 0.001 mg/L，测定上限 0.04 mg/L； 工业废水和生活污水用直接分光光度法，检出限 0.01 mg/L，测定下限 0.04 mg/L，测定上限 2.50 mg/L	地表水、地下水、饮用水、工业废水和生活污水中挥发酚的测定
溴化容量法	HJ 502—2009	用蒸馏法使挥发性酚类化合物蒸馏出，并与干扰物质和固定剂分离。在含过量溴（由溴酸钾和溴化钾所产生）的溶液中，被蒸馏出的酚类化合物与溴生成三溴酚，并进一步生成溴代三溴酚。在剩余的溴与碘化钾作用、释放出游离碘的同时，溴代三溴酚与碘化钾反应，生成三溴酚和游离碘，用硫代硫酸钠溶液滴定释出的游离碘，并根据其消耗量，计算出挥发酚的含量	检出限 0.1 mg/L，测定下限 0.4 mg/L，测定上限 45.0 mg/L	含高浓度挥发酚工业废水中挥发酚的测定
流动注射-4-氨基安替比林分光光度法	HJ 825—2017	在封闭的管路中，将一定体积的试样注入连续流动的载液中，试样与试剂在化学反应模块中按照特定的顺序和比例混合、反应，在非完全反应条件下，进入流动检测池进行光度检测	检出限 0.002 mg/L，测定范围 0.008 ~ 0.200 mg/L	地表水、地下水、工业废水和生活污水中挥发酚的测定
液液萃取气相色谱法	HJ 676—2013	在酸性条件下（pH<2），用二氯甲烷/乙酸乙酯混合溶剂萃取水样中的酚类化合物，浓缩后的萃取液采用气相色谱毛细管色谱柱分离，氢火焰检测器检测，以色谱保留时间定性，外标法定量	检出限 0.5~3.4 μg/L，测定下限 2.0~13.6 μg/L	地表水、地下水、工业废水和生活污水中 13 种酚类化合物的测定

表2-39(续)

分析方法	标准号	原理	浓度范围	适用范围
气相色谱-质谱法	HJ 744—2015	在酸性条件下(pH<2)，用液液萃取或固相萃取法提取水样中的酚类化合物，经五氟卞基溴衍生化后用气相色谱-质谱法(GC-MS)分离检测，以色谱保留时间和质谱特征离子定性，外标法、内标法定量	检出限 0.1~0.2 μg/L，测定下限 0.4~0.8 μg/L	地表水、地下水、工业废水和生活污水中14种酚类化合物的测定

七、矿物油

矿物油浮游在水体表面，直接影响水体与空气之间的氧交换。分散在水体中的油，常被微生物氧化分解而消耗溶解氧，使水质恶化。此外，矿物油中有毒性大的芳烃类。

矿物油主要来源于原油开采、加工运输、使用过程，及炼油企业和生活污水。

矿物油的测定方法主要有紫外分光光度法、称量法、非色散红外法等。

1. 紫外分光光度法

原理：在 pH≤2 的条件下，样品中的油类物质被正己烷萃取，萃取液经无水硫酸钠脱水，再经硅酸镁吸附除去动植物油类等极性物质后，于 225 nm 波长处测定吸光度。

测定范围：地表水、地下水和海水中石油类的测定。检出限为 0.01 mg/L，测定下限为 0.04 mg/L。

2. 称量法

原理：取一定量的水样，加硫酸酸化，用石油醚萃取矿物油，然后蒸发除去石油醚。称量残渣质量，计算出矿物油的含量。

$$油含量(mg/L) = \frac{(M_1 - M) \times 10^6}{V}$$

式中：M_1——烧杯和油质量，g；

M——烧杯质量，g；

V——水样体积，mL。

适用范围：含 10 mg/L 以内矿物油的水样，不受油种类限制。

3. 非色散红外法

原理：利用石油类物质的甲基($-CH_3$)、亚甲基($-CH_2-$)在近红外区(3.4 μm)有特征吸收，作为测定水样中油含量的基础。测定时，先用硫酸将水样酸化、加氯化钠破乳化，再用三氯三氟乙烷萃取，萃取液经过无水硫酸钠过滤、定容，注入红外油份分析仪，直接读取油含量。

测定范围：0.1~200 mg/L 的含油水样。

八、其他有机化合物

根据水和废水污染类型和对用水水质要求的不同，有时还需测定其他有机化合物元素，具体的监测方法可查阅《水和废水监测分析方法》(第四版)(见本书参考文献[2])。表 2-40 为其他有机化合物常用的监测方法。

表 2-40　其他有机化合物常用的监测方法

监测指标	测定方法	标准号
有机磷农药	气相色谱法	GB/T 14552—93
多环芳烃	液液萃取和固相萃取高效液相色谱法	HJ 478—2009
二噁英类	同位素稀释高分辨气相色谱-高分辨质谱法	HJ 77.1—2008
挥发性卤代烃	顶空气相色谱法	HJ 620—2011
氯苯类化合物	气相色谱法	HJ 621—2011
2，6-二硝基酚、2，4-二硝基酚、4-硝基酚、2，4，6-三硝基酚	液相色谱-三重四极杆质谱法	HJ 1049—2019
2，2-二氯丙酸、3，5-二氯苯甲酸、2-(4-氯-2-甲基苯氧基)丙酸、3，6-二氯-2-甲氧基苯甲酸、2-甲基-4-氯苯氧乙酸、2，4-滴丙酸、2，4-二氯苯氧乙酸、2，4，5-三氯苯氧乙酸、五氯苯酚、2，4，5-涕丙酸、3-氨基-2，5-二氯苯甲酸、2，4-二氯苯氧丁酸、4-氨基-3，5，6-三氯吡啶羧酸、三氟羧草醚、四氯对苯二甲酸	气相色谱法	HJ 1070—2019
邻苯二胺、苯胺、联苯胺、对甲苯胺、邻甲氧基苯胺、邻甲苯胺、4-硝基苯胺、2，4-二甲基苯胺、3-硝基苯胺、4-氯苯胺、2-硝基苯胺、3-氯苯胺、2-萘胺、2，6-二甲基苯胺、2-甲基-6-乙基苯胺、3，3'-二氯联苯胺、2，6-二乙基苯胺	液相色谱-三重四极杆质谱法	HJ 1048—2019
阿特拉津	高效液相色谱法	HJ 587—2010
阿特拉津	气相色谱法	HJ 754—2015
氨基甲酸酯类农药	超高效液相色谱-三重四极杆质谱法	HJ 827—2017
百草枯和杀草快	固相萃取-高效液相色谱法	HJ 914—2017
百菌清和溴氰菊酯	气相色谱法	HJ 698—2014
百菌清及拟除虫菊酯类农药	气相色谱-质谱法	HJ 753—2015
苯胺类化合物	气相色谱-质谱法	HJ 822—2017
苯系物	顶空-气相色谱法	HJ 1067—2019
苯氧羧酸类除草剂	液相色谱-串联质谱法	HJ 770—2015
吡啶	顶空气相色谱法	HJ 1072—2019
丙烯酰胺	气相色谱法	HJ 697—2014
彩色显影剂总量	169 成色剂分光光度法	HJ 595—2010
草甘膦	高效液相色谱法	HJ 1071—2019
丁基黄原酸	吹扫捕集-气相色谱-质谱法	HJ 896—2017
丁基黄原酸	紫外分光光度法	HJ 756—2015

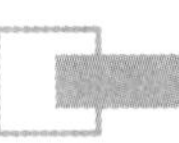

表2-40(续)

监测指标	测定方法	标准号
丁基黄原酸	液相色谱-三重四极杆串联质谱法	HJ 1002—2018
多氯联苯	气相色谱-质谱法	HJ 715—2014
多溴二苯醚	气相色谱-质谱法	HJ 909—2017
磺酰脲类农药	高效液相色谱法	HJ 1018—2019
挥发性石油烃(C_6-C_9)	吹扫捕集-气相色谱法	HJ 893—2017
挥发性有机物	吹扫捕集 气相色谱-质谱法	HJ 639—2012
挥发性有机物	吹扫捕集-气相色谱法	HJ 686—2014
甲醇和丙酮	顶空-气相色谱法	HJ 895—2017
甲醛	乙酰丙酮分光光度法	HJ 601—2011
肼和甲基肼	对二甲氨基苯甲醛分光光度法	HJ 674—2013
可萃取性石油烃(C_{10}-C_{40})	气相色谱法	HJ 894—2017
可吸附有机卤素(AOX)	离子色谱法	HJ/T 83—2001
联苯胺	高效液相色谱法	HJ 1017—2019
卤代乙酸类化合物	气相色谱法	HJ 758—2015
灭多威和灭多威肟	液相色谱法	HJ 851—2017
萘酚	高效液相色谱法	HJ 1073—2019
二丁基锡、三丁基锡、二苯基锡、三苯基锡	液相色谱-电感耦合等离子体质谱法	HJ 1074—2019
石油类和动植物油类	红外分光光度法	HJ 637—2018
四乙基铅	顶空-气相色谱-质谱法	HJ 959—2018
松节油	吹扫捕集-气相色谱-质谱法	HJ 866—2017
松节油	气相色谱法	HJ 696—2014
梯恩梯、黑索今、地恩梯	气相色谱法	HJ 600—2011
梯恩梯	N-氯代十六烷基吡啶-亚硫酸钠分光光度法	HJ 599—2011
梯恩梯	亚硫酸钠分光光度法	HJ 598—2011
烷基汞	吹扫捕集-气相色谱-冷原子荧光光谱法	HJ 977—2018
五氯酚	气相色谱法	HJ 591—2010
显影剂及其氧化物总量	碘-淀粉分光光度法	HJ 594—2010
硝磺草酮	液相色谱法	HJ 850—2017
硝基苯类化合物	气相色谱法	HJ 592—2010
硝基苯类化合物	气相色谱-质谱法	HJ 716—2014
硝基苯类化合物	液液萃取 固相萃取-气相色谱法	HJ 648—2013
硝基酚类化合物	气相色谱-质谱法	HJ 1150—2020
叶绿素 a	分光光度法	HJ 897—2017
乙撑硫脲	液相色谱法	HJ 849—2017

表2-40(续)

监测指标	测定方法	标准号
乙腈	吹扫捕集-气相色谱法	HJ 788—2016
乙腈	直接进样-气相色谱法	HJ 789—2016
阴离子表面活性剂	流动注射-亚甲基蓝分光光度法	HJ 826—2017
有机氯农药和氯苯类化合物	气相色谱-质谱法	HJ 699—2014

第九节　底质监测

底质系指江、河、湖、库、海等水体底部表层沉积物质。它是矿物、岩石、土壤的自然侵蚀和废(污)水排出物沉积，以及生物活动、物质之间物理或化学反应等过程的产物。

通过底质监测，可以了解水环境污染现状，追溯水环境污染历史，研究污染物的沉积、迁移、转化规律和对水生生物，特别是底栖生物的影响，并为评价水体质量、预测水质变化趋势和沉积污染物对水体的潜在危险提供依据。

一、样品的制备、分解

(一)制备

1. 脱水

底质中含有的大量水分，应采用下列方法之一除去，不可直接于日光下曝晒或高温烘干。

自然风干：待测组分较稳定，样品可置于阴凉、通风处晾干。

离心分离：待测组分为易挥发或易发生各种变化的污染物(如硫化物、农药及其他有机污染物)，可用离心分离脱水后，立即采样进行分析；同时，另取一份烘干测定水分，对结果加以校正，或加适当化学固定剂后，于低温保存。

真空冷冻干燥：适用于各种类型样品，特别适用于含有对光、热、空气不稳定的污染物质的样品。

无水硫酸钠脱水：适用于油类等有机污染物的测定。

2. 筛分

将脱水干燥后的底质样品平铺于硬质白纸板上，用玻璃棒等压散，注意不要破坏其自然粒径。

剔除砾石及动植物残体等杂物，使其通过20目筛(0.85 mm)。筛下样品用四分法(将样品按照测定要求磨细，过一定孔径的筛子，然后混合，平铺成圆形，分成四等分，取相对的两份混合，然后再平分，继续缩分)缩分至所需量。

用玛瑙研钵(或玛瑙碎样机)研磨至全部通过80~200目筛(0.2~0.074 mm)，装入棕色广口瓶中，贴上标签备用。

3. 注意事项

测定汞、砷等易挥发元素及低价铁、硫化物等时，不能用碎样机粉碎(避免温度急剧升高)，且仅通过80目筛。

测定金属元素的试样，使用尼龙材质网筛。

测定有机物的试样，使用铜材质网筛。

(二)分解

(1)硝酸-氢氟酸-高氯酸分解法。该方法也称全量分解法，其分解过程是：称取一定量的样品于聚四氟乙烯烧杯中，加硝酸(或王水，浓盐酸：浓硝酸=3：1)，在低温电热板上加热分解有机质；取下稍冷，加适量氢氟酸煮沸(或加高氯酸继续加热分解，并蒸发至约剩0.5 mL残液)；再取下冷却，加入适量的高氯酸，继续加热分解，并蒸发至近干(或加氢氟酸加热挥发除硅后，再加少量高氯酸蒸发至近干)。最后，用1%硝酸煮沸溶解残渣，定容、备用。这样处理得到的试液可测定全量Cu、Pb、Zn、Cd、Ni、Cr等。

(2)硝酸分解法。该方法能溶解出由于水解和悬浮物吸附而沉淀的大部分重金属，适用于了解底质受污染的状况。其分解过程是：称取一定量的样品于50 mL硼硅玻璃管中，加几粒沸石和适量的浓硝酸，徐徐加热至沸腾，并回流15 min，取下冷却，定容，静置过夜，取上清液分析测定。

(3)水浸取法。称取适量的样品，置于磨口锥形瓶中，加水，密塞，放在振荡器上振摇4 h，静置，用干滤纸过滤，滤液供分析测定。该方法适用于了解底质中重金属向水体释放情况的样品分解。

(4)有机溶剂萃取法。适用于处理测定有机污染组分的底质样品，如六六六、DDT等。

二、污染物质的测定

底质中的污染物也分为金属化合物、非金属化合物和有机化合物等，其具体测定项目应与相应水质监测项目相对应。

通常测定镉、铅、锌、铜、铬、砷、无机汞、有机汞、硫化物、氰化物、氟化物等金属、非金属无机污染物和酚、多氯联苯、有机氯农药、有机磷农药等有机污染物。当测定金属或非金属无机污染物时，根据监测项目，选择分解或酸溶方法处理样品，所得试样溶液选用水质监测中同样项目的监测方法测定。当测定有机污染物时，选择适宜的方法提取样品中待测组分后，用废(污)水或土壤监测中同样项目的监测方法测定。

复习题

(1)简述地表水监测断面的布设原则。

(2)地下水采样频次和采样时间的原则是什么？

(3)湖泊和水库采样点位的布设应考虑哪些因素？

(4)简述水样的保存措施有哪些？并举例说明。

(5)以河流为例，说明如何设置监测断面和采样点。

(6)简述重量法测定水中悬浮物的步骤。

(7)用重量法测定水中悬浮物时，首先将空白滤膜和称量瓶烘干、冷却至室温，称量至恒重，称得重量为45.2005 g；取水样100 mL抽滤后，将悬浮物、过滤膜和称量瓶经烘干、冷却至室温，称量至恒重，称得重量为45.2188 g。试计算水样中悬浮物的浓度。

(8)用离子选择电极法测定水中氟化物时，加入总离子强度调节剂的作用是什么？

(9)简述水样电导率测定中的干扰及其消除方法。

(10)测定水中高锰酸盐指数时，水样采集后，为什么用 H_2SO_4 酸化至 pH<2 而不能用 HNO_3 或 HCl 酸化?

(11)化学需氧量作为一个条件性指标，有哪些因素会影响其测定值?

(12)取某水样 20.00 mL，加入 0.0250 mol/L 重铬酸钾溶液 10.00 mL，回流 2 h 后，用水稀释至 140 mL，用 0.0103 mol/L 硫酸亚铁铵标准溶液滴定，消耗 22.80 mL，同时做全程序空白，消耗硫酸亚铁铵标准溶液 24.35 mL，试计算水样中 COD 的含量。

(13)蒸馏后溴化容量法测定水中挥发酚时，如果在预蒸馏过程中发现甲基橙红色褪去，该如何处理?

(14)水样中的余氯为什么会干扰氨氮的测定? 如何消除?

(15)稀释与接种法测定水中 BOD_5 时，某水样呈酸性，其中含活性氯，COD 值在正常污水范围内，应如何处理?

(16)稀释与接种法测定水中 BOD_5 中，样品放在培养箱中培养时，一般应注意哪些问题?

(17)采用碘量法测定水中溶解氧，样品采集时，应注意哪些事项?

(18)采用碘量法测定水中硫化物时，水样应如何采集和保存?

(19)什么是水的“表色”和“真色”? 色度测定时，二者如何选择? 对色度测定过程中存在的干扰如何消除?

(20)碱性过硫酸钾消解紫外分光光度法测定水中总氮时，主要干扰物有哪些? 如何消除?

(21)水中有机氮化合物主要包括哪些物质?

(22)酚二磺酸光度法测定水中硝酸盐氮时，水样若有颜色，应如何处理?

(23)氟试剂分光光度法测定水中氟化物时，常用的预蒸馏方法有几种? 试比较之。

(24)何谓易释放氰化物? 其包括哪些氰化合物?

(25)易释放氰化物与总氰化物的蒸馏方法有何不同? 馏出液用什么吸收?

(26)测定含氰化物的水样时，如何检验和判断干扰物质硫化物是否存在?

(27)用钼酸铵分光光度法测定水中磷时，主要有哪些干扰? 怎样去除?

(28)若水样颜色深、浑浊且悬浮物多，用亚甲基蓝分光光度法测定硫化物时，应选用何种预处理方法?

(29)高锰酸钾氧化-二苯碳酰二肼分光光度法测定水中总铬含量时，在水样中加入高锰酸钾后，加热煮沸，如在煮沸过程中高锰酸钾紫红色消失，说明什么? 应如何处理?

(30)水中挥发酚测定时，一定要进行预蒸馏，为什么?

(31)如何检验含酚废水是否存在氧化剂? 如有，应怎样消除?

(32)底质监测中，样品的分解方法有哪些? 分别适用于哪些范围?

(33)下表所列数据为某水样 BOD_5 测定结果，试计算每种稀释倍数水样的 BOD_5 值。

编号	稀释倍数	取水样体积/mL	$Na_2S_2O_3$ 标准溶液浓度/(mol/L)	$Na_2S_2O_3$ 标液用量/mL	
				当天	5 天
A	50	100	0.0125	9.16	4.33
B	40	100	0.0125	9.12	3.10
空白	0	100	0.0125	9.25	8.76

第三章　大气和废气监测

第一节　大气和大气污染

一、大气及其组成

（一）大气与空气

大气是指环绕地球的全部空气的总和，厚度达1000~1400 km；空气一般指对人类及生物生存起重要作用的近地面约10 km内的气体层。

对于环境污染来说，我们所研究的“大气”是指占大气总质量95%左右的从地面到12 km高度处的空气，即对流层的空气。

（二）大气的组成

大气的组成很复杂，它是多种气体的混合物，如图3-1所示。大气就其成分来说，可以分为恒定的、可变的、不定的三种组分。

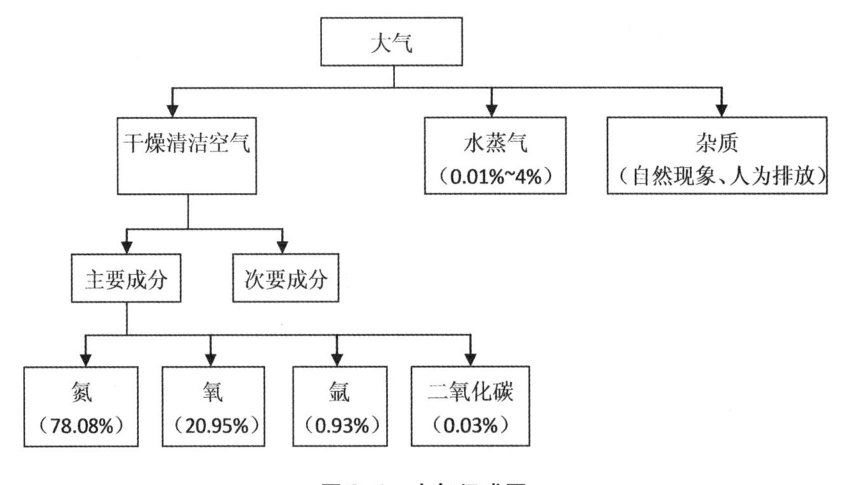

图3-1　大气组成图

1. 恒定成分

主要由N_2(78.08%)、O_2(20.95%)、Ar(0.93%)、He、Ne、Kr、Xe、Rn等稀有气体组成，它们占总体积的99.96%以上，这一组分的比例在地球上任何地方可以看作是恒定的。

2. 可变组分

CO_2和H_2O。一般情况下CO_2含量为0.02~0.04%，H_2O含量为0%~4%，这些组分在空

气中的含量是随着季节、气象条件的变化而变化的，也受人们的生产和生活活动的影响而变化。

干燥大气不包括水蒸气，但在低层大气中，水蒸气是一个重要组成部分，它的浓度在较大范围内变化，可以用湿度表示。水蒸气在大气中含量的多少取决于地理位置、大气温度、风向等。

含有上述恒定和可变组分的大气，我们认为是纯净的大气。

3. 不定组分

这些组分在大气中的含量是不确定的。其来源有两个：

(1) 自然因素所引起的，如火山爆发、森林火灾、海啸、地震等自然因素导致大气中尘埃、SO_x、NO_x及恶臭气体含量增加。一般来说，这些组分进入大气，可造成局部暂时性污染。

(2) 由于人为因素所排放的某些不定组分，如生产的发展、人口的增长、城市规模的扩大、工业布局不合理、战争等产生如煤烟、粉尘、SO_x、NO_x、CO 等污染物。这是大气中不定组分的最重要来源，也是造成大气污染的主要根源。

二、大气污染物

随着工业及交通运输业的快速发展，尤其是化石燃料，如煤和石油的大量使用，产生了大量的有害物质，如烟尘、二氧化硫、氮氧化物、一氧化碳、烃类等，尽管这些有害物质的浓度很低，一般为 ppm（百万分之，即 1×10^{-6}）、ppb（十亿分之，即 1×10^{-9}）级，但当它们在大气中的含量超过环境质量标准的限值时，就会直接或间接地影响人体健康和动植物的生长、发育。

由污染源产生的污染物有很多，已发现有危害作用而被人们注意的大气污染物有一百多种，其中大部分是有机物。

按照形成过程，可以分为一次污染物和二次污染物。一次污染物是直接从污染源排放的污染物，如 SO_2、H_2S、NO、NH_3、CO、CO_2、HF、HCl、C_1～C_{12}化合物、颗粒物等。二次污染物是由一次污染物在大气中互相作用，经化学反应或光化学反应形成的与一次污染物的物理、化学性质完全不同的新的大气污染物，其毒性比一次污染物还强，如 SO_3、H_2SO_4、MSO_4、MNO_3、NO_2、醛类、酮类、过氧已酰硝酸酯（PAN）等。

空气中污染物的存在状态是由其理化性质及形成过程决定的，气象条件也起一定的作用，一般将空气中的污染物分为分子状态污染物和粒子状态污染物。

（一）分子状态污染物

分子状态污染物是指常温常压下以气体或蒸气分子形式分散在大气中的污染物质。按照化学组成形式分为五类：

含硫化合物（民用炉、热电站、金属冶炼、硫酸厂）：SO_2、H_2S；

含氮化合物（燃料燃烧、硝酸厂、氮肥厂、炸药厂）：NO、NH_3；

碳氢化合物（燃烧炉、热电厂、汽车尾气）：C_1～C_{12}、有机物；

碳的氧化物：CO、CO_2；

卤素化合物（氟化物、氯化物、制碱厂）：HF、HCl。

此类污染物以分子状态分散于大气中，能与空气随意混合。它们在大气中的扩散速率与污染物的密度及气流流速有关，密度小的污染物向上漂浮，密度大的污染物向下沉降；前者沿气流方向传输，可到达很远的地方，在空气中可以长时间滞留。

(二)粒子状态污染物

粒子状态污染物是分散在空气中的微小液体和固体颗粒，粒径多在0.01~100 μm之间，是一个复杂的非均匀体系。一般把悬浮在空气中，空气动力学当量直径≤100μm的颗粒物统称为总悬浮颗粒物(TSP)。按照颗粒物的空气动力学直径大小，再将TSP分为降尘、可吸入颗粒物(PM_{10})和细颗粒物($PM_{2.5}$)。

TSP是用标准大容量颗粒采样器收集到的分散在大气中的各种粒子的总和，粒径范围0~100μm，是目前大气环境质量评价中一个通用的重要污染指标。

降尘是指用降尘罐采集到的大气颗粒物。在总悬浮颗粒物中，一般直径大于10 μm的粒子，由于其自身的重力作用，会很快沉降下来，所以将这部分的微粒称为降尘。

PM_{10}是指可在大气中长期飘浮的悬浮物，直径小于10 μm的粒子，又称飘尘。它能在大气中长期飘浮，并被带到很远的地方，使污染范围扩大，同时在大气中还可为化学反应提供反应床。

$PM_{2.5}$指环境空气中空气动力学当量直径不大于2.5 μm的颗粒物。它能较长时间悬浮于空气中，对空气质量和能见度等有重要的影响。与PM_{10}相比，$PM_{2.5}$粒径更小，比表面积更大，活性强，易附带有毒、有害物质(如重金属、微生物等)，且在大气中的停留时间长、输送距离远，因而对人体健康和大气环境质量的影响更大。

(三)空气中污染物浓度表示方法

1. 单位体积质量浓度

单位体积质量浓度(C_m)是指单位体积空气中所含污染物的质量数，常用mg/m^3或$\mu g/m^3$表示。这种表示方法对任何状态的污染物都适用。

因为单位体积质量浓度受温度和压力变化的影响，为使计算出的浓度具有可比性，我国空气质量标准采用标准状况(0 ℃，101.325 kPa)时的体积。非标准状况下的气体体积可用气态方程式换算成标准状况下的体积，换算式如下：

$$V_n = Q_n \times t = Q \times t \times \frac{p \times 273.15}{101.325 \times T}$$

式中：V_n——标准状况下采样体积，L；

Q_n——标准状况下采样流量，L/min；

t——采样时间，min；

Q——实际采样流量，L/min；

p——采样时的环境大气压，kPa；

T——采样时环境温度，K，T=273.15+采样时气温。

2. 体积比浓度

体积比浓度(C_V)是指100万体积(1 m^3)空气中含污染气体或蒸气的体积数，常用mL/m^3和$\mu L/m^3$表示。这种表示方法仅适用于气态或蒸气态物质，它不受空气温度和压力变化的影响。

两种浓度表示方法之间的换算如下：

$$C_V = \frac{22.4}{M} \times C_m$$

式中：C_V——标准状况下体积比浓度，mL/m^3；

C_m——单位体积质量浓度，mg/m^3；

M——气态物质的摩尔质量，g/mol；

22.4——标准状况下气体的摩尔体积，L/mol。

三、大气污染源

大气污染源可分为自然源和人为源两种。自然源是由于自然现象造成的，如火山爆发时喷射出大量的粉尘、二氧化硫气体等。人为源是由于人类的生产和生活活动造成的，是大气污染的主要来源，按照其存在形式划分为固定污染源和流动污染源。固定污染源主要指工业企业、居民生活等，其排放的污染物与所使用的原料、燃料等相关；流动污染源主要指机动车等交通工具，主要排放氮氧化物、一氧化碳、碳氢化合物和黑烟等。各类工业企业向空气中排放的污染物情况如表3-1所示。

表3-1　各类工业企业向空气中排放的污染物情况

行业类别	主要空气污染物
水泥	颗粒物、SO_2、NO_x、HCl、汞及其化合物等
炼铁	颗粒物、SO_2、NO_x等
火力发电	烟尘、SO_2、NO_x、汞及其化合物等
橡胶制品	颗粒物、氨、甲苯及二甲苯、非甲烷烃等
石油化工	颗粒物、SO_2、NO_x、HCl、非甲烷烃等
聚氯乙烯	颗粒物、SO_2、NO_x、HCl、氯乙烯、二氯乙烷、二噁英类等
无机化学	颗粒物、SO_2、NO_x、砷及其化合物、汞及其化合物等
炼钢	颗粒物、氟化物、二噁英类等
合成树脂	非甲烷烃、颗粒物、丙烯腈、酚类等
炼焦	颗粒物、SO_2、NO_x、苯并[a]芘、氰化氢、苯等
电池	硫酸雾、铅及其化合物、汞及其化合物、镉及其化合物等
电子玻璃	颗粒物、SO_2、NO_x、HCl、氟化物等

按照污染源的几何形状可将大气污染源可分为点源、线源、面源和体源。点源主要是燃烧化石燃料的发电厂和大城市的供暖锅炉等；线源主要是汽车、火车、飞机等在公路、铁路、跑道或航空线附近构成的大气污染；面源为石油化工区或居民住宅区的众多小炉灶构成的大气污染；体源主要是由污染源本身或附近建筑物的空气动力学作用使污染物呈一定体积向大气排放的源，如焦炉炉体、屋顶天窗等。

四、大气污染物的时空分布

大气污染物的时空分布及其浓度与污染物排放源的分布、排放量、排放时间及地形、地貌、气象等条件密切相关，所以空气中的污染物质随着时间、空间变化较大。同一污染源对同一地点在不同时间所造成的地面空气污染浓度往往相差数倍甚至数十倍，同一时间不同地点也相差甚大。

1. 时间性

一次污染物和二次污染物在大气中的浓度由于受气象条件的影响，它们在一天内的变化也不同。一次污染物因受逆温层、气温、气压等的限制，在清晨和黄昏时浓度较高，中午则降低；而二次污染物（如光化学烟雾等）需靠太阳光能才能形成，故在中午时浓度增加，清晨和夜晚时降低。

风速大，大气不稳定，则污染物稀释扩散速度快，浓度变化也快；反之，稀释扩散慢，浓度变化也慢。

2. 空间性

大气污染物的空间分布与污染源种类、分布情况和气象条件等因素有关。如：烟尘的排放市区比郊区多，郊区比农村多。因此，除了注意选择适当的时间外，还应选择合适的采样点，使结果更具代表性。

点污染源或线污染源排放的污染物浓度变化较快，涉及范围较小；大量地面小污染源（如工业区炉窑、分散供热锅炉等）构成的面污染源排放的污染浓度分布比较均匀，并随着气象条件变化有较强的变化规律。就污染物的性质而言，质量轻的分子态或气溶胶态污染物高度分散在空气中，易扩散和稀释，随着时空变化快；质量较重的尘、汞蒸气等，扩散能力差，影响范围较小。

第二节　大气环境监测方案制定

一、环境空气监测方案制定

（一）现场调查与资料收集

（1）污染源分布及排放情况。通过调查，将监测区域内的污染源类型、数量、位置、排放的主要污染物及排放量一一弄清楚，同时还应了解所用原料、燃料及消耗量。注意将由高烟囱排放的较大污染源与由低烟囱排放的小污染源区别开来。因为小污染源的排放高度低，对周围地区地面空气中污染物浓度影响比高烟囱排放源大。另外，对于交通运输污染较重和有石油化工企业的地区，应区别一次污染物和由于光化学反应产生的二次污染物。因为二次污染物是在大气中形成的，其高浓度可能在远离污染源的地方，在布设监测点时应加以考虑。

（2）气象资料。污染物在空气中的扩散、迁移和一系列的物理、化学变化在很大程度上取决于当时当地的气象条件。因此，要收集监测区域的风向、风速、气温、气压、降水量、日照时间、相对湿度、温度垂直梯度和逆温层底部高度等资料。

（3）地形资料。地形对当地的风向、风速和大气稳定情况等有影响，因此，是设置监测网点应当考虑的重要因素。例如，工业区建在河谷地区时，出现逆温层的可能性大；位于丘陵地区的城市，市区内空气污染物的浓度梯度会相当大；位于海边的城市会受海、陆风的影响，而位于山区的城市会受山谷风的影响等。为掌握污染物的实际分布状况，监测区域的地形越复杂，要求布设监测点越多。

（4）土地利用和功能分区情况。监测区域内土地利用情况及功能区划分也是设置监测网点应考虑的重要因素之一。不同功能区（如工业区、商业区、混合区、居民区等）的污染状况是不同的。还可以按照建筑物的密度、有无绿化地带等作进一步分类。

（5）人口分布及人群健康情况。环境保护的目的是维护自然环境的生态平衡，保护群众的身体健康，因此，掌握监测区域的人口分布、居民和动植物受空气污染危害情况及流行性疾病等资料，对制定监测方案、分析判断监测结果是有益的。

（二）监测点位设置

1. 监测点位布设方法

（1）功能区布点法。先将监测区域划分为工业区、商业区、居住区、工业和居住混合区、交通稠密区、清洁区等；再根据具体污染情况和人力、物力条件，在各功能区分别设置相应数量的采样点。通常，在污染集中的工业区、人口密度大的居民区、交通稠密区应多设采样点。同时，应在对照区或清洁区设置 1~2 个对照点。该法多用于区域性常规监测。

（2）几何图形布点法。

1）网格布点法。将监测区域地面划分成若干均匀网状方格，采样点设在两条直线的交点处或方格中心，如图 3-2 所示。每个方格为正方形，可从地图上均匀地描绘，方格实地面积视所测区域大小、污染源强度、人口分布、监测目的和监测力量而定，一般 1~9 km^2 布一点。若主导风向明确，下风向设点应多一些，一般约占采样点总数的 60%。该法适用于多个污染源且污染源分布比较均匀的情况。

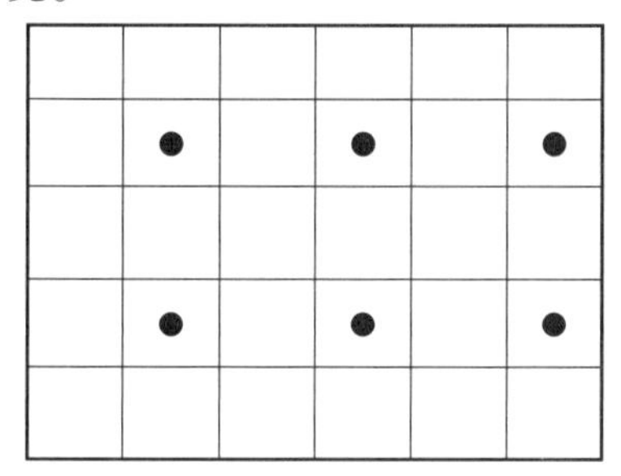

图 3-2　网格布点法示意图

2）同心圆布点法。先找出污染源中心，并以此为圆心，画同心圆；从圆心列出若干条放射线，射线与圆的交叉点为采样点位置（射线至少五条），如图 3-3 所示；同心圆的半径分别为 4，10，20，40 km，每个圆上再分别设 4，8，8，4 个采样点，也可视上风下风情况灵活设定。该法主要用于多个污染源构成污染群，且大污染源比较集中的地区。

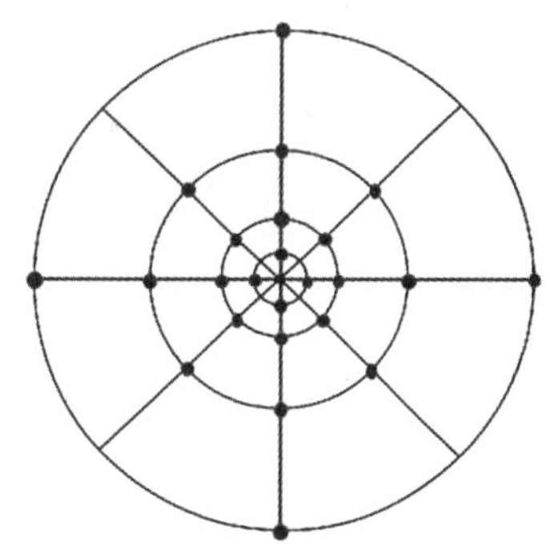

图 3-3　同心圆布点法示意图

3）扇形布点法。布点时，以点源为顶点，以烟云流动方向为轴线，在点源下风向的地面上，画出一个扇形区域作为布点范围，如图 3-4 所示。扇形的角度一般为 45°，也可以是 60°，但不宜超过 90°，采样点就设在扇形面内距点源不同距离的几条弧线上，每条弧线上设 3~4 个点，相邻两采样点之间的夹角一般为 10°~20°。在上风向应设对照点。在孤立源也称高架源的情况下（如烟囱），宜用该法。

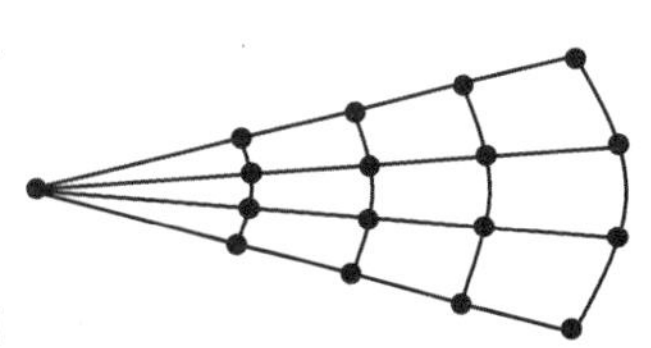

图 3-4　扇形布点法示意图

由于在高架源情况下，大气污染物的浓度随着距离的变化，先是急剧增大，再按照指数规律衰减，即离点源近时，浓度降低快；离点源远时，浓度降低慢。故上述弧线不宜等距离划分，而是近距离要密些。

烟囱脚下的污染物浓度为零，随着距离增大，很快达到一个最大值，此后，缓慢下降，布点时，必须抓住这个最大地面浓度。最大浓度出现的距离除依赖于烟囱的高度外，还与气象条件和地面状况有关，如表 3-2 所示。

表 3-2　50 m 烟囱污染物最大地面浓度出现位置与气象条件的关系

大气稳定度	最大浓度出现位置（相当于烟囱高度的倍数）
不稳定	5～10
中性	20 左右
稳定	40 以上

在实际工作中，为做到因地制宜，使采样网点布设完善合理，往往采用以一种布点方法为主，兼用其他方法的综合布点法。

【拓展知识】大气稳定度判断

大气稳定度分为强不稳定、不稳定、弱不稳定、中性、较稳定和稳定六个级别，对应用 A、B、C、D、E、F 表示，其判断程序分为四个步骤。

第一步，依据一年中的日期序数 d_n 计算太阳倾角 δ。

$$\delta = [0.006918 - 0.399912\cos Q_0 + 0.0702578\sin Q_0 - 0.006758\cos Q_0 + 0.000907\sin 2Q_0 - 0.002697\cos 3Q_0 + 0.001480\sin 3Q_0] \times 180/\pi$$

式中：δ——太阳倾角，(°)；

Q_0——$360d_n/365$，(°)；

d_n——一年中的日期序数，0，1，2，3，…，364。

第二步，依据太阳倾角 δ、当地纬度 φ、当地经度 λ 和北京时间计算太阳高度角 h_0。

$$h_0 = \arcsin[\sin\varphi\sin\delta + \cos\varphi\cos\delta\cos(15t + \lambda - 300)]$$

式中：h_0——太阳高度角，(°)；

φ——当地纬度，(°)；

λ——当地经度，(°)；

t——北京时间的小时序数，1，2，3，…，24。

第三步，由太阳高度角 h_0 和云量，查表得出太阳辐射等级，如表 3-3 所示。

表 3-3　太阳辐射等级

总云量/低云量	夜间	太阳高度角 h_0			
		$h_0 \leq 15°$	$15° < h_0 \leq 35°$	$35° < h_0 \leq 65°$	$h_0 > 65°$
≤4/≤4	-2	-1	+1	+2	+3
5～7/≤4	-1	0	+1	+2	+3
≥8/≤4	-1	0	0	+1	+1
≥5/5～7	0	0	0	0	+1
≥8/≥8	0	0	0	0	0

总云量（观测时天空所有的云遮蔽的总成数）观测规则：全天无云，记 0；天空完全为云所遮蔽，记 10；天空完全为云所遮蔽，但只要从云隙中可见青天，记 10^-；云占全天十分之一，记 1；云占全天十分之二，记 2，以此类推；天空有少许云，其量不到天空的十分之零点五时，记 0。

低云量（天空被低云所遮蔽的成数）观测规则：全天无低云或其量不到天空的十分之零点五时，记 0；天空被低云遮蔽一半时，记 5；整个天空被低云遮蔽，记 10，但如果能见到青天或看到上层云时，记 10^-。

第四步，根据地面风速和太阳辐射等级，查表得出大气稳定度等级，如表 3-4 所示。

表 3-4　大气稳定度等级

地面风速*/(m/s)	太阳辐射等级					
	+3	+2	+1	0	-1	-2
≤1.9	A	A~B	B	D	E	F
2~2.9	A~B	B	C	D	E	F
3~4.9	B	B~C	C	D	D	E
5~5.9	C	C~D	D	D	D	D
≥6	D	D	D	D	D	D

注：地面风速系指离地面 10 m 高度处的 10 min 平均风速。

2. 监测点要求

环境空气质量监测点周围环境应符合下列要求：

监测点周围 50 m 范围内不应有污染源；点式监测仪器采样口周围不能有阻碍环境空气流通的高大建筑物、树木或其他障碍物；采样口周围水平面应保证 270°以上的捕集空间，如果采样口一边靠近建筑物，采样口周围水平面应有 180°以上的自由空间；对于手工间断采样，其采样口离地面的高度应在 1.5~15 m 范围内。

3. 采样点数量

《环境空气质量监测点位布设技术规范（试行）》（HJ 664—2013）中规定，城市环境空气质量监测点位数量依据建成区城市人口和建成区面积确定，取两者规定数量的较大值，详见表 3-5。

表 3-5　城市环境空气质量监测点设置数量要求

建成区城市人口/万人	建成区面积/km^2	最少监测点数
<25	<20	1
25~50	20~50	2
50~100	50~100	4
100~200	100~200	6
200~300	200~400	8
>300	>400	按照每 50~60 km^2 建成区面积设 1 个监测点，并且不少于 10 个点

（三）采样时间和频次

环境空气中的二氧化硫、二氧化氮、氮氧化物、一氧化碳、臭氧、总悬浮颗粒物、可吸入颗粒物、细颗粒物、铅、苯并[a]芘等污染物的采样时间及采样频率根据《环境空气质量标准》（GB 3095—2012）中污染物浓度数据有效性的规定要求确定（详见第一章第四节），其他污染物可参照执行或根据监测目的、污染物浓度水平及监测方法的检出限等因素确定。

获取环境空气污染物小时平均浓度时，如果污染物浓度过高，或者直接采样法采集瞬时样品，应在 1 h 内等时间间隔采集 3~4 个样品。

污染物被动采样时间及采样频率应根据监测点位周围环境空气中污染物的浓度水平、分析方法的检出限及监测目的确定。通常，硫酸盐化速率及氟化物（长期）采样时间为 7~30 d，但如要获得月平均浓度，样品的采样时间应不少于 15 d。降尘的采样时间为 30±2 d。

二、大气污染源监测方案制定

（一）有组织排放固定污染源监测方案制定

1. 现场调查与资料收集

（1）收集相关技术资料，了解产生废气的生产工艺过程及生产设施的性能、排放的主要污染物种类及排放浓度大致范围，以确定监测项目和监测方法。

（2）调查污染源的污染治理设施净化原理、工艺过程、主要技术指标等，以确定监测内容。

（3）调查生产设施的运行工况，污染物排放方式和排放规律，以确定采样频次和采样时间。

（4）现场勘察污染源所处位置和数目，废气输送管道的布置及断面的形状、尺寸，废气输送管道周围的环境状况，废气的去向及排气筒高度等，以确定采样位置及采样点数量。

（5）收集与污染源有关的其他技术资料。

2. 监测点位设置

（1）采样位置。采样位置应避开对测试人员操作有危险的场所；采样位置优先选择在垂直管段，避开烟道弯头和断面急剧变化的部位；采样设置在距弯头、阀门、变径管下游方向不小于 6 倍直径或距上述部件上游方向不小于 3 倍直径处［矩形烟道的当量直径 $D=2AB/(A+B)$，A 和 B 分别代表边长］；采样断面的气流速度最好在 5 m/s 以上；当管道空间受限时，可选择比较适宜的管段采样，但采样断面与弯头等的距离不得小于烟道直径的 1.5 倍，同时适当增加测点和频次。

（2）采样孔。在选定的测定位置开设采样孔，采样孔内径应不小于 80 mm（采集气态污染物时，内径不小于 40 mm），采样孔管长应不大于 50 mm；对正压下输送高温或有毒气体的烟道，应采用带有闸板阀的密封采样孔；圆形烟道采样孔设在包括各测点在内的互相垂直的直径线上，矩形或方形烟道采样孔设在包括各测点在内的延长线上。

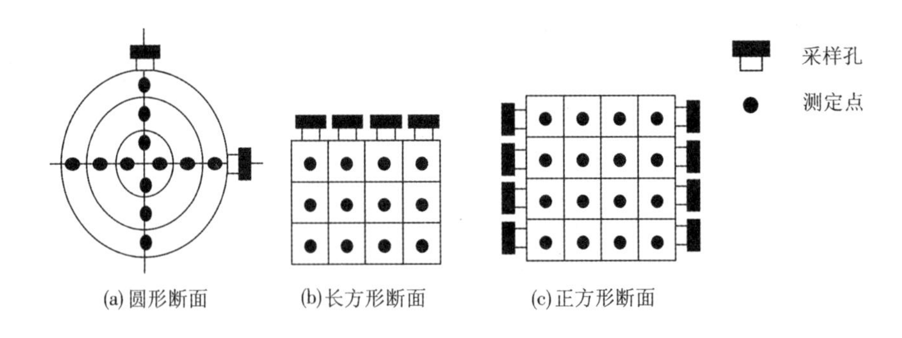

图 3-5 测定点位置示意图

圆形烟道。首先将烟道分成适当数量的等面积同心环，各测点选在各环等面积中心线与呈垂直相交的两条直径线的交点上［如图 3-5（a）所示］，其中一条直径线应在预期浓度变化最大的平面内；直径小于 0.3 m、流速较均匀、对称的小烟道，可取烟道中心作为测点；测点数原则上不超过 20 个，具体数量参照表 3-6 数据设定；当测点距烟道内壁的距离小于 25 mm

时，取 25 mm。采样点距离烟道内壁的距离见图 3-6 和表 3-7。

表 3-6　圆形烟道分环及测点数的确定

烟道直径/m	等面积环数	测量直径数	测点数
<0.3			1
0.3~0.6	1~2	1~2	2~8
0.6~1.0	2~3	1~2	4~12
1.0~2.0	3~4	1~2	6~16
2.0~4.0	4~5	1~2	8~20
>4.0	5	1~2	10~20

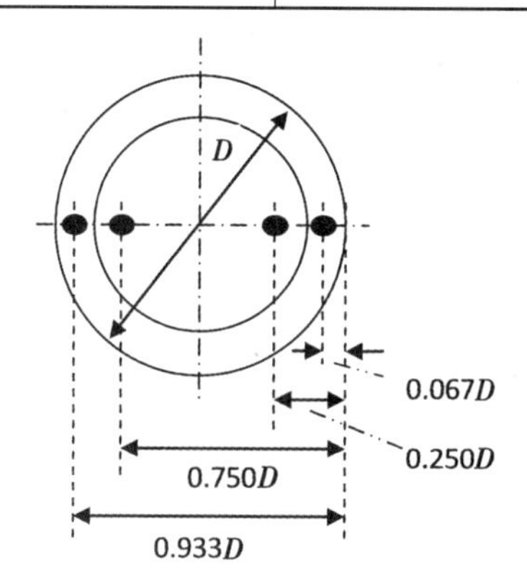

图 3-6　采样点距离烟道内壁距离

表 3-7　测点距烟道内壁的距离

测点号	环数				
	1	2	3	4	5
1	0.146D	0.067D	0.044D	0.033D	0.026D
2	0.854D	0.250D	0.146D	0.105D	0.082D
3		0.750D	0.296D	0.194D	0.146D
4		0.933D	0.704D	0.323D	0.226D
5			0.854D	0.677D	0.342D
6			0.956D	0.806D	0.658D
7				0.895D	0.774D
8				0.967D	0.854D
9					0.918D

矩形烟道。将烟道断面分成一定数目的等面积矩形小块，各小块中心即为采样点位置[如图 3-5(b)(c)所示]，小矩形数目可根据烟道断面面积大小确定；烟道断面面积小于 0.1 m^2，流速较均匀、对称的，取断面中心作为测点。测点数原则不超过 20 个，具体设置要求见表 3-8。

表 3-8　矩形烟道的分块和测点数

烟道断面积/m^2	等面积小块长边长度/m	测点数
<0.1	<0.32	1
0.1~0.5	<0.35	1~4
0.5~1.0	<0.50	4~6
1.0~4.0	<0.67	6~9
4.0~9.0	<0.75	9~16
>9.0	≤1.0	16~20

拱形烟道。分别按照圆形和矩形烟道的布点方法确定采样点的位置及数目。

3. 采样时间与频率

(1)排气筒中废气的采样以连续 1 h 的采样获取平均值，或在 1 h 内以等时间间隔采集 3~4 个样品计算平均值。

(2)当排气筒的排放为间断性排放，排放时间小于 1 h，应在排放时段内实行连续采样，或在排放时段内等间隔采集 2~4 个样品计算平均值；间断性排放时间超过 1 h 的，可以连续 1 h 采样获取平均值，或在 1 h 内以等时间间隔采集 3~4 个样品计算平均值。

(3)污染事故排放监测应适当地增加频次和采样时间。

(4)一般污染源的监督性监测每年不少于 1 次，重点监管的排污单位的监督性监测每年不少于 4 次。

(二)无组织排放固定污染源监测方案制定

1. 现场调查与资料收集

(1)被测单位调查。了解被测单位性质、所属行业、规模及建设时间，以确定执行标准为现有源还是新建源；调查被测单位主要原辅材料用量及主副产品产量；调查被测单位主要平面布置情况，标出基本方位，车间和其他主要建(构)筑物的位置，排放口的主要参数，排放污染物的种类及速率，单位周界围墙高度和性质，厂界内地形等；调查厂界外主要敏感点及厂界外可能影响气流运动的主要建(构)筑物分布和地形情况，以及厂外污染源分布情况。

(2)被测污染源调查。调查被测污染源排放污染物的种类，预估其排放速率，掌握排放口形状、尺寸、高度及其处于建筑物的具体位置等；收集被测污染源所在区域气象资料，包括按月统计的主导风向和风向频率，按月统计的平均风速和最大、最小风速，按月统计的平均气温和气温变化情况。

2. 监测点位设置

按照污染物性质不同，监测点设置位置各异。一般二氧化硫、氮氧化物、颗粒物和氟化物的监测点设在无组织排放源下风向 2~50 m 范围内的浓度制高点，相对应的参照点设在排放源上风向 2~50 m 范围内；其他污染物监测点设在单位周界外 10 m 范围内的浓度最高点。

监测点最多可设 4 个，参照点 1 个。

(1)单位周界外监测点设置。

适用于除现有污染源无组织排放二氧化硫、氮氧化物、颗粒物和氟化物之外的监测点。

当无组织排放源同其下风向的单位周界有一定的距离时，可不考虑排放源高度、大小和形状等因素，视为点源，监测点设置在平均风向轴线的两侧，监测点与无组织排放源所形成的夹角不超过风向变化的$\pm S°$(10 个风向读数的标准偏差)范围之内。监测点位置同时考虑围墙的通透性，通透性较好时，监测点紧靠围墙外侧[如图3-7(a)所示]；通透性不好时，监测点紧靠围墙，但采气口抬高至高出围墙20~30 cm[如图3-7(b)所示A点]；通透性不好又不便于抬高采气口时，应避开围墙造成的涡流区，将监测点设在距离围墙1.5~2.0倍围墙高度的位置，采气口距地面1.5 m[如图3-7(b)所示B点]。

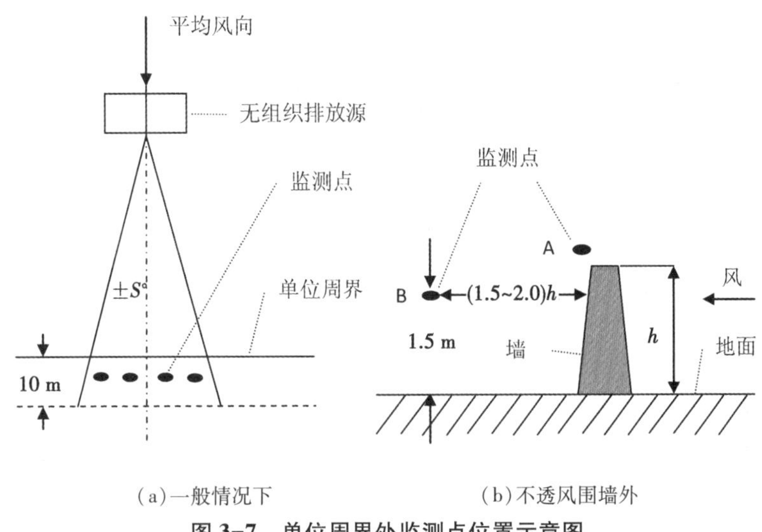

图3-7　单位周界外监测点位置示意图

当无组织排放源与其下风向的围墙(周界)之间存在有若干阻挡气流运动的物体时，会对污染物的迁移造成影响，此时应根据局地流场平面布置进行分析，合理布置监测点。例如，如图3-8所示，无组织排放源位于车间B的P点，当建筑物C较高时，污染物随着局地场流运动绕过其并扩散到周界E处；当建筑物C较矮时，污染物随着局地场流运动越过其并扩散到D处；当建筑物C高度适中时，污染物可能同时扩散到D和E处。

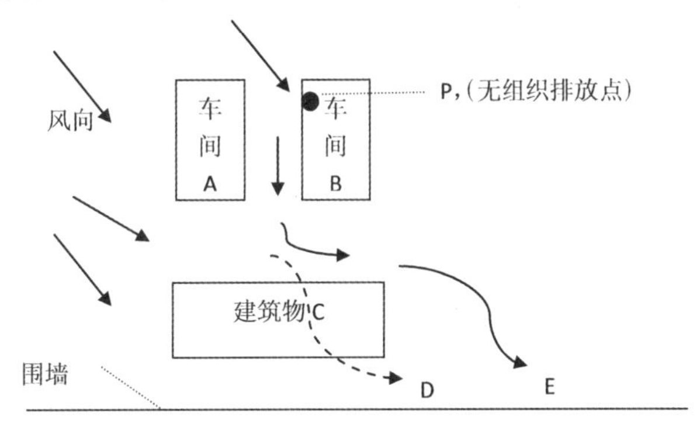

图3-8　局地场流分析和监测点设置示意图

(2)排放源上、下风向参照点和监测点设置。

二氧化硫、氮氧化物、颗粒物和氟化物等在环境本底中有一定的浓度水平，因此应设置参照，了解本底值大小。参照点应不受或少受被测无组织排放源的影响，一般位于被测无组织排放源的上风向，以排放源为圆心，以距离排放源2 m和50 m为圆弧，与排放源成120°夹角所形成的扇形范围内，如图3-9所示。

当平均风速≥1 m/s时，被测排放源排出的污染物一般只影响其下风向，参照点可在避开近处污染源影响下，尽可能靠近被测无组织排放源设置；当平均风速<1 m/s时，被测排放

源排出的污染物随风迁移作用减小，自然扩散作用加强，污染物可能不同程度地出现在被测排放源上风向，参照点应注意避开近处其他污染源的影响，尽可能远离被测无组织排放源设置。

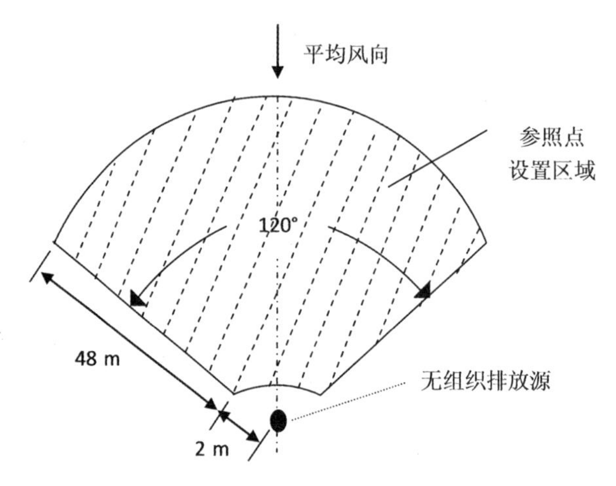

图 3-9 参照点设置位置示意图

在无特殊因素影响的情况下，监测点应设置于无组织排放源下风向，距离排放源 2~50 m 范围内的浓度最高点，尽可能靠近排放源（距离不得小于 2 m），4 个监控点设置在平均风向轴线两侧，与被测源形成夹角不超过风向变化的标准差（±S°）的范围，如图 3-10 所示。

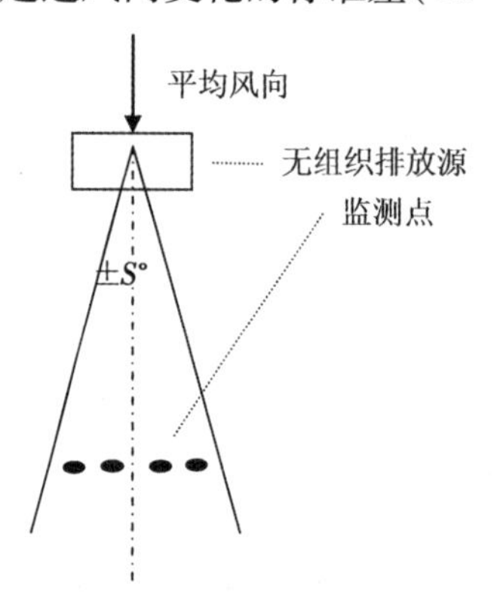

图 3-10 无特殊因素影响时监测点设置示意图

如果无组织排放源处于建筑物的正背风面，其下风向将形成涡流区，污染物将受到搅拌混合，监测点的设置也将不受上述夹角限制，应采用轻便风向风速表或人造烟源等方式简易测定和判断无组织排放的污染物受到搅拌混合的激烈程度和分布情况，再决定监测点的布设方法。如果无组织排放源处于建筑物的侧背风区，则排放的污染物可能部分处于涡流区，部分正常扩散，应采用轻便风向风速表或人造烟源等方式简易对排放源附近的流场作一些简易测定和分析，再依据流场的具体情况设定监测点的位置，如图 3-11 所示。

如果无组织排放源处于建筑物的正迎风面，排放的污染物将向排放源的两侧运动，监测点应设置在排放源两侧，并靠近排放源，尽可能避开两侧小涡流，如图 3-12(a)所示。如果无组织排放源处于建筑物的侧迎风面，污染物将向其下风向紧贴墙面运动，监测点应设置在排放源下风向并向墙靠近，也可以同时在下风向墙的尽头设置监测点，如图 3-12(b)所示。

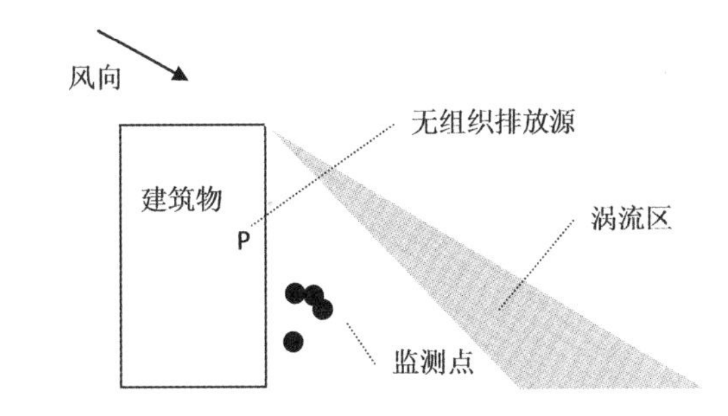

图 3-11 排放源位于侧背风区的监测点设置示意图

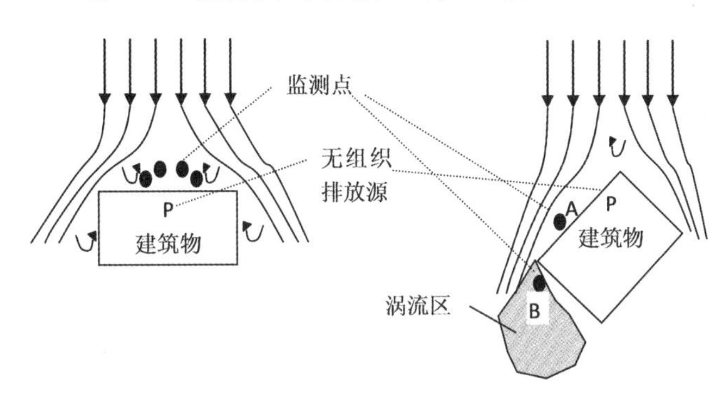

(a)排放源位于正迎风面 (b)排放源位于侧迎风面

图 3-12 排放源位于迎风面的监测点设置示意图

3. 采样时间和频次

按照规定对无组织排放实行监测时，实行连续 1 h 采样，或 1 h 内以等时间间隔采集 4 个样品求平均值。为了捕捉污染物最高浓度，实际采样时间可以超过 1 h。当污染物浓度过低时，应适当延长采样时间。参照点采样时间和频次与监测点同步。

对无组织排放源实施监督性监测时，必须保证排放负荷处于相对较高状态，或至少要处于正常生产和排放状态。监测期间的主导风向便利于监测点设置，并可使监测点和排放源之间的距离尽量缩小。监测期间的风向变化、平均风速和大气稳定度三项指标对污染物的稀释和扩散作用的影响较大，应当选择气象数据较适宜的监测日期，如表 3-9 所示。冬季微风天气监测时，应尽量避开阳光辐射较强烈的中午时段。

各气象因子与无组织排放监测的适宜程度分为四个类别：

a 类：不利于污染物的扩散和稀释，适宜进行无组织排放监测；

b 类：较不利于污染物的扩散和稀释，较适宜进行无组织排放监测；

c 类：有利于污染物的扩散和稀释，较不适宜进行无组织排放监测；

d 类：很有利于污染物的扩散和稀释，不适宜进行无组织排放监测。

表 3-9 气象因子与无组织排放监测适宜程度

气象因子条件		适宜程度
风向变化 /±S°	<15°	a
	15°~29°	b
	30°~45°	c
	>45°	d

表3-9(续)

气象因子条件		适宜程度
平均风速/(m/s)	1.0* ~2.0	a
	2.1~3.0	b
	3.1~4.5	c
	>4.5	d
大气稳定度	F、E	a
	D	b
	C	c
	B、A	d

注： * 风速小于 1.0 m/s 视为静风或准静风；一般情况下，三项气象因子中以适宜程度最差的一项所在类别估计该次监测中气象条件总的适宜程度；任一项适宜程度达到 d 类，或任何两项达到 c 类，都应取消当次监测，或更换时日。

第三节 空气样品的采集

对大气和废气进行监测时，不可能对所有污染物进行测定，而只能选择性地采集部分大气样品。大气污染物的种类及存在状态、浓度高低、物理化学性质不同，采样的方法和仪器也不一样。

一、环境空气样品采集

大气样品采集方法大致可分为直接采样法和富集(浓缩)采样法，其中富集采样法又包括溶液吸收采样法、吸附管采样法、滤膜采样法以及滤膜-吸附剂联用采样法等。

(一)溶液吸收采样法

1. 适用范围

主要用于采集二氧化硫、二氧化氮、氮氧化物、臭氧等气态或气溶胶态污染物的样品。

2. 采样系统

采样系统包括采样管路、采样器、吸收装置等。采样管路可用不锈钢、玻璃和聚四氟乙烯等材质，采集氧化性和酸性气体应避免使用金属材质采样管。采样器应符合《环境空气采样器技术要求及检测方法》(HJ/T 375—2007)中要求。常见的吸收装置主要有气泡吸收管(瓶)、冲击式吸收管(瓶)和多孔筛板吸收管(瓶)等。

(1)气泡式吸收管。适用于采集气态和蒸气态物质，不宜采气溶胶态物质。可装 5~10 mL吸收液，采样流量为 0.5~2.0 L/min。图 3-13 为气泡式吸收管结构示意图。

(2)冲击式吸收管。适宜采集气溶胶态物质和易溶解的气体样品，不适用于气态和蒸气态物质的采集。管内有一尖嘴玻璃管作为冲击器，有小型(装 5~10 mL 吸收液，采样流量为 3.0 L/min)和大型(装 50~100 mL 吸收液，采样流量为 30 L/min)两种规格。图 3-14 为冲击式吸收管结构示意图。

(3)多孔筛板吸收管。它是在内管进气口熔接一块多孔性的砂芯玻板，当气体通过多孔

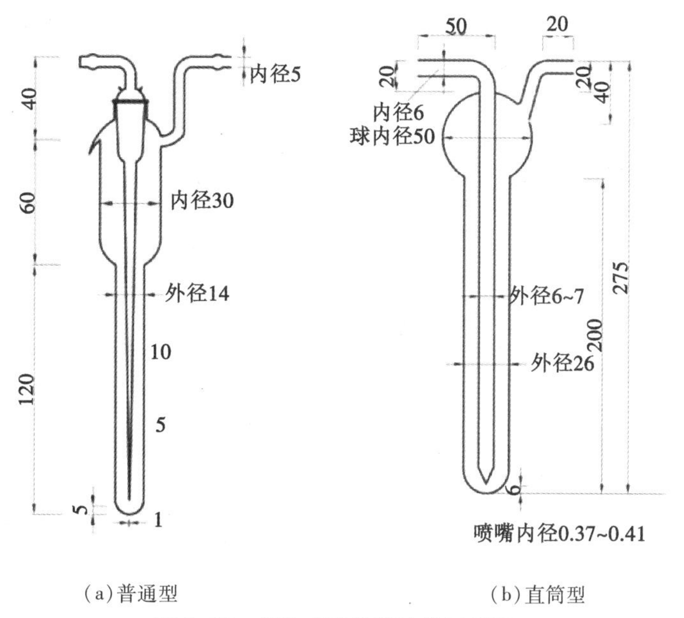

(a)普通型　(b)直筒型

图 3-13　气泡式吸收管结构示意图

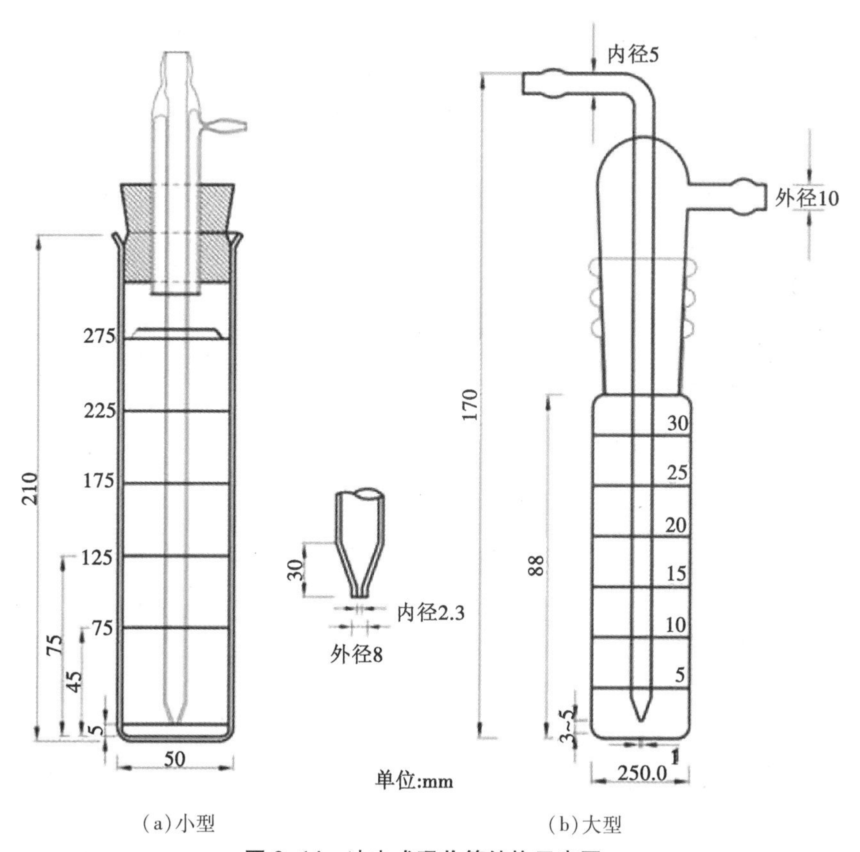

(a)小型　(b)大型

图 3-14　冲击式吸收管结构示意图

玻板时，一方面被分散成很小的气泡，增大了与吸收液的接触面积；另一方面被弯曲的孔道所阻留，然后被吸收液吸收。多孔筛板吸收管既适用于采集气态和蒸气态物质，也适于气溶胶态物质。吸收管可装 5~10 mL 吸收液，采样流量为 0.1~1.0 L/min。吸收瓶有小型(装 10

~30 mL 吸收液，采样流量为 0.5~2.0 L/min）和大型（装 50~100 mL 吸收液，采样流量 30 L/min）两种。图 3-15 为多孔筛板吸收管（瓶）结构示意图。

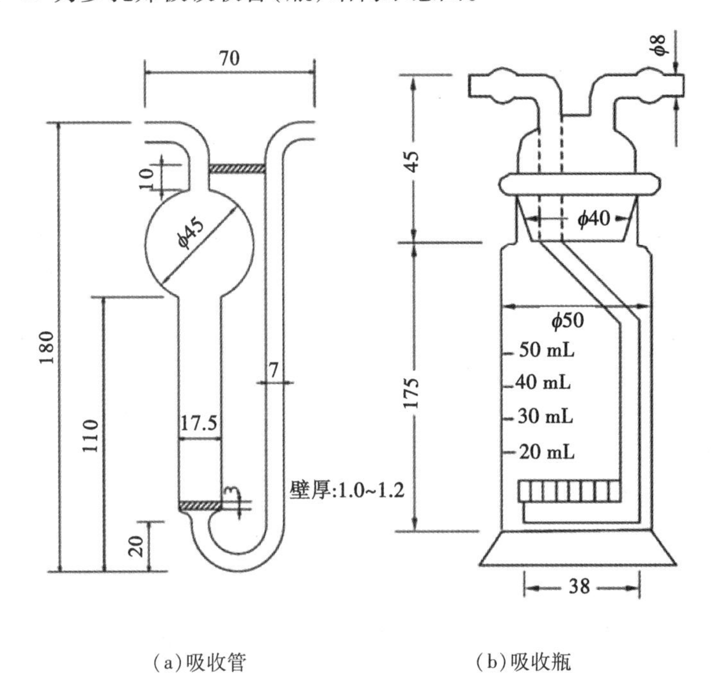

（a）吸收管　　（b）吸收瓶

图 3-15　多孔筛板吸收管（瓶）结构示意图

3. 采样方法

采样时，用抽气装置将待测空气以一定流量抽入装有吸收液的吸收管（瓶），使被测物质的分子阻留在吸收液中，以达到浓缩的目的。采样结束后，倒出吸收液进行测定，根据测得的结果及采样体积计算大气中污染物的浓度。

（二）吸附管采样法

1. 适用范围

适用于汞、挥发性有机物等气态污染物的样品采集。

2. 采样系统

采样系统由采样管路、采样器、吸附管等部分组成。吸附管为装有各类吸附剂的普通玻璃管、石英管或不锈钢管等，吸附剂的类型、粒径、填装方式、填装量及吸附管规格须符合相关监测标准要求。

常见的固体吸附剂有活性炭、硅胶和有机高分子等吸附材料，图 3-16 所示为标准活性炭管和硅胶管结构示意图，图 3-17 所示为高分子材料吸附管结构示意图。按照待测成分被吸附的方式，可以分为吸附型、分配型和反应型填充柱。吸附型填充柱所用填充剂为颗粒状固体吸附剂，如活性炭、硅胶、分子筛、氧化铝、素烧陶瓷、高分子多孔微球等多孔性物质，对气体和蒸气吸附力强。分配型填充柱所用填充剂为表面涂有高沸点有机溶剂（如甘油异十三烷）的惰性多孔颗粒物（如硅藻土、耐火砖等），适于对蒸气和气溶胶态物质（如六六六、DDT、多氯联苯等）的采集，气样通过采样管时，分配系数大的或溶解度大的组分阻留在填充柱表面的固定液上。反应型填充柱是由惰性多孔颗粒物（如石英砂、玻璃微球等）或纤维状物（如滤纸、玻璃棉等）表面涂一层能与被测组分发生化学反应的试剂制成，也可用能与被测组分发生化学反应的纯金属（如金、银、铜等）丝毛或细粒作为填充剂，采样后，将反应产物用适宜溶剂洗脱或加热吹气解吸下来进行分析。

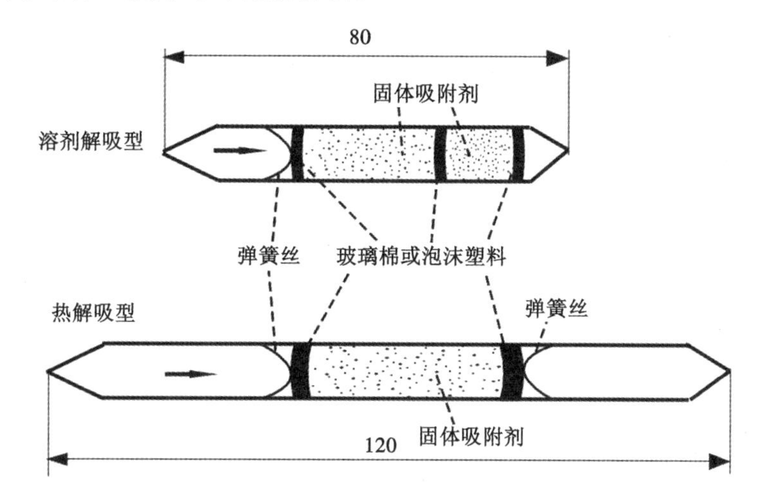

图 3-16　标准活性炭管和硅胶管结构示意图

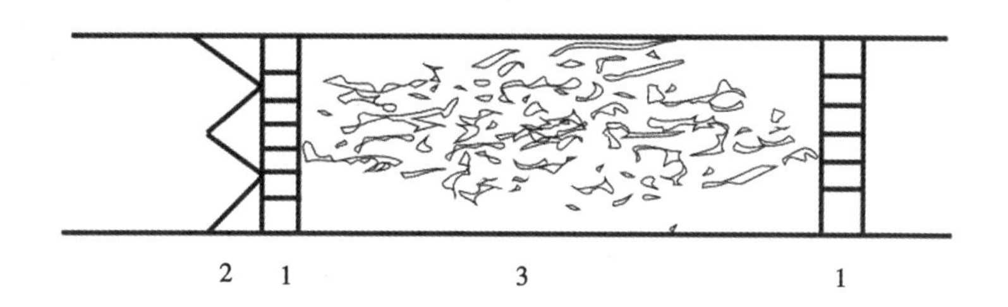

图 3-17　高分子材料吸附管结构示意图

1—不锈钢网/滤膜；2—弹簧片；3—固体吸附剂

3. 采样方法

采样时，让气样以一定的流速通过填充柱，则待测组分因吸附、溶解或化学反应而被阻留在填充剂上，达到浓缩采样的目的。采样后，通过加热解吸、吹气或溶剂洗脱等，使被测组分从填充剂上释放出来供测定。

（三）滤膜采样法

1. 适用范围

适用于总悬浮颗粒物、可吸入颗粒物、细颗粒物等大气颗粒物的质量浓度监测及成分分析，以及颗粒物中重金属、苯并[a]芘、氟化物（小时和日均浓度）等污染物的样品采集。

2. 采样系统

采样系统由颗粒物切割器、滤膜夹、流量测量及控制部件、采样泵、温湿度传感器、压力传感器和微处理器等组成。

总悬浮颗粒物采样系统性能和技术指标应满足《总悬浮颗粒物采样器技术要求及检测方法》（HJ/T 374—2007）中要求，可吸入颗粒物和细颗粒物采样器性能和技术指标应符合《环境空气颗粒物（PM_{10}和$PM_{2.5}$）采样器技术要求及检测方法》（HJ 93—2013）中要求。图 3-18 所示为颗粒物采样夹结构示意图，图 3-19 所示为滤料采样装置结构示意图。

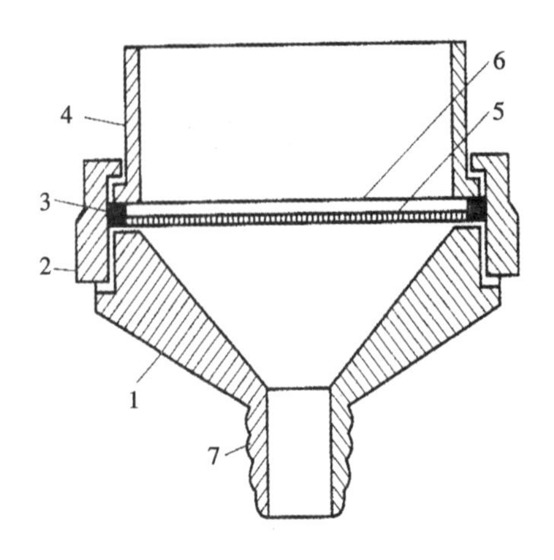

图 3-18　采样夹结构示意图

1—底座；2—紧固圈；3—密封圈；4—接座圈；5—支撑圈；6—滤膜；7—抽气接口

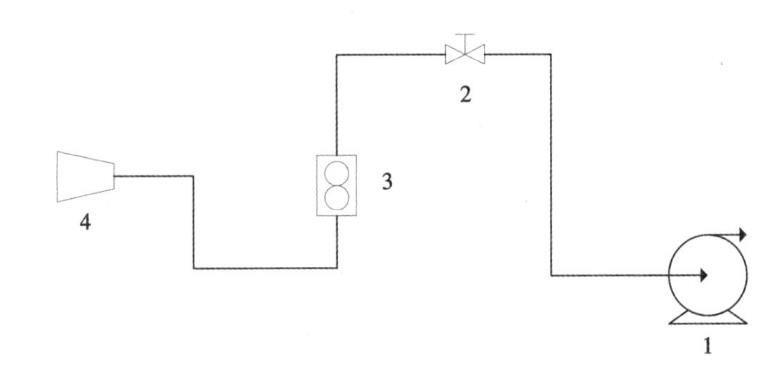

图 3-19　滤料采样装置结构示意图

1—抽气装置；2—流量调节阀；3—流量计；4—采样夹

常用滤料：纤维状滤料，如定量滤纸、玻璃纤维滤膜（纸）、过氯乙烯滤膜等；筛孔状滤料，如微孔滤膜、核孔滤膜、银薄膜等。

各种滤料由不同的材料制成，性能不同，适用的气体范围也不同。

3. 采样方法

采样时，将过滤材料（滤纸、滤膜等）放在采样夹上，用抽气装置抽气，空气中的颗粒物被阻留在过滤材料上。采样结束后，取下滤膜夹，用镊子轻轻地夹住滤膜边缘，取下样品滤膜，并检查滤膜是否有破裂或滤膜上尘积面的边缘轮廓是否清晰、完整；否则，该样品作废，需重新采样。整膜分析时，样品滤膜可平放或向里均匀地对折，放入已编号的滤膜盒中密封；非整膜分析时，样品滤膜不可对折，需平放在滤膜盒中。采样时，记录起止时间、采样流量，以及气温、气压等参数。

（四）滤膜-吸附剂联用采样法

1. 适用范围

滤膜-吸附剂联用采样法适用于多环芳烃类等半挥发性有机物的样品采集。

2. 采样系统

采样系统与滤膜采样法相似，不同之处在于增加了气态污染物捕集装置，如装填吸附剂的采样筒、采样筒架及密封圈等，如图 3-20 所示。

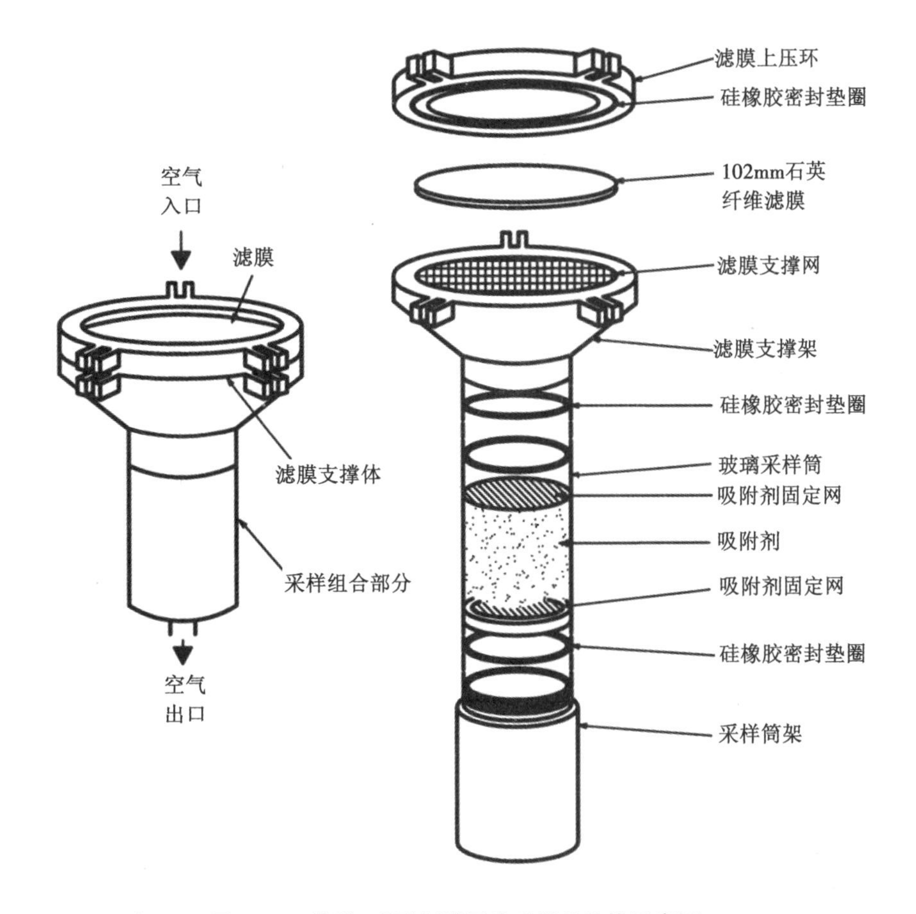

图 3-20 滤膜-吸附剂联用法采样头结构示意图

常用吸附剂有聚氨基甲酸酯泡沫、大孔树脂。

3. 采样方法

采样前，先将吸附剂放入采样筒内，用洁净的铝箔将采样筒包好备用。滤膜使用前，先采用高温灼烧的方法处理。

采样时，将采样筒放入采样器的采样筒架内，密封，开机采集。

采样结束后，将采样筒取出，用洁净的铝箔包好，放入样品保存筒中，密封，贴好标签。

（五）直接采样法

1. 适用范围

直接采样法常用于空气中被测组分浓度较高或所用检测方法灵敏度较高的情况，如一氧化碳、挥发性有机物、总烃等。

2. 采样系统

根据气态污染物的理化性质及分析方法的检出限，采样装置一般有注射器、气袋、真空罐（瓶）等。

注射器采样器一般为 50 mL 或 100 mL 的带惰性密封头的玻璃或塑料材质注射器，常用于气相色谱分析法取样。

气袋常用的材质有聚四氟乙烯、聚乙烯、聚氯乙烯和金属（铝箔）衬里等，适用于化学性质稳定、不与气袋发生化学反应的低沸点气态污染物采样。

真空罐一般由内表面经过惰性处理的金属材料制作，真空瓶一般为硬质玻璃制作，均配有进气阀门和真空压力表。图 3-21 所示为真空瓶与真空处理装置结构示意图。

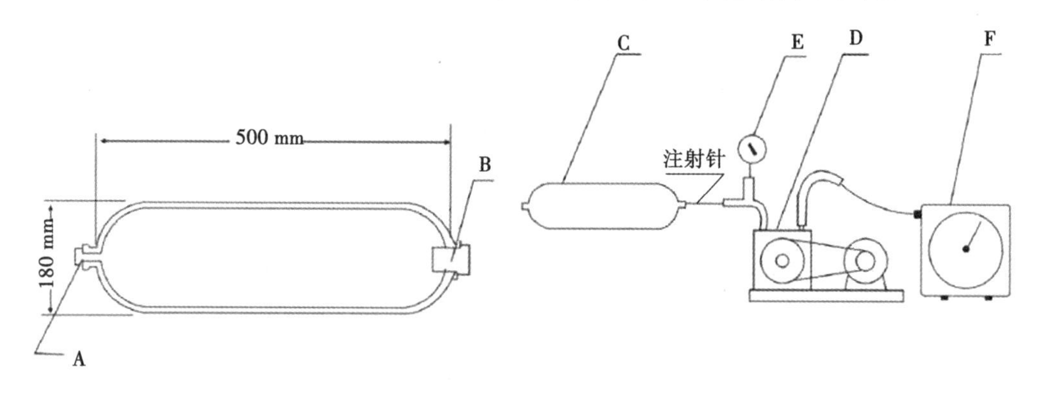

图 3-21 真空瓶与真空处理装置示意图

A—进气口硅橡胶塞；B—充填衬袋口硅橡胶塞；C—真空瓶；D—真空泵；E—真空表；F—气量计

3. 采样方法

采样前，应对注射器进行洗涤、干燥等处理，并对注射器进行气密性和空白检查，确保注射器内部无残留气体。采样时，先用现场气体抽洗 3~5 次，再抽取一定体积的气体，密封进气口，并将注射器进气口朝下，垂直放置，以使注射器内压略大于外压。

气袋采样方式可分为真空负压法和正压注入法。真空负压法采样系统由气管、气袋、真空箱、阀门和抽气泵等组成；正压注入法用双联球、注射器、正压泵等器具注入。采样前，应清洗干净，确保无残留气体，并检查是否密封良好、有无破裂损坏。采样时，先用现场气体冲洗 3~5 次后，再正式采样；采样后，迅速密封进气口，并做好标识。

真空罐(瓶)采样前，应先清洗或加热清洗 2~3 次，再抽真空(<10 Pa)。每批次真空罐(瓶)应进行空白测定。采样所用的辅助物品同样需进行清洗，密封带到现场，或事先在洁净环境中安装好。真空罐采样分为瞬时采样和恒定流量采样，采样时，均需加过滤器(孔径 $\leq 10\ \mu m$)。真空罐瞬时采样时，将清洗好并抽成真空的采样罐带至采样点，安装过滤器后，开阀采样，待罐内压力与采样点大气压力一致后，关闭阀门，密封；恒定流量采样时，将清洗好并抽成真空的采样罐带至采样点，安装流量控制器和过滤器后，开始恒流采样，在设定的恒定流量所对应的采样时间达到后，关闭阀门，密封。真空瓶采样时先将瓶内压力抽至接近 -1.0×10^5 Pa。采样时，打开瓶塞，使样品气体充入采样瓶内，至常压后，盖好瓶塞。

(六)被动采样法

1. 适用范围

被动采样法适用于硫酸盐化速率、氟化物(长期)、降尘等样品采集。

2. 采样系统

硫酸盐化速率采样装置包括滤膜和采样架，其中采样架由塑料皿、塑料垫圈及塑料皿支架构成，如图 3-22 所示。采样时，将用碳酸钾溶液浸渍过的玻璃纤维滤膜(碱片)暴露于环境空气中，环境空气中的二氧化硫、硫化氢、硫酸雾等与浸渍在滤膜上的碳酸钾发生反应，生成硫酸盐而被固定。

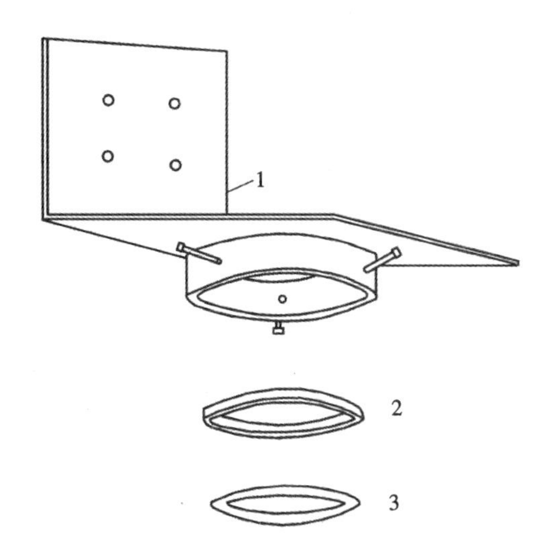

图 3-22 硫酸盐化速率采样装置示意图

1—塑料皿支架；2—塑料皿；3—塑料垫圈

氟化物采样装置包括采样盒（内含塑料环状垫圈、弹簧圈等）和防雨罩等，如图 3-23 所示。

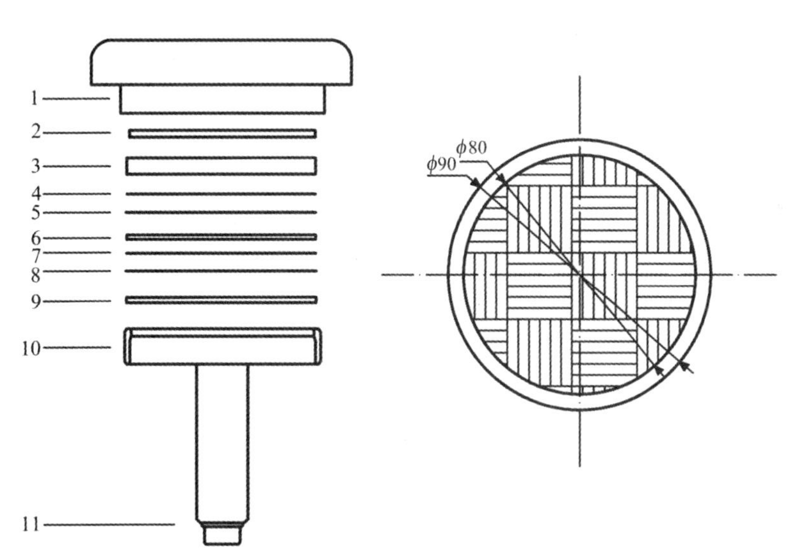

图 3-23 氟化物采样头和支撑网垫结构示意图

1—防雨罩；2—滤膜夹上密封垫；3—滤膜夹上盖；4—第一层滤膜；5—第一层支撑滤膜网垫；6—间隔滤膜垫圈；7—第二层滤膜；8—第二层支撑滤膜网垫；9—滤膜夹下密封垫；10—采样头底座；11—密封 O 形阀

降尘采样装置主要为内径 15±0. 5 cm、高 30 cm 的圆筒型玻璃集尘缸。

3. 采样方法

硫酸盐化速率采样前，先将玻璃纤维滤膜剪成直径 70 mm 的圆片，毛面向上，平放于 150 mL 的烧杯口上，用刻度吸管均匀地滴加 30%碳酸钾溶液 1 mL 于每张滤膜上，使其扩散直径为 5 cm。然后将滤膜置于 60 ℃下烘干，贮存备用。采样时，将滤膜毛面向外放入塑料皿，用塑料垫圈压好边缘，将塑料皿中滤膜面向下，用螺栓固定在塑料皿支架上，并将塑料皿支架固定在距地面高 3~15 m 的支撑物上，距基础面的相对高度应大于 1.5 m。采样结束后，取出塑料皿，用小刀沿塑料垫圈内缘刻下直径为 5 cm 的样品膜，将滤膜样品面向里对折后，放入样品盒待测。

氟化物采样前，先取一张石灰滤纸，平铺在平底塑料采样盒底部，用环状塑料卡圈压好滤纸边，再用弹簧圈沿盒边压紧。采样装置可固定在离地面 3.5~4.0 m 的采样架上，建筑物较密集时，可安装在楼顶，与基础地面相对高度应大于 1.5 m。采样时，将装好石灰滤纸的采样盒的盒盖取下，装入采样防雨罩的底部铁圈内，固定，使石灰滤纸面向下，暴露在空气中，采样 7 d 到一个月。

降尘采样时，将集尘缸带至采样点，加入乙二醇 60~80 mL，占满缸底为准，加入适量的蒸馏水，将集尘缸放至固定架上，开始采集样品，按月定期更换集尘缸。集尘缸放置高度一般距地面 5~12 m 或置于屋顶，但采样口应距平台 1.0~1.5 m。采样过程中，注意缸内积水情况，如有积水，则及时更换，并最后按月合并测定。

二、大气污染源样品采集

(一)有组织排放固定污染源样品采集

1. 颗粒物

颗粒物具有一定的质量，在烟道中，由于本身运动的惯性作用，不能完全随着气流改变方向，因此，需等速采样，气体进入采样嘴的速度与采样点的烟气速度相对误差控制在 10% 以内。此外，由于颗粒物在烟道中的分布不均匀，所以在烟道断面应按照一定规则多点采样。

采样方式分为移动采样、定点采样和间断采样。移动采样采用滤筒在已确定的采样点上移动采样，各点的采样时间相同，可用来了解烟道断面上颗粒物的平均浓度；定点采样在每个测点上采集一个样品，既可以了解采样断面的平均浓度，也可以了解断面上颗粒物的分布情况；间断采样主要用于有周期性变化的排放源，根据工况变化及其延续时间，分段采样，可以求时间加权平均浓度。

采样方法常采用皮托管平行测速采样法(采样系统装置示意图如图 3-24 所示)，其原理是将普通采样管、S 形皮托管和热电偶温度计固定在一起，采样时，将三个测头一起插入烟道中同一测点，根据预先测得的排气静压、水分含量和当时测得的测点动压、温度等参数，结合选用的采样嘴直径，计算出等速采样流量，调整采样流量至所要求的转子流量计读数进行采样，控制采样流量和计算的等速采样流量之差在 10% 以内。等速采样的流量按照下式计算。

$$Q_r' = 0.00047\, d^2 \times v_s\left(\frac{B_a + p_s}{273 + t_s}\right)\left[\frac{M_{sd}(273 + t_r)}{B_a + p_r}\right]^{1/2}(1 - X_{sw})$$

$$X_{sw} = \frac{p_{bv} - 0.00067(t_c - t_b)(B_a + p_b)}{B_a + p_s}$$

式中：Q_r'——等速采样流量的转子流量计读数，L/min；

d——采样嘴直径，mm；

v_s——测点气体流速，m/s；

B_a——大气压力，Pa；

p_s——排气静压，Pa；

p_r——转子流量计前气体压力，Pa；

t_s——排气温度，℃；

t_r——转子流量计前气体温度，℃；

M_{sd}——干排气的分子量，g/mol；

X_{sw}——排气中的水分含量体积百分数，%；

p_{bv}——温度为 t_b 时饱和水蒸气压力（根据 t_b 值查空气饱和时水蒸气压力表），Pa；

t_b——湿球温度，℃；

t_c——干球温度，℃；

p_b——通过湿球温度计表面的气体压力，Pa。

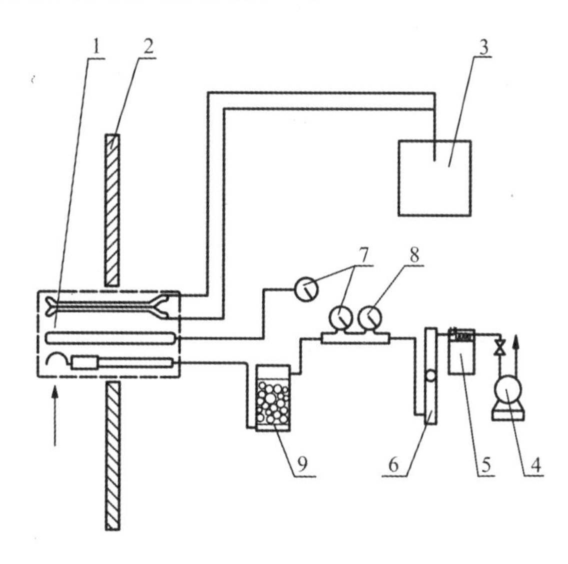

图 3-24 皮托管平行测速法采样系统装置示意图

1—组合采样管；2—烟道；3—微压计；4—抽气泵；5—累计流量表；6—转子流量计；7—真空压力表；8—温度表；9—干燥器

2. 气态污染物

气态污染物在采样断面内一般是混合均匀的，可以取靠近烟道中心的一点作为采样点。常用的采样方法有化学法和仪器直接测试法。

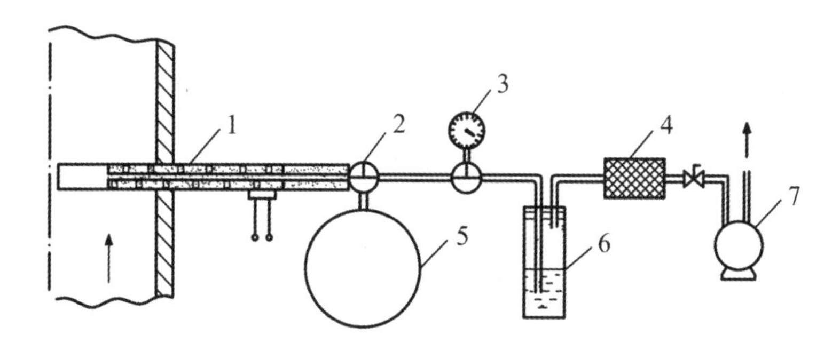

图 3-25 真空瓶采样系统示意图

1—加热采样管；2—三通阀；3—真空压力表；4—过滤器；5—真空瓶；6—洗涤瓶；7—抽气泵

化学法采样通过采样管将样品抽入到装有吸收液的吸收瓶或装有固体吸附剂的吸附管、真空瓶、注射器或气袋中，样品溶液或气态样品经化学分析或仪器分析得出污染物含量。吸收瓶或吸附管采样系统包括采样管、连接导管、吸收瓶（管）、流量计量箱和抽气泵等部件；真空瓶（如图 3-25 所示）或注射器（如图 3-26 所示）采样系统包括采样管、真空瓶或注射器、洗涤瓶、干燥器和抽气泵等部件。

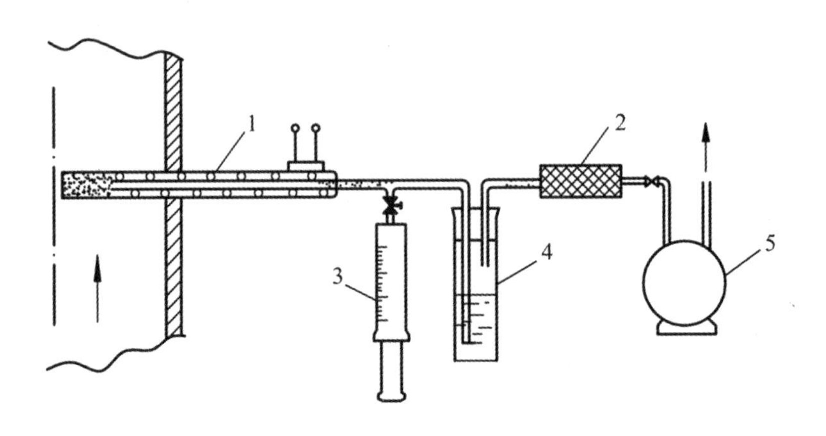

图 3-26　注射器采样系统示意图

1—加热采样管；2—过滤器；3—注射器；4—洗涤瓶；5—抽气泵

仪器直接测试法采样系统包括采样管、除湿器、抽气泵、测试仪和校正用气瓶等部件，如图 3-27 所示。

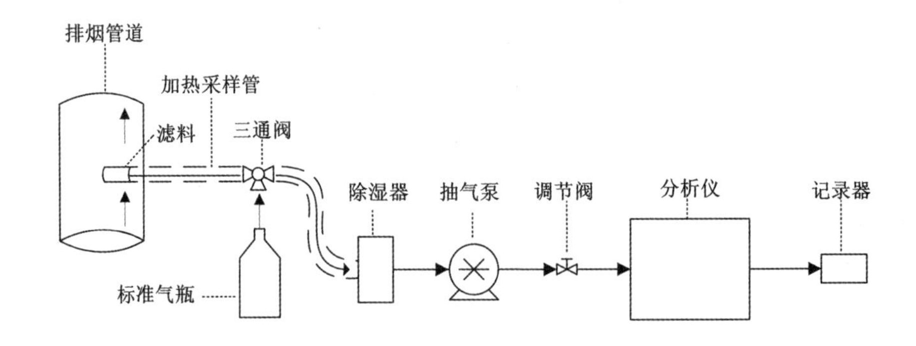

图 3-27　仪器直接测试采样系统示意图

气态污染物采样系统的核心部件为采样管，按照待测污染物的特征，采样管有 3 种形式，如图 3-28 所示。其中，a 型采样管包括滤尘管、滤料、加热丝和气体导管等部件，适用于不含水雾的气态污染物的采样；b 型采样管在 a 型采样管的气体入口处增加了套管，可以防止排气中水滴进入采样管内，适用于含水雾的气态污染物的采样；c 型采样管在 a 型采样管的气体入口处增加了滤筒，适用于既有颗粒物又有气态污染物的低湿烟气采集。

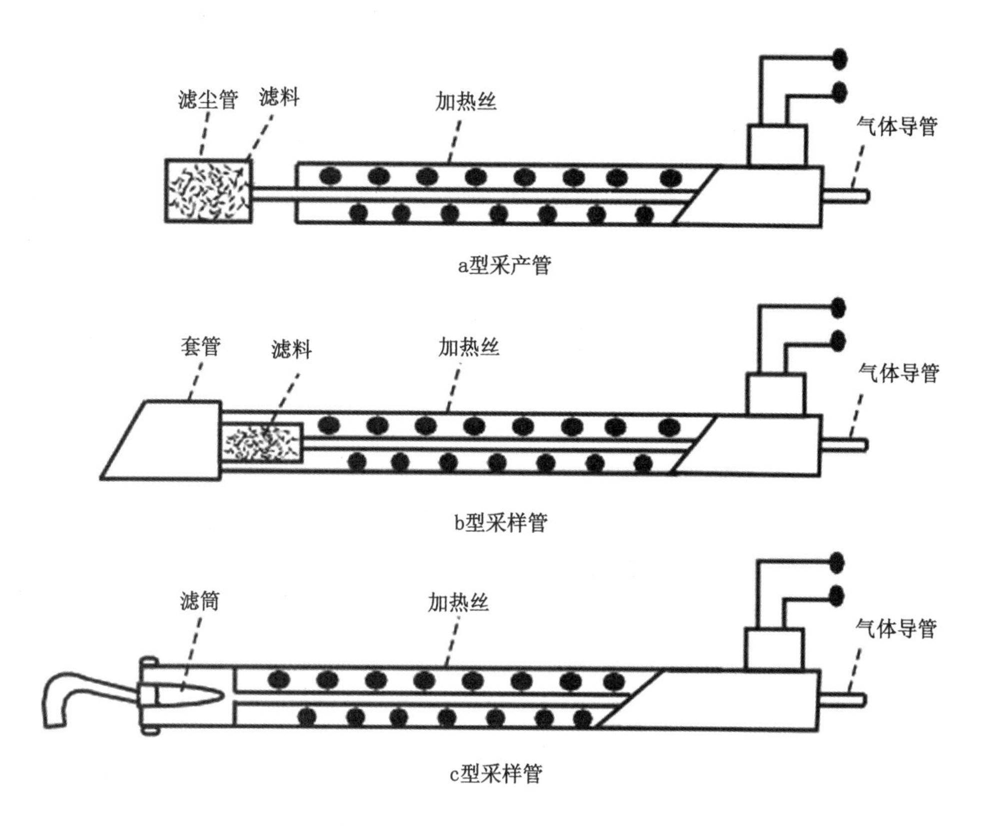

图 3-28　加热采样管示意图

主要气态污染物采集所需的加热最低温度见表 3-10，使用的采样管、连接管及滤料的材质要求见表 3-11。

表 3-10　气态污染物所需加热的最低温度

气体种类	加热温度/℃
二氧化硫	>120
氮氧化物	>140
硫化氢	>120
氟化物	>120
氯化氢	>120
溴	>120
酚	>120
氨	>120
光气	>120
丙烯醛	>120
氰化氢	>120
硫醇	20~30
氯	常温
一氧化碳	常温
二氧化碳	常温
苯	常温

表 3-11　气态污染物使用的采样管、连接管和滤料的材质

气体种类	采样管和连接管	滤料
二氧化硫	不锈钢、硬质玻璃、石英、陶瓷、氟树脂或氟橡胶、氯乙烯树脂、聚氯橡胶、硅橡胶	无碱玻璃棉或硅酸铝纤维、金刚砂
氮氧化物	不锈钢、硬质玻璃、石英、陶瓷、氟树脂或氟橡胶、硅橡胶	无碱玻璃棉或硅酸铝纤维
氟化物	不锈钢、氟树脂或氟橡胶	金刚砂
氯	硬质玻璃、石英、陶瓷、氟树脂或氟橡胶、氯乙烯树脂	无碱玻璃棉或硅酸铝纤维、金刚砂
氯化氢	硬质玻璃、石英、陶瓷、氟树脂或氟橡胶、氯乙烯树脂、硅橡胶	无碱玻璃棉或硅酸铝纤维、金刚砂
硫化氢	不锈钢、硬质玻璃、石英、陶瓷、氟树脂或氟橡胶、氯乙烯树脂、聚氯橡胶、硅橡胶	无碱玻璃棉或硅酸铝纤维、金刚砂
溴	硬质玻璃、石英、氟树脂或氟橡胶、硅橡胶	无碱玻璃棉或硅酸铝纤维
酚	不锈钢、硬质玻璃、石英、氟树脂或氟橡胶、硅橡胶	无碱玻璃棉或硅酸铝纤维
苯	硬质玻璃、石英、氟树脂或氟橡胶、硅橡胶	无碱玻璃棉或硅酸铝纤维
二硫化碳	硬质玻璃、石英、氟树脂或氟橡胶、硅橡胶	无碱玻璃棉或硅酸铝纤维
硫醇	不锈钢、硬质玻璃、石英、氟树脂或氟橡胶	无碱玻璃棉或硅酸铝纤维
氨	不锈钢、硬质玻璃、石英、陶瓷、氟树脂或氟橡胶、氯乙烯树脂	无碱玻璃棉或硅酸铝纤维、金刚砂
一氧化碳	不锈钢、硬质玻璃、石英、陶瓷、氟树脂或氟橡胶、硅橡胶	无碱玻璃棉或硅酸铝纤维、金刚砂
丙烯醛	不锈钢、硬质玻璃、氟树脂或氟橡胶、硅橡胶	无碱玻璃棉或硅酸铝纤维
光气	不锈钢、硬质玻璃、石英、氟树脂或氟橡胶	无碱玻璃棉或硅酸铝纤维
氰化氢	不锈钢、硬质玻璃、石英、陶瓷、氟树脂或氟橡胶、氯乙烯树脂	无碱玻璃棉或硅酸铝纤维、金刚砂

(二)无组织排放固定污染源样品采集

无组织排放源监测主要是了解排放源污染物对环境空气的影响，其样品采集方法与环境空气监测中同类污染物的采集方法相同。

(三)固定污染源基本参数测定

烟道排气的体积、温度、压力是烟气的基本常数，也是计算烟气流速、颗粒物及有害物质浓度的依据。

1. 温度的测定

对于直径小、温度不高的烟道，可使用水银温度计。测量时，应将温度计球部放在靠近烟道中心位置，读数时，不要将温度计抽出烟道。

对于直径大、温度高的烟道，要用热电偶测温毫伏计测量。测温原理是将两根不同的金属导线连成闭合回路，当两接点处于不同温度环境时，便产生热电势，两接点温差越大，热电势越大。若热电偶一个接点温度保持恒定(自由端)，则热电偶的热电势大小完全取决于另一个接点(工作端)的温度，用测温毫伏计测出热电偶的热电势，可得知工作端所处的环境温度。根据测温高低，选择的热电偶材质不同，一般测量 800 ℃以下的烟气用镍铬-康铜热电

偶，1300 ℃以下用镍铬-镍铝热电偶，1600 ℃以下用铂-铂铑热电偶。

2. 压力的测定

烟气的压力分为静压(p_s)、动压(p_v)和全压(p_t)。静压是单位体积气体所具有的势能，表现为气体在各个方向上作用于器壁的压力。动压是单位体积气体具有的动能，是使气体流动的压力。全压是气体在管道中流动具有的总能量，即动压和静压之和。所以，只要测出三项压力中的任意两项，即可求出第三项。测量烟气压力常用测压管和压力计。

(1)测压管。常用的有标准皮托管和S形皮托管两种，它们都可以同时测出全压和静压。

标准皮托管的结构是一根弯成90°的双层同心圆管，前端呈半圆形，前方有一开孔与内管相通，用来测量全压；在靠近前端的外管壁上开有一圈小孔，通至后端的侧出口，用来测量静压。标准皮托管具有较高的测量精度，但测孔很小，当烟气中颗粒物浓度大时，易被堵塞，适用于测量含尘量少的烟气。标准皮托管结构示意图见图3-29。

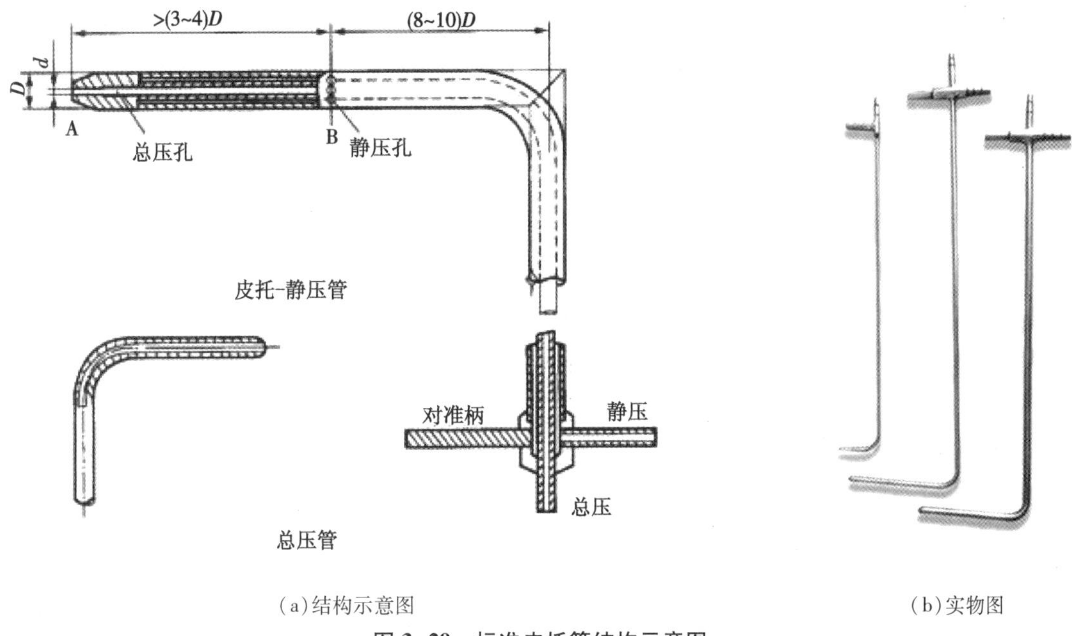

(a)结构示意图　　(b)实物图

图3-29　标准皮托管结构示意图

S形皮托管由两根相同的金属管并联组成，其测量端有两个大小相等、方向相反的开口(如图3-30所示)。测量烟气压力时，一个开口面向气流，接受气流的全压；另一个开口背向气流。由于受到气体绕流的影响，测得的静压比实际接受气流的静压小，因此，在使用前，必须用标准皮托管进行校正。因开口较大，适用于测颗粒物含量较高的烟气。

(2)压力计。常用的压力计有U形压力计和斜管式微压计。

U形压力计是一个内装工作液体(水、酒精或汞，视被测压力范围选用)的U形玻璃管，如图3-31所示。U形压力计可用于测全压和静压，但误差较大，不适宜测量微小压力，其最小分压值不得大于10 Pa。

斜管式微压计由一截面积较大的容器和一截面积较小的斜玻璃管组成，内装工作溶液(酒精或汞)，玻璃管上有刻度，以指示压力读数，如图3-32所示。测压时，将微压计容器开口与测压系统压力较高的一端连接，斜管与压力较低的一端连接，则作用在两液面上压力差使液柱沿斜管上升，指示所测压力。斜管式微压计只能测动压，精度不低于2%。

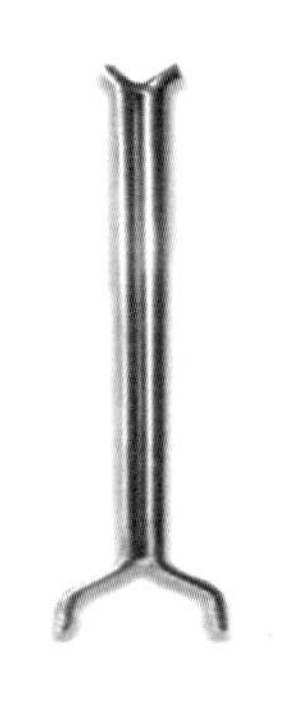

图 3-30　S 形皮托管

图 3-31　U 形压力计

图 3-32　斜管式微压计

(3)测定方法。先把仪器调整到水平状态，检查液柱内是否有气泡，并将液面调至零点；然后，将皮托管与压力计连接，把测压管的测压口伸进烟道内测点上，并对准气流方向，从 U 形压力计上读出液面差，或从微压计上读出斜管液柱长度，如图 3-33 所示。

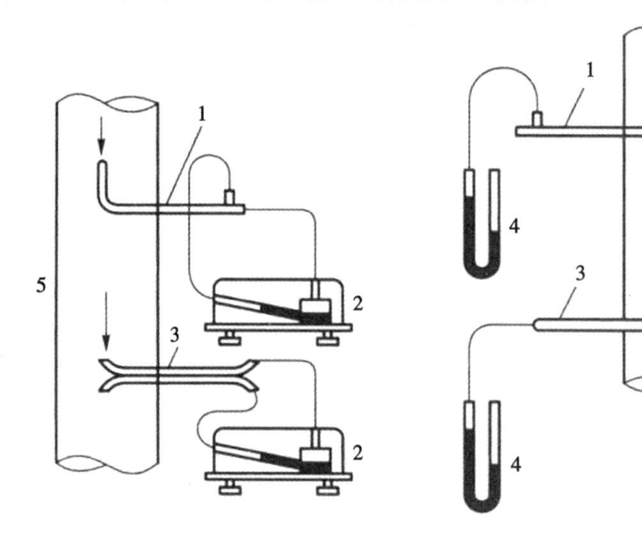

(a)斜管式微压计测压系统　　(b)U 形压力计测压系统

图 3-33　压力测定示意图

1—标准皮托管；2—斜管式微压计；3—S 型皮托管；4—U 形压力计；5—烟道

3. 烟气流速、流量的测定

把测得的温度和压力等参数代入下式，计算各采样点的烟气流速。

$$v_s = K_p \times \sqrt{\frac{2p_v}{\rho}}$$

式中：v_s——烟气流速，m/s；

K_p——皮托管校正系数；

p_v——烟气压力，Pa；

ρ——烟气密度，kg/m^3。

标准状态下烟气密度(ρ_n)和测量状态下烟气密度(ρ_s)分别按照下式计算。

$$\rho_n = \frac{M_s}{22.4}$$

$$\rho_s = \rho_n \times \frac{273}{273 + t_s} \times \frac{p_a + p_s}{101325}$$

将测量状态下的烟气密度(ρ_s)代入烟气流速计算式可得:

$$v_s = 128.9 \times K_p \times \sqrt{\frac{(273 + t_s)p_v}{M_s(p_a + p_s)}}$$

式中:M_s——烟气的摩尔质量,kg/mol;

t_s——烟气温度,℃;

p_a——大气压力,Pa;

p_s——烟气静压,Pa。

烟道断面上各测点烟气平均流速按照下式计算。

$$\overline{v_s} = \frac{v_1 + v_2 + \cdots + v_n}{n}$$

$$\overline{v_s} = 128.9 \times K_p \times \sqrt{\frac{273 + t_s}{M_s(p_a + p_s)}} \times \overline{\sqrt{p_v}}$$

式中:$\overline{v_s}$——烟气平均流速,m/s;

$v_1, v_2, \cdots, v_n$——断面上各测点的烟气流速,m/s;

n——测点数;

$\overline{\sqrt{p_v}}$——各测点动压平方根的平均值。

烟气流量按照下式计算。

$$q_{v,s} = 3600 \times \overline{v_s} \times A$$

式中:$q_{v,s}$——烟气流量,m^3/h;

A——烟道横断面积,m^2。

标准状态下干烟气流量按照下式计算。

$$q_{v,nd} = q_s \times (1 - X_w) \times \frac{p_a + p_s}{101325} \times \frac{273}{273 + t_s}$$

式中:$q_{v,nd}$——标准状态下烟气流量,m^3/h;

p_s——烟气静压,Pa;

p_a——大气压力,Pa;

X_w——烟气含湿量,%。

4. 含湿量的测定

与大气相比,烟气中的水蒸气含量较高,变化范围较大,为便于比较,以除去水蒸气后标准状态下的干烟气为基准,表示烟气中有害物质的测定结果。

(1)重量法。从烟道采样点抽取一定体积的烟气,使之通过装有吸湿剂(氯化钙、氧化钙、硅胶、氧化铝、五氧化二磷或过氯酸镁等)的吸湿管,则烟气中的水蒸气被吸湿剂吸收,吸湿管的增重即为所采烟气中的水蒸气重量,然后代入公式计算含湿量。

$$X_w = \frac{1.24 \times m_w}{V_d \times \frac{273}{273 + t_r} \times \frac{p_a + p_r}{101325} + 1.24 \times m_w} \times 100\%$$

式中：X_w——烟气含湿量，%；

m_w——吸湿管采样后增加的重量，g；

V_d——测量状态下抽取的干烟气体积，L；

t_r——流量计前烟气温度，℃；

p_r——流量计前烟气表压，Pa；

1.24——标准状态下1 g水蒸气的体积，L/g。

(2)冷凝法。由烟道中抽出一定体积的烟气，通过冷凝器，根据冷凝出的水量，加上从冷凝器排出的饱和气体含有的水蒸气量，计算排气中的水分。

$$X_w = \frac{1.24 \times m_w + V_s \times \frac{p_z}{p_a + p_r} \times \frac{273}{273 + t_r} \times \frac{p_a + p_r}{101325}}{1.24 \times m_w + V_s \times \frac{273}{273 + t_r} \times \frac{p_a + p_r}{101325}} \times 100\%$$

式中：X_w——烟气含湿量，%；

m_w——冷凝器中的冷凝水质量，g；

V_s——测量状态下抽取的烟气体积，L；

p_z——冷凝器出口烟气中水的饱和蒸气压，Pa，查表可得；

p_a——大气压力，Pa；

p_r——流量计前烟气表压，Pa；

t_r——流量计前烟气温度，℃；

1.24——标准状态下1 g水蒸气的体积，L/g。

(3)干湿球法。气体在一定流速下经干湿球温度计，根据干、湿球温度计读数及有关压力，计算排气中水分含量。

5. 烟尘浓度的测定

抽取一定体积烟气通过已知质量的捕尘装置(如滤筒)，根据捕尘装置采样前后的质量差和采样体积计算烟尘的浓度。

测定烟气、烟尘浓度必须采用等速采样法，即烟气进入采样嘴的速度应与采样点烟气流速相等。当采样速度偏快时，气体分子惯性小，容易改变运动轨迹，而烟尘惯性大，不易改变运动轨迹，导致抽取的气体偏多、烟尘偏少，使结果偏低；当采样速度偏慢时，造成抽取的气体偏少、烟尘偏多，使结果偏高。

移动采样时，烟尘浓度(断面上烟尘平均浓度)按照下式计算：

$$\rho = \frac{m}{V_{nd}} \times 10^6, \quad V_{nd} = 0.27\, q'_V \sqrt{\frac{p_a + p_r}{M_d(273 + t_r)}} \times t$$

式中：ρ——烟气中烟尘质量浓度，mg/m^3；

m——采样滤筒采样前后的质量差，g；

V_{nd}——标准状态下干烟气的采样体积，L；

q'_V——采样流量，L/min；

M_d——干烟气气体分子的摩尔质量，kg/kmol；

t_r——转子流量计前气体温度，℃；

t——采样时间，min。

定点采样时，烟尘浓度(断面上烟尘平均浓度或分布情况)按照下式计算：

$$\bar{\rho}=\frac{\rho_1 v_1 A_1+\rho_2 v_2 A_2+\cdots+\rho_3 v_3 A_3}{v_1 A_1+v_2 A_2+\cdots+v_3 A_3}$$

式中：　　$\bar{\rho}$——烟气中烟尘平均质量浓度，mg/m³；

$v_1, v_2, \cdots, v_n$——各采样点烟气流速，m/s；

$\rho_1, \rho_2, \cdots, \rho_n$——各采样点烟气中烟尘质量浓度，mg/m³；

$A_1, A_2, \cdots, A_n$——各采样点所代表的断面面积，m²。

6. 烟气黑度的测定

烟气黑度是一种用视觉方法监测烟气中排放有害物质情况的指标。尽管难以确定这一指标与烟气中有害物质含量之间的精确对应关系，也不能取代污染物排放量和排放浓度的实际监测，但其监测方法简单易行，适合反应燃煤类烟气中有害物质排放情况的监测。测定烟气黑度的方法主要有林格曼黑度图法、测烟望远镜法和光电测烟仪法等。

(1)林格曼黑度图法。该方法的原理是把林格曼烟气黑度图放在适当的位置，将烟气的黑度与图上的黑度相比较，由具有资格的观测者用目视观察来测定固定污染源排放烟气的黑度。每次观测 15 s，连续观测 30 min，记录 120 个数据。当烟气排放十分稳定时，可每分钟观测两次，记录 60 个数据。最终烟气黑度按照 30 min 内出现累计超过 2 min 的最大林格曼黑度认定。

该法适合于固定污染源排放的灰色或黑色烟气在排放口处黑度的监测，不适合于其他颜色的烟气监测。

林格曼烟气黑度图由 14 cm×21 cm 的不同黑度的图片组成，每个小格长宽均为 10 mm，除全白与全黑分别代表林格曼黑度 0 级和 5 级外，其余 4 个级别是根据黑色条格占整块面积的百分数来确定的，黑色条格的面积占 20%为 1 级(黑线条宽 1 mm)，占 40%为 2 级(黑线条宽 2.3 mm)，占 60%为 3 级(黑线条宽 3.7 mm)，占 80%为 4 级(黑线条宽 5.5 mm)。

(2)测烟望远镜法。测烟望远镜是在望远镜筒内安装了一个圆形光屏板，光屏板的一半是透明玻璃，另一半是 0~5 级林格曼黑度图。观测时，透过光屏板的透明玻璃部分观看烟囱出口烟气的颜色，通过与光屏板另一半的林格曼黑度图比较，确定烟气黑度的级别。

(3)光电测烟仪法。该方法利用测烟仪内的光学系统搜集烟气的图像，把烟气的透光率与仪器内安装的标准黑度板的透光率比较，经光学系统处理后，用光电检测系统把光信号转换成电信号，自动显示和打印烟气的林格曼黑度级别。

7. 烟气组分的测定

烟气组分包括主要气体组分和微量有害气体组分。主要气体组分为 N_2、O_2、CO_2和水蒸气等。测定这些组分的目的是考察燃料燃烧情况和为烟尘测定提供计算烟气气体常数(烟气密度、分子量等)的数据。有害气体组分为 NO_x、SO_x和 H_2S 等。

(1)采样。在靠近烟道中心的任何一点采样都行，可利用吸收法采样装置采样，也可利用注射器采烟气装置采样。

(2)烟气主要组分的测定。可采用奥氏气体分析仪吸收法或仪器分析法测定。奥氏气体分析仪吸收法通过采用不同的气体吸收液对烟气中的不同组分进行吸收，根据吸收前后烟气体积变化，计算待测组分含量。依次按照 CO_2、O_2和 CO 的顺序，用 KOH 溶液吸收 CO_2，焦性没食子酸(也能吸收 CO_2)溶液吸收 O_2，氯化氨溶液吸收 CO，剩余气体主要是 N_2，再选择恰当的方法测定吸收液中各种气体的含量。奥氏气体分析仪结构示意图如图 3-34 所示。

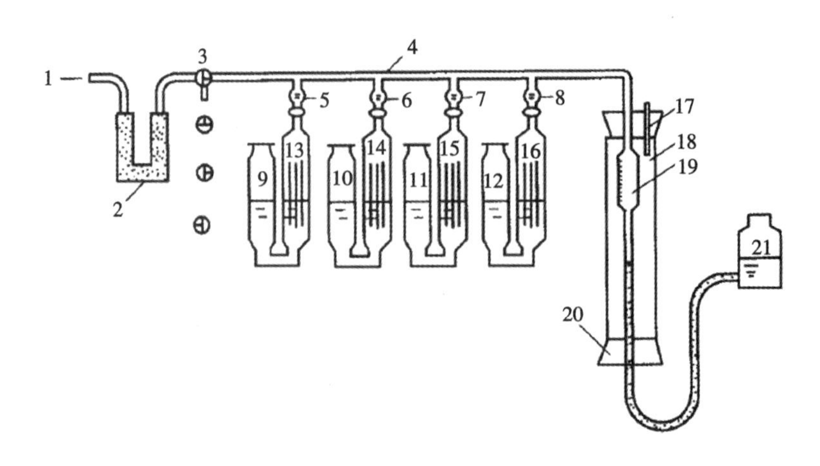

图 3-34　奥氏气体分析仪结构示意图

1—进气管；2—干燥管；3—三通阀；4—梳形管；5~8—旋塞；9~12—缓冲瓶；13~16—吸收瓶；17—温度计；18—水套管；19—量气管；20—胶塞；21—水准瓶

(3)烟气中有害组分的测定。烟气中的有害组分为 NO_x、SO_2、H_2S、氟化物及挥发酚等有机化合物。测定方法视烟气中有害组分的含量而定，当含量较低时，可选用大气中分子态污染物质的测定方法；当含量较高时，多选用化学分析法。

第四节　颗粒物的测定

空气中颗粒物的测定项目有：总悬浮颗粒物(TSP)、可吸入颗粒物(PM_{10})、细颗粒物($PM_{2.5}$)、降尘量及颗粒物组分分析等。

1. 总悬浮颗粒物

总悬浮颗粒物的测定广泛采用重量法。其原理是利用采样动力，使一定体积的空气通过具有一定切割特性的采样器，空气中粒径小于 100 μm 的悬浮颗粒物被截留在已恒重的滤膜上，再根据采样前后的滤膜重量差和采样体积，即可计算出总悬浮颗粒物的浓度。滤膜经处理后，可进行组分分析。

该法适用于大流量和中流量采样器采集空气颗粒物的测定，检出限为 0.001 mg/m³，但当总悬浮颗粒物含量过高或雾天采样，滤膜阻力大于 10 kPa 时，不适合采用该方法。

$$\text{TSP}(\mu\text{g/m}^3)=\frac{K\times(W_1-W_0)}{Q_N\times t}$$

式中：t——累计采样时间，min。

Q_N——标况下的采样流量，大流量采样器为 m³/min，中流量采样器为 L/min。

K——常数，大流量采样器 $K=1\times10^6$，中流量采样器 $K=1\times10^9$。

W_0——采样前滤膜重量，g(大流量采样器精确至 1 mg，中流量采样器精确至 0.1 mg)。

W_1——采样后滤膜重量，g(大流量采样器精确至 1 mg，中流量采样器精确至 0.1 mg；滤膜增重量：大流量采样器不小于 100 mg，中流量采样器不小于 10 mg)。

大流量采样器标况下采样流量按照下式计算：

$$Q_{HN}=\frac{Q_H\times p\times T_N}{T\times p_N}$$

式中：Q_H——大流量采样器工作点流量，1.05 m^3/min；

p——测试现场平均大气压，kPa；

p_N——标况压力，101.3 kPa；

T——测试现场月平均温度，K；

T_N——标况温度，273 K。

中流量采样器标况下采样流量按照下式计算：

$$Q_{MN}=\frac{Q_M\times p\times T_N}{T\times p_N}$$

式中：Q_M——中流量采样器工作点流量，$Q_M=60000\times W\times A$（其中，$W$为抽气速度，0.3 m/s，$A$为采样器采样口截面积，$m^2$），L/min。

2. 可吸入颗粒物和细颗粒物

可吸入颗粒物是悬浮在空气中的粒径小于10 μm的颗粒物，细颗粒物是悬浮在空气中的粒径小于2.5 μm的颗粒物。两者的测定方法类似，主要有重量法、β射线法等。重量法主要用于手工测定，β射线法主要用于连续自动监测。

重量法测定PM_{10}和$PM_{2.5}$的原理与TSP测定基本相同，主要区别在于采样器，必须具有粒径分级功能，能筛选并截留预定粒径的颗粒物。

$$\rho=\frac{W_2-W_1}{V}\times 1000$$

式中：ρ——PM_{10}或$PM_{2.5}$质量浓度，mg/m^3；

W_2——采样后滤膜重量，g；

W_1——空白滤膜的重量，g；

V——已换算成标准状态下采样体积，m^3。

滤膜恒重时，PM_{10}要求前后重量差小于0.4 mg，$PM_{2.5}$要求前后重量差小于0.04 mg。

3. 降尘量

降尘量是指在空气环境条件下，单位时间内靠重力自然沉降在单位面积上的颗粒物的质量，常采用重量法测定。其原理是采用装有乙二醇水溶液的集尘缸收集空气中可沉降的颗粒物，经蒸发、干燥、称重后，计算降尘量。该法的检出限为0.2 $t/(km^2\cdot 30d)$。

集尘缸架设高度一般离地5~12 m，如放置在屋顶等平台上时，采样口距平台高度1.0~1.5 m。同一地区的多个集尘缸设置标准应尽量一致。

$$M=\frac{W_1-W_0-W_c}{S\times n}\times 30\times 10^4$$

式中：M——降尘总量，$t/(km^2\cdot 30d)$；

W_1——降尘、瓷坩埚和乙二醇水溶液蒸发至干并在105±5℃恒重后的重量，g；

W_0——在105±5 ℃烘干的瓷坩埚的重量，g；

W_c——与采样操作等量的乙二醇水溶液蒸发至干并在105±5 ℃恒重后的重量，g；

S——集尘缸缸口面积，cm^2；

n——采样天数，精确至0.1 d。

4. 颗粒物中污染组分测定

颗粒物中常需测定水溶性阴阳离子、无机元素、金属元素等，具体的监测方法可查阅

《空气和废气监测分析方法》(第四版)(见本书参考文献[1])。表3-12为常用的颗粒物中污染组分的监测方法。

表3-12 常用的颗粒物中污染组分的监测方法

监测指标	测定方法	标准号
水溶性阳离子(Li^+、Na^+、NH_4^+、K^+、Ca^{2+}、Mg^{2+})	离子色谱法	HJ 800—2016
水溶性阴离子(F^-、Cl^-、Br^-、NO_2^-、NO_3^-、PO_4^{3-}、SO_3^{2-}、SO_4^{2-})	离子色谱法	HJ 799—2016
无机元素(Na、Mg、Al、Si、P、S、Cl、K、Ca、Sc、Ti、V、Cr、Mn、Fe、Co、Ni、Cu、Zn、As、Se、Sr、Br、Cd、Ba、Pb、Sn、Sb)	波长色散X射线荧光光谱法	HJ 830—2017
无机元素(Na、Mg、Al、Si、P、S、Cl、K、Ca、Sc、Ti、V、Cr、Mn、Fe、Co、Ni、Cu、Zn、As、Se、Sr、Br、Cd、Ba、Pb、Sn、Sb)	能量色散X射线荧光光谱法	HJ 829—2017
六价铬	柱后衍生离子色谱法	HJ 779—2015
铅	石墨炉原子吸收分光光度法	HJ 539—2015
砷、硒、铋、锑	原子荧光法	HJ 1133—2020
多环芳烃	高效液相色谱法	HJ 647—2013
多环芳烃	气相色谱-质谱法	HJ 646—2013
金属元素(Ag、Al、As、Ba、Be、Bi、Ca、Cd、Co、Cr、Cu、Fe、K、Mg、Mn、Na、Ni、Pb、Sb、Sn、Sr、Ti、V、Zn)	电感耦合等离子体发射光谱法	HJ 777—2015
金属元素(Sb、Al、As、Ba、Be、Cd、Cr、Co、Cu、Pb、Mn、Mo、Ni、Se、Ag、Tl、U、V、Zn、Bi、Sr、Sn、Li)	电感耦合等离子体质谱法	HJ 657—2013

第五节 气态和蒸气态污染物的测定

一、二氧化硫

SO_2是大气中主要污染物之一，为大气环境污染例行监测的必测项目。SO_2是一种无色、易溶于水、有刺激性气味的气体，能通过呼吸进入气管，对局部组织产生刺激和腐蚀作用，诱发支气管炎等疾病。特别是当它与烟尘等气溶胶共存时，可加重对呼吸道黏膜的损害。其主要来源为煤和石油等燃料的燃烧，含硫矿石的冶炼，硫酸等化工产品生产排放的废气。

常用的测定方法有：分光光度法、紫外荧光法、电导法、库仑滴定法、火焰光度法等。

1. 四氯汞盐吸收-副玫瑰苯胺分光光度法

该方法的基本原理是二氧化硫被四氯汞钾溶液吸收后，生成稳定的二氯亚硫酸盐络合物，再与甲醛及盐酸副玫瑰苯胺作用，生成紫红色的络合物，在575 nm处测量吸光度。

当使用5 mL吸收液，采样30 L时，检出限为0.005 mg/m^3，测定下限为0.020 mg/m^3，测定上限为0.18 mg/m^3；当使用50 mL吸收液，采样288 L时，检出限为0.005 mg/m^3，测定下限为0.020 mg/m^3，测定上限为0.19mg/m^3。适用于环境空气中二氧化硫的手工测定。由于四氯汞钾溶液属于剧毒试剂，所以该法逐步被甲醛吸收-副玫瑰苯胺分光光度法取代。

该方法主要干扰物为氮氧化物、臭氧、锰、铁、铬等。可以加入氨基磺酸铵消除氮氧化物的干扰；采样后，先放置一段时间，可使臭氧自行分解；加入磷酸及乙二胺四乙酸二钠盐可以消除或减少部分重金属离子的干扰。

采样时，吸收液的温度控制在10~16 ℃。操作人员必须了解显色温度、显色时间和稳定时间的关系，严格控制反应条件，当室温为15~20 ℃，显色30 min；室温为20~25 ℃，显色20 min；室温为25~30 ℃，显色15 min。测定样品时的温度与绘制校准曲线时的温度之差不应超过2 ℃。

$$\rho(SO_2)=\frac{A-A_0-a}{b\times V_s}\times\frac{V_t}{V_a}$$

式中：$\rho(SO_2)$——空气中二氧化硫的质量浓度，mg/m^3；

A——样品溶液的吸光度；

A_0——试剂空白溶液的吸光度；

b——标准曲线斜率；

a——标准曲线截距；

V_t——样品溶液总体积，mL；

V_a——测定时所取样品溶液体积，mL；

V_s——换算成标准状态下的采样体积，L。

2. 甲醛吸收-副玫瑰苯胺分光光度法

该方法的基本原理是二氧化硫被甲醛缓冲溶液吸收后，生成稳定的羟甲基磺酸加成化合物，在样品溶液中，加入氢氧化钠，使加成化合物分解，释放出的二氧化硫与副玫瑰苯胺、甲醛作用，生成紫红色的化合物，用分光光度计在波长577 nm处测量吸光度。

当使用10 mL吸收液，采样30 L时，检出限为0.007 mg/m^3，测定下限为0.028 mg/m^3，测定上限为0.667 mg/m^3；当使用50 mL吸收液，采样288 L，试份为10 mL时，检出限为0.004 mg/m^3，测定下限为0.014 mg/m^3，测定上限为0.347 mg/m^3。适用于环境空气中二氧化硫的手工测定。

该方法的主要干扰物及处理方法、结果计算与四氯汞盐吸收-副玫瑰苯胺分光光度法相同。

采样时，吸收液的温度在23~29 ℃，吸收效率为100%；10~15 ℃时，吸收效率偏低5%；高于33 ℃或低于9 ℃时，吸收效率偏低10%。要控制好显色温度和时间，具体要求见表3-13。

表3-13 二氧化硫测定显色温度与显色时间

显色温度/℃	10	15	20	25	30
显色时间/min	40	25	20	15	5
稳定时间/min	35	25	20	15	10
试剂空白溶液吸光度 A_0	0.030	0.035	0.040	0.050	0.060

3. 紫外荧光法

该方法适用于环境空气中二氧化硫的自动测定。其原理是样品空气以恒定的流量通过颗粒物过滤器后，进入仪器反应室，二氧化硫分子受波长200~220 nm的紫外光照射后，产生激发态二氧化硫分子，返回基态过程中，发出波长240~420 nm的荧光，在一定浓度范围内，样品空气中二氧化硫浓度与荧光强度成正比。当使用仪器量程为0~500 nmol/mol时，检出限3 $\mu g/m^3$，测定下限12 $\mu g/m^3$。

二、氮氧化物

空气中的氮氧化物主要以一氧化氮(NO)、二氧化氮(NO_2)、氧化二氮(N_2O)、三氧化二氮(N_2O_3)、四氧化二氮(N_2O_4)和五氧化二氮(N_2O_5)等多种形式存在。其中，以NO和NO_2为主，即通常所指的氮氧化物。NO为无色、无臭、微溶于水的气体，在大气中易被氧化为NO_2。NO_2为棕红色气体，具有强刺激性臭味，是引起支气管炎等呼吸道疾病的有害物质。大气中的NO和NO_2可以分别测定，也可以测定二者的总量。

空气中氮氧化物主要来源于石化燃料高温燃烧和硝酸、化肥等生产排放的废气，以及汽车排气。

测定时，先根据监测目的，选择适当的氧化方法，常用的氧化方式有两种：酸性高锰酸钾溶液氧化法和三氧化铬-石英砂氧化法。

酸性高锰酸钾溶液氧化法：将内装酸性高锰酸钾溶液的氧化瓶串联在两支内装显色吸收液的多孔筛板吸收瓶之间，可分别测定NO_2和NO的浓度。

三氧化铬-石英砂氧化法：在显色吸收液瓶前接一内装三氧化铬-石英砂(氧化剂)管，当用空气采样器采样时，气样中的NO在氧化管内被氧化成NO_2，和气样中的NO_2一起进入吸收瓶，其测定结果为空气中NO和NO_2的总浓度。三氧化铬-石英砂氧化管适于相对湿度30%~70%条件下使用，发现吸湿板结或变成绿色，应立即更换。

氮氧化物的测定方法主要有分光光度法和化学发光法。

1. 盐酸萘乙二胺分光光度法

该方法的原理是空气中的二氧化氮被串联的第一支吸收瓶中的吸收液吸收，并反应生成粉红色偶氮染料。空气中的一氧化氮不与吸收液反应，通过氧化管时，被酸性高锰酸钾溶液氧化为二氧化氮，被串联的第二支吸收瓶中的吸收液吸收，并反应生成粉红色偶氮染料。生成的偶氮染料在波长540 nm处的吸光度与二氧化氮的含量成正比。分别测定第一支和第二支吸收瓶中样品的吸光度，计算两支吸收瓶内二氧化氮和一氧化氮的质量浓度，二者之和即为氮氧化物的质量浓度(以NO_2计)。

该方法检出限为0.12 μg/10 mL吸收液。当吸收液总体积为10mL，采样体积为24 L时，空气中氮氧化物的检出限为0.005 mg/m^3；当吸收液总体积为50 mL，采样体积288 L时，空气中氮氧化物的检出限为0.003 mg/m^3。当吸收液总体积为10 mL，采样体积为12~24 L时，环境空气中氮氧化物的测定范围为0.020~2.5 mg/m^3。该方法适用于环境空气中氮氧化物、二氧化氮、一氧化氮的手工测定。

臭氧产生负干扰，可以在氧化管前接一根15~20cm的橡胶管，使臭氧分解；因为氮氧化物易光解，所以采样管及氧化管均选用棕色玻璃管；吸收液应为无色，宜密闭避光保存，如显微红色，说明已被污染，应检查试剂和蒸馏水的质量。该方法采样与显色同时进行，所以，在采样后，放置20 min(室温20 ℃以下时放置40 min以上)，使反应进行充分。

2. 化学发光法

该方法的原理是样品空气分为两路：一路直接进入反应室，测定一氧化氮；另一路通过转换器将二氧化氮转化为一氧化氮后，进入反应室，测定氮氧化物。反应室内的一氧化氮被过量臭氧氧化形成激发态的二氧化氮分子，返回基态过程中发光，在一定浓度范围内，样品空气中一氧化氮的浓度和光强度成正比。二氧化氮的浓度通过氮氧化物和一氧化氮的浓度差值进行计算。

该方法适用于环境空气中一氧化氮、二氧化氮和氮氧化物的连续自动测定。当使用量程0~500 nmol/mol时，参比状态下一氧化氮、二氧化氮和氮氧化物的检出限分别为1，3，2 μg/m^3，测定下限分别为4，12，8 μg/m^3；标准状态下一氧化氮、二氧化氮和氮氧化物的检出限分别为2，3，2 μg/m^3，测定下限分别为8，12，8 μg/m^3。

三、一氧化碳

一氧化碳(CO)是大气中主要污染物之一，它是一种无色、无味的有毒气体，对人体有强烈的窒息作用，它容易与人体血液中的血红蛋白结合，形成碳氧血红蛋白，使血液输送氧的能力降低，造成缺氧症，会出现头痛、恶心、心悸亢进，甚至出现虚脱、昏睡，严重时会致人死亡。它主要来自石油、煤炭燃烧不充分的产物和汽车尾气，一些自然灾害(如火山爆发、森林火灾等)也是来源之一。

CO的测定方法主要有非分散红外法、汞置换法和气相色谱法等。

1. 非分散红外法

该方法的原理是使样品空气以恒定的流量通过颗粒物过滤器后，进入仪器反应室，一氧化碳选择性吸收以4.7 μm为中心波段的红外光，在一定的浓度范围内，红外光吸光度与一氧化碳浓度成正比。

当使用仪器量程为0~50 μmol/mol时，检出限为0.07 mg/m^3，测定下限为0.28 mg/m^3。该方法适用于环境空气中一氧化碳的自动测定。

2. 汞置换法

这是一种间接测定CO的方法，它利用经净化后的含一氧化碳的空气样品与氧化汞在180~200 ℃下反应，置换出汞蒸气。根据汞吸收波长为253.7 nm紫外线的特点，利用光电转换检测器测出汞蒸气含量，再将其换算成一氧化碳浓度。

空气进样量50 mL时，测定范围为0.02~1.25 mg/m^3；进样量10 mL时，测定范围为0.02~12.5 mg/m^3；进样量5 mL时，测定范围为0.02~31.3 mg/m^3；进样量2 mL时，测定范围为0.02~62.5mg/m^3。

3. 气相色谱法

气相色谱法测定空气中的CO，是基于空气中CO、CO_2和CH_4经TDX-01碳分子筛柱分离后，于氢气流中在镍催化剂作用下，CO、CO_2皆转化成CH_4，然后利用火焰离子化检测器分别测定上述三种气体，按照出峰顺序(依次为CO、CH_4、CO_2)定性，峰高定量。

当进样量为1 mL时，检出限为0.2 mg/m^3。

四、臭氧

臭氧(O_3)是最强的氧化剂之一，它是大气中的氧在太阳紫外线照射下或受雷击形成的。臭氧有强烈的氧化作用，可以起消毒作用，但量大时又会刺激黏膜和损害中枢神经系统，引起支气管炎和头痛等症状。臭氧与紫外线混合，与烃类和氮氧化物发生光化学反应，形成光化学烟雾。

目前，测定 O_3常用的方法有靛蓝二磺酸钠分光光度法、紫外光度法和化学发光法等。

1. 靛蓝二磺酸钠分光光度法

此方法的原理是使空气中的 O_3在磷酸盐缓冲溶液存在下，与吸收液中蓝色的靛蓝二磺酸钠等摩尔反应，退色生成靛红二磺酸钠，在 610 nm 处测量吸光度，根据蓝色减退的程度定量空气中 O_3的浓度。

当采样体积为 30 L 时，检出限为 0. 010 mg/m³，测定下限为 0. 040 mg/m³。当吸收液质量浓度为 2. 5 μg/mL 或 5. 0 μg/mL 时，测定上限分别为 0. 50 mg/m³或 1. 00 mg/m³。该方法适用于环境空气中 O_3的手工测定。

由于 O_3见阳光易光解分解，采样时，应用黑色避光套将采样管罩上，在运输及存放过程中，应严格避光。采样时，应注意吸收液颜色，当褪色约 60%时(与现场空白样品比较)，应立即停止采样。

2. 紫外光度法

该方法的原理是当样品空气以恒定流速通过除湿器和颗粒物过滤器，进入环境臭氧分析仪的气路系统时，一路为样品空气，另一路通过选择性臭氧洗涤器成为零空气，样品空气和零空气在电磁阀控制下，交替进入样品吸收池，臭氧对 253. 7 nm 波长的紫外光有特征吸收。由透光率可以计算臭氧浓度。

该方法测定范围为 0. 003～2mg/m³，适合于环境空气中 O_3的瞬时测定和连续自动监测。

3. 化学发光法

该方法的原理是样品空气以恒定的流量通过颗粒物过滤器，进入化学发光法臭氧仪反应室，臭氧与过量乙烯混合，瞬间反应后，产生最大波长约为 400 nm 的可见光，样品空气中臭氧浓度与光强成正比。

当使用仪器量程为 0～500 nmol/mol 时，检出限为 2 nmol/mol，测定下限为 8 nmol/mol。适用于环境空气中 O_3的连续自动监测。

五、总烃及非甲烷烃

总碳氢化合物常以两种方法表示：一种是包括甲烷在内的碳氢化合物，称为总烃(THC)；另一种是除甲烷以外的碳氢化合物，称为非甲烷烃(NMHC)。对环境空气污染较为严重的是具有挥发性的 C_1～C_8碳氢化合物，尤其以甲烷为主。但当大气严重污染时，会大量地增加甲烷以外的碳氢化合物，而甲烷不参与光化学反应，所以，测定不包括甲烷的碳氢化合物对判断和评价大气污染具有实际意义。

空气中的烃类主要来源于石油炼制、焦化、化工等生产过程中逸散和排放的废气，以及汽车尾气，还有天然气、油田气等逸散。

测定总烃和非甲烷烃的方法主要有气相色谱法和光电离检测法。

1. 气相色谱法

该方法将气体样品直接注入具氢火焰离子化检测器的气相色谱仪，分别在总烃柱和甲烷柱上测得总烃和甲烷的含量，两者之差即为非甲烷总烃的含量。同时以除烃空气代替样品，测定氧在总烃柱上的响应值，以扣除样品中的氧对总烃测定的干扰。

当进样体积为 1 mL 时，总烃、甲烷的检出限(以甲烷计)均为 0. 06 mg/m³，测定下限(以甲烷计)为0.24 mg/m³;非甲烷总烃检出限为0.07 mg/m³,测定下限为0.28 mg/m³。适用于环境空气、大气污染源中总烃、甲烷和非甲烷总烃的测定。

2. 光电离检测法

有机化合物分子在紫外光照射下,可产生光电离现象。利用光离子化检测器(PID)收集产生的离子流,其大小与进入电离室的有机化合物的质量成正比。光电离检测法通常使用10.2 eV的紫外光源,此时氧气、氮气、二氧化碳、水蒸气等不电离,不产生干扰,CH_4的电离能为12.98 eV,也不被电离,而C_4以上的烃大部分可电离,因此可直接测定大气中C_4以上的非甲烷烃,而色谱法检测的是C_2以上的烃。

该方法适用于连续自动监测,所检测的非甲烷烃是指C_4以上的烃。

六、氟化物

大气中的气态氟化物主要是HF,也可能有少量的SiF_4和CF_4,含氟的粉尘主要是冰晶石(Na_3AlF_6)、萤石(CaF_2)、氟化铝(AlF_3)、氟化钠(NaF)及磷灰石等。氟化物属于高毒类物质,由呼吸道进入人体,会引起黏膜刺激、中毒等症状,并能影响各组织和器官的正常生理功能,对植物的生长、发育也会产生危害,危害比二氧化硫大10~100倍。

测定氟化物的方法主要是离子选择电极法。

1. 石灰滤纸采样-氟离子选择电极法

该方法的原理是空气中的氟化物(氟化氢、四氟化硅等)与浸渍在滤纸上的氢氧化钙反应而被固定。用总离子强度调节缓冲液(TISAB)浸提后,以氟离子选择电极法测定,获得石灰滤纸上氟化物的含量。

采样时间为一个月时,方法的测定下限为0.18 μg/(dm²·d)。适用于环境空气中氟化物长期平均污染水平的测定。

采样装置一般固定在离地面3.5~4 m的采样架上,在建筑物密集的地方,也可安装在楼顶,与基础面相对高度应大于1.5 m。

采样后,取出石灰滤纸样品,剪成小碎块(约为5 mm×5 mm),放入100 mL聚乙烯塑料杯中,加25 mL总离子强度调节缓冲溶液及25 mL水,在超声波清洗器中提取30 min,取出放置过夜,待测。

2. 滤膜采样-氟离子选择电极法

该方法的原理是空气中气态和颗粒态氟化物通过与磷酸氢二钾浸渍的滤膜时,氟化物被固定或阻留在滤膜上,滤膜上的氟化物用盐酸溶液浸溶后,用氟离子选择电极法测定,溶液中氟离子活度的对数与电极电位成线性关系。

当采样流量50 L/min,采样时间1 h时,检出限为0.5 μg/m³,测定下限2.0 μg/m³;当采样流量16.7 L/min,采样时间24 h时,检出限为0.06 μg/m³,测定下限0.24 μg/m³。适用于环境空气中气态和溶于盐酸的颗粒态氟化物的测定。

当采用该法分别测定气态和颗粒态氟化物时,采样需用三层膜:第一层采样膜用孔径0.8 μm经柠檬酸溶液浸渍的纤维素酯微孔膜先阻留颗粒态氟化物,第二、三层用磷酸氢二钾浸渍过的玻璃纤维滤膜采集气态氟化物。用水浸取滤膜,可测定水溶性氟化物;用盐酸溶液浸取,测定酸溶性氟化物;用水蒸气热解法处理滤膜,可测定总氟化物。采样滤膜应分张处理和测定。采样的同时,取未采样的浸取了吸收液的滤膜3~4张,按照采样滤膜的测定方法测定平均空白值。

七、硫酸盐化速率

污染源排放到空气中的 SO_2、H_2S 和 H_2SO_4蒸气等含硫污染物，经过一系列氧化演变和反应，最终形成危害更大的硫酸雾和硫酸盐雾，这种演变过程的速度称为硫酸盐化速率。其测定方法有重量法、离子色谱法和分光光度法等，其中使用最多的是二氧化铅-重量法和碱片-重量法。

1. 二氧化铅-重量法

该方法的原理是将大气中的二氧化硫、硫酸雾、硫化氢等与二氧化铅反应，生成硫酸铅，再用碳酸钠溶液使硫酸铅转化为碳酸铅，释放出硫酸根离子，然后加入氯化钡溶液，生成硫酸钡沉淀，用重量法测定，结果以每日在 100 cm^2的二氧化铅面积上所含 SO_3的毫克数表示。

2. 碱片-重量法

该方法的原理是将用碳酸钾溶液浸渍的玻璃纤维滤膜暴露于空气中，碳酸钾与空气中的气态含硫化合物反应，生成硫酸盐，加入 $BaCl_2$溶液，将其转化为 $BaSO_4$沉淀，用重量法测定。该法在二氧化铅法的基础上，用碱片取代二氧化铅管，减少用有毒的二氧化铅。

八、其他污染物监测

空气中气态和蒸气态污染物多种多样，由于不同地区排放的污染物种类不尽相同，评价其环境空气质量时，往往要测定其他污染组分，具体的监测方法可查阅《空气和废气监测分析方法》(第四版)(见本书参考文献[1])。表 3-14 为其他气态和蒸气态污染物常用监测方法。

表 3-14　其他气态和蒸气态污染物常用监测方法

气态和蒸气态污染物	测定方法	标准号
甲酰胺、N，N-二甲基甲酰胺、N，N-二甲基乙酰胺、丙烯酰胺	液相色谱法	HJ 801—2016
甲醛、乙醛、丙烯醛、丙酮、丙醛、丁烯醛、甲基丙烯醛、2-丁酮、正丁醛、苯甲醛、戊醛、间甲基苯甲醛、己醛	高效液相色谱法	HJ 683—2014
三甲胺	溶液吸收-顶空-气相色谱法	HJ 1042—2019
多环芳烃	气相色谱-质谱法	HJ 646—2013
多环芳烃	高效液相色谱法	HJ 647—2013
氯化氢	离子色谱法	HJ 549—2016
氨	纳氏试剂分光光度法	HJ 533—2009
有机氯农药	气相色谱-质谱法	HJ 900—2017
有机氯农药	气相色谱法	HJ 901—2017
硝基苯类化合物	气相色谱-质谱法	HJ 739—2015
硝基苯类化合物	气相色谱法	HJ 738—2015
五氧化二磷	钼蓝分光光度法	HJ 546—2015

表3-14(续)

气态和蒸气态污染物	测定方法	标准号
无机有害气体的应急监测	便携式傅里叶红外仪法	HJ 920—2017
酞酸酯类	气相色谱-质谱法	HJ 867—2017
酞酸酯类	高效液相色谱法	HJ 868—2017
醛、酮类化合物	溶液吸收-高效液相色谱法	HJ 1154—2020
气态汞	金膜富集-冷原子吸收分光光度法	HJ 910—2017
气溶胶中 γ 放射性核素	滤膜压片-γ 能谱法	HJ 1149—2020
氯气等有毒有害气体的应急监测	电化学传感器法	HJ 872—2017
氯气等有毒有害气体的应急监测	比长式检测管法	HJ 871—2017
降水中阳离子(Na^+、NH_4^+、K^+、Mg^{2+}、Ca^{2+})	离子色谱法	HJ 1005—2018
降水中乙酸、甲酸和草酸	离子色谱法	HJ 1004—2018
挥发性有机物	罐采样 气相色谱-质谱法	HJ 759—2015
挥发性有机物	吸附管采样-热脱附 气相色谱-质谱法	HJ 644—2013
挥发性有机物	便携式傅里叶红外仪法	HJ 919—2017
挥发性卤代烃	活性炭吸附-二硫化碳解吸 气相色谱法	HJ 645—2013
酚类化合物	高效液相色谱法	HJ 638—2012
多氯联苯混合物	气相色谱法	HJ 904—2017
多氯联苯	气相色谱-质谱法	HJ 902—2017
多氯联苯	气相色谱法	HJ 903—2017
苯系物	活性炭吸附 二硫化碳解吸-气相色谱法	HJ 584—2010
苯系物	固体吸附 热脱附-气相色谱法	HJ 583—2010
氨、甲胺、二甲胺和三甲胺	离子色谱法	HJ 1076—2019
氨	次氯酸钠-水杨酸分光光度法	HJ 534—2009
甲醛	乙酰丙酮分光光度法	GB 15516—1995
恶臭	三点比较式臭袋法	GB 14675—93
车内挥发性有机物和醛酮类	采样测定方法	HJT 400—2007

第六节　室内空气质量检测

室内污染是指由于室内引入能释放有害物质的污染源，或室内环境通风不佳，导致室内空气中有害物质浓度和种类不断增加，引起人体各种不适症状的现象。室内是人们生活的主要环境，对于生活在现代城市中的大多数人来说，80%以上的时间都在室内度过，因此室内空气质量尤其重要。

一、采样

(一)采样点的数量

采样点的数量根据室内面积和现场情况来确定。小于 50 m^2的房间，设 1~3 个点；50~

100 m²的房间，设3~5个点；100 m²以上的房间，至少设5个点。

在进行室内监测的同时，为掌握室内外污染的相互影响关系，应在同一区域设置1~2个室外对照点。可与原来的室外固定大气监测点进行对比，但室内采样点的分布应在固定监测点的500 m半径范围内。

（二）布设方法

采样点设在室内通风率最低的地方，为了避免墙壁的吸附作用或逸出干扰，采样点离墙壁距离需大于0.5 m，离门窗距离需大于1 m，点与点之间间距5 m。采样口高度一般距地面0.5~1.5 m。居室环境采样点应设在客厅、卧室内。

采用斜线或梅花型布点法，如图3-35所示。

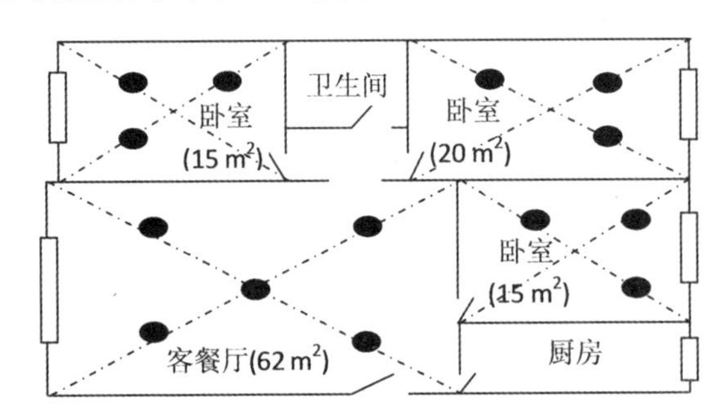

图3-35 室内空气检测采样点布设示意图

（三）采样时间和频率

经装修的室内环境，采样应在装修完成7 d以后进行。一般建议在使用前采样监测。年平均浓度至少连续或间隔采样3个月，日平均浓度至少连续或间隔采样18 h；8 h平均浓度至少连续或间隔采样6 h；1 h平均浓度至少连续或间隔采样45 min。

（四）采样条件

检测应在对外门窗关闭12 h后进行。对于采用集中空调的室内环境，空调应正常运转。有特殊要求的可根据现场情况及要求而定。

（五）采样方法和采样仪器

1. 采样方法

具体采样方法应按照各污染物检验方法中规定的方法和操作步骤进行。要求年平均、日平均、8 h平均值的参数，可以先做筛选采样检验。若检验结果符合标准值要求，为达标；若筛选采样检验结果不符合标准值要求，必须按年平均、日平均、8 h平均值的要求，用累积采样检验结果评价。

（1）筛选法采样。在满足封闭时间要求的条件下，采样时关闭门窗，一般至少采样45 min；采用瞬时采样法时，一般采样间隔时间为10~15 min，每个点位应至少采集3次样品，每次的采样量大致相同，其监测结果的平均值作为该点位的小时均值。

（2）累积法采样。按照筛选法采样达不到标准要求时，必须采用累积法（按年平均值、日平均值、8 h平均值）的要求采样。

（3）空白样采集。在进行现场采样时，同一批次应至少留有两个采样管不采样，并同其他样品管一样对待，作为采样过程中的现场空白，采样结束后，和其他采样吸收管一并送交实验室。样品分析时测定现场空白值，并与校准曲线的零浓度值进行比较。若空白检验超过

控制范围，则这批样品作废。

2. 采用仪器

采用仪器根据测定项目及监测方法而定，可选择玻璃注射器、空气采样袋、气泡吸收管、多孔玻板吸收管、固体吸附管、滤膜和不锈钢采样罐等采集气体样品。

（1）玻璃注射器。使用 100 mL 注射器直接采集室内空气样品，注射器要选择气密性好的。选择方法如下：将注射器吸入 100 mL 空气，内芯与外筒间滑动自如，用细橡胶管或眼药瓶的小胶帽封好进气口，垂直放置 24 h，剩余空气应不少于 60 mL。用注射器采样时，注射器内应保持干燥，以减少样品贮存过程中的损失。采样时，用现场空气抽洗 3 次后，再抽取一定体积现场空气样品。样品运送和保存时，要垂直放置，且应在 12 h 内进行分析。

（2）空气采样袋。用空气采样袋也可直接采集现场空气。它适用于采集化学性质稳定、不与采样袋起化学反应的气态污染物，如一氧化碳。采样时，袋内应该保持干燥，且现场空气充、放 3 次后，再正式采样。取样后，将进气口密封，袋内空气样品的压力以略呈正压为宜。用带金属衬里的采样袋可以延长样品的保存时间，如聚氯乙烯袋对一氧化碳可保存 10~15 h，而铝膜衬里的聚酯袋可保存 100 h。

（3）气泡吸收管。适用于采集气态污染物。采样时，吸收管要垂直放置，不能有泡沫溢出。使用前，应检查吸收管玻璃磨口的气密性，保证严密不漏气。

（4）U 形多孔玻板吸收管。适用于采集气态或气态与气溶胶共存的污染物。使用前，应检查玻璃砂芯的质量，方法如下：将吸收管装 5 mL 水，以 0.5 L/min 的流量抽气，气泡路径（泡沫高度）为 50±5 mm，阻力为 4.666±0.6666 kPa，气泡均匀，无特大气泡。采样时，吸收管要垂直放置，不能有泡沫溢出。使用后，必须用水抽气唧筒抽水洗涤砂芯板。一般要用蒸馏水而不用自来水冲洗。

（5）固体吸附管。一般使用内径 3.5~4.0 mm、长 80~180 mm 的玻璃吸附管，或内径 5 mm、长 90 mm（或 180 mm）内壁抛光的不锈钢管，吸附管的采样入口一端有标记。内装 20~60 目的硅胶或活性炭、GDX 担体、Tenax、Porapak 等固体吸附剂颗粒，管的两端用不锈钢网或玻璃纤维堵住。固体吸附剂用量视污染物种类而定。吸附剂的粒度应均匀，在装管前，应进行烘干等预处理，以去除其所带的污染物。采样后，将两端密封，带回实验室进行分析。样品解吸可以采用溶剂洗脱，使成为液态样品；也可以采用加热解吸，用惰性气体吹出气态样品进行分析。采样前，必须经实验确定最大采样体积和样品的处理条件。

（6）滤膜。滤膜适用于采集挥发性低的气溶胶，如可吸入颗粒物等。常用的滤料有玻璃纤维滤膜、聚氯乙烯纤维滤膜、微孔滤膜等。玻璃纤维滤膜吸湿性小、耐高温、阻力小，但是其机械强度差，除做可吸入颗粒物的质量法分析外，样品可以用酸或有机溶剂提取，适于做不受滤膜组分及所含杂质影响的元素分析及有机污染物分析。聚氯乙烯纤维滤膜吸湿性小、阻力小、有静电现象、采样效率高、不亲水、能溶于乙酸丁酯，适用于重量法分析，消解后，可做元素分析。微孔滤膜是由醋酸纤维素或醋酸-硝酸混合纤维素制成的多孔性有机薄膜，用于空气采样的孔径有 0.3，0.45，0.8 μm 等。微孔滤膜阻力大，且随着孔径减小而显著增加，吸湿性强、有静电现象、机械强度好，可溶于丙酮等有机溶剂，不适于做重量法分析，消解后，适于做元素分析；经丙酮蒸气使之透明后，可直接在显微镜下观察颗粒形态。滤膜使用前，应该在灯光下检查有无针孔、褶皱等可能影响过滤效率的情况。

（7）不锈钢采样罐。不锈钢采样罐的内壁经过抛光或硅烷化处理。可根据采样要求，选用不同容积的采样罐。使用前，采样罐被抽成真空。采样时，将采样罐放至现场，采用不同的限流阀可对室内空气进行瞬时采样或编程采样，送回实验室分析。该方法可用于室内空气中总挥发性有机物的采样。

二、监测项目

室内空气质量监测项目包括应测项目和其他项目，详见表 3-15。

表 3-15 室内空气质量监测项目

应测项目	其他项目
温度、大气压、空气流速、相对湿度、新风量、二氧化硫、二氧化氮、一氧化碳、二氧化碳、氨、臭氧、甲醛、苯、甲苯、二甲苯、总挥发性有机物（TVOC）、苯并[a]芘、可吸入颗粒物、氡（^{222}Rn）、菌落总数等	甲苯二异氰酸酯（TDI）、苯乙烯、丁基羟基甲苯、4-苯基环己烯、2-乙基己醇等

对于新装修、装饰的室内环境，应当测定甲醛、苯、甲苯、二甲苯、TVOC 等。人群比较密集的室内环境应测菌落总数、新风量及二氧化碳。使用臭氧消毒、净化设备及复印机等可能产生臭氧的室内环境应测臭氧。住宅一层、地下室、其他地下设施以及采用花岗岩、彩釉地砖等天然放射性含量较高材料新装修的室内环境都应监测氡（^{222}Rn）。北方冬季施工的建筑物应测定氨。

三、测定方法

《室内空气质量标准》（GB/T 18883—2002）中对各项参数的检测分析方法做了要求，如表 3-16 所示。

表 3-16 室内空气各项指标检测方法

序号	指标	检验方法	标准号
1	温度	玻璃液体温度计法 数显式温度计法	GB/T 18204. 13
2	相对湿度	通风干湿表法 氯化锂湿度计法 电容式数字湿度计法	GB/T 18204. 14
3	空气流速	热球式电风速计法 数字式风速表法	GB/T 18204. 15
4	新风量	示踪气体法	GB/T 18204. 18
5	二氧化硫	甲醛吸收-副玫瑰苯胺分光光度法 紫外荧光法	GB/T 16128 GB/T 15262
6	二氧化氮	改进的 Saltzman 法 化学发光法	GB 12372 GB/T 15435

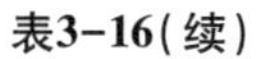

表3-16（续）

序号	指标	检验方法	标准号
7	一氧化碳	非分散红外法 不分光红外线气体分析法 气相色谱法 汞置换法 电化学法	GB 9801 GB/T 18204. 23
8	二氧化碳	非分散红外线气体分析法 气相色谱法 容量滴定法	GB/T 18204. 24
9	氨	靛酚蓝分光光度法 纳氏试剂分光光度法 离子选择电极法 次氯酸钠-水杨酸分光光度法 光离子化气相色谱法	GB/T 18204. 25 GB/T 14668 GB/T 14669 GB/T 14679
10	臭氧	紫外光度法 靛蓝二磺酸钠分光光度法 化学发光法	GB/T 15438 GB/T 18204. 27 GB/T 15437
11	甲醛	AHMT 分光光度法 酚试剂分光光度法 气相色谱法 乙酰丙酮分光光度法 电化学传感器法	GB/T 16129 GB/T 18204. 26 GB/T 15516
12	苯	气相色谱法 光离子化气相色谱法	GB/T 18883 GB 11737
13	甲苯 二甲苯	气相色谱法 光离子化气相色谱法	GB 11737 GB 14677
14	可吸入颗粒物	撞击式—称重法	GB/T 17095
15	总挥发性有机化合物	气相色谱法 光离子化气相色谱法 光离子化总量直接检测法（非仲裁用）	GB/T 18883
16	苯并[a]芘	高效液相色谱法	GB/T 15439
17	菌落总数	撞击法	GB/T 18883
18	氡	两步测量法	

注：有条件使用气相色谱/质谱技术时，尽量选择；以上方法也可查阅《室内环境空气质量监测技术规范》（HJ/T 167—2004）。

复习题

（1）空气采样时，现场气温为 18 ℃，大气压力为 85. 3 kPa，实际采样体积为 450 mL，标

准状态下的采样体积是多少？（不考虑采样器的阻力）

(2)环境空气质量监测的布点方法有哪些？分别适合于何种污染源？

(3)环境空气中颗粒物采样结束后，取滤膜时，发现滤膜上尘的边缘轮廓不清晰，说明什么问题？应如何处理？

(4)简述烟尘采样中的移动采样、定点采样和间断采样之间的不同点。

(5)干湿球法测定烟气中含湿量。已知干球温度(t_a)为52 ℃，湿球温度(t_b)为40 ℃，通过湿球表面时的烟气压力(p_b)为-1334 Pa，大气压力(B_a)为101380 Pa，测点处烟气静压(p_s)为-883 Pa，试求烟气含湿量(X_{sw})的百分含量[湿球温度为40 ℃时饱和蒸汽压(p_{bv})为7377 Pa，系数C=0.00066]。

(6)简述无组织排放监测中，当平均风速小于1 m/s(包括静风)时，参照点应如何设置？为什么？

(7)简述在单位周界设置无组织排放监控点时，如果围墙的通透性很好或不好时如何设定监控点。

(8)简述大气降尘采样点的设置要求和应放置的高度要求。

(9)简述用非分散红外法测定环境空气和固定污染源排气中一氧化碳时，水和二氧化碳为什么会干扰其测定。

(10)简述用石灰滤纸-氟离子选择电极法(LTP)测定环境空气中氟化物的采样点布设原则。

(11)简述气相色谱法测定总烃和非甲烷烃时，以氮气为载气测定总烃，如何消除氧的干扰。

(12)简述测定环境空气中二氧化氮或氮氧化物时，对臭氧干扰的排除方法。

(13)根据《环境空气臭氧的测定紫外光度法》(GB/T 15438—1995)测定空气中臭氧时，主要干扰是什么？

(14)简述民用建筑工程验收时，室内环境污染物浓度检测点的设置要求。

(15)什么是室内新风量？其单位如何表示？

(16)采用四氯汞钾溶液吸收-盐酸副玫瑰苯胺分光光度法测定大气中的二氧化硫，标准曲线测定如下表：

管号	0	1	2	3	4	5	6	7
2 μg/mL SO_2标准溶液/mL	0	0.60	1.00	1.40	1.60	1.80	2.20	2.70
四氯汞钾吸收液/mL	5.00	4.40	4.00	3.60	3.40	3.20	2.80	2.30
吸光度A	0.008	0.153	0.251	0.358	0.398	0.446	0.528	0.666

采样现场T=15 ℃，p=86.6 kPa，采样体积15 L。采样管中加入5 mL四氯汞钾吸收液，采样后，全部移入具塞比色管中定容至5 mL。测得样品吸光度A=0.382，空白样品吸光度0.004。求大气中二氧化硫的含量(mg/m^3)。

第四章　土壤监测

土壤是指陆地地表具有肥力并能生长植物的疏松表层，介于大气圈、岩石圈、水圈和生物圈之间，厚度一般在 2 m 左右。

土壤是环境组成的重要部分，是人类生存的基础和活动的场所。人类的生活与生产活动造成了土壤的污染，污染的结果又影响到人类的生活和健康。由于土壤的功能、组成、结构、特征以及土壤在环境生态系统中的特殊地位和作用，使得土壤污染不同于大气污染，也不同于水体污染，而且比它们要复杂得多。因此，防止土壤污染，及时进行土壤污染监测是环境监测中的重要内容。

第一节　土壤基本知识

一、土壤组成

土壤是由矿物质、动植物残体腐解产生的有机物质、土壤生物、水分和空气等固、液、气三相组成的。

1. 土壤矿物质

土壤矿物质是由岩石经风化而来的，一般占土壤固体部分质量的 95%~98%。矿物质直接影响土壤性质，又是植物矿质养分的主要来源，故同土壤肥力有密切关系。

土壤矿物质主要包括氧、硅、铝、铁、钙、钠、钾、镁八大元素，总含量约占 96%以上，与岩石中各元素的含量相似。

不同粒径的矿物质颗粒的成分和物理化学性质有很大差异，如对污染物的吸附、解吸和迁移、转化能力，有效含水量及保水、保温能力等。我国土壤科学工作者结合国情，将土壤质地分为三组十一种，详见表 4-1。

表 4-1　我国土壤质地分类

质地组	质地名称	颗粒组成/%		
		砂粒 （0.05~1 mm）	粗粉粒 （0.01~0.05 mm）	黏粒 （<0.001 mm）
砂土	粗砂土 细砂土 面砂土	>70 60~70 50~60	—	<30

表4-1(续)

质地组	质地名称	颗粒组成/%		
		砂粒 (0.05~1 mm)	粗粉粒 (0.01~0.05 mm)	黏粒 (<0.001 mm)
壤土	砂粉土	>20	>40	>30
	粉土	<20		
	粉壤土	>20	<40	
	黏壤土	<20		
	砂黏土	>50	—	
黏土	粉黏土	—	—	30~35
	壤黏土			35~40
	黏土			>40

2. 土壤有机质

土壤有机质由进入土壤的植物、动物、微生物残体及施入土壤的有机肥料经分解转化逐渐形成，通常可分为非腐殖物质和腐殖物质两类，是土壤形成的重要基础，与土壤矿物质共同构成土壤的固相部分。

土壤有机质中含有大量的营养元素，分解后，可提供植物生长发育的需要，是植物养分的重要来源。有机质腐解后形成的腐殖质，能把土粒黏结成团粒结构。这种结构保水、保肥能力强，类似储存水肥的小仓库，随时供给植物吸收利用。有机质是微生物的食物，当土壤有机质丰富而其他条件又适宜时，微生物的活动旺盛。

非腐殖物质包括糖类化合物(如淀粉、纤维素等)、含氮有机化合物及有机磷和有机硫化合物。

腐殖物质是植物残体中稳定性较大的木质素及其类似物在微生物作用下，部分被氧化形成的一类特殊的高分子聚合物，具有芳环结构，苯环周围连有多种官能团，如羧基、羟基、甲氧基及氨基等，使之具有表面吸附、离子交换、络合、缓冲、氧化-还原作用及生理活性等性能。

3. 土壤生物

土壤中生活的微生物(细菌、真菌、放线菌、藻类等)及动物(原生动物、蚯蚓、线虫类等)对进入土壤的有机污染物的降解及无机污染物(如重金属)的形态转化起着主导作用，是土壤净化功能的主要贡献者。

4. 土壤溶液

土壤水分及其所含溶质的总称，是溶有土壤中可溶成分的稀溶液，来源主要有大气降水、降雪、地表径流、灌溉、地下水。

5. 土壤空气

土壤空气存在于未被水分占据的土壤孔隙中，来源于大气、生物化学反应和化学反应等产生的气体(如甲烷、硫化氢、氢气、氮氧化物、二氧化碳等)。

二、土壤基本性质

1. 吸附性

土壤吸附性与土壤中存在的胶体物质密切相关。土壤胶体包括无机胶体（含水氧化硅胶体、含水氧化铁/铝胶体和层状硅酸盐胶体等）、有机胶体（腐殖质、木质素、蛋白质、纤维素等）和有机-无机复合胶体。土壤胶体通过机械吸收、物理吸收、化学吸收、物理化学吸收和生物吸收等作用，改变土壤中营养元素及污染物的浓度。

2. 酸碱性

土壤的酸碱性是土壤的重要理化性质指标之一，其酸碱度可以划分为九级：极强酸性土（pH<4.5）、强酸性土（pH=4.5~5.5）、酸性土（pH=5.5~6.0）、弱酸性土（pH=6.0~6.5）、中性土（pH=6.5~7.0）、弱碱性土（pH=7.0~7.5）、碱性土（pH=7.5~8.5）、强碱性土（pH=8.5~9.5）和极强碱性土（pH>9.5）。我国土壤的 pH 大多在 4.5~8.5 范围内，并呈东南酸西北碱的规律。土壤的酸碱性直接或间接地影响污染物在土壤中的迁移转化。

3. 氧化还原性

因土壤中含有氧化性和还原性无机物质和有机物质，使其具有氧化性和还原性，可以用氧化-还原电位（E_h）来衡量。E_h>300 mV，氧化体系起主导作用，土壤处于氧化状态；E_h<300 mV，还原体系起主导作用，土壤处于还原状态。

三、土壤污染

由于人类生活和生产活动所产生的对人体有害的污染物质，通过各种途径进入土壤，并不断积累，当其数量和速度超过了土壤的自净能力，引起土壤的组成、结构和功能发生变化，从而影响农作物（或植物）的正常生长和发育，甚至某些污染物质在植物体内积累，降低产量和质量，最终影响人体健康。

与大气污染和水污染相比，土壤污染对人体的影响往往是通过农作物慢慢反映出来的。土壤一旦被污染，因波及范围广，短时间难以自然净化。

土壤污染的来源有天然原因和人为原因。天然污染源主要是矿物风化后自然扩散、火山灰等。人为污染源主要来自农药、化肥、污水灌溉、污泥（垃圾、工业废渣）施肥，生活污水和工业废水的任意排放，城市及工矿废气中大量污染物沉降到土壤，垃圾、废渣、污泥等各种废弃物的堆积，以及土壤中重金属污染物的移动。

第二节　土壤监测方案制定

一、现场调查与资料收集

收集包括监测区域的交通图、土壤图、地质图、大比例尺地形图等资料，供制作采样工作图和标注采样点位用。

收集包括监测区域土类、成土母质等土壤信息资料。

收集工程建设或生产过程对土壤造成影响的环境研究资料。

收集造成土壤污染事故的主要污染物的毒性、稳定性以及如何消除等资料。

收集土壤历史资料和相应的法律（法规）。

收集监测区域工农业生产及排污、污灌、化肥农药施用情况资料。

收集监测区域气候资料（温度、降水量和蒸发量）、水文资料。

收集监测区域遥感与土壤利用及其演变过程方面的资料等。

现场踏勘，将调查得到的信息进行整理和利用，丰富采样工作图的内容。

二、监测点位设置

监测点位依据随机和等量的原则布设。

1. 简单随机

将监测单元分成网格，每个网格编上号码，决定采样点样品数后，随机抽取规定的样品数的样品，其样本号码对应的网格号即为采样点。随机数的获得可以利用掷骰子、抽签、查随机数表的方法。简单随机布点是一种完全不带主观限制条件的布点方法。

2. 分块随机

根据收集的资料，如果监测区域内的土壤有明显的几种类型，则可将区域分成几块，每块内污染物较均匀，块间的差异较明显。将每块作为一个监测单元，在每个监测单元内再随机布点。在正确分块的前提下，分块布点的代表性比简单随机布点好。如果分块不正确，分块布点的效果可能会适得其反。

3. 系统随机

将监测区域分成面积相等的几部分（网格划分），每网格内布设一采样点，这种布点称为系统随机布点。如果区域内土壤污染物含量变化较大，系统随机布点比简单随机布点所采样品的代表性要好。土壤随机布点方法如图 4-1 所示。

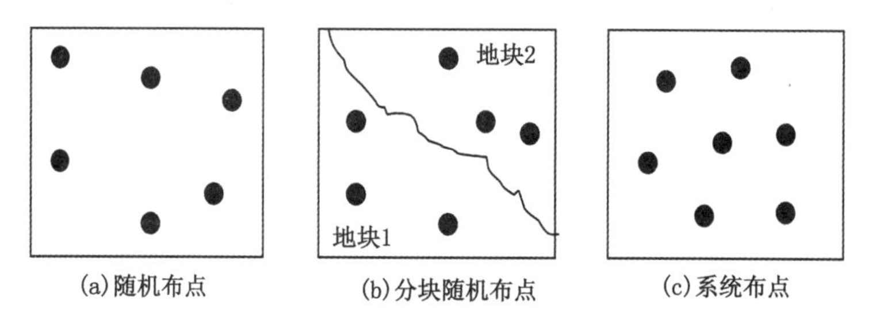

图 4-1　土壤随机布点方式示意图

三、采样点确定

（一）基础样品数量

基础样品数量可以通过均方差和绝对偏差计算或变异系数和相对偏差计算。

1. 均方差和绝对偏差计算样品数

可用下式计算所需的样品数：

$$N = t^2 s^2 / D^2$$

式中：N——样品数；

t——置信水平（土壤环境监测一般选定为 95%）一定自由度下的 t 值（见附录）；

s^2——均方差，可从先前的其他研究或者从极差 $R\left[s^2 = \left(\frac{R}{4}\right)^2\right]$ 估计；

D——可接受的绝对偏差。

2. 变异系数和相对偏差计算样品数

可用下式计算所需的样品数：

$$N = t^2 C_v^2 / m^2$$

式中：N——样品数；

t——置信水平（土壤环境监测一般选定为95%）一定自由度下的 t 值（见附录）；

C_v——变异系数（%），可从先前的其他研究中估计，没有历史资料的地区、土壤变异程度不太大的地区，一般 C_v 可用10%~30%粗略地估计，有效磷和有效钾变异系数 C_v 可取50%；

m——可接受的相对偏差（%），土壤一般取 m=20%~30%。

（二）布点数量

土壤监测的布点数量要满足样本容量的基本要求，即上述由均方差和绝对偏差、变异系数和相对偏差计算的样品数是样品数的下限数值，实际工作中，土壤布点数量还要根据调查目的、调查精度和调查区域环境状况等因素确定。一般要求每个监测单元最少设3个点。

区域土壤环境调查按照调查的精度不同可从2.5，5，10，20，40 km中选择网距网格布点，区域内的网格节点数即为土壤采样点数量。

建设项目按照每1 km^2 占地不少于5个且总数不少于5个采样点，其中小型建设项目设1个柱状样采样点，大中型建设项目不少于3个柱状样采样点，特大性建设项目或对土壤环境影响敏感的建设项目不少于5个柱状样采样点。

城市土壤监测点以网距2000 m的网格布设为主，功能区布点为辅，每个网格设一个采样点。对于专项研究和调查的采样点可适当加密。

土壤污染事故采样点数量按照事故类型分别设置。固体污染物抛撒污染型采样点数不少于3个，液体倾翻污染型和爆炸污染型采样点不少于5个。事故土壤监测同时设定2~3个背景对照点。

四、采样时间和频率

监测频次因监测类别不同而各异，常规项目和选测项目一般每3年一次，涉及农田需在夏收或秋收后采样；特定项目（污染事故）应及时采样，根据污染物变化趋势决定监测频次。

常规项目可按照当地实际适当地降低监测频次，但不可低于5年一次，选测项目可按照当地实际适当地提高监测频次。

第三节　样品采集、制备和保存

一、样品采集

（一）区域环境背景土壤采样

1. 采样单元

采样单元的划分，全国土壤环境背景值监测一般以土类为主，省（自治区、直辖市）级的土壤环境背景值监测以土类和成土母质母岩类型为主，省级以下或条件许可或特别工作需要的土壤环境背景值监测可划分到亚类或土属。

2. 网格布点

网格间距 L 按照下式计算：

$$L=(A/N)^{1/2}$$

式中：L——网格间距；

A——采样单元面积；

N——采样点数，同基础样品数量。

A 和 L 的量纲要相匹配，如 A 的单位是 km^2，则 L 的单位为 km。根据实际情况可适当减小网格间距，适当调整网格的起始经纬度，避开过多网格落在道路或河流上，使样品更具代表性。

3. 野外选点

采样点的自然景观应符合土壤环境背景值研究的要求。采样点选在被采土壤类型特征明显的地方，地形相对平坦、稳定、植被良好的地点；坡脚、洼地等具有从属景观特征的地点不设采样点；城镇、住宅、道路、沟渠、粪坑、坟墓附近等处人为干扰大，失去土壤的代表性，不宜设采样点，采样点离铁路、公路至少 300 m 以上；采样点以剖面发育完整、层次较清楚、无侵入体为准，不在水土流失严重或表土被破坏处设采样点；选择不施或少施化肥、农药的地块作为采样点，以使样品点尽可能少受人为活动的影响；不在多种土类、多种母质母岩交错分布、面积较小的边缘地区布设采样点。

4. 样品采集

采样点可采表层样或土壤剖面。一般监测采集表层土，采样深度 0~20 cm，特殊要求的监测（土壤背景、环评、污染事故等），必要时，选择部分采样点采集剖面样品。剖面的规格一般为长 1.5 m，宽 0.8 m，深 1.2 m。挖掘土壤剖面要使观察面向阳，表土和底土分两侧放置。

一般每个剖面采集淋溶层（A）、淀积层（B）、母质层（C）三层土样。当地下水位较高时，剖面挖至地下水出露时为止；当山地丘陵土层较薄时，剖面挖至风化层。

对 B 层发育不完整（不发育）的山地土壤，只采 A、C 两层。

干旱地区剖面发育不完善的土壤，在表层 5~20 cm、心土层 50 cm、底土层 100 cm 左右采样。

水稻土采样时按照 A 耕作层、P 犁底层、C 母质层（或 G 潜育层、W 潴育层）分层采样（具体分层示意图如图 4-2 所示），对 P 层太薄的剖面，只采 A、C 两层（或 A、G 层，或 A、W 层）。

耕作层（A 层）
犁底层（P 层）
潴育层（W 层）
潜育层（G 层）
母质层（C 层）

图 4-2　水稻土分层示意图

对A层特别深厚，沉积层不甚发育，1 m内见不到母质的土类剖面，按照A层5~20 cm、A/B层60~90 cm、B层100~200 cm采集土壤。草甸土和潮土一般在A层5~20 cm、C_1层（或B层）50 cm、C_2层100~120 cm处采样。

采样次序自下而上，首先采剖面的底层样品，然后采中层样品，最后采上层样品。测量重金属的样品尽量用竹片或竹刀去除与金属采样器接触的部分土壤，再用其取样。

剖面每层样品采集1 kg左右，装入样品袋，样品袋一般由棉布缝制而成，如潮湿样品可内衬塑料袋（供无机化合物测定）或将样品置于玻璃瓶内（供有机化合物测定）。采样的同时，由专人填写样品标签、采样记录；标签一式两份，一份放入袋中，另一份系在袋口，标签上标注采样时间、地点、样品编号、监测项目、采样深度和经纬度。采样结束，需逐项检查采样记录、样袋标签和土壤样品，如有缺项和错误，及时补齐更正。将底土和表土按照原层回填到采样坑中，方可离开现场，并在采样示意图上标出采样地点，避免下次在相同处采集剖面样。

（二）农田土壤采样

1. 监测单元

土壤环境监测单元按照土壤主要接纳污染物途径可划分为：大气污染型土壤监测单元；灌溉水污染监测单元；固体废物堆污染型土壤监测单元；农用固体废物污染型土壤监测单元；农用化学物质污染型土壤监测单元；综合污染型土壤监测单元（污染物主要来自上述两种以上途径）。

监测单元划分要参考土壤类型、农作物种类、耕作制度、商品生产基地、保护区类型、行政区划等要素的差异，同一单元的差别应尽可能地缩小。

2. 布点

大气污染型土壤监测单元和固体废物堆污染型土壤监测单元以污染源为中心放射状布点，在主导风向和地表水的径流方向适当地增加采样点（离污染源的距离远于其他点）；灌溉水污染监测单元、农用固体废物污染型土壤监测单元和农用化学物质污染型土壤监测单元采用均匀布点；灌溉水污染监测单元采用按照水流方向带状布点，采样点自纳污口起由密渐疏；综合污染型土壤监测单元布点采用综合放射状、均匀或带状布点法。

3. 样品采集

需了解污染物在土壤中的垂直分布时，采集剖面样，采集方法与区域环境背景土壤采样相同。

一般农田土壤环境监测采集耕作层土样混合样，种植一般农作物采0~20 cm，种植果林类农作物采0~60 cm。每个土壤单元设3~7个采样区，单个采样区可以是自然分割的一个田块，也可以由多个田块所构成，其范围以200 m×200 m左右为宜。每个采样区的样品为农田土壤混合样。混合样的采集可依据地块受污染的状况，选择对角线布点法（面积较小、地势平坦的污水灌溉或污染河水灌溉的田块）、梅花形布点法（面积较小、地势平坦、土壤物质和污染程度较均匀的地块）、棋盘式布点法（中等面积、地势平坦、地形完整开阔的地块，一般设10个以上分点）、蛇形布点法（面积较大、地势不很平坦、土壤不够均匀的田块）或放射状布点法（大气污染型土壤），详见图4-3。

各分点混匀后，用四分法取1 kg土样装入样品袋，多余部分弃去。

（三）建设项目土壤环境评价监测采样

非机械干扰土：表层土样采集深度0~20 cm；每个柱状样取样深度都为100 cm，分取三

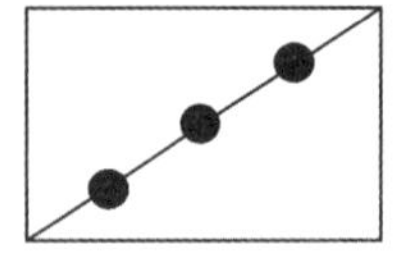
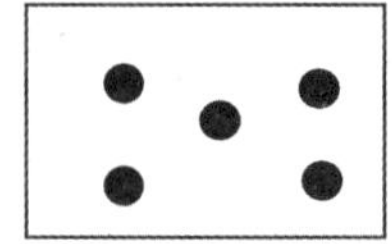
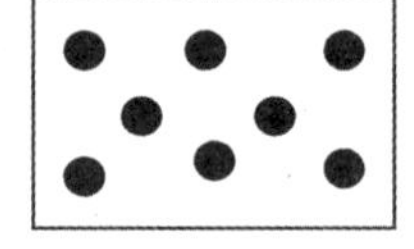
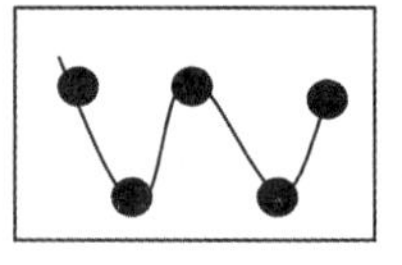
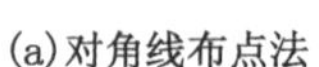

(a)对角线布点法　(b)梅花形布点法　(c)棋盘式布点法　(d)蛇形布点法

图 4-3　混合土壤布点方式示意图

个土样：表层样(0~20 cm)，中层样(20~60 cm)，深层样(60~100 cm)。

机械干扰土采样总深度由实际情况而定，一般同剖面样的采样深度，确定采样深度有随机深度、分层随机深度和规定深度三种情况。

随机深度采样适合土壤污染物水平方向变化不大的土壤监测单元，采样深度=剖面土壤总深×*RN*(*RN* 为 0~1 之间的随机数，由随机数骰子法产生)。

分层随机深度采样适合绝大多数的土壤采样，土壤纵向(深度)分成三层，每层采一个样品，每层的采样深度=每层土壤深×*RN*(*RN* 为 0~1 之间的随机数，由随机数骰子法产生)。

规定深度采样适合预采样(为初步了解土壤污染随着深度的变化，制定土壤采样方案)和挥发性有机物的监测采样，表层多采，中下层等间距采样。

随机数骰子法示例：

随机数骰子是由均匀材料制成的正 20 面体，在 20 个面上，0~9 各数字都出现两次。投掷骰子后，将其出现的数字除以 10 即为 *RN*。当骰子出现的数为 0 时，规定此时的 *RN*=1。

土壤剖面深度(*H*)1.2 m，用一个骰子决定随机数。

若第一次掷骰子得随机数(n_1)6，则 $RN_1=n_1/10=0.6$，采样深度(H_1)=$H\times RN_1=1.2\times0.6=0.72$(m)，即第一个点的采样深度离地面 0.72 m；

若第二次掷骰子得随机数(n_2)3，则 $RN_2=n_2/10=0.3$，采样深度(H_2)=$H\times RN_2=1.2\times0.3=0.36$(m)，即第二个点的采样深度离地面 0.36 m；

若第三次掷骰子得随机数(n_3)8，同理可得第三个点的采样深度离地面 0.96 m；

若第四次掷骰子得随机数(n_4)0，则 $RN_4=1$，采样深度(H_4)=$H\times RN_4=1.2\times1=1.2$(m)，即第四个点的采样深度离地面 1.2 m；

以此类推，直至决定出所有点采样深度为止。

(四)城市土壤采样

城区内大部分土壤被道路和建筑物覆盖，由于其复杂性，分为两层采样：一层(0~30 cm)可能是回填土或受人为影响大的部分，另一层(30~60 cm)为人为影响相对较小部分。两层分别取样监测。

(五)污染事故监测土壤采样

固体污染物抛撒污染型，等打扫后，采集表层 5 cm 土样；液体倾翻污染型，污染物向低洼处流动的同时，朝深度方向渗透，并沿两侧横向扩散，每个点分层采样，事故发生点样品点较密，采样深度较深，离事故发生点相对远处样品点较疏，采样深度较浅；爆炸污染型，以放射性同心圆方式布点，爆炸中心采分层样，周围采表层土(0~20 cm)。各点(层)取 1 kg 土样，有腐蚀性或要测定挥发性化合物，改用广口瓶装样。含易分解有机物的待测定样品，采集后，置于低温(冰箱)中，直至运送、移交到分析室。

二、样品制备

土壤样品制备包括样品风干、粗磨和细磨等流程，具体操作见图 4-4 所示。

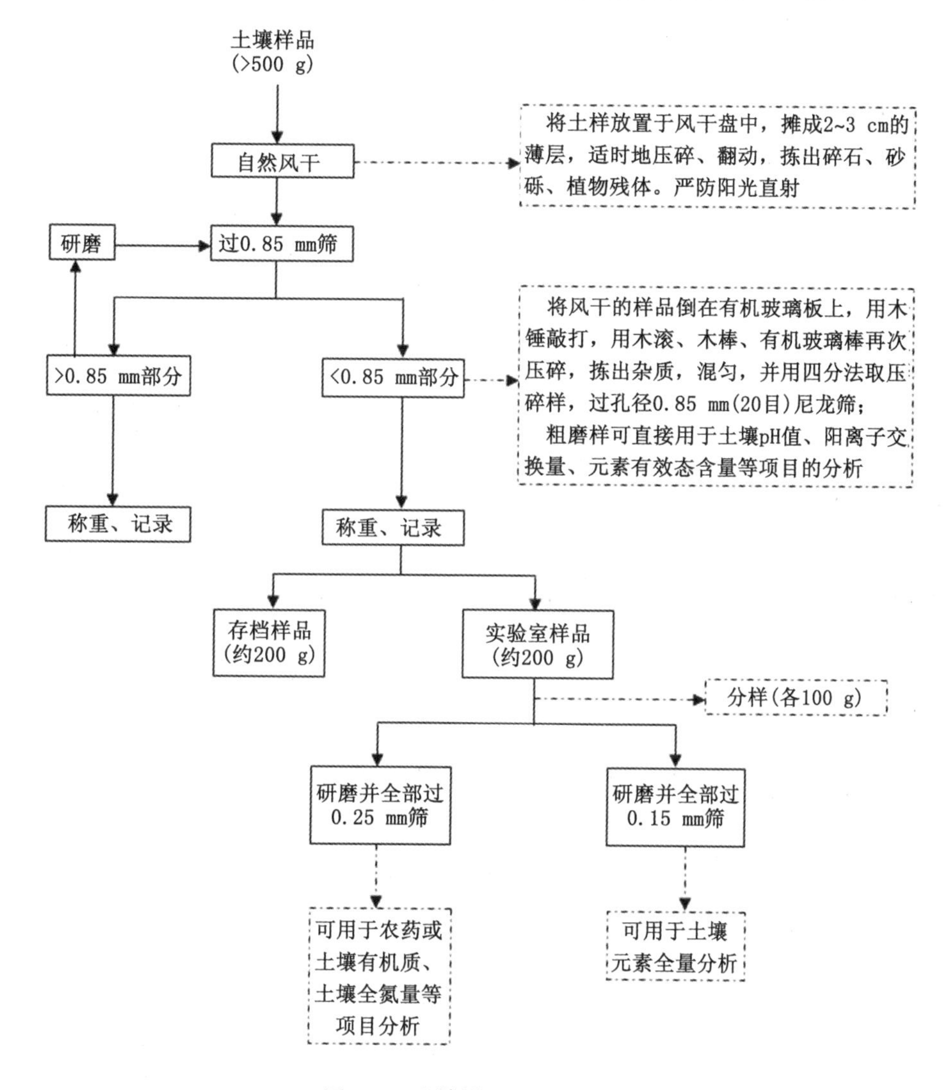

图 4-4 土壤样品制作流程图

三、样品保存

1. 新鲜样品

对于易分解或易挥发等不稳定组分的样品，要采取低温保存的运输方法，并尽快送到实验室分析测试。测试项目需要新鲜样品的土样，采集后，用可密封的聚乙烯或玻璃容器在 4 ℃ 以下避光保存，样品要充满容器。避免用含有待测组分或对测试有干扰的材料制成的容器盛装保存样品，测定含有机污染物用的土壤样品要选用玻璃容器保存。

2. 预留样品

预留样品在样品库造册保存。

3. 剩余样品

分析取用后的剩余样品，待测定全部完成数据报出后，也移交样品库保存。

4. 保存时间

分析取用后的剩余样品一般保留半年，预留样品一般保留两年。特殊、珍稀、仲裁、有争议样品一般要永久保存。

第四节　样品预处理与测定

1. 土壤样品预处理

土壤中污染物种类繁多，不同的污染物在不同土壤中的样品预处理方法及测定方法各异。同时，要根据不同的监测要求和监测目的，选定样品预处理方法。土壤样品的预处理方法大致可分为全分解方法、酸溶浸法、形态分析样品的浸提方法和有机污染物的提取方法等，详见表 4-2。

表 4-2　常见的土壤预处理方法

<table>
<tr><th>预处理方法分类</th><th colspan="2">预处理方法</th><th>备注</th></tr>
<tr><td rowspan="5">全分解方法</td><td colspan="2">普通酸分解法</td><td></td></tr>
<tr><td colspan="2">高压密闭分解法</td><td></td></tr>
<tr><td colspan="2">微波炉加热分解法</td><td></td></tr>
<tr><td rowspan="2">碱融法</td><td>碳酸钠熔融法</td><td>适合测定氟、钼、钨</td></tr>
<tr><td>碳酸锂-硼酸、石墨粉坩埚熔样法</td><td>适合铝、硅、钛、钙、镁、钾、钠等</td></tr>
<tr><td rowspan="4">酸溶浸法</td><td colspan="2">$HCl-HNO_3$溶浸法</td><td>原子吸收法或电感耦合等离子体法测定 P、Ca、Mg、K、Na、Fe、Al、Ti、Cu、Zn、Cd、Ni、Cr、Pb、Co、Mn、Mo、Ba、Sr 等</td></tr>
<tr><td colspan="2">$HNO_3-H_2SO_4-HClO_4$溶浸法</td><td>大部分元素</td></tr>
<tr><td colspan="2">HNO_3溶浸法</td><td></td></tr>
<tr><td colspan="2">HCl 溶浸法</td><td>Cd、Cu、As、Ni、Zn、Fe、Mn、Co 等金属元素</td></tr>
<tr><td rowspan="4">形态分析样品的浸提方法</td><td colspan="2">二乙三胺五乙酸(DTPA)浸提</td><td>有效态 Cu、Zn、Fe 等</td></tr>
<tr><td colspan="2">HCl 浸提</td><td>酸性土壤</td></tr>
<tr><td colspan="2">水浸提</td><td>有效硼、Mn、Mo、硅、硫、钙、镁、钾、钠、磷等</td></tr>
<tr><td colspan="2">碳酸盐结合态、铁-锰氧化结合态等形态的提取</td><td>可交换态、碳酸盐结合态、铁锰氧化物结合态、有机结合态、残余态</td></tr>
</table>

表4-2(续)

预处理方法分类	预处理方法		备注
有机污染物的提取方法	振荡提取		
	超声波提取		
	索氏提取		非挥发及半挥发有机污染物
	浸泡回流法		用于一些与土壤作用不大且不易挥发的有机物的提取
	其他方法	吹扫蒸馏法	用于提取易挥发性有机物
		超临界提取法	不需任何有机溶剂

2. 土壤污染物测定

土壤中污染物的监测方法与水质、大气监测方法类似，常用的方法有重量法(土壤水分含量测定)、滴定法(浸出物中含量较高的待测成分)、分光光度法(铜、镉、铬、铅、汞、锌等)、气相色谱法(有机氯、有机磷及有机汞等农药残留)等，详见表4-3。

表4-3 土壤污染物监测分析方法

监测项目	监测分析方法	方法来源
pH值	电位法	HJ 962—2018
电导率	电极法	HJ 802—2016
干物质和水分	重量法	HJ 613—2011
可交换酸度	氯化钡提取-滴定法	HJ 631—2011
可交换酸度	氯化钾提取-滴定法	HJ 649—2013
粒度	吸液管法和比重计法	HJ 1068—2019
氧化还原电位	电位法	HJ 746—2015
阳离子交换量	三氯化六氨合钴浸提-分光光度法	HJ 889—2017
氨氮、亚硝酸盐氮、硝酸盐氮	氯化钾溶液提取-分光光度法	HJ 634—2012
全氮	凯氏法	HJ 717—2014
氰化物和总氰化物	分光光度法	HJ 745—2015
水溶性氟化物和总氟化物	离子选择电极法	HJ 873—2017
水溶性和酸溶性硫酸盐	重量法	HJ 635—2012
硫化物	亚甲基蓝分光光度法	HJ 833—2017
总磷	碱熔-钼锑抗分光光度法	HJ 632—2011
锰、钡、钒、锶、钛、钙、镁、铁、铝、钾、硅	碱熔-电感耦合等离子体发射光谱法	HJ 974—2018

表4-3(续)

监测项目	监测分析方法	方法来源
镉、钴、铜、铬、锰、镍、铅、锌、钒、砷、钼、锑	王水提取-电感耦合等离子体质谱法	HJ 803—2016
汞、砷、硒、铋、锑	微波消解 原子荧光法	HJ 680—2013
总砷	二乙基二硫代氨基甲酸银分光光度法	GB/T 17134—1997
总汞	催化热解-冷原子吸收分光光度法	HJ 923—2017
钴	火焰原子吸收分光光度法	HJ 1081—2019
铜、锌、铅、镍、铬	火焰原子吸收分光光度法	HJ 491—2019
铜、锌	火焰原子吸收分光光度法	GB/T 17138—1997
铅、镉	石墨炉原子吸收分光光度法	GBT 17141—1997
铊	石墨炉原子吸收分光光度法	HJ 1080—2019
铍	石墨炉原子吸收分光光度法	HJ 737—2015
六价铬	碱溶液提取-火焰原子吸收分光光度法	HJ 1082—2019
砷、钡、溴、铈、氯、钴、铬、铜、镓、铪、镧、锰、镍、磷、铅、铷、硫、钪、锶、钍、钛、钒、钇、锌、锆、二氧化硅、三氧化二铝、三氧化二铁、氧化钾、氧化钠、氧化钙、氧化镁	波长色散 X 射线荧光光谱法	HJ 780—2015
石油类	红外分光光度法	HJ 1051—2019
石油烃(C6~C9)	吹扫捕集-气相色谱法	HJ 1020—2019
石油烃(C10~C40)	气相色谱法	HJ 1021—2019
有机碳	燃烧氧化-滴定法	HJ 658—2013
有机碳	燃烧氧化-非分散红外法	HJ 695—2014
有机碳	重铬酸钾氧化-分光光度法	HJ 615—2011
有效磷	碳酸氢钠浸提-钼锑抗分光光度法	HJ 704—2014
半挥发性有机物	气相色谱-质谱法	HJ 834—2017
挥发性有机物	顶空 气相色谱法	HJ 741—2015
挥发性有机物	顶空 气相色谱-质谱法	HJ 642—2013
醛、酮类化合物	高效液相色谱法	HJ 997—2018
丙烯醛、丙烯腈、乙腈	顶空-气相色谱法	HJ 679—2013
二噁英类	同位素稀释 高分辨气相色谱-低分辨质谱法	HJ 650—2013
二噁英类	同位素稀释高分辨气相色谱-高分辨质谱法	HJ 77.4—2008
酚类化合物	气相色谱法	HJ 703—2014

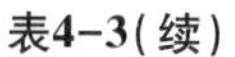

表4-3(续)

监测项目	监测分析方法	方法来源
挥发酚	4-氨基安替比林分光光度法	HJ 998—2018
挥发性芳香烃	顶空-气相色谱法	HJ 742—2015
挥发性卤代烃	吹扫捕集-气相色谱-质谱法	HJ 735—2015
挥发性卤代烃	顶空 气相色谱-质谱法	HJ 736—2015
多环芳烃	高效液相色谱法	HJ 784—2016
多环芳烃	气相色谱-质谱法	HJ 805—2016
多氯联苯	气相色谱法	HJ 922—2017
多氯联苯	气相色谱-质谱法	HJ 743—2015
多氯联苯混合物	气相色谱法	HJ 890—2017
多溴二苯醚	气相色谱-质谱法	HJ 952—2018
毒鼠强	气相色谱法	HJ 614—2011
8 种酰胺类农药	气相色谱-质谱法	HJ 1053—2019
11 种三嗪类农药	高效液相色谱法	HJ 1052—2019
氨基甲酸酯类农药	高效液相色谱-三重四极杆质谱法	HJ 961—2018
氨基甲酸酯类农药	柱后衍生-高效液相色谱法	HJ 960—2018
苯氧羧酸类农药	高效液相色谱法	HJ 1022—2019
草甘膦	高效液相色谱法	HJ 1055—2019
二硫代氨基甲酸酯(盐)类农药总量	顶空-气相色谱法	HJ 1054—2019
有机磷类和拟除虫菊酯类等 47 种农药	气相色谱-质谱法	HJ 1023—2019
有机氯农药	气相色谱法	HJ 921—2017
有机氯农药	气相色谱-质谱法	HJ 835—2017
六六六和滴滴涕	气相色谱法	GBT 14550—93

复习题

(1)土壤背景值指的是什么?

(2)农田土壤污染监测有哪几种布点方法?各适用于什么情况?

(3)简述分光光度法测定土壤全磷的样品制备过程。

(4)采用酸法分解土壤样品过程中,所用的氢氟酸主要起什么作用?

(5)酸法分解土壤试样过程中,在驱赶高氯酸时,为什么不可将试样蒸至干涸?

(6)准确称取风干土样 8.00 g,置于称量瓶中,在 105 ℃烘箱中烘 4~5 h,烘干至恒重,称得烘干恒重后的土样质量为 7.80 g,试计算该土样的水分含量。

第五章　固体废物监测

固体废物是指人们在开发建设、生产经营和日常生活活动中向环境排出的固态或半固态废物。固体废物主要来源于人类生产和消费活动，按照来源可分为工业固体废物、矿业固体废物、生活垃圾、电子废物、农业固体废物和放射性固体废物等。其中，工业固体废物和生活垃圾在数量和影响上相对较大，是环境监测的重点对象。

第一节　工业固体废物监测

一、样品采集与制备

（一）样品采集

1. 采用工具

采样工具主要包括尖头钢锹、钢尖镐、采样铲、具盖采样桶或内衬塑料的采样袋等。

2. 样品采集

首先根据固体废物批量大小确定应采份样，再根据固体废物的最大粒度确定份样量；然后根据采样方法，随机采集份样，组成总样。

（1）份样数确定。当份样间的标准偏差和允许误差已知时，可以依据下式计算份样数。

$$n \geqslant \left(\frac{ts}{\delta}\right)^2$$

式中：n——份样数；

s——份样间的标准偏差；

δ——采样允许误差；

t——选定置信度下的 t 值。

当份样间的标准偏差和允许误差未知时，可以根据批量规模确定份样数，具体见表5-1。

表5-1　批量规模与最少份样数

批量大小（固体：t；泥态：m^3）	最少份样数	批量大小（固体：t；泥态：m^3）	最少份样数
<1	5	≥100，500<	30
≥1，5<	10	≥500，1000<	40
≥5，30<	15	≥1000，5000<	50
≥30，50<	20	≥5000，10000<	60
≥50，100<	25	≥10000	80

(2)份样量确定。份样量大小取决于固体废物的粒度，粒度越大，均匀性越差，份样量相应需要越大。固态固体废物样品每个份样所需采集的最小份样量可用切乔特公式计算。

$$m \geqslant K \times d_{max}^{\alpha}$$

式中：m——最小份样量，kg；

d_{max}——固体废物的最大粒径，mm；

K——缩分系数，一般取 $K=0.06$；

α——经验常数，一般取 $\alpha=1$。

也可以根据每个批量固体废物的最大粒度，凭经验确定最小份样量，详见表 5-2。

表 5-2　最小份样量和采样铲容量

最大粒度/mm	最小份样量/kg	采样铲容量/mL
>150	30	—
≤150，>100	15	16000
≤100，>50	5	7000
≤50，>40	3	1700
≤40，>20	2	800
≤20，>10	1	300
≤10	0.5	125

泥态固体废物的份样量以不小于 100 mL 的采样瓶容量为准。

每个份样量应当尽量相等，相对误差不大于 20%，采样铲容量应保证一次在同一地点能采集到足够的份样量。

(3)采样点。采样位置分为现场采样、废渣堆采样和运输车或容器采样。

1)现场采样。采样位置位于运输带或输送管道，须按照一定时间间隔采样，间隔时间按照下式计算。

$$T \leqslant \frac{Q}{n}$$

式中：T——采样时间间隔，小时(或分钟)/次；

Q——批量，t；

n——份样数量。

采第一个份样时，不能在第一间隔的起点开始，可在第一间隔内任意确定。每次采样均应截取废物流的全截面。

2)废渣堆采样。在渣堆侧面距堆底 0.5 m 处画第一条横线，然后每隔 0.5 m 画一条横线，再每隔 2 m 画一条横线的垂线，其交点作为采样点。在每点上从 0.5~1.0 m 深处各随机采样一次，如图 5-1 所示。

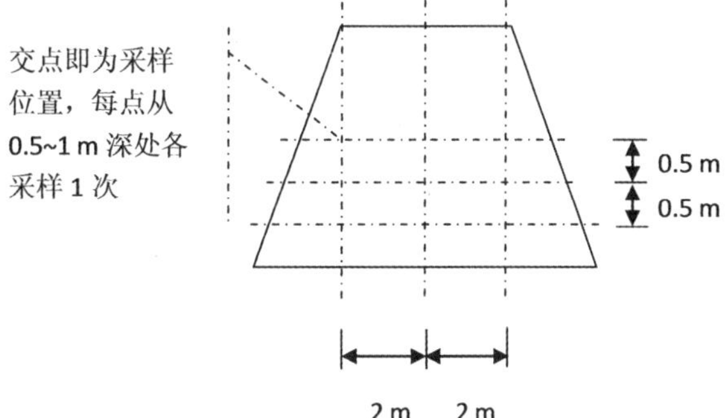

图 5-1　废渣堆采样位置示意图

3)运输车或容器采样。当车数(或容器数)不多于该批废物规定的份样数时，每车应采份样数=规定份样数/车数(或容器数）；当车数（或容器数）多于该批废物规定的份样数时，可以按照表 5-3 确定最少应采样的车数（或容器数）。

表 5-3　最少应采样车数（或容器数）的确定

运输车数（或容器数）	所需最少采样车数（或容器数）
<10	5
≥10，<25	10
≥25，<50	20
≥50，<100	30
≥100	50

在车厢或容器中采样点的位置可采用对角线法均匀布设，采样端点距离车厢角应大于 0.5 m，采样深度在去除表层 30 cm 后，再分上中下三个层次，上层为总体积的 1/6 处，中层位于总体积的 1/2 处，下层位于总体积的 5/6 处。

（4）采样的时间和频次。

连续产生的固体废物：样品应分次在一个月（或一个产生时段）内等时间间隔采集；每次采样在设备稳定运行的 8 h（或一个生产班次）内完成。每采集一次，作为 1 个份样。

间歇产生的固体废物：根据确定的工艺环节一个月内的固体废物的产生次数进行采样。如固体废物产生的时间间隔大于一个月，仅需要选择一个产生时段采集所需的份样数；如一个月内固体废物的产生次数大于或者等于所需的份样数，遵循等时间间隔原则，在固体废物产生时段采样，每次采集 1 个份样；如一个月内固体废物的产生次数小于所需的份样数，将所需的份样数均匀分配到各产生时段采样。

（二）样品制备

1. 制样工具

制样工具包括粉碎机、药碾、钢锤、标准套筛、十字样板、机械缩分器等。

2. 制样要求

制样过程中，防止样品产生任何化学变化和污染；湿样品应在室温下自然干燥，使其达到适于破碎、筛分、缩分的程度。

3. 制样程序

（1）粉碎。采用机械或人工的方法，把全部样品逐级破碎，过 5 mm 筛孔。粉碎过程中，不可随意丢弃难于破碎的粗粒。

（2）缩分。将样品于清洁、平整、不吸水的板面上，堆成圆锥形，每铲物料自圆锥顶端落下，使其均匀地沿锥尖散落，不可使圆锥中心错位。反复转堆，至少三周，使其充分混合。然后将圆锥顶端轻轻地压平，摊开物料后，用十字板自上压下，分成四等份，取两个对角的等份，重复操作数次，直至缩分至约 1 kg 试样为止。

二、样品水分测定

固体废物污染物指标一般均以干样品中含量表示，因此应对样品中水分含量进行测定。

测定方法：取制备好的样品约 20 g，于 105 ℃下干燥，直至前后质量差±0.1 g。如果为有机物测定，干燥温度为 60 ℃，时间为 24 h。

三、固体废物危险特性鉴别

1. 急性毒性

急性毒性鉴别有三种途径，分别为口服、皮肤接触和吸入。

使青年白鼠口服固态或液态固体废物后，观察其在 14 d 内死亡一半时的物质剂量，记为口服毒性半数致死量 LD_{50}。当固态固体废物 $LD_{50} \leqslant 200$ mg/kg 或液态固体废物 $LD_{50} \leqslant 500$ mg/kg 时，视为危险废物。

使白鼠的裸露皮肤持续接触固态或液态固体废物 24 h，观察试验动物在 14 d 内死亡一半时的物质剂量，记为皮肤接触毒性半数致死量 LD_{50}。当 $LD_{50} \leqslant 1000$ mg/kg 时，视为危险废物。

使雌雄青年白鼠连续吸入蒸气、烟雾或粉尘 1 h，观察其在 14 d 内死亡一半时的蒸气、烟雾或粉尘的浓度，记为吸入毒性半数致死浓度 LC_{50}。当 $LC_{50} \leqslant 10$ mg/kg 时，视为危险废物。

2. 易燃性

易燃性鉴别实际就是测定闪点，闪点较低的液态状废物和燃烧剧烈而持续的非液态状废物，由于摩擦、吸湿、点燃等自发的化学变化会发热、着火，或可能由于它的燃烧引起对人体或环境的危害。

闪点测定一般采用宾斯基-马丁闭口杯法，需要使用闭口闪点测定仪、温度计(1 号温度计，-30~170 ℃或 2 号温度计，100~300 ℃)和防护屏(镀锌铁皮，高度 550~650 mm，宽度以适用为度，屏身内壁漆成黑色)。

鉴别时，先将试样升温至一定高度，然后从预期闪点以下 23±5 ℃开始点火，每升高 1 ℃点火一次(当预期闪点高于 110 ℃时，每升高 2 ℃点火一次)，直至试样上方刚出现蓝色火焰时，立即读出温度计上的温度值。

易燃性危险废物鉴别标准：液态易燃性危险废物闪点温度低于 60 ℃；固态易燃性危险废物在标准温度和压力(25 ℃，101.3 kPa)下因摩擦或自发性燃烧而起火，经点燃后，能剧烈而持续地燃烧。

3. 腐蚀性

腐蚀性是指通过接触能损伤生物细胞组织或腐蚀物体而引起危害。其测定方法有测定 pH 值或测定在 55.7 ℃以下对钢制品的腐蚀率。

测定 pH 值是鉴别腐蚀性较常用的方法，一般采用最小刻度单位在 0.1 以下的 pH 计或酸度计。先用与待测样品 pH 值相近的标准液体校正 pH 计，并加以温度补偿。对含水量高的，直接插入电极测量；黏稠状的，离心过滤后加蒸馏水，测上清液 pH 值；对粉、粒、块状物料，称取制备好的样品 50 g(干基)，置于 1 L 塑料瓶中，加入新鲜蒸馏水 250 mL，使固液比为 1∶5，加盖密封后，放在振荡机上，于室温下，连续振荡 30 min，静置 30 min 后，测上清液 pH 值，每种废物取两个平行样品测定其 pH 值，差值不得大于 0.15。当测得的 pH≥12.5 或≤2.0 时，视为危险废物。

如以测定钢材的腐蚀速率来鉴别固体废物的腐蚀性时，鉴别标准为在 55 ℃条件下，对 20 号钢材的腐蚀速率≥6.35 mm/a。

4. 反应性

反应性是指在通常情况下固体废物不稳定，极易发生剧烈的化学反应，或遇水反应猛烈，或形成可爆炸性的混合物，或产生有毒气体的特性。测定方法包括撞击感度实验、摩擦感度实验、差热分析实验、爆炸点测定、火焰感度测定、温升实验和释放有毒有害气体试验等。以下介绍遇水反应性测定。

称取制备好的固体废物 10 g(干重)，置于 500 mL 的圆底烧瓶中，加入硫酸至烧瓶半满，加入硫酸的同时，开始搅拌，延续 30 min，同时用氮气将产生的氰化物和硫化物导入装有氢氧化钠的洗气瓶中，测定洗气瓶中氰化物和硫化物的含量(实验装置示意图如图 5-2 所示)。在此条件下，每千克含氰化物废物分解产生≥250 mg 氰化氢气体或每千克含硫化物废物分解产生≥500 mg 硫化氢气体时，视其为危险废物。

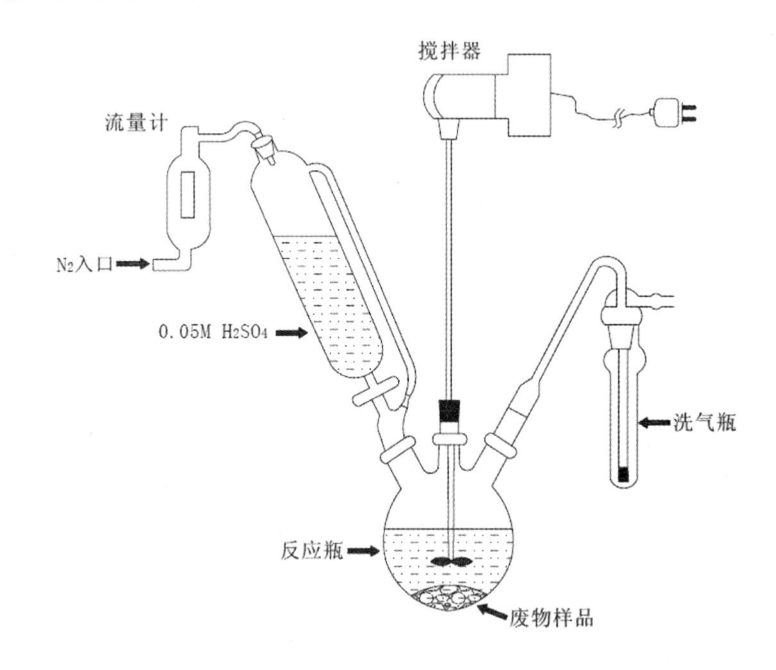

图 5-2　固体废物遇水反应产生氰化物或硫化物气体的实验装置示意图

其他方法鉴别标准：

爆炸性质：常温差压下不稳定，在无引爆条件下，易发生剧烈变化；标况下(25 ℃，101.3 kPa)易发生爆炸性分解反应；受强起爆剂作用或在封闭条件下加热，能发生爆轰或爆炸反应。

与水或酸反应产生易燃气体或有毒气体：与水混合发生剧烈的化学反应，释放大量的易燃气体和热量，或有毒气体、蒸气或烟雾等。

废弃氧化剂或有机过氧化物：极易引起燃烧或爆炸的废弃氧化剂；对热、震动或摩擦极为敏感的含过氧基的废弃有机过氧化物。

5. 浸出毒性

浸出毒性是指在固体废物按照规定的浸出方法的浸出液中，有害物质的浓度超过规定值，从而会对环境造成污染的特性。有害成分的测定方法与水和废水监测方法相同，浸出方法主要有水平振荡法和翻转法两种，部分浸出液中危害成分浓度限值见表 5-4。

水平振荡法：取干基试样 100 g，置于 2 L 的具盖广口聚乙烯瓶中，加入 1 L 去离子水后，将瓶子垂直固定在水平往复式振荡器上，调节振荡频率为(110±10)次/分钟，振幅 40 mm，在室温下振荡 8 h，静置 16 h 后取下，经 0.45 μm 滤膜过滤得到浸出液，测定污染物浓度。

翻转法：取干基试样 70 g，置于 1 L 的具盖广口聚乙烯瓶中，加入 700 L 去离子水后，将瓶子固定在翻转式搅拌机上，调节转速为(30±2)r/min，在室温下翻转搅拌 18 h，静置 30 min 后取下，经 0.45 μm 滤膜过滤得到浸出液，测定污染物浓度。

表 5-4　浸出毒性鉴别标准值

序号	危害成分项目	浸出液中危害成分浓度限值/(mg/L)
无机元素及化合物		
1	铜(以总铜计)	100
2	锌(以总锌计)	100
3	镉(以总镉计)	1
4	铅(以总铅计)	5
5	总铬	15
6	铬(六价)	5
7	烷基汞	不得检出
8	汞(以总汞计)	0.1
9	铍(以总铍计)	0.02
10	钡(以总钡计)	100
11	镍(以总镍计)	5
12	总银	5
13	砷(以总砷计)	5
14	硒(以总硒计)	1
15	无机氟化物(不包括氟化钙)	100
16	氰化物(以 CN^- 计)	5
有机农药类		
17	滴滴涕	0.1
18	六六六	0.5
19	乐果	8
20	对硫磷	0.3
21	甲基对硫磷	0.2
22	马拉硫磷	5
23	氯丹	2
24	六氯苯	5
25	毒杀芬	3
26	灭蚁灵	0.05
非挥发性有机化合物		
27	硝基苯	20
28	二硝基苯	20
29	对硝基氯苯	5

表5-4(续)

序号	危害成分项目	浸出液中危害成分浓度限值/(mg/L)
30	2，4-二硝基氯苯	5
31	五氯酚及五氯酚钠(以五氯酚计)	50
32	苯酚	3
33	2，4-二氯苯酚	6
34	2，4，6-三氯苯酚	6
35	苯并[a]芘	0. 0003
36	邻苯二甲酸二丁酯	2
37	邻苯二甲酸二辛酯	3
38	多氯联苯	0. 002
挥发性有机化合物		
39	苯	1
40	甲苯	1
41	乙苯	4
42	二甲苯	4
43	氯苯	2
44	1，2-二氯苯	4
45	1，4-二氯苯	4
46	丙烯腈	20
47	三氯甲烷	3
48	四氯化碳	0. 3
49	三氯乙烯	3
50	四氯乙烯	1

第二节　生活垃圾监测

一、样品采集与制备

首先应当调查垃圾产生地区的基本情况，如居民情况、生活水平、堆放时间，还要考虑在收集、运输、储存过程等可能的变化，然后制订周密的采样计划。

1. 样品采集

采用点面结合确定几个采样点。在市区选择 2~3 个居民生活水平与燃料结构具代表性的居民生活区作为点，再选择一个或几个垃圾堆放场所作为面，定期采样。做生活垃圾全面调查分析时，点面采样时间定为半个月一次。

采样时，先将 50 L 容器(搪瓷盆)洗净、干燥、称量、记录，然后布置于点上，每个点放置若干个容器。面上采集时，带好备用容器。

点上采样量为该点 24 h 内的全部生活垃圾，到时间后收回容器，并将同一点上若干容器内的样品全部集中；面上的取样数量以 50 L 为一个单位，要求从当日卸到垃圾堆放场的每车垃圾中进行采样，共取 1 m^3左右(取自 20 个垃圾车)。将各点集中或面上采集的样品中大块物料现场人工破碎，然后用铁锹充分混匀，此过程尽可能迅速完成，以免水分散失。混合后的样品现场用四分法，把样品缩分到 90~100 kg 为止，即为初样品。将初样品装入容器，取回分析。

2. 样品制备

生活垃圾样品的制备分为分拣、粉碎和缩分三个步骤。先按照有机物、无机物和可回收物等类别将初样品进行分类，再分别对各类废物进行粉碎。对灰土、砖瓦陶瓷类废物，先用手锤将大块敲碎，再用粉碎机或其他粉碎工具进行粉碎。对动植物、纸类、纺织物、塑料等废物，剪刀剪碎。再采用四分法进行缩分，并测定水分含量。

二、垃圾的粒度分级

粒度采用筛分法，按照筛目排列，依次连续摇动 15 min，转到下一号筛子，然后计算每一粒度微粒所占的百分比。如果需要在试样干燥后再称量，则需在 70 ℃的温度下烘干 24 h，然后在干燥器中冷却后筛分。

三、生活垃圾特性分析

生活垃圾特性分析的指标与其处理方式相关，如图 5-3 所示。

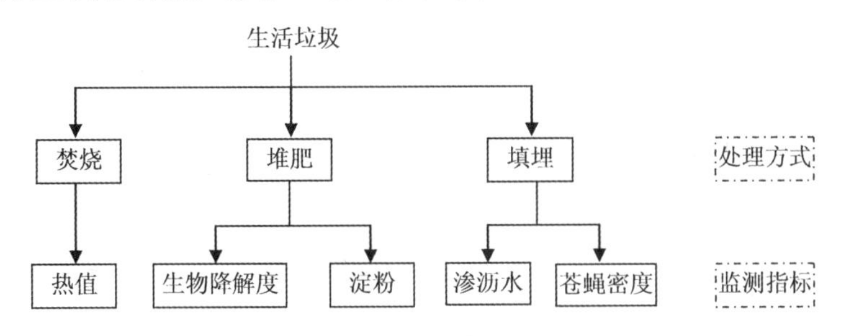

图 5-3　生活垃圾特性分析指标

(一)淀粉测定

垃圾在堆肥处理过程中，需借助淀粉量分析来鉴定堆肥的腐熟程度。堆肥颜色的变化过程为深蓝—浅蓝—灰—绿—黄。

分析试验的步骤：将 1 g 堆肥置于 100 mL 烧杯中，滴入几滴酒精，使其湿润，再加入 20 mL 36%的高氯酸；用纹网滤纸(90 号纸)过滤；加入 20 mL 碘反应剂到滤液中并搅动；将几滴滤液滴到白色板上，观察其颜色变化。

在上述反应过程中，形成了淀粉碘化络合物，这种络合物颜色的变化取决于堆肥的腐熟程度，当堆肥尚未结束时，呈蓝色；降解结束时，呈黄色。

(二)生物降解度测定

生物降解度是一种可以在室温下对垃圾生物降解作出适当估计的 COD 试验方法。

在强酸性条件下，以强氧化剂重铬酸钾在常温下氧化样品中的有机质，过量的重铬酸钾以硫酸亚铁铵回滴。根据所消耗的氧化剂的量，计算样品中有机质的量，再换算为生物可降解度。

测定时，先称取 0.5 g 已烘干磨碎的试样于 500 mL 锥形瓶中，再加入 20 mL 2 mol/L 重铬酸钾溶液，充分混合后，加入 20 mL 硫酸，在室温下，将这一混合物放置 12 h，且不断摇动，然后加入约 15 mL 蒸馏水，再依次加入 10 mL 磷酸、0.2 g 氟化钠和 30 滴指示剂，最后用标准硫酸亚铁铵溶液滴定。滴定过程中颜色变化规律为棕绿—绿蓝—蓝—绿。

$$\mathrm{BDM} = \frac{1.28 \times (V_2 - V_1) \times V \times c}{V_2}$$

式中：BDM——生物降解度；

V_1——滴定样品时消耗的硫酸亚铁铵标准溶液体积，mL；

V_2——空白试验时消耗的硫酸亚铁铵标准溶液体积，mL；

V——重铬酸钾的体积，mL；

c——重铬酸钾的浓度；

1.28——折合系数。

（三）热值测定

热值是生活垃圾固体废物和无法确定相对分子质量的混合物单位量（g 或 kg）完全氧化时的反应热。它是判别燃料、垃圾焚烧的质量指标。垃圾热值分为高热值和低热值，垃圾中可燃物燃烧产生的热值为高热值。垃圾中含有的不可燃物质（如水和不可燃惰性物质）在燃烧过程中消耗热量，当燃烧升温时，不可燃惰性物质吸收热量而升温；水吸收热量后汽化，以蒸汽形式挥发。高热值减去不可燃惰性物质吸收的热量和水汽化所吸收的热量，称为低热值。

热值的测定主要依据能量守恒定律，即样品完全燃烧放出的能量促使卡计本身及其周围的介质温度升高，通过测量介质燃烧前后温度的变化，可以计算该样品的燃烧热，其关系式：

$$W Q_{\mathrm{v}} = (3000 \times \rho \times c + c_{卡}) \times \Delta T - 2.9L$$

式中：W——样品的质量，g；

Q_{v}——燃烧热，J/g；

ρ——水的密度，$\mathrm{g/cm^3}$；

c——水的比热容，J/（℃ · g）；

$c_{卡}$——卡计的水当量，J/℃；

L——铁丝的长度，cm（其燃烧值为 2.9 J/cm）；

3000——实验用水量，$\mathrm{cm^3}$。

测定方法常采用氧弹式热量计法，氧弹式热量计结构示意图如图 5-4 所示。

测量时，先称取 1 g 左右苯甲酸（切勿超过 1.1 g）和 15 cm 长的铁丝，用压片机压片，充氧燃烧，测量卡计的水当量 $c_{卡}$。

固体状样品测定：将混匀具有代表性的生活垃圾或固体废物粉碎成粒径为 2 mm 的碎粒，若含水率高，则应于 105 ℃烘干，并记录水分含量，称取 1.0 g 左右，同卡计的水当量测定步骤进行试验。流动性样品的测定：流动性污泥或不能压成片状物的样品，则称 1.0 g 左右样品，放于小皿，铁丝浸在样品中间，两端与电极相联，同卡计的水当量测定步骤进行试验。

最后求出由苯甲酸燃烧引起卡计温度变化的差值 ΔT_1，并根据公式计算卡计的水当量。求出样品燃烧引起卡计温度变化的差值 ΔT_2，并根据公式计算样品的热值。

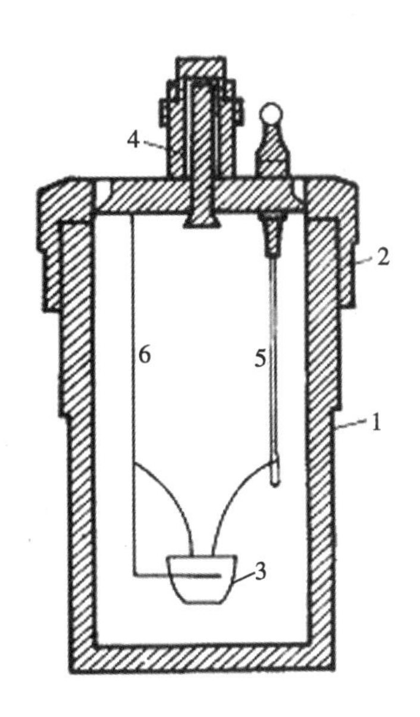

图 5-4 氧弹式热量计结构示意图

1—筒；2—盖；3—小皿；4—出气道；5—进气管及电极；6—电极

(四)渗沥水分析

渗沥水是指从生活垃圾接触中渗出来的水溶液，它提取或溶出了垃圾组成中的物质。

渗沥水的分析项目包括色度、总固体、总溶解性固体与总悬浮性固体、硫酸盐、氨态氮、凯氏氮、氯化物、总磷、pH 值、BOD、COD、钾、钠、细菌总数、总大肠菌群等。其中，细菌总数和大肠菌群是我国特有的监测项目。

1. 工业固体废物渗沥模型

固体废物先经粉碎后，通过 0.5 mm 孔径筛，然后装入玻璃管柱内，在上面玻璃瓶中加入雨水或蒸馏水，以 12 mL/min 的速度通过管柱下端的玻璃棉流入锥形瓶内，然后测定渗沥水中的有害物质含量。

2. 生活垃圾渗沥柱

柱的壳体由钢板制成，总容积为 0.339 m^3。柱底铺有碎石层，容积为 0.014 m^3，柱上部再铺碎石层和黏土层，容积为 0.056 m^3，柱内装垃圾的有效容积为 0.269 m^3。

实验时，添水量应根据当地降水量确定。例如，某县年平均降水量为 1074.4 mm，日平均降水量为 2.9436 mm，由于柱的直径为 600 mm，底面积乘以日平均降水量即为日添水量，因此，渗滤柱的日添水量为 832 mL，可以一周添水一次。

渗沥模型示意图如图 5-5 所示。

(五)蝇类滋生密度测定

将蝇类用诱饵引诱，集聚至诱捕笼内，加以分类、测定。

诱饵的配制：根据监测要求，诱饵采用一般蝇类诱饵和专为捕捉家蝇的诱饵两种。蝇类诱饵用饭店、食堂的食物残渣(内含鱼腥、动物残羹)加适量糖料(糟糠、食糖等)配制。家蝇诱饵用稀饭加适量的糖类(糟糠、食糖等)配制。

蝇样的收集：根据蝇类具有向光性，阴天和黑夜不甚活动的特点，在晴好天气，采用日出放笼、日落收笼的方法收集蝇样。捕蝇笼应尽可能地避开人车高峰地带；一般当气温低、

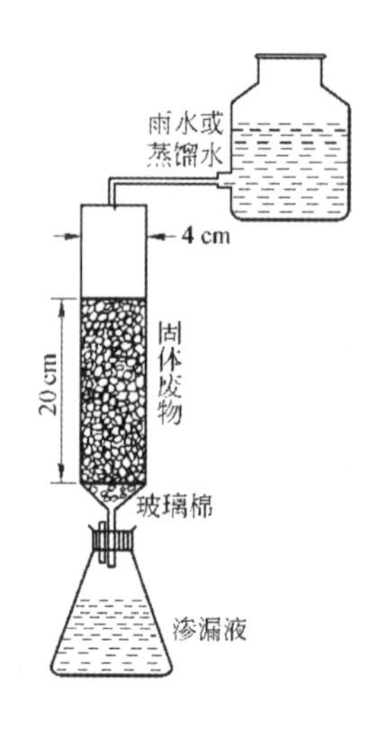

(a)工业固废

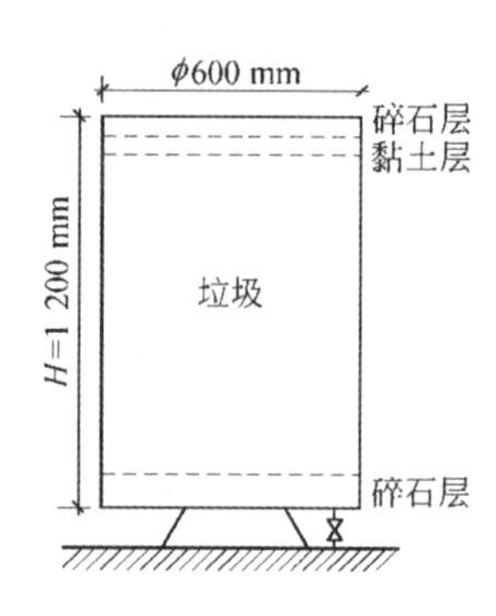

(b)生活垃圾

图 5-5 渗沥模型示意图

风大时，应设置在向阳背风处；而天气炎热、温度较高时则反之。捕蝇笼一般应设置在距地面约 1 m 的高度(可利用附近电线杆、墙檐等，也可竖竹竿，将笼子绑在竹竿上)，当条件不允许时，也可以放置在地面上，但应做好防护措施，以防止家禽、动物侵扰；捕蝇笼设置后，在捕蝇笼下放置搪瓷菜盘(或填上塑料纸)，内放诱饵，诱饵每笼每次投放 0. 25 kg 左右。捕蝇笼将蝇样捕获后，用“速灭灵”或其他药剂将苍蝇喷雾灭杀，收集在塑料样袋内，将口扎牢，贴上标签，送监测室分类统计。

蝇样的分类：将收集的蝇样倒入长方形白瓷盘内，用镊钳将不同的蝇分类，当蝇类较小不能辨别品种时，用放大镜辨别。

数据处理与记录：记录蝇类测定日的天气、气温、风力等情况；把蝇类统计数据填入蝇类密度调查表，并分别计算出总蝇类和家蝇的平均值和最大值。

复习题

(1)对于堆存、运输中的固体废物和大池(坑、塘)中的液体工业废物，应如何确定采样位置？

(2)城市生活垃圾采样按照功能区确定点位，城市功能区主要分哪几个类别？

(3)在一批废物以运送带、管道等形式连续排出的移动过程中，按照一定的质量间隔采份样，如果批量 $Q=1.5$ t，查表得最少份样数 $n=10$，试计算采样质量间隔 T。

(4)什么是危险废料？如何鉴别？

(5)试述生活垃圾的处理方式及其监测重点。

第六章　噪声监测

噪声污染是当代主要环境污染之一，全国“12369 环保举报联网管理平台”统计数据显示，每年涉及噪声的举报接近总投诉量的 40%，排在各污染要素的第二位。在全国噪声扰民问题举报中，施工噪声扰民问题约占 45%，占据首位。

第一节　噪声监测基础

一、声音和噪声

声音的本质是波动。受作用的空气发生振动，当振动频率在 20~20000 Hz 时，作用于人的耳鼓膜而产生的感觉称为声音。

从广义上讲，这些人们生活和工作所不需要的声音叫噪声；从物理现象判断，一切无规律的或随机的声信号叫作噪声。

噪声是一种感觉污染，不带来化学污染物质，但能损伤听力、干扰人们的睡眠和工作，诱发疾病，干扰语言交流等，强的噪声还会影响设备正常运转、损坏建筑结构。

环境噪声的来源主要有交通噪声（汽车、火车、飞机等噪声）、工厂噪声（各种机械设备噪声）、建筑施工噪声（打桩机、挖掘机、搅拌机等噪声）和社会生活噪声（家用电器等噪声）。

二、噪声监测参数及分析

（一）声音的发生、频率、波长和声速

1. 声音的发生

当物体在空气中振动，使周围空气发生疏、密交替变化并向外传递，且这种振动频率在 20~20000 Hz 之间，人耳可以感觉，称为可听声，简称声音。

2. 频率

声源在 1 s 内振动的次数叫作频率，记作 f，单位为 Hz。

3. 波长

沿声波传播方向，振动一个周期所传播的距离，或在波形上相位相同的相邻两点间的距离称为波长，用 λ 表示，单位为 m。

4. 声速

1 s 内声波传播的距离叫作声波速度，简称声速，记作 c，单位为 m/s。

声速与传播声音的媒质和温度有关。在空气中，声速（c）和温度（t）的关系可简写为：$c=331.4+0.607t$。常温下（22 ℃），声速约为 345 m/s。

频率、波长和声速三者的关系：$c=f\lambda$。

(二)声功率、声强和声压

1. 声功率

声功率(W)是指单位时间内，声波通过垂直于传播方向某指定面积的声能量。在噪声监测中，声功率是指声源总声功率，单位为 W。它体现的是声源辐射声音本领的大小。

2. 声强

声强(I)是指单位时间内，声波通过垂直于声波传播方向单位面积的声能量，单位为 W/m^2。因为 $I=W/4\pi r^2$，所以距声源越远，声能越弱。

3. 声压

声压(p)是指声源振动时，空气介质中压力的改变量，单位为帕(Pa)。

声压与声强之间的关系为：

$$I=p^2/\rho c$$

式中：ρ——空气密度；

c——声速。

(三)分贝、声功率级、声强级和声压级

1. 分贝

人们日常生活中遇到的声音，若以声压值表示，由于变化范围大(高达 6 个数量级以上)，同时人的听觉对声信号的刺激反应强弱不是线性的，而是成对数比例关系的，所以用分贝来表示声学量值。

分贝是指两个相同的物理量(如 A_1和 A_0)之比取以 10 为底的对数并乘以 10(或 20)。

$$N = 10\lg \frac{A_1}{A_0}$$

分贝符号为“dB”，它是无量纲的，是噪声测量中很重要的参量。上式中 A_0是基准量(或参考量)，A_1是被量度量。被量度量和基准量之比取对数，该对数值称为被量度量的“级”，亦即用对数标度时，所得到的是比值，它代表被量度量比基准量高出多少“级”。

2. 声功率级

声功率级常用 L_W表示，定义为：

$$L_W = 10\lg \frac{W}{W_0}$$

式中：L_W——声功率级，dB；

W——声功率，W；

W_0——基准声功率，取 $W_0=10^{-12}$ W。

3. 声强级

声强级常用 L_I表示，定义为：

$$L_I = 10\lg \frac{I}{I_0}$$

式中：L_I——声强级，dB；

I——声强，W/m^2；

I_0——基准声强，在空气中取 $I_0=10^{-12} W/m^2$。

4. 声压级

声压级常用 L_P表示，定义为：

$$L_P = 10\lg\frac{p^2}{p_0^2} = 20\lg\frac{p}{p_0}$$

式中：L_P——声压级，dB；

p——声压，Pa；

p_0——基准声压，在空气中为 2×10^{-5} Pa，该值是正常青年人耳朵刚能听到的1000 Hz纯音的声压值。

(四)噪声的叠加和相减

1. 噪声的叠加

两个以上声源作用于同一点，产生噪声的叠加。声能量可以代数相加，设两个声源的声功率分别为 W_1 和 W_2，那么总声功率 $W_总=W_1+W_2$。两个声源在某点的声强为 I_1 和 I_2 时，叠加后的总声强 $I_总=I_1+I_2$。声压不能直接相加。

为了便于计算，也可以参照声压级差与增加值关系进行噪声的叠加。叠加时，先计算两声源的声压级差值，找出增加值；再用较大的声压级值加上增加值，即可求得两声源叠加后的总声压级，具体见图6-1和表6-1。多声源叠加时，逐次两两叠加，与次序无关。

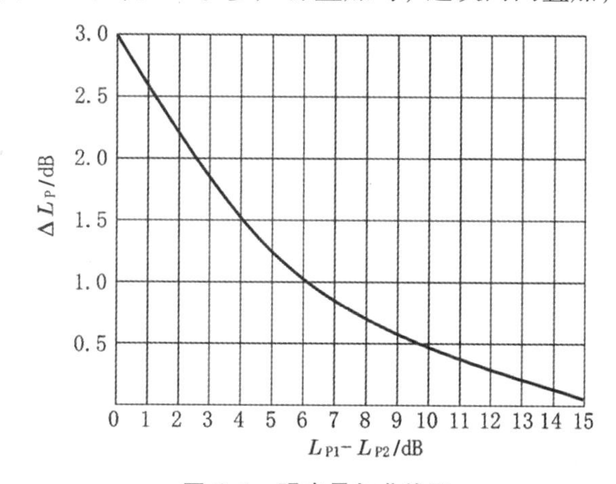

图6-1　噪声叠加曲线图

表6-1　声压级差与增加值关系

$L_{P1}-L_{P2}$/dB	0	1	2	3	4	5	6	7
ΔL_P/dB	3	2.5	2.1	1.8	1.5	1.2	1	0.8
$L_{P1}-L_{P2}$/dB	8	9	10	11	12	13	14	15
ΔL_P/dB	0.6	0.5	0.4	0.3	0.3	0.2	0.2	0.1

2. 噪声的相减

噪声测量中经常碰到如何扣除背景噪声问题，也就是噪声相减的问题。一般情况下，噪声源的声级要比背景噪声高，但背景噪声的存在会加大噪声源声压级测量结果，因此要扣除，就必须引入背景噪声修正曲线，见图6-2。

测定时，先测得车间的总声压级，然后关闭噪声源设备，再测背景噪声声压级。通过总声压级与背景噪声声压级的差值查找修正值，再用总声压级扣除修正值，即可求得噪声源设备声压级。

(五)噪声评价

1. 响度和响度级

响度和响度级都是对噪声的主观评价。

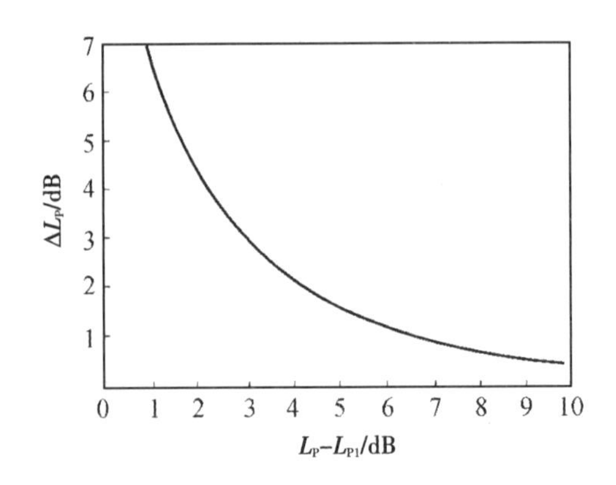

图 6-2 背景噪声修正曲线

(1)响度(N)。响度是人耳判别声音由轻到响的强度等级概念，响度的单位叫“宋”，1宋的定义为声压级为 40 dB，频率为 1000 Hz，且来自听者正前方的平面波形的强度。

(2)响度级(L_N)。1000 Hz 纯音声压级的分贝值为响度级的数值，任何其他频率的声音，当调节 1000 Hz 纯音的强度，使之与这声音一样响时，则这 1000 Hz 纯音的声压级分贝值就定为这一声音的响度级值，如表 6-2。响度级的单位叫“方”，声压级与声音频率关系见图 6-3。

表 6-2 声压级与声音频率关系

L_P/dB	f/Hz	L_N/方	效果
82	20	20	感觉响度一样，但 L_P、f 不同，而 L_N 一样
35	100	20	
20	1000	20	
30	10000	20	

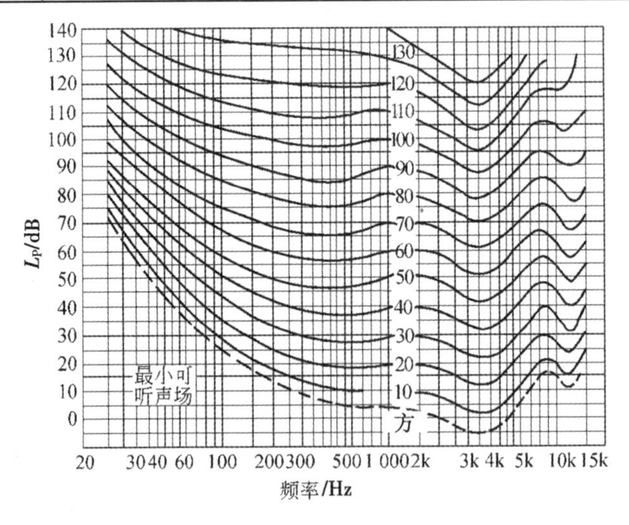

图 6-3 等响曲线

2. 计权声级

为了能用仪器直接反映人的主观响度感觉的评价量，在声级计中设计了一种特殊滤波器，即计权网络。通过计权网络测得的声压级就是计权声级，简称声级。常用的有 A、B、C、

D 四种。A 计权声级是模拟人耳对 55 dB 以下低强度噪声的频率特性；B 计权声级是模拟 55~85 dB 的中等强度噪声的频率特性；C 计权声级是模拟高强度噪声的频率特性；D 计权声级是对噪声参量的模拟，专用于飞机噪声的测量。滤波器会对通过的声波的不同频率成分进行衰减，且不同的计权网络衰减作用不同，如 A、B、C 计权网络对低频成分的衰减，A 最多，B 次之，C 较少。

3. 等效声级、噪声污染级和昼夜等效声级

（1）等效声级。它是一个用噪声能量按照时间平均方法来评价噪声对人影响的参数，符号为 L_{eq}或 $L_{Aeq\cdot T}$。等效声级反映在声级不稳定的情况下，人实际所接受的噪声能量的大小，是一个用来表达随着时间变化的噪声的等效量。

$$L_{eq}=10\lg\left(\frac{1}{T}\int_0^T 10^{0.1L_{PA}}dt\right)$$

式中：L_{PA}——某时刻 t 的瞬时 A 声级，dB；

T——规定的测量时间，s。

如果数据符合正态分布，其累积分布在正态概率纸上为一直线，则可用下面近似公式计算：

$$L_{eq}\approx L_{50}+d^2/60,\ d=L_{10}-L_{90}$$

式中：L_{10}，L_{50}，L_{90}——累积百分声级；

L_{10}——测定时间内，10%的时间超过的噪声级，相当于噪声的平均峰值；

L_{50}——测量时间内，50%的时间超过的噪声级，相当于噪声的平均值；

L_{90}——测量时间内，90%的时间超过的噪声级，相当于噪声的背景值。

（2）噪声污染级。涨落的噪声对人的烦扰程度比等能量的稳态噪声要大，因此，在 L_{eq}上加一项表示噪声变化幅度的量，更能反映噪声的实际污染程度，用噪声污染级（L_{NP}）表示。

$$L_{NP}=L_{eq}+K\sigma,\ \sigma=\sqrt{\frac{1}{n-1}\sum_{i=1}^{n}(\overline{L}_{PA}-L_{PAi})^2}$$

式中：K——常数，对交通和飞机噪声取值 2.56；

σ——测定过程中瞬时声级的标准偏差；

L_{PAi}——测得第 i 个瞬时 A 声级；

$\overline{L}_{PA}$——所测瞬时声级的算术平均值；

n——测得瞬时声级的总数。

对于许多重要的公共噪声，噪声污染级也可写成：

$$L_{NP}=L_{eq}+d,\ d=L_{10}-L_{90}$$

（3）昼夜等效声级。考虑到夜间噪声具有更大的烦扰程度，故提出昼夜等效声级（也称日夜平均声级），符号 L_{dn}，它反映社会噪声昼夜间的变化情况。

$$L_{dn}=10\lg\left[\frac{16\times10^{0.1L_d}+8\times10^{0.1(L_n+10)}}{24}\right]$$

式中：L_d——白天的等效声级，时间是 6：00~22：00，共 16 h；

L_n——夜间的等效声级，时间是 22：00~次日 6：00，共 8 h。

昼间和夜间的时间，可依照地区和季节不同而稍有变更。

为了表明夜间噪声对人的烦扰更大，故计算夜间等效声级这一项时，应加上 10 dB 的计权。

第二节　城市声环境常规监测

(一) 区域声环境监测

区域声环境监测的主要目的是评价整个城市环境噪声总体水平，分析城市声环境状况的年度变化规律和趋势。

1. 监测点位设置

首先按照《声环境质量标准》(GB 3096—2008)中声环境功能区普查监测方法，将整个城市区域划分为多个等大的正方形方格，对于未连片的建成区，正方形网格可以不衔接。网格中水面面积或无法监测的区域面积为100%及非建成区面积大于50%的网格无效。整个城市建成区有效网格总数应多于100个。

在每一个网格的中心设1个监测点位。若网格中心点不宜测量，则应将监测点位移动到距离中心点最近的可测量位置进行测量。测点一般选择在户外，高度一般距地面1.2~4.0 m。

各个监测点位按照《环境噪声监测点位编码规则》(HJ 661—2013)中要求统一编码。环境噪声监测点位编码一般包括行政区划代码、监测点位类别代码和监测点位顺序代码三部分。行政区划代码应详细至县(市、区)一级，用6位阿拉伯数字表示，如湖南省衡阳市石鼓区：430407；监测点位类别代码用2位阿拉伯数字表示，详见表6-3；监测点位顺序代码用4位阿拉伯数字表示。

如湖南省衡阳市石鼓区2类功能区声环境监测25号点位，按照编码规则确定其编码为：430407320025。

表6-3　环境噪声监测点位类别编码

编码	监测点位类别
10	区域声环境监测点位
20	道路交通声环境监测点位
30	0类功能区声环境监测点位
31	1类功能区声环境监测点位
32	2类功能区声环境监测点位
33	3类功能区声环境监测点位
34	4a类功能区声环境监测点位
35	4b类功能区声环境监测点位

2. 监测频次、时间和测量量

昼间监测每年一次，监测工作应在昼间正常工作时段内进行，并应覆盖整个工作时段。

夜间监测每五年一次，在每个五年规划的第三年进行，监测从夜间起始时间开始。

监测工作应安排在每年的春季或秋季，每个城市监测日期应相对固定，监测时应避开节假日和非工作日。

3. 监测测量

每个监测点测量10 min的等效连续A声级 L_{eq}，记录累积百分声级 L_{10}，L_{50}，L_{90}，L_{max}，L_{min}和标准偏差(SD)。

4. 监测结果与评价

将各个测点测得的数据做好记录，记录格式及内容见表 6-4。

表 6-4　区域声环境监测记录表

监测站名：____

监测仪器(型号、编号)：____ 声校准器(型号、编号)：____ 监测前校准值 dB：____ 监测后校准值 dB：____ 气象条件：____

网格代码	测点名称	月	日	时	分	声源代码	L_{eq}	L_{10}	L_{50}	L_{90}	L_{max}	L_{min}	标准偏差(SD)	备注

负责人：　　　　审核人：　　　　测试人员：　　　　监测日期：

注：声源代码：1. 交通噪声；2. 工业噪声；3. 施工噪声；4. 生活噪声。

两种以上噪声填主噪声；除交通、工业、施工噪声外的噪声均归入生活噪声。

同时计算整个城市环境噪声总体水平。将整个城市全部网格测点测得的等效声级按照下式分为昼间和夜间进行算术平均值运算，所得到的昼间平均等效声级和夜间平均等效声级代表该城市昼间和夜间的环境噪声水平，并查表 6-5 确定城市区域环境噪声总体水平所处级别。

$$\bar{S} = \frac{1}{n}\sum_{i=1}^{n} L_i$$

式中：$\bar{S}$——城市区域昼间平均等效声级($\bar{S}_d$)或夜间平均等效声级($\bar{S}_n$)，dB(A)；

L_i——第 i 个网格测得的等效声级，dB(A)；

n——有效网格总数。

表 6-5　城市区域环境噪声总体水平等级划分　　　单位：dB(A)

等级	一级	二级	三级	四级	五级
昼间平均等效声级($\bar{S}_d$)	≤50.0	50.1~55.0	55.1~60.0	60.1~65.0	>65.0
夜间平均等效声级($\bar{S}_n$)	≤40.0	40.1~45.0	45.1~50.0	50.1~55.0	>55.0

城市区域环境噪声总体水平等级“一级”至“五级”分别对应评价为“好”、“较好”、“一般”、“较差”和“差”。

(二)道路交通声环境监测

道路交通声环境监测的主要目的是反映道路交通噪声源的噪声强度，分析道路交通噪声声级与车流量、路况等的关系及变化规律，分析城市道路交通噪声的年度变化规律和趋势。

1. 监测点位设置

选点时要注意建成区内各类道路(城市快速路、城市主干路、城市次干路、含轨道交通走廊的道路及穿过城市的高速公路等)交通噪声排放特征。

监测点位数量按城市规模确定，一般巨大、特大城市(300 万人<常住人口≤1000 万人)≥100 个；大城市(100 万人<常住人口≤300 万人)≥80 个；中等城市(50 万人<常住人口≤100 万人)≥50 个；小城市(常住人口≤50 万人)≥20 个。一个测点可代表一条或多条相近的道路，根据各类道路的路长比例分配点位数量。

测点一般设置在路段两路口之间，距任一路口的距离大于 50 m，路段长度不足 100 m 的，设在路段中点。测点位于人行道上距路面 20 cm 处，监测点位高度距地面 1.2~6.0 m。测点应避开非道路交通源的干扰，传感器指向被测声源。

2. 监测频次、时间和测量量

昼间监测每年一次，正常工作时段进行，并覆盖整个工作时段；夜间监测每五年一次，每个五年规划的第三年进行，从夜间起始时间开始，一般为 22：00。

监测工作一般安排在春季或秋季，每个城市监测日期应相对固定，并避开节假日和非正常工作日。

3. 监测测量

每个监测点测量 20 min 的等效声级 L_{eq}，记录累积百分声级 L_{10}，L_{50}，L_{90}，L_{max}，L_{min} 和标准偏差(SD)，并分类(大型车、中小型车)记录车流量。

4. 监测结果与评价

将各个测点测得的数据做好记录，记录格式及内容见表 6-6。

表 6-6　道路交通声环境监测记录表

监测站名：________

监测仪器(型号、编号)：____ 声校准器(型号、编号)：____ 监测前校准值 dB：____ 监测后校准值 dB：____ 气象条件：____

测点代码	测点名称	月	日	时	分	L_{eq}	L_{10}	L_{50}	L_{90}	L_{max}	L_{min}	标准偏差(SD)	车流量(辆/____ min)		备注
													大型车	中小型车	

负责人：　　　　审核人：　　　　测试人员：　　　　监测日期：

将道路交通噪声监测的等效声级采用路段长度加权算术平均法按照下式计算城市道路交通噪声平均值，根据所得结果查表 6-7 确定道路交通噪声所处级别。

$$\overline{L}=\frac{1}{l}\sum_{i=1}^{n}(L_i\times l_i)$$

式中：$\overline{L}$——道路交通昼间平均等效声级（$\overline{L_d}$）或夜间平均等效声级（$\overline{L_n}$），dB（A）；

L_i——第 i 个测点测得的等效声级，dB（A）；

l_i——第 i 个测点代表的路段长度，m；

l——监测的路段总长，m。

表 6-7　道路交通噪声强度等级划分　　单位：dB（A）

等级	一级	二级	三级	四级	五级
昼间平均等效声级（$\overline{L_d}$）	≤68.0	68.1～70.0	70.1～72.0	72.1～74.0	>74.0
夜间平均等效声级（$\overline{L_n}$）	≤58.0	58.1～60.0	60.1～62.0	62.1～64.0	>64.0

道路交通噪声强度等级“一级”至“五级”分别对应评价为“好”、“较好”、“一般”、“较差”和“差”。

（三）功能区声环境监测

功能区声环境监测的主要目的是评价声环境功能区监测点位的昼间和夜间达标情况，反映城市各功能区监测点位的声环境质量随着时间变化的情况。

1. 监测点位设置

按照城市功能区分区，各个功能区内初选出若干个等效声级与该功能区平均等效声级无显著差异，能够反映该功能区声环境质量特征的测点。测点必须能保持长期稳定，避开反射面和附近的固定噪声源，各类功能区均有噪声敏感建筑物的区域，最好能兼顾行政区划。

监测点位数量按照城市规模确定，一般巨大、特大城市≥20 个；大城市≥15 个；中等城市≥10 个；小城市≥7 个。各类功能区监测点位数量比例按照各自城市功能区面积比例确定。

各监测点位距离地面高度 1.2 m 以上。

2. 监测频次、时间和测量量

每季度监测一次，各城市每次监测日期应相对固定。

3. 监测测量

每个点位每次连续监测 24 h，记录小时等效声级 L_{eq}、小时累积百分声级 L_{10}，L_{50}，L_{90}，L_{max}，L_{min} 和标准偏差（SD）。

4. 监测结果与评价

各个测点测得的数据做好记录，记录内容及格式参照表 6-8，将某一功能区昼间连续 16 h（6：00～22：00）和夜间连续 8 h（22：00～次日 6：00）测得的等效声级分别进行能量平均，计算昼间等效声级和夜间等效声级。

$$L_d=10\lg\left(\frac{1}{16}\sum_{i=1}^{16}10^{0.1L_i}\right)$$

$$L_n=10\lg\left(\frac{1}{8}\sum_{i=1}^{8}10^{0.1L_i}\right)$$

式中：L_d——昼间等效声级，dB（A）；

L_n——夜间等效声级，dB（A）；

L_i——昼间或夜间小时等效声级，dB(A)。

各测点的昼间和夜间等效声级，按照《声环境质量标准》(GB 3096—2008)相应的环境噪声限值(见表6-9)进行独立评价，同时各功能区按监测点位分别统计昼间和夜间达标率。

表6-8 功能区声环境24 h监测记录表

监测站名：________测点名称：________测点代码：________功能区类型：________

监测仪器(型号、编号)：________________ 声校准器(型号、编号)：________________

监测前校准值dB：________ 监测后校准值dB：________ 气象条件：________

监测时间			L_{10}	L_{50}	L_{90}	L_{eq}	L_{max}	L_{min}	标准偏差(*SD*)	备注
月	日	小时开始时间								

负责人： 审核人： 测试人员： 监测日期：

表6-9 环境噪声限值 单位：dB(A)

声环境功能区类别		时段	
		昼间	夜间
0类		50	40
1类		55	45
2类		60	50
3类		65	55
4类	4a类	70	55
	4b类	70	60

注：夜间突发噪声的最大声级超过限值的幅度不得高于15 dB(A)。

按照区域的使用功能特点和环境质量要求，声环境功能区分为以下五种类型：

0类声环境功能区：指康复疗养区等特别需要安静的区域。

1类声环境功能区：指以居民住宅、医疗卫生、文化教育、科研设计、行政办公为主要功能，需要保持安静的区域。

2类声环境功能区：指以商业金融、集市贸易为主要功能，或者居住、商业、工业混杂，需要维护住宅安静的区域。

3类声环境功能区：指以工业生产、仓储物流为主要功能，需要防止工业噪声对周围环境产生严重影响的区域。

4类声环境功能区：指交通干线两侧一定距离之内，需要防止交通噪声对周围环境产生严重影响的区域，包括4a类和4b类两种类型。4a类为高速公路、一级公路、二级公路、城市快速路、城市主干路、城市次干路、城市轨道交通(地面段)、内河航道两侧区域；4b类为铁路干线两侧区域。

第三节　工业企业厂界噪声监测

工业企业厂界噪声监测的目的是对工业企业(机关、事业单位、团体等)噪声排放进行评价和控制。

1. 监测点位设置

根据工业企业声源、周围噪声敏感建筑物的布局以及毗邻的区域类别，在工业企业厂界布设多个测点，其中包括距噪声敏感建筑物较近以及受被测声源影响大的位置。

一般情况下，测点选在工业企业厂界外 1 m、高度 1.2 m 以上、距任一反射面距离不小于 1 m 的位置。

当厂界有围墙且周围有受影响的噪声敏感建筑物时，测点应选在厂界外 1 m、高于围墙 0.5 m 以上的位置。

当厂界无法测量到声源的实际排放状况(如声源位于高空、厂界设有声屏障等)时，应在受影响的噪声敏感建筑物户外 1 m 处另设测点。

室内噪声测量时，室内测量点位设在距任一反射面至少 0.5 m 以上、距地面 1.2 m 高度处，在受噪声影响方向的窗户开启状态下测量。

固定设备结构传声至噪声敏感建筑物室内，在噪声敏感建筑物室内测量时，测点应距任一反射面至少 0.5 m 以上、距地面 1.2 m、距外窗 1 m 以上，窗户关闭状态下测量。被测房间内的其他可能干扰测量的声源(如电视机、空调机、排气扇以及镇流器较响的日光灯、运转时出声的时钟等)应关闭。

2. 监测频次、时间和测量量

测量应在无雨雪、无雷电天气，风速为 5 m/s 以下时进行。不得不在特殊气象条件下测量时，应采取必要措施保证测量准确性，同时注明当时所采取的措施及气象情况。

测量应在被测声源正常工作时间进行，同时注明当时的工况。分别在昼间、夜间两个时段测量。夜间有频发、偶发噪声影响时，同时测量最大声级。被测声源是稳态噪声[在测量时间内，被测声源的声级起伏不大于 3 dB(A)的噪声]时，采用 1 min 的等效声级。被测声源是非稳态噪声时，测量被测声源有代表性时段的等效声级，一般测量 20 min 的等效声级，必要时，测量被测声源整个正常工作时段的等效声级。

3. 监测测量

噪声测量时，需做测量记录。记录内容应主要包括：被测量单位名称、地址、厂界所处声环境功能区类别、测量时气象条件、测量仪器、校准仪器、测点位置、测量时间、测量时段、仪器校准值(测前、测后)、主要声源、测量工况、示意图(厂界、声源、噪声敏感建筑物、测点等位置)、噪声测量值、背景值、测量人员、校对人、审核人等相关信息。同时，在不受被测声源影响的区域，测定背景噪声。

4. 监测结果与评价

当噪声测量值与背景噪声值相差大于 10 dB(A)时，结果不必修正；当噪声测量值与背景噪声值相差 3~10 dB(A)时，需进行修正。

当噪声测量值与背景噪声值相差小于 3 dB(A)时，应采取措施降低背景噪声，再考虑是否需要修正。

各个测点的测量结果单独评价，同一测点每天的测量结果按照昼间和夜间进行评价，取最大等效声级（L_{max}）直接评价。

第四节　结构传播固定设备室内噪声监测

结构传播固定设备室内噪声监测分为可疑声源设备能够识别时和可疑声源设备不能够识别时。其中，可疑声源设备能够识别时，根据设备运行情况，又分为可以关停和不可关停两种状态。

1. 监测点位设置

在受影响的房间内布设1~3个监测点，其中包括房间中间点及可能受噪声影响最大的点。测量位置离墙面或其他反射面0.5 m以上，离地面0.5~1.2 m。测量过程中，关闭被测房间的门、窗；关闭被测房间内所有可能干扰测量的声源；排除被测房间及周边环境中其他人为噪声、振动干扰，如走动、说话、家务活动等。

2. 监测频次、时间

分别在昼间、夜间两个时段进行，测量时段应覆盖被测声源的最大排放状态。

3. 监测测量

测定等效声级、各倍频带声压级、背景噪声。夜间有非稳态噪声影响时，同时测定最大A声级。

被测声源是稳态噪声时，测定1 min等效声级和各倍频带声压级；被测声源是非稳态噪声时，测量代表性时段的等效声级和各倍频带声压级，详见表6-10。

表6-10　结构传播固定设备噪声监测记录表

<table>
<tr><td colspan="5">被测单位名称：</td><td colspan="5">地址：</td></tr>
<tr><td colspan="5">监测日期：</td><td colspan="5">监测依据：</td></tr>
<tr><td colspan="5">气象条件：</td><td colspan="5">测点位置（可另附图）：</td></tr>
<tr><td colspan="3">监测仪器型号：</td><td colspan="2">编号：</td><td colspan="2">声校准器型号：</td><td>编号：</td><td colspan="2">校准标准值：</td></tr>
<tr><td colspan="5">主要声源：</td><td colspan="3">监测前校准值：</td><td colspan="2">监测后校准值：</td></tr>
<tr><td colspan="10">测量工况：</td></tr>
<tr><td colspan="10">示意图（注明方位、声源布局、噪声敏感建筑物、测点的相对位置）</td></tr>
<tr><td colspan="2" rowspan="2">监测点位</td><td rowspan="2">测量时间</td><td rowspan="2">最大A声级/dB(A)</td><td rowspan="2">等效A声级/dB(A)</td><td colspan="5">倍频带声压级/dB</td></tr>
<tr><td>31.5 Hz</td><td>63 Hz</td><td>125 Hz</td><td>250 Hz</td><td>500 Hz</td></tr>
<tr><td rowspan="3">1</td><td>噪声测量值</td><td></td><td></td><td></td><td></td><td></td><td></td><td></td><td></td></tr>
<tr><td>背景噪声值</td><td></td><td></td><td></td><td></td><td></td><td></td><td></td><td></td></tr>
<tr><td>修正值</td><td></td><td></td><td></td><td></td><td></td><td></td><td></td><td></td></tr>
<tr><td rowspan="3">2</td><td>噪声测量值</td><td></td><td></td><td></td><td></td><td></td><td></td><td></td><td></td></tr>
<tr><td>背景噪声值</td><td></td><td></td><td></td><td></td><td></td><td></td><td></td><td></td></tr>
<tr><td>修正值</td><td></td><td></td><td></td><td></td><td></td><td></td><td></td><td></td></tr>
<tr><td rowspan="3">3</td><td>噪声测量值</td><td></td><td></td><td></td><td></td><td></td><td></td><td></td><td></td></tr>
<tr><td>背景噪声值</td><td></td><td></td><td></td><td></td><td></td><td></td><td></td><td></td></tr>
<tr><td>修正值</td><td></td><td></td><td></td><td></td><td></td><td></td><td></td><td></td></tr>
</table>

审核人：　　　　　　　　　　校对人：　　　　　　　　　　测量人：

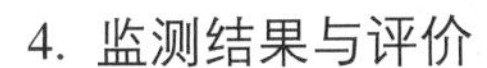

4. 监测结果与评价

在声源测定同样条件下测定背景噪声，并进行修正。各个测点的测量结果单独评价。

可疑声源设备能够识别时，监测结果（经背景修正后的等效声级和任一倍频带声压级，以及由声源设备发出的最大声级）逐项与结构传播固定设备室内噪声排放限值进行比较，评价是否超标。

可疑声源设备不能够识别时，可以监测并出具报告，并在报告中注明，但不判断达标情况。

复习题

（1）在某条道路上三个路段测量其交通噪声的等效声级，已知各路段的长度分别为 760，800，900 m，对应路段的声级为 76，72，67 dB，试求整条道路的等效声级。

（2）某城市白天平均等效声级为 56 dB，夜间平均等效声级为 46 dB，问该城市昼夜平均等效声级为多少？

（3）某工厂设备不工作时，厂界噪声为 63 dB（A）；当工厂设备全运转时，厂界噪声值为 73 dB（A）。求该厂设备产生的噪声值。

（4）作用于某一点的四个声源的声压级分别为 90，86，80，90 dB，求同时作用于这一点的总声压级为多少？

第七章　环境污染生物监测

在环境监测工作中，一般采用各种仪器和化学分析手段，对污染物的种类和浓度可以比较快速而灵敏地分析测定出来，其中某些常规检验已经能够连续监测，但大部分测定项目或参数还需定期采样，因而只反映采样瞬时的污染物浓度，不能反映环境已经发生的变化。生物污染监测是环境质量监测的有效途径之一。因为生物体内污染物来自生物所处的环境，生物污染监测的结果可从一个侧面反映与生物生存息息相关的水体、大气及土壤污染的积累性作用。

第一节　水环境污染生物监测

水环境中存在着大量的水生生物群落，各类水生生物之间及水生生物与其赖以生存的环境之间存在着既互相依存又互相制约的密切关系。当水体受到污染而使水环境条件改变时，各种不同的水生生物由于对环境的要求和适应能力不同而产生不同的反应，因此可用水生生物来了解和判断水体污染的类型、程度。

对某一特定环境条件特别敏感的生物叫作指示生物，包括浮游生物、着生生物、底栖生物、鱼类和细菌等。生物学水质监测方法的原理是：通过调查不同水域生物的种类和数量，评价水质污染状况。

当河流受到污染并随着污染物在河流中的变化，生物的相和量相应地发生一系列规律性的变化，详见表 7-1。

表 7-1　生物的相和量随着污染状况变化规律

污染状况	生物的相和量状况
污染最严重的河段	生物几乎绝迹，甚至微生物的数量都受到影响
河流污染程度降低和污染物性质变化	最耐污的生物首先富集，此后，耐污染的藻类、原生动物等相继形成数量高峰
水体自净到一定程度	耐污染种类形成优势现象逐渐消失，取而代之的是种类繁多的生物
水质已恢复到正常状态	各种清水性生物出现

一、生物群落法

首先，应在监测区域的自然环境和社会环境进行调查研究的基础上，设置监测断面和采样点，遵循断面有代表性原则，尽可能与化学监测断面相一致。然后，对于河流，应根据河流流经区域长度，至少设置对照、污染、观察三个断面，采样点的数量视水面宽、水深、生物分布特点确定。对于湖泊、水库，一般应在入湖区、中心区、出口区、最深水区、清洁区等处设监测点。

按照规定的采样、检验和计数方法获得各生物类群的种类和数量的数据后，再用各种方法评价水污染状况。

(一)污水生物系统法

首先将受有机物污染的河流按照污染程度和自净过程划分为几个互相连续的污染带，每一带生存着各自独特的生物(指示生物)，据此评价水质状况。如根据河流的污染程度，通常将其分为四个污染带，即多污带、α-中污带、β-中污带和寡污带。各污染带水体内存在着特有的生物种群。也可以根据水体中无叶绿素的微生物占所有微生物数量的百分比(即 BIP 指数)判断水体有机污染的程度，详见表 7-2。

表 7-2　不同污染带的外观、BIP 指数及生物特征

污染带类型	外观	BIP 指数	生物特征
多污带	① 暗灰色，很浑浊，含大量的有机物，BOD 高，溶解氧极低(或无)，为厌氧状态； ② 在有机物分解过程中，产生 H_2S、CO_2、CH_4等气体和臭味； ③ 水底沉积许多由有机物和无机物形成的淤泥，水面上有气泡	60~100	① 种类很少，厌氧菌和兼性厌氧菌种类多，数量大，每毫升水含有几亿个细菌，有能分解复杂有机物的菌种，如硫酸还原菌、产甲烷菌等； ② 无显花植物，鱼类绝迹； ③ 河底淤泥中有大量寡毛类(颤蚯蚓)动物
α-中污带	① 水为灰色，溶解氧少，为半厌氧状态，有机物量减少，BOD 下降； ② 水面上有泡沫和浮泥，有 NH_3、氨基酸及 H_2S、臭味	20~60	① 生物种类比多污带稍多，细菌数量较多，每毫升水约有几千万个； ② 出现有蓝藻、裸藻、绿藻，原生动物有天蓝喇叭虫、美观独缩虫、椎尾水轮虫、臂尾水轮虫及栉虾等； ③ 底泥已部分无机化，滋生了很多颤蚯蚓
β-中污带	① 有机物较少，BOD 和悬浮物含量低，溶解氧浓度升高； ② NH_3 和 H_2S 分别氧化为 NO_3^- 和 SO_4^{2-}，两者含量均减少	8~20	① 细菌数量减少，每毫升水只有几万个； ② 藻类大量繁殖，水生植物出现； ③ 原生动物有固着型纤毛虫，如独缩虫、聚缩虫等活跃，轮虫、浮游甲壳动物及昆虫出现
寡污带	① 有机物全部无机化，BOD 和悬浮物含量极低，水的浑浊度低，溶解氧恢复到正常含量； ② H_2S 消失； ③ 河流自净过程已完成的标志	0~8	① 细菌极少； ② 出现鱼腥藻、硅藻、黄藻、钟虫、变形虫、旋轮虫、浮游甲壳动物、水生植物及鱼

污水生物系统法需要熟练的生物学分类知识，工作量大，耗时多，并且存在指示生物异常的现象。

(二)生物指数法

生物指数法是运用数学公式反映生物种群或群落结构的变化，以评价环境质量的数值。

1. 贝克生物指数法

1955 年，贝克提出简易计算生物指数的方法。他将底栖动物分为 A、B 两类，A 类为敏感

种类，在污染状况下从未发现；B 类为耐污种类，污染状况下才出现。

$$贝克生物指数(BI) = 2n_A + n_B$$

式中：n_A——敏感底栖大型无脊椎动物的种类；

n_B——耐污底栖大型无脊椎动物的种类。

当 $BI=0$ 时，属于严重污染区域；当 $BI=1\sim6$ 时，为中等有机物污染区域；当 $BI=10\sim40$ 时，为清洁水区。

1974 年，津田松苗提出不限于在采样点采集，而是在拟评价的河段采集，再利用贝克公式计算和评价。当 $BI=0\sim5$ 时，属于极不清洁水区；当 $BI=6\sim14$ 时，为不清洁水区；当 $BI=15\sim29$ 时，为较清洁水区；当 $BI\geqslant30$ 时，为清洁水区。

2. 沙农-威尔姆-种类多样性指数法

在清洁的水域，生物种类多，每一种物种个体数小；污染水域中，生物种类少，每一种物种个体数大。

$$\bar{d} = -\sum_{i=1}^{s} \frac{n_i}{N} \log_2 \frac{n_i}{N}$$

式中：n_i——某一种群的个数；

N——种群数量。

种类越多，$\bar{d}$ 值越大，水质越好；种类越少，$\bar{d}$ 值越小，水质污染越严重。一般情况下，当 $\bar{d}<1.0$ 时，严重污染；当 $\bar{d}=1.0\sim3.0$ 时，中等污染；当 $\bar{d}>3.0$ 时，清洁。

二、细菌学检验法

水的细菌学检验，特别是肠道细菌的检验，在卫生学上具有重要意义。实际工作中，常以检验细菌总数，特别是检验作为粪便污染的指示细菌来间接地判断水的卫生学质量。

(一)水样的采集

严格按照无菌操作要求进行，防止在运输过程中被污染，并应迅速进行检验。一般从采样到检验不超过 2 h；在 10 ℃以下冷藏保存不超过 6 h。

自来水采样：首先用酒精灯灼烧水龙头灭菌或用 70%的酒精消毒，然后放水 3 min，再采集约为采样瓶容积 80%左右的水量。

江河湖库采样：将采样瓶沉入水面下 10~15 cm 处，瓶口朝水流上游方向，使水样灌入瓶内。需要采集一定深度的水样时，用采水器取样。

(二)细菌总数的测定

细菌总数是指 1 mL 水样在营养琼脂培养基中，于 36 ℃经 48 h 培养后，所生长的需氧菌和兼性厌氧菌总数。

1. 样品稀释

将样品用力振摇 20~25 次，使可能存在的细菌凝团分散。根据样品污染程度确定稀释倍数。以无菌操作方式吸取 10 mL 充分混匀的样品，注入盛有 90 mL 无菌水的三角烧瓶中，混匀成 1∶10 稀释样品。吸取 1∶10 的稀释样品 10 mL，注入盛有 90 mL 无菌水的三角烧瓶中，混匀成 1∶100 稀释样品。依次稀释 1∶1000、1∶10000 稀释样品。每个原始样品至少应稀释 3 个适宜浓度。

2. 接种

以无菌操作方式，用 1 mL 灭菌的移液管吸取充分混合均匀的样品或稀释样品 1 mL，注

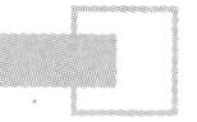

入灭菌平皿中，倾注15~20 mL冷却到44~47 ℃的营养琼脂培养基，并立即旋摇平皿，使样品或稀释样品与培养基充分混匀。每个样品或稀释样品倾注2个平皿。

3. 培养

待平皿内的营养琼脂培养基冷却凝固后，翻转平皿，使底面向上，在36±1 ℃条件下，恒温培养箱内培养48±2 h后，观察结果。

用无菌水做空白实验，培养后平皿上不得有菌落生长；否则，该次样品测定结果无效，应查明原因，并重新测定。

（三）总大肠菌群和粪大肠菌群的测定

总大肠菌群是指在37 ℃、24 h内能发酵乳糖产酸、产气的需氧及兼性厌氧的革兰氏阴性无芽孢杆菌，以每升水样中所含有的大肠菌群的数目来表示。

粪大肠菌群是指在44.5 ℃、24 h内能发酵乳糖产酸、产气的需氧及兼性厌氧的革兰氏阴性无芽孢杆菌，以每升水样中所含有的大肠菌群的数目来表示。

总大肠菌群和粪大肠菌群的测定方法有多管发酵法、滤膜法、酶底物法、纸片快速法等，具体见表7-3。

表7-3　常用的总大肠菌群和粪大肠菌群监测方法

分析方法	标准号	原理	浓度范围	适用范围
多管发酵法	HJ 347.2—2018	将样品加入含乳糖蛋白胨培养基的试管中，37 ℃初发酵富集培养，大肠菌群在培养基中生长繁殖分解乳糖产酸产气，产生的酸使溴甲酚紫指示剂由紫色变为黄色，产生的气体进入倒管中，指示产气。44.5 ℃复发酵培养，培养基中的胆盐三号可抑制革兰氏阳性菌的生长，最后产气的细菌确定为是粪大肠菌群。通过查MPN表，得出粪大肠菌群浓度值	检出限：12管法为3 MPN/L；15管法为20 MPN/L	地表水、地下水、生活污水和工业废水中粪大肠菌群的测定
滤膜法	HJ 347.1—2018	样品通过孔径为0.45 μm的滤膜过滤，细菌被截留在滤膜上，然后将滤膜置于MFC选择性培养基上，在特定的温度（44.5 ℃）下培养24 h。胆盐三号可抑制革兰氏阳性菌的生长，粪大肠菌群能生长并发酵乳糖产酸使指示剂变色，通过颜色判断是否产酸，并通过呈蓝色或蓝绿色菌落计数，测定样品中粪大肠菌群浓度	接种量100 mL时，检出限10 CFU/L； 接种量500 mL时，检出限2 CFU/L	地表水、地下水、生活污水和工业废水中粪大肠菌群的测定
酶底物法	HJ 1001—2018	在特定温度下培养特定的时间，总大肠菌群、粪大肠菌群和大肠埃希氏菌能产生β-半乳糖苷酶，将选择性培养基中的无色底物邻硝基苯-β-D-吡喃半乳糖苷分解为黄色的邻硝基苯酚；大肠埃希氏菌同时还能产生β-葡萄糖醛酸梅，将选择性培养基中的4-甲基伞形酮-β-D-葡萄糖醛酸苷分解为4-甲基伞形酮，在紫外灯照射下，产生荧光。统计阳性反应出现数量，查MPN表，分别计算样品中总大肠菌群、粪大肠菌群和大肠埃希氏菌的浓度值	检出限10 MPN/L	地表水、地下水、生活污水和工业废水中总大肠菌群、粪大肠菌群和大肠埃希氏菌的测定

表7-3(续)

分析方法	标准号	原理	浓度范围	适用范围
纸片快速法	HJ 755—2015	按照MPN法，将一定量的水样以无菌操作方式接种到吸附有适量指示剂(溴甲酚紫和2，3，5-氯化三苯基四氮唑，即TTC)以及乳糖等营养成分的无菌滤纸上，在特定的温度(37 ℃或44.5 ℃)培养24 h。当细菌生长繁殖时，产酸使pH值降低，溴甲酚紫指示剂由紫色变黄色。同时，产气过程相应的脱氢酶在适宜的pH值范围内，催化底物脱氢还原TTC，形成红色的不溶性三苯甲臜，即可在产酸后的黄色背景下显示出红色斑点(或红晕)。通过上述指示剂的颜色变化可对是否产酸产气作出判断，从而确定是否有总大肠菌群或粪大肠菌群存在，再通过查MPN表可得出相应总大肠菌群或粪大肠菌群的浓度值	检出限20 MPN/L	地表水、废水中总大肠菌群和粪大肠菌群的快速测定

第二节　空气污染生物监测

空气中的污染物多种多样，也可以利用指示植物或动物进行监测。动物的管理比较困难；而植物分布较广、容易管理，个别植物品种对特定空气污染物反应很敏感，能在达到人或动物的受害浓度之前，表现出一定的受害症状。此外，空气污染物还能在植物体内的特定部位蓄积，因此主要采用植物的方法进行空气污染的生物监测。

一、指示植物

植物在受到污染物侵袭后，表现出明显的伤害症状，或生长形态发生变化、果实或种子变化，以及生产力或产量变化，这种植物就是指示植物。主要的指示植物有草本植物、木本植物及地衣、苔藓等，详见表7-4。

表7-4　常见的空气污染指示植物

大气污染物	指示植物
二氧化硫	紫花苜蓿、棉株、元麦、大麦、小麦、大豆、芝麻、荞麦、辣椒、菠菜、胡萝卜、烟草、白杨等
二氧化氮	烟草、番茄、秋海棠、菠菜、向日葵等
氟化物	唐菖蒲、金荞麦、葡萄、杏梅、榆树叶、郁金香、山桃树、池柏、南洋楹等
臭氧	烟草、矮牵牛花、花生、马铃薯、洋葱、萝卜、丁香、牡丹等
氯气	白菜、菠菜、韭菜、番茄、菜豆、葱、向日葵、木棉、落叶松等
氨气	紫藤、杨树、杜仲、枫树、刺槐、棉株、芥菜等
过氧乙酰硝酸酯	繁缕、早熟禾、矮牵牛花等

二、植物在污染环境中的受害症状和特点

大气污染对植物造成危害的共同特点是：在污染源下风向的植物受害程度比上风向的植物重，并且受害植株往往呈带状或扇形分布；植物受害程度随着离污染源距离增大而减轻，

即使在同一植株上，面向污染源一侧的枝叶比背向的一侧受害明显；无建筑物等屏障阻挡的比有阻挡处的植物受害程度重；对大多数植物而言，成熟叶片及老龄叶片比新长出的嫩叶容易受伤害；植物受到两种或两种以上有害气体作用时，受害程度可能产生相加、相减或相乘等协同作用。

1. 二氧化硫污染

当植物受到SO_2污染时，一般其叶脉间叶肉最先出现淡棕红色斑点，经过一系列的颜色变化，最后出现漂白斑点，危害严重时，叶片边缘及叶肉全部枯黄，仅留叶脉仍为绿色。当空气中的SO_2浓度较高时，会使一些植物的叶脉产生不整齐的变色斑块(俗称烟斑)。在叶片外部观察时，可以看到烟斑部分逐渐枯萎变薄，最后枯死。

硫酸雾是以细雾状水滴附着在叶片上，故危害症状为叶片边缘光滑，呈现分散的浅黄色透明斑点，危害重时，则成孔洞，斑点或孔洞大小不一，直径多在 1 mm 左右。

2. 氮氧化物污染

NO_x对植物构成危害的浓度要大于SO_2等污染物。一般很少出现NO_x浓度达到能直接伤害植物的程度，但它能与O_3或SO_2混合在一起显示危害症状，首先在叶片上出现密集的深绿色水侵蚀斑痕，随后这种斑痕逐渐变成淡黄色或青铜色。损伤部位主要出现在较大的叶脉之间，但也会沿叶缘发展。

3. 氟化物污染

一般植物对氟化物气体很敏感，其危害症状是先在植物的叶尖或叶缘呈现伤斑，开始时这些部位发生萎黄，然后逐渐形成棕色斑块，在萎黄组织和正常组织之间有一条明显的分界线，随着受害程度加重，黄斑向叶片中部及靠近叶柄部分发展，最后叶片大部分枯黄，仅叶片主脉下部及叶柄附近仍保持绿色。

4. 臭氧污染

植物的成熟叶片对O_3的危害最敏感，所以总是在老龄叶片上发现危害症状。首先，栅栏组织细胞受害，然后是叶片受害。若出现细小斑点，则是急性伤害的标志，是栅栏细胞坏死所致。这种烟斑呈银灰色或褐色，并随着叶龄增长逐渐脱色，甚至连成一片，变成大块色斑，使叶子褪绿脱落。

5. 过氧乙酰硝酸酯污染

过氧乙酰硝酸酯(PAN)是大气中的二次污染物，对植物的伤害经常发生在幼龄叶片的尖部及敏感老龄叶片的基部，并随着所处环境温度增高而加重伤害程度。

三、监测方法

(一)盆栽植物监测法

先将指示植物在没有污染的环境中盆栽培植，待生长到适宜大小，移至监测点，观测它们的受害症状和程度。例如，用唐菖蒲监测大气中的氟化物，先在非污染区将其球茎栽培在直径 20 cm、高 10 cm 的花盆中，待长出 3~4 片叶子后，移至污染区，放在污染源的主导风向下风侧不同距离(如 5，10，50，500，1000，1150，1350 m)处，定期观察受害情况。

几天之后，如发现部分监测点上的唐菖蒲叶片尖端和边缘产生淡棕黄色片状伤斑，且伤斑部位与正常组织之间有一条明显的界线，则说明这些地方已受到严重污染。根据预先试验获得的氟化物浓度与伤害程度关系，即可估计出大气中氟化物浓度。如果一周后，除最远的监测点外，都发现了唐菖蒲不同程度的受害症状，说明该地区的污染范围至少达 1150 m。

也可以用植物监测器进行大气污染监测。监测器由 A、B 两室组成：A 室为测量室，B 室为对照室。将同样大小的指示植物分别放入两室，用气泵将污染空气以相同流量分别打入 A、B 室的导管，并在通往 B 室的管路中串接一个活性炭净化器，以获得净化空气。待通入足够量的污染空气后，即可根据 A 室内指示植物出现的症状和预先确定的与污染物浓度的相关关系或变色色阶估算空气中的污染物浓度。

(二)现场调查法

选择监测区域现有植物作为大气污染的指示植物。该方法需先通过调查和试验，确定现场生长的植物对有害气体的抗性等级，将其分为敏感植物、抗性中等植物和抗性较强植物三类。

如果敏感植物叶部出现受害症状，表明大气已受到轻度污染；当抗性中等植物出现明显受害症状，有些抗性较强的植物也出现部分受害症状，则表明大气已受到严重污染。同时，根据植物叶片呈现的受害面积症状和受害百分数，可以判断主要污染物和污染程度。

1. 植物群落调查法

调查现场植物群落中各种植物的受害症状估测大气污染情况。表 7-5 为排放 SO_2 的化工厂附近植物群落的调查结果。对 SO_2 抗性强的植物(如构树、马齿苋等)也受到伤害，表明该厂附近的大气已受到严重污染。

表 7-5 某厂周边植物群落受害情况

调查植物	受害情况
加拿大白杨、悬铃木	80%～100%叶片受害，甚至脱落
桧柏、丝瓜	叶片有明显的大块伤斑，部分植株枯死
玉米、向日葵、菊花、牵牛花、葱	50%左右叶面积受害，叶脉间有点、块状伤斑
月季、香椿、蔷薇、乌柏、枸杞	30%左右叶面积受害，叶脉间有轻度点、块状伤斑
构树、葡萄、马齿苋、金银花	10%左右叶面积受害，叶片上有轻度点状斑
蜡梅、广玉兰、栀子花、大叶黄杨	无明显症状

2. 地衣、苔藓调查法

地衣和苔藓是低等植物，分布广泛，对某些污染物反应敏感。例如，SO_2 的年平均浓度在 $(0.15\sim1.05)\times10^{-7}$ 范围内，就可以使地衣绝迹；浓度达 1.7×10^{-8} 时，大多数苔藓便不能生存。

调查树干上的地衣和苔藓的种类和数量可以估计大气污染的程度。在工业城市，通常距市中心越近，地衣的种类越少，重污染区内一般仅有少数壳状地衣分布；随着污染程度减轻，出现枝状地衣；在轻污染区，叶状地衣数目最多。对于没有适当的树木和石壁观察地衣和苔藓的地方，可以进行人工栽培，并放在苔藓监测器中进行监测。苔藓监测器的组成和测定原理与前面介绍的指示植物监测器相同，只是可以更小型化。

3. 树木年轮调查法

剖析树木的年轮，可以了解到所在地区大气污染的历史。在气候正常、未遭受污染的年份，树木的年轮宽；大气污染严重或气候恶劣的年份，树木的年轮窄。还可以用 X 射线对年轮材质进行测定，判断其污染情况，污染严重的年份木质密度相对较小，正常年份木质密度

相对较大，它们对X射线的吸收程度不同。

（三）其他监测法

还可以用生产力测定法、理化监测法等来监测大气污染。生产力测定法是利用测定指示植物在污染的大气环境中进行光合作用等生理指标的变化来反映污染状况，如植物进行光合作用产生氧能力的测定、叶绿素的测定等。

利用理化监测法可以测定植物中污染物的含量，根据植物吸收积累的污染物的量来判断污染情况。

第三节　被污染生物监测

环境污染物的含量和其他环境条件改变的强度大小随着时间而变化，这些变化是因污染物的排放量不稳定而造成的。理化监测只能代表取样期间的状况，而生活于这一区域内的生物能把一定时间内环境变化情况反映出来。

一、污染物在生物体内的分布

掌握污染物质进入生物体的途径及迁移和在各部位的分布规律，对正确采集样品，选择测定方法和获得正确的测定结果是十分重要的。

1. 植物对污染物的吸收及在体内分布

空气污染物主要通过黏附、从叶片气孔或茎部皮孔侵入方式进入植物体内。

黏附是指污染物黏附在植物表面的现象。例如，植物表面对空气中农药、粉尘的黏附，其黏附量与植物的表面大小、表面性质及污染物的性质、状态有关。表面积大、表面粗糙、有绒毛的植物比表面积小、表面光滑的植物黏附量大；对黏度大的污染物、乳剂比对黏度小的污染物、粉剂黏附量大。

黏附在植物表面的污染物可因蒸发、风吹或随雨流失而脱离植物，脂溶性或内吸传导性农药，可渗入作物表面的腊质层或组织内部，被吸收、输导分布到植株汁液中。这些农药在外界条件和体内酶的作用下，逐渐降解、消失，但稳定性农药的这种分解、消失速度缓慢，直到作物收获时，往往还有一定的残留量。试验结果表明，作物体上残留农药量的减少通常与施药后的间隔时间成指数函数关系。

气态污染物（如氟化物）主要通过植物叶面上的气孔进入叶肉组织，首先溶解在细胞壁的水分中，一部分被叶肉细胞吸收，大部分沿纤维管束组织运输，在叶尖和叶缘中积累，使叶尖和叶缘组织坏死。

植物通过根系从土壤或水体中吸收水溶态污染物，其吸收量与污染物的含量、土壤类型及植物品种等因素有关。污染物含量高，植物吸收的就多；在沙质土壤中的吸收率比在其他土质中的吸收率要高；对丙体六六六（林丹）的吸收率比其他农药高；块根类作物比茎叶类作物吸收率高；水生作物的吸收率比陆生作物高。

污染物进入植物体后，在各部位分布和蓄积情况与植物吸收污染物的途径、植物品种、污染物的性质、浓度及其作用时间等因素有关。从土壤和水体中吸收污染物的植物，一般分布规律和残留量的顺序是：根>茎>叶>穗>壳>种子。表7-6为成熟期水稻各部位中的含镉量；表7-7为氟污染区蔬菜不同部位的含氟量。

从空气中吸收污染物的植物，一般叶部残留量最大。

表 7-6 成熟期水稻各部位中的含镉量

植株部位		含镉量		
		μg/g 干样	%	Σ%
地上部位	叶、叶鞘	0.67	3.5	15.2
	茎杆	1.70	9.0	
	穗轴	0.20	1.1	
	穗壳	0.16	0.8	
	糙米	0.15	0.8	
根系部分		16.12	84.4	84.8

表 7-7 氟污染区蔬菜不同部位的含氟量 单位：μg/g

作物品种	叶片	根	茎	果实
番茄	149	32.0	19.5	2.5
茄子	107	31.0	9.0	3.8
黄瓜	110	50.0	—	3.6
菜豆	164	—	33.0	17.0
菠菜	57.0	18.7	7.3	—
青萝卜	34.0	3.8	—	—
胡萝卜	3.0	2.4	—	—

污染物在植物体内的富集部位与其渗透能力有密切关系，见表 7-8 和表 7-9。渗透能力强的农药富集于果肉、米粒之中；渗透能力弱的农药多停留在果皮、米糠之中。

表 7-8 农药在稻谷中的蓄积情况

农药品名	糠/%	米/%	农药品名	糠/%	米/%
DDT	70	30	苯硫磷	80	20
γ-六六六	40	60	乙拌磷	65	35
马拉硫磷	87	13	倍硫磷	94	6

表 7-9 农药在水果中的蓄积情况

农药品名	水果品种	果皮/%	果肉/%	农药品名	水果品种	果皮/%	果肉/%
DDT	苹果	97	3	异狄氏剂	柿子	96	4
西维因	苹果	22	78	杀螟松	葡萄	98	2
敌菌丹	苹果	97	3	乐果	桔子	85	15
倍硫磷	桃	70	30				

由表 7-8 和表 7-9 可见，γ-六六六在水中的溶解度大，易渗透并蓄积在白米中，富集量达 60%；而倍硫磷等主要蓄积在米糠中。DDT、敌菌丹、异狄氏剂、杀螟松等渗透能力弱，95%以上富集在果皮部位；而西维因渗透能力强，78%蓄积于苹果果肉中。

2. 污染物在动物体内的分布

环境中的污染物一般通过呼吸道、消化道、皮肤等途径进入动物体内。

空气中的气态污染物、粉尘从鼻、咽、腔进入气管，有的可到达肺部。其中，水溶性较大的气态污染物在呼吸道黏膜上被溶解，极少进入肺泡；直径小于 5 μm 的粉尘颗粒可到达肺泡，而直径大于 10 μm 的尘粒大部分被黏附在呼吸道和气管的黏膜上。水溶性较小的气态物质，绝大部分可到达肺泡。

水和土壤中的污染物质主要通过饮用水和食物摄入，经消化道被吸收。由呼吸道吸入并沉积在呼吸道表面上的有害物质，也可以咽到消化道，再被吸收进入体内。整个消化道都有吸收作用，但主要吸收部位是小肠。

皮肤是保护肌体的有效屏障，但具有脂溶性的物质（如四乙基铅、有机汞化合物、有机锡化合物等）可以通过皮肤吸收后，进入动物肌体。

动物吸收污染物质后，主要通过血液和淋巴系统传输到全身各组织发生危害。按照污染物性质和进入动物组织的类型不同，大体有以下几种分布规律：能溶解于体液的物质，如钠、钾、锂、氟、氯、溴等离子，在体内分布比较均匀；镧、锑、钍等三价或四价阳离子，水解后，生成胶体，主要蓄积于肝或其他网状内皮系统；与骨骼亲和性较强的物质，如铅、钙、钡、锶、镭、铍等二价阳离子在骨骼中的含量较高；对某一种器官具有特殊亲和性的物质，则在该种器官中蓄积较多。如碘对甲状腺，汞、铀对肾脏有特殊亲和性；脂溶性物质，如有机氯化合物（六六六、DDT 等）易蓄积于动物体内的脂肪中。

二、生物样品的采集、制备和预处理

（一）生物样品的采集

1. 植物样品的采集

首先应对污染源的分布、污染类型、植物的特征、地形地貌、灌溉出入口等因素进行综合考虑，选择合适的地段作为采样区。然后在采样区内划分若干小区，采用适宜的方法布点，确定代表性的植株。不要采集田埂、地边及距田埂地边 2 m 以内的植株。最后根据要求，在植物不同生长发育阶段，施药、施肥前后，适时采样监测，分别采集植株的不同部位，如根、茎、叶、果实，不能将各部位样品随意混合。

（1）布点方法。在划分好的采样小区内，常采用梅花形五点取样法或交叉间隔取样法确定代表性的植株，如图 7-1 所示。

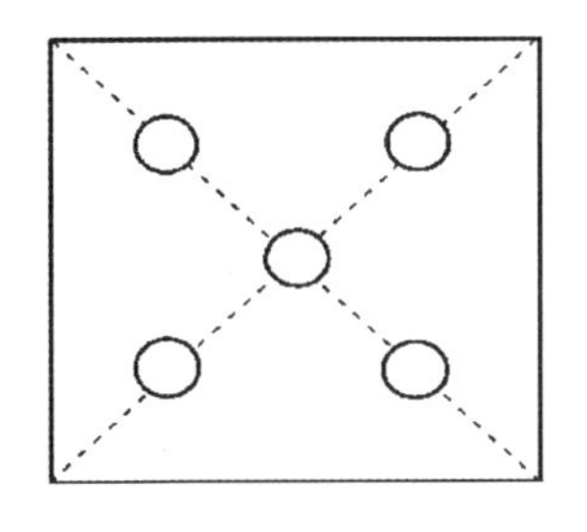

（a）梅花形布点法

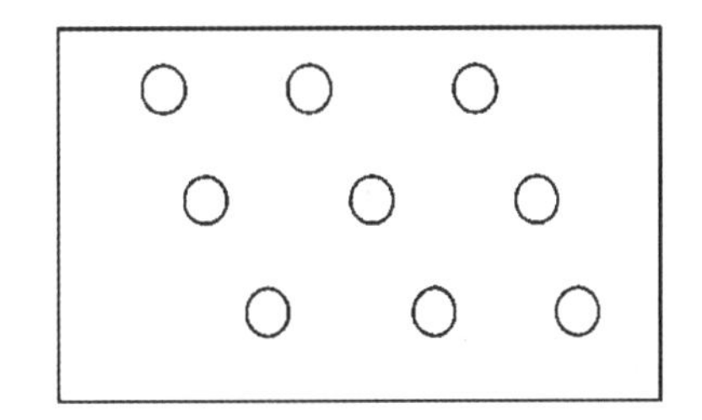

（b）交叉间隔取样法

图 7-1　植物样品采集布点方法

当农作物监测与土壤监测同时进行时，农作物样品的采集应与土壤样品同步采集，农作物采样点就是农田土壤采样点。

（2）采样方法。在每个采样小区内的采样点上，分别采集 5~10 个植株的不同部位，将同部位混合成一个代表样品。按照要求采集植株的根、茎、叶、果等不同部位。采集根部时，尽量保持根部的完整，不准浸泡，洗净后，用纱布擦干。如果采集果树，要注意树龄、株型、生长势、载果数量和果实着生的部位。对于鲜样分析，最好把植株连根带泥一同挖起，用湿布包住，不使其萎缩，水生植物（如浮萍、藻类等）应全株采集。带回的样品应立即放在干燥通风处晾干，鲜样分析的样品要马上处理或暂时冷藏。

2. 动物样品的采集

根据污染物在动物体内的分布规律，常选择性地采集动物的尿、血液、唾液、胃液、乳液、粪便、毛发、指甲、骨骼或脏器等作为样品进行污染物分析测定。

尿的采集。可一次性收集，也可以收集 8 h 或 24 h 的总排尿量样。可用于测定铅、锰、钙、氟等。

血液的采集。一般用注射器抽取 10 mL 血样于洗净的玻璃试管中，盖好、冷藏备用。有时需加入抗凝剂，如二溴酸盐。可用于测定铅、汞、氟、酚等。

毛发和指甲的采集。样品采集后，用中性洗涤剂洗涤，去离子水冲洗，最后用乙醚或丙酮洗净，室温下充分晾干后，保存备用。可用于测定汞、砷等。

组织和脏器采集。组织和脏器的采集对象，常根据研究的需要，取肝、肾、心、肺、脑等部位组织作为检验样品，采集到样品后，常利用组织捣碎机捣碎、混匀，制成浆状鲜样备用。

(二)生物样品的制备

1. 植物样品的制备

鲜样制备。将采集的样品用清水或去离子水洗净，晾干或拭干，切碎、混匀，再用电动高速组织捣碎机制成匀浆。对于纤维含量较高的样品，剪碎后，用研钵研磨。可用于易挥发、转化或降解的毒物及营养成分等测定。

干样制备。先将洗净风干(或 40~60 ℃下低温烘干)的样品去除灰尘、杂物，剪碎，再用磨碎机磨碎，过筛(1 mm 筛孔或 0.25 mm 筛孔)，备用。在处理过程中，注意避免金属器械和筛子等污染，某些金属含量样品应用玛瑙研钵研磨、尼龙筛过筛、聚乙烯瓶保存。可用于稳定污染物，如某些金属元素、非金属元素或有机农药等的测定。

2. 动物样品的制备

对于液体状态的动物样品(如尿液、血液等)常无需制备。

对动物组织和脏器主要采用捣碎的方法制成浆状鲜样备用。

(三)生物样品的预处理

由于生物样品中含有大量的有机物(母质)，且所含有害物质一般都在痕量或超痕量级范围，因此，测定前，必须对样品进行分解，对待测组分进行富集和分离，或对干扰组分进行掩蔽等。

1. 消解与灰化

测定生物样品中金属或非金属元素时，需要将样品中的有机物基体分解，把待测组分转变成简单的无机化合物或单质，再进行测定，常用的方法有湿法消解和干法灰化。

(1)湿法消解。与土壤样品处理相同。

(2)干法灰化。一般 450~550 ℃或更高温度下，采用石英、铂、银、聚四氟乙烯等材质坩锅，使用马弗炉进行灰化，再用稀硝酸或盐酸溶解灰分，供分析测定。该法不宜处理易挥发物质。

2. 提取、分离和浓缩

(1)提取方法。① 振荡浸取法：将切碎的生物样品置于容器中，加入溶剂，置于振荡器上振荡浸取一定时间，然后滤出溶剂，供分析测定。常用于蔬菜、水果、粮食等样品污染成分的测定。② 组织捣碎提取：将切碎的生物样品置于组织捣碎机中，加入适当的提取剂，快速搅拌 3~5 min，过滤，滤液供分析测定。常用于动植物组织中有机污染物质的提取。③ 脂肪提取器：又称索氏提取器，将制备好的生物样品用滤纸包好，置于索氏提取器的提取筒内，向蒸馏烧瓶中加入适量的溶剂，连接好回流装置，在水浴中加热，溶剂蒸气经侧管进入冷凝

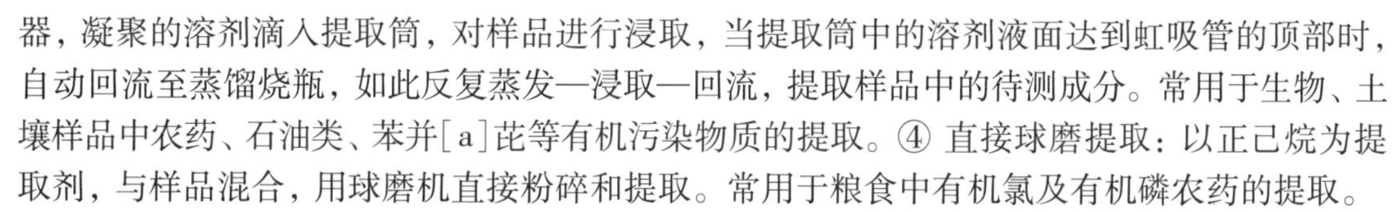

器，凝聚的溶剂滴入提取筒，对样品进行浸取，当提取筒中的溶剂液面达到虹吸管的顶部时，自动回流至蒸馏烧瓶，如此反复蒸发—浸取—回流，提取样品中的待测成分。常用于生物、土壤样品中农药、石油类、苯并[a]芘等有机污染物质的提取。④ 直接球磨提取：以正己烷为提取剂，与样品混合，用球磨机直接粉碎和提取。常用于粮食中有机氯及有机磷农药的提取。

(2)分离方法。液液萃取法、蒸馏法和气提法与水和废水监测的分离方法相同。① 层析法：将生物样品的提取液通过装有吸附剂的层析柱，提取物被吸附在吸附剂上，再用适当的溶剂洗脱，测定洗脱液中待测成分的含量。常用的吸附剂有硅酸镁、活性炭、氧化铝、硅藻土、纤维素、高分子微球、网状树脂等。常用于农药残留成分的分离。② 磺化法：利用提取液中的脂肪、腊质等干扰物质能与浓硫酸发生磺化反应，生成极性很强的磺酸基化合物，并进入硫酸层，经分离并洗脱硫酸、脱水后，得到纯化的提取液供测定。常用于有机氯农药的分离，不适合分离易被酸分解或与酸起反应的有机磷、氨基甲酸酯类农药。③ 皂化法：油脂等能与强碱发生皂化反应，生成脂肪酸盐而被分离。常用于分离粮食中石油烃。④ 低温冷冻法：利用不同物质在同一溶剂中的溶解度不同实现分离。常用于分离生物样品中农药残留成分。

(3)浓缩方法。常见的浓缩方法有蒸馏法、K-D浓缩器法、蒸发法等。

三、生物污染监测方法

生物污染的监测方法与水体、土壤污染的监测方法大同小异，都是处理成溶液后，对溶液进行测定，所不同的主要是样品的预处理方法。另外，由于生物体中污染物的含量一般很低，所以需要选用灵敏度较高的现代分析仪器进行痕量或超痕量分析。以下介绍几种常见的污染指标监测方法。

1. 植物样品中氟化物的测定

测定植物中的氟化物可用氟试剂分光光度法或离子选择电极法。样品预处理方法有干灰法和提取法。

干灰法。用碳酸钠作为氟的固定剂，在500~600 ℃灰化，残渣洗出后，加入浓H_2SO_4，用水蒸气蒸馏法蒸馏(温度控制在137±2 ℃)，收集馏出液，加入氟试剂显色，于620 nm处测定吸光度，对照标准溶液定量。也可以用氧燃烧瓶法处理样品，用氟离子选择电极法测定。

提取法。将制备好的样品用0.05 mol/L硝酸进行一次浸取，再用0.1 mol/L氢氧化钠溶液进行二次浸取，使样品中的氟转入浸取液中。以柠檬酸溶液作为离子强度调节缓冲剂，用氟离子选择电极在pH值为5~6范围直接测定。这种方法不能测定难溶氟化物和有机氟化物。

2. 血铅分析

一般用注射器抽取血样10 mL，放入试管中备用。血液的预处理过程比较简单，常用的预处理方法有湿法消解法、灰化法、萃取、加酸沉淀蛋白质、加水稀释，甚至仅将血样在电热板上烘干后，直接引入原子吸收分光光度仪进行测定。

3. 作物中苯并[a]芘的测定

称取适量的经制备的样品，放入脂肪提取器中，加入石油醚(或正已烷)与氢氧化钾-乙醇溶液进行皂化和提取。其中，油脂等杂质被皂化而进入水相，苯并[a]芘等非皂化物仍留在有机相中，用二甲基亚砜液相分配提取或用氧化铝填充柱层析纯化(以纯苯洗脱)。将提取液或洗脱液移入K-D浓缩器中，加热浓缩至0.05 mL，点于乙酰化纸上进行层析分离。所得苯并[a]芘斑点用丙酮洗脱，于荧光分光光度计上，在激发波长367 nm，以及荧光发射波长402，405，408 nm处分别测定洗脱液的荧光强度，计算苯并[a]芘的相对荧光强度，对照标准苯并[a]芘样品的相对荧光强度，计算出作物中苯并[a]芘的含量。

4. 毛发中含汞量的测定

汞进入机体后，仅少量能到达毛发，故检测发汞量可反映体内过去汞的负荷量，分段分析发汞量可反映不同时期接触汞的量。

测定时，将发样用 50 ℃中性洗涤剂水溶液洗 15 min，然后用乙醚浸洗 5 min。将洗净的发样在空气中晾干，用不锈钢剪剪成 3 mm 长，保存备用。准确称取 30~50 mg 洗净的干燥发样于 50 mL 烧杯中，加入 5% $KMnO_4$ 8 mL，小心加入浓硫酸 5 mL，盖上表面皿。小心加热至发样完全消化，如消化过程中紫红色消失，应立即滴加 $KMnO_4$。冷却后，滴加盐酸羟胺至紫红色刚消失，以除去过量的 $KMnO_4$，所得溶液不应有黑色残留物或发样。稍静置（去氯气），转移到 25 mL 容量瓶稀释至标线。按照规定调好测汞仪，将标准液（绘制标准曲线用）和样品液分别倒入 25 mL 翻泡瓶中，加入 2 mL 10%氯化亚锡，迅速塞紧瓶塞，开动仪器进行测定，用标准曲线法进行定量分析。

5. 粮食作物中有害金属及类金属元素测定

首先从前面介绍的植物样品采集和制备方法中选择适宜的方法采集和制备样品，然后用湿法消解或干法灰化制备成样品溶液，最后用原子吸收光谱法或分光光度法测定。

6. 水果、蔬菜和谷类中有机磷农药测定

首先，根据样品类型选择适宜的制备方法，对样品进行制备，如粮食样品用粉碎机粉碎、过筛，蔬菜用捣碎机制成浆状；然后，取适量的制备好的样品，加入水和丙酮提取农药，经减压抽滤，所得滤液加入足够的氯化钠固体，使溶液处于氯化钠饱和状态，并将丙酮相和水相分离，水相中的农药再用二氯甲烷萃取，分离所得二氯甲烷萃取液与丙酮提取液合并，用无水硫酸钠脱水后，于旋转蒸发仪中浓缩至约 2 mL，移至 5~25 mL 容量瓶中，用二氯甲烷定容供测定；最后，分别取混合标准液和样品提取液注入气相色谱仪，用火焰光度检测器（FPD）测定，根据样品溶液峰面积或峰高与标准溶液峰面积或峰高进行比较定量。

7. 鱼组织中有机汞和无机汞测定

（1）巯基棉富集-冷原子吸收法。该方法可以分别测定样品中的有机汞和无机汞。称取适量的制备好的鱼组织样品，加入 1 mol/L 盐酸浸提出有机汞和无机汞化合物。首先将提取液的 pH 值调节至 3，用巯基棉富集两种形态的汞化合物；然后用 2 mol/L 盐酸洗脱有机汞化合物；最后再用氯化钠饱和的 6 mol/L 盐酸洗脱无机汞，分别收集并用冷原子吸收法测定。

（2）气相色谱法测定甲基汞。鱼组织中的有机汞化合物和无机汞化合物用 1 mol/L 盐酸提取后，首先用巯基棉富集和盐酸溶液洗脱，其次用苯萃取洗脱液中的甲基汞，再次用无水硫酸钠除去有机相中的残留水分，最后用气相色谱法电子捕获检测器（ECD）测定甲基汞的含量。

复习题

（1）说明贝克生物指数法、生物种类多样性指数法评价水质优劣的原理的不同之处和优缺点。

（2）简述测定自来水中细菌学指标的采样步骤及注意事项。

（3）简述多管发酵法测定水源水中总大肠菌群的初发酵操作步骤。

（4）常用哪些方法提取生物样品中的有机污染物？脂肪提取器提取法有何优点？

（5）用指示植物监测空气污染的原理是什么？试举例说明。

（6）简述污染物进入动植物体内后的分布规律。

第八章　放射性污染监测

第一节　放射性污染基础知识

环境放射性监测是环境保护工作中的一项重要任务，尤其在当今世界，原子能工业迅速发展，核武器爆炸、核事故屡有发生，放射性物质在医学、国防、航天、科研、民用等领域的应用不断扩大，有可能使环境中的放射性水平高于天然本底值，甚至超过规定标准，构成放射性污染，危害人体和生物。为此，有必要对环境中的放射性物质进行经常性的检测和监督。

一、放射性

(一)放射性核衰变

(1)核蜕变。不稳定的原子核能自发地有规律地改变其结构，从原子核内部放出电磁波(γ)或带有一定能量的粒子(α、β)，降低其能级水平，转化为结构稳定的核，这种现象叫作核蜕变或“放射性核蜕变”。

(2)放射性。在衰变过程中，不稳定的原子核能自发地放出α、β、γ射线，使本身物理和化学性质发生变化的现象，称为“放射性”。

(二)放射性衰变的类型

(1)α衰变。α衰变是不稳定重核(一般原子序数大于82)自发地放出${}_{2}^{4}He$核(α粒子)的过程。

$${}_{Z}^{A}X \rightarrow {}_{Z-2}^{A-4}Y+\alpha\text{，如}{}_{88}^{226}Ra \rightarrow {}_{86}^{222}Rn+{}_{2}^{4}He(\alpha\text{粒子})$$

α粒子的质量大、速度小，照射物质时，易使其原子、分子发生电离或激发，但穿透能力小，只能穿过皮肤的角质层。

(2)β衰变。β衰变是放射性核素放射β粒子(即快速电子)的过程，它是原子核内质子和中子发生互变的结果。β衰变可分为正β衰变、负β衰变和电子俘获三种类型。

1)β^+衰变。核素中质子转变为中子并发射正电子和中微子的过程。

$${}_{Z}^{A}X \rightarrow {}_{Z-1}^{A}Y+e^{+}+v\text{，如}{}_{7}^{13}N \rightarrow {}_{6}^{13}C+e^{+}+v+\text{中微子}$$

2)β^-衰变。β^-衰变是核素中的中子转变为质子并放出一个β^-粒子和中微子的过程。β^-粒子实际上是带一个单位负电荷的电子。

$${}_{Z}^{A}X \rightarrow {}_{Z+1}^{A}Y+e^{-}+v\text{，如}{}_{6}^{14}C \rightarrow {}_{7}^{14}N+e^{-}+v+\text{中微子}$$

β射线的电子速度比α射线高10倍以上，其穿透能力较强，在空气中能穿透几米至几十米才被吸收；与物质作用时，可使其原子电离，也能灼伤皮肤。

3)电子俘获。不稳定的原子核俘获一个核外电子，使核中的质子转变成中子并放出一个

中微子的过程。

$$ {}_{Z}^{A}X+e\rightarrow{}_{Z-1}^{A}Y+X，如{}_{26}^{55}Fe+e^{-}\xrightarrow{K电子俘获}{}_{25}^{55}Mn+v+中微子 $$

(3)γ 衰变。γ 射线是原子核从较高能级跃迁到较低能级或者基态时所放射的电磁辐射。这种跃迁对原子核的原子序和原子质量数都没有影响，所以称为同质异能跃迁。某些不稳定的核素经过 α 或 β 衰变后，仍处于高能状态，很快(10~13 s)再发射出 γ 射线而达稳定态。

γ 射线是一种波长很短的电磁波(为 0.007~0.1 nm)，故穿透能力极强，它与物质作用时，产生光电效应、康普顿效应、电子对生成效应等。

在实际衰变过程中，可能发生多种衰变方式同时进行，或多级衰变，如图 8-1 所示。

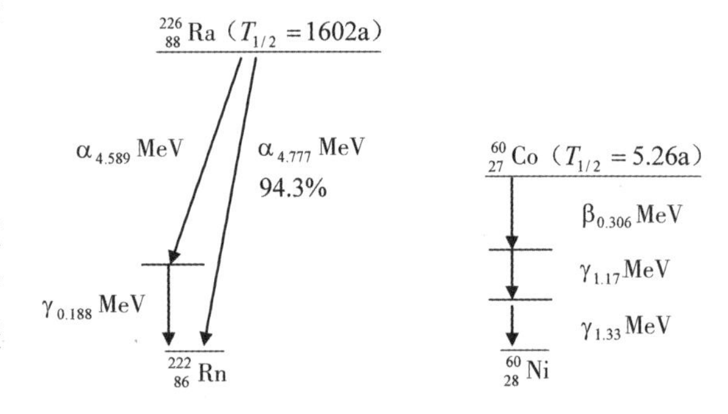

图 8-1 ^{226}Ra 和^{60}Co 的核衰变过程示意图

(三)放射性活度和半衰期

(1)放射性活度。放射性活度系指单位时间内发生核衰变的数目，活度单位的专用名称为贝可，记为 Bq，1 Bq=1 s^{-1}，可表示为：

$$A=dN/dt=\lambda N$$

式中：A——放射性活度；

N——某时刻的放射性核素数；

t——时间，s；

λ——衰变常数，表示放射性核素在单位时间内的衰变概率，如表 8-1 所示。

表 8-1 放射性同位素的半衰期和衰变常数

放射性同位素	半衰期(10^9a)	衰变常数($10^{-9}a^{-1}$)	子体
^{238}U	4.4680±0.0024	0.155125	^{206}Pb
^{235}U	0.70381±0.00048	0.98485	^{207}Pb
^{232}Th	14.01±0.07	0.049745	^{208}Pb
^{40}K	1.2505	0.0581	^{40}Ca
	1.2505	0.4962	^{40}Ar
^{87}Rb	48.8	0.0142	^{87}Sr
^{147}Sm	106	0.00645	^{143}Nd

(2)半衰期。半衰期($T_{1/2}$)是指放射性的核素因衰变而减少到原来的一半时所需的时间。衰变常数与半衰期之间有一定关系：$T_{1/2}=0.693/\lambda$，见表 8-1。

二、照射量和剂量

1. 照射量

照射量被定义为：

$$X = dQ/dm$$

式中：X——照射量，用来度量 X 射线或 γ 射线在空气中电离能力的物理量。它的国际单位制单位为 C/kg，与它暂时并用的专用单位是伦琴(R)，简称伦，1 R=2.58×10^{-4} C/kg；

dQ——γ 或 X 射线在空气中完全被阻止时，引起质量为 dm 的某一体积元的空气电离所产生的带电粒子(正的或负的)的总电量值，C。

伦琴单位的定义是凡 1 伦琴 γ 或 X 射线照射 1 cm^3 标准状态下的空气，能引发空气电离产生 1 静电单位正电荷和负电荷的带电粒子。仅适用于 γ 或 X 射线透过空气介质的情况。

2. 吸收剂量

吸收剂量是表示在电离辐射与物质发生相互作用时，单位质量的物质吸收电离辐射能量大小的物理量。其定义式为：

$$D = \mathrm{d}\,\bar{\varepsilon}/\mathrm{d}m$$

式中：D——吸收剂量，国际单位制单位为 J/kg，单位的专门名称为戈瑞，用符号 Gy 表示；

$\mathrm{d}\,\bar{\varepsilon}$——电离辐射给予质量为 d$m$ 的物质的平均能量。

吸收剂量 1 戈瑞(1 J/kg)时的能量效应：

(1)水温升高。水的比热容 4.2×10^3 J/(kg·℃)，水温上升 = $1/(4.2\times10^3) = 2.4\times10^{-4}$ ℃。

(2)转化为物体的动能。$mD=(1/2)mv^2$，$v=1.4$ m/s。

(3)转化为物体的势能。$mD=mgh$，$h=0.1$ m。

3. 剂量当量

剂量当量(H)定义为：在生物机体组织内所考虑的一个体积单元上吸收剂量、品质因数和所有修正因素的乘积，即

$$H=DQN$$

式中：D——吸收剂量，Gy；

Q——品质因素，其值决定于导致电离粒子的初始动能、种类及照射类型等；

N——所有其他修正因素的乘积。它反映了吸收剂量不均匀的空间和时间分布等因素。国际辐射防护委员会指定 $N=1$，不论是内照射还是外照射。

剂量当量的国际单位制单位为 J/kg，专用单位名称为希沃特(Sv)。只限于辐射防护中使用，用于人体或高级动物，即必须是有生命的物质或动物。表 8-2 表明了品质因数与照射类型、射线种类的关系。

表 8-2　品质因数与照射类型、射线种类的关系

照射类型	射线种类	品质因素
外照射	X、γ	1
	热中子及能量小于 0.005 MeV 的中能中子	3
	中能中子(0.02 MeV)	5
	中能中子(0.1 MeV)	8
	快中子(0.5~10 MeV)	10
	重反冲核	20
内照射	β^-、β^+、γ、X	1
	α	10
	裂变碎片、α 射线中的反冲核	20

注：外照射是指宇宙射线和地面上天然放射性核素放射的 β 和 γ 射线对人体的照射；内照射是指通过呼吸和消化系统进入人体内部的放射性造成的照射。

三、放射性污染来源

1. 天然放射性核素

(1)宇宙射线及其引生的放射性核素。宇宙射线是一种从宇宙空间射到地面来的射线，由初级宇宙射线和次级宇宙射线组成。初级宇宙射线是指从宇宙空间射到地球大气层的高能辐射，主要成分是质子、α 粒子及原子序数 $Z \geqslant 3$ 的轻核和高能电子。次级宇宙射线是初级宇宙射线进入大气层后，与空气中的原子核相互碰撞，引起核反应，并产生一系列其他粒子，通过这些粒子自身转变或进一步与周围物质发生作用而形成，主要包括介子、核子和电子。

(2)天然系列放射性核素。铀系，其母体是^{238}U；锕系，其母体是^{235}U；钍系，其母体是^{232}Th。这些母体具有极长的半衰期；每一系列中都含有放射性气体 Rn 核素，且末端都是稳定的 Pb 核素。

(3)自然界中单独存在的核素。这类核素约有 20 种，如存在于人体中的^{40}K($T_{1/2}=1.26\times10^{9}a$)。它们的特点是具有极长的半衰期，其中最长者为$^{209}Bi$，$T_{1/2}>2\times10^{18}a$，而$^{40}K$ 是其中半衰期最短的。它们的另一个特点是强度极弱，只有采用极灵敏的检测技术才能发现它们。

2. 人为放射性核素

(1)核试验及航天事故。包括大气层核试验、地下核爆炸冒顶事故及外层空间核动力航具事故等。其核裂变产物包括 200 多种放射性核素，如^{89}Sr、^{90}Sr、^{137}Cs、^{131}I、^{14}C、^{239}Pu 等。核爆炸的裂变碎片及卷进火球的尘埃等变为蒸气，凝结成微粒或附着在其他尘粒上而形成放射性沉降物，可长期飘浮在大气中，成为放射性尘埃。

(2)核工业。包括原子能反应堆、原子能电站、核动力舰艇等，它们在运行过程中排放含各种核裂变产物的“三废”排放物。特别是发生事故时，将会有大量的放射性物质泄漏到环境中，造成严重的污染事故。

(3)工农业、医学、科研等部门的排放废物。这些部门使用的放射性核素日益广泛，其排放废物也是主要的人为污染源之一。例如，医学上使用^{60}Co、^{131}I 等放射性核素已达几十种；发光钟表工业应用放射性同位素作为长期的光激发源；科研部门利用放射性同位素进行示踪试验等。

(4)放射性矿的开采和利用。在稀土金属矿和其他共生金属矿开采、提炼过程中，其“三废”排放物中含有铀、钍、氡等放射性核素，将造成所在局部地区的污染。

四、放射性核素在环境中的分布

(1)在土壤和岩石中的分布。土壤和岩石中天然放射性核素的含量变动很大，主要决定于岩石层的性质及土壤的类型，见表 8-3。

表 8-3　土壤、岩石中天然放射性核素的含量　　单位：Bq/g

核素	土壤	岩石
^{40}K	$2.96\times10^{-2}\sim8.88\times10^{-2}$	$8.14\times10^{-2}\sim8.14\times10^{-1}$
^{226}Ra	$3.7\times10^{-3}\sim7.03\times10^{-2}$	$1.48\times10^{-2}\sim4.81\times10^{-2}$
^{232}Th	$7.4\times10^{-4}\sim5.55\times10^{-2}$	$3.7\times10^{-3}\sim4.81\times10^{-1}$
^{238}U	$1.11\times10^{-3}\sim2.22\times10^{-2}$	$1.48\times10^{-2}\sim4.81\times10^{-1}$

（2）在水体中的分布。海水中的天然放射性核素主要是^{40}K、^{87}Rb和铀系元素，其含量与所处地理区域、流动状态、淡水和淤泥入海情况等因素有关，见表8-4。淡水中天然放射性核素的含量与所接触的岩石、水文地质、大气交换及自身理化性质等因素有关。一般地下水所含放射性核素高于地面水，且铀、镭的含量变化较大。

表8-4 各类淡水中^{226}Ra及其子代产物的含量 单位：Bq/L

核素	矿泉及深水井	地下水	地面水	雨水
^{226}Ra	$3.7\times10^{-2}\sim3.7\times10^{-1}$	$<3.7\times10^{-2}$	$<3.7\times10^{-2}$	—
^{222}Rn	$3.7\times10^{2}\sim3.7\times10^{3}$	$3.7\sim37$	3.7×10^{-1}	$3.7\times10\sim3.7\times10^{3}$
^{210}Pb	$<3.7\times10^{-3}$	$<3.7\times10^{-3}$	$<1.85\times10^{-2}$	$1.85\times10^{-2}\sim1.11\times10^{-1}$
^{210}Po	$\approx7.4\times10^{-4}$	$\approx3.7\times10^{-4}$	—	$\approx1.85\times10^{-2}$

（3）在大气中的分布。大多数放射性核素均可出现在大气中，但主要是氡的同位素（特别是^{222}Rn），它是镭的衰变产物，能从含镭的岩石、土壤、水体和建筑材料中逸散到大气，其衰变产物是金属元素，极易附着于气溶胶颗粒上。

（4）在动植物组织中的分布。任何动植物组织中都含有一些天然放射性核素，主要有^{40}K、^{226}Ra、^{14}C、^{210}Pb和^{210}Po等，其含量与这些核素参与环境和生物体之间发生的物质交换过程有关，如植物与土壤、水、肥料中的核素量有关，动物与饲料、饮水中的核素含量有关。

第二节 放射性监测基本条件

一、放射性测量实验室

放射性测量实验室分为两部分：一是放射化学实验室，二是放射性计测实验室。

（1）放射化学实验室。放射性样品的处理一般应在放射化学实验室内进行。为得到准确的监测结果和考虑操作安全问题，放射性化学实验室内应符合以下要求：① 墙壁、门窗、天花板等要涂刷耐酸油漆，电灯和电线应装在墙壁内；② 有良好的通风设施，大多数处理样品操作应在通风橱内进行，通风马达应装在管道外；③ 地面及各种家具面要用光平材料制作，操作台面上应铺塑料布；④ 洗涤池最好不要有尖角，放水用足踏式龙头，下水管道尽量少用弯头和接头等。此外，实验室工作人员应养成整洁、小心的优良工作习惯，工作时穿戴防护服、手套、口罩，佩戴个人剂量监测仪等；操作放射性物质时，用夹子、镊子、盘子、铅玻璃屏等器具，工作完毕后，立即清洗并放在固定地点，还需洗手和淋浴；实验室必须经常打扫和整理，配置有专用放射性废物桶和废液缸。对放射源要有严格的管理制度，实验室工作人员要定期进行体格检查。

（2）放射性计测实验室。放射性计测实验室装备有灵敏度高、选择性和稳定性好的放射性计量仪器和装置。设计实验室时，特别要考虑放射性本底问题。实验室内放射性本底来源于宇宙射线、地面和建筑材料，甚至测量用屏蔽材料中所含的微量放射性物质，以及邻近放射化学实验室的放射性玷污等。对于消除或降低本底的影响，常采用两种措施：一是根据其来源采取相应的措施，使之降到最低限度；二是通过数据处理，对测量结果进行修正。此外，要求实验室有十分稳定的供电电压和频率，各种电子仪器应有良好的接地线和进行有效的电磁屏蔽；室内最好保持恒温。

二、放射性检测仪器

放射性测量仪器检测放射性的基本原理基于射线与物质间相互作用所产生的各种效应，包括电离、发光、热效应、化学效应和能产生次级粒子的核反应等。最常用的检测器有三类：电离型检测器、闪烁检测器和半导体检测器。

(一)电离型检测器

电离型检测器是利用射线通过气体介质时，使气体发生电离的原理制成的探测器。根据测量方式不同，可以将电离型检测器分为电流电离室、正比计数管和盖革计数管，三者的主要区别在于施加的电压不同，从而使电离过程产生差异，表现出不同的工作状态和功能，如图 8-2 所示。

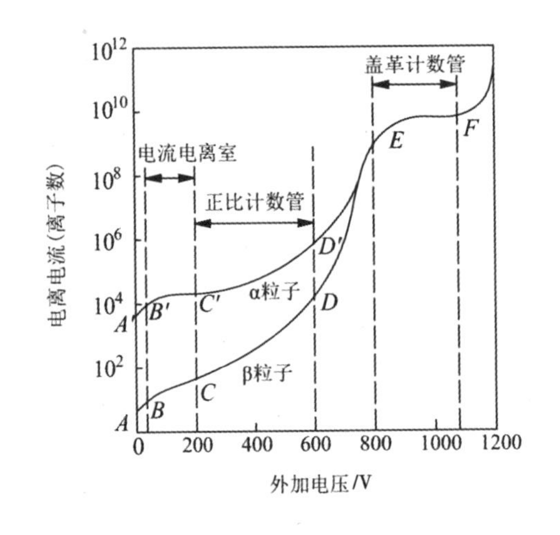

图 8-2　α、β 粒子的电离作用与外加电压的关系曲线图

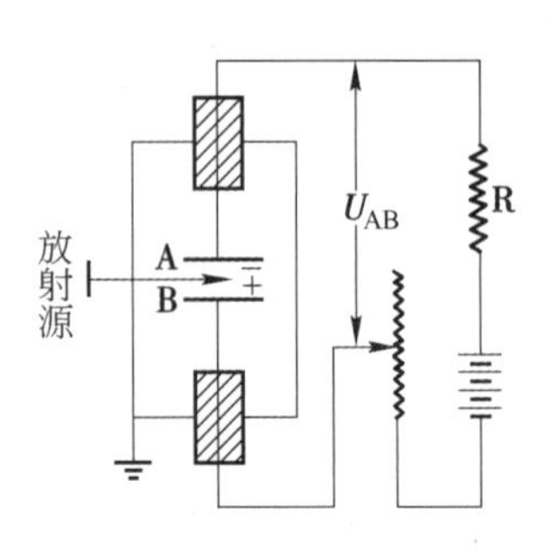

图 8-3　电离室结构示意图

1. 电流电离室

电流电离室是测量由于电离作用而产生的电离电流，适用于强放射性的测定，电离室结构示意图如图 8-3 所示。由于电流电离室测定的是带电粒子引起的总电离效应，所以不能鉴别射线类型。

A、B 是两块平行的金属板，加于两板间的电压为 U_{AB}，室内充空气或其他气体。当有射线进入电离室时，气体电离产生的正离子和电子在外加电场作用下，分别向异极移动，电阻(R)上即有电流通过。

2. 正比计数管

正比计数管是测量每个入射粒子引起电离作用而产生的脉冲式电压变化，从而对入射粒子逐个计数，适用于弱放射性，普遍用于 α、β 粒子计数。

在正比计数管的工作电压下，初级电离产生的电子在收集极附近高度加速，并在前进过程中与气体碰撞，使之发生次级电离，而次级电子又可能再发生三级电离，如此形成“电子雪崩”，使电流放大倍数达 10^4 左右。

3. 盖革计数管

盖革（GM）计数管是目前使用最广泛的放射性检测器，其工作原理和适用范围与正比计数管相似，见图 8-4，被普遍用于 β 射线和 γ 射线强度检测。

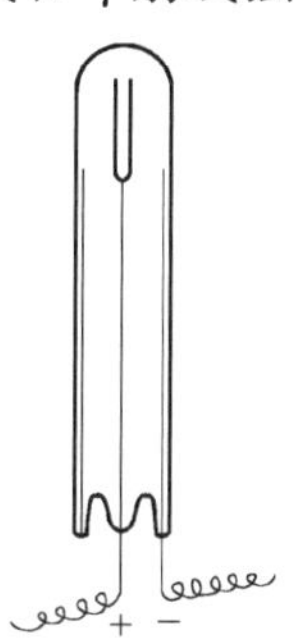

图 8-4　盖革计数管示意图

（二）闪烁检测器

闪烁检测器是利用射线与物质作用发生闪光的仪器，其结构示意图如图 8-5 所示。它具有一个受带电粒子作用后，其内部原子或分子被激发而发射光子的闪烁体。当射线照在闪烁体上时，便发射出荧光光子，并且利用光导和反光材料等，将大部分光子收集在光电倍增管的光阴极上。光子在灵敏阴极上打出光电子，经过倍增放大后，在阳极上产生电压脉冲，此脉冲还是很小的，需再经电子线路放大和处理后记录下来。

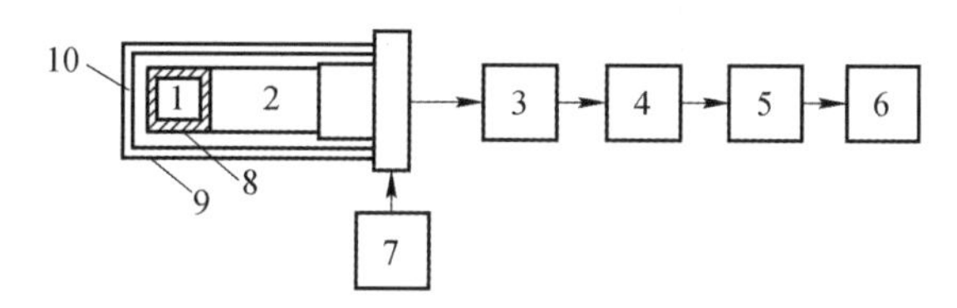

图 8-5　闪烁检测器结构示意图

1—闪烁体；2—光电倍增管；3—前置放大器；4—主放大器；5—脉冲幅度分析器；6—定标器；7—高压电源；8—光导材料；9—暗盒；10—反光材料

闪烁体的材料可用 ZnS、NaI、蒽、芪等无机和有机物质，其主要性能见表 8-5。

表 8-5　主要闪烁材料性能

闪烁材料	密度/（g/cm^3）	最大发光波长/nm	对 β 射线的相对脉冲高度	衰减时间
ZnS	4.10	450	200	0.2 μs
NaI	3.67	420	210	0.23 μs
蒽	1.25	440	100	30 μs
芪	1.15	410	60	4.5 μs
液体闪烁液	0.86	350~450	40~60	2.4~4 ns
塑料闪烁体	1.06	350~450	28~48	1.3~3.3 ns

闪烁检测器对不同能量的射线具有很高的分辨率，可以用测量能谱的方法鉴别核素类型，还可以测量照射量和吸收剂量，被广泛地用于α，β，γ辐射检测。

(三)半导体检测器

半导体检测器的工作原理与电离型检测器相似，但其检测元件是固态半导体，如图 8-6 所示。当放射性粒子射入半导体检测器后，产生电子-空穴对，电子和空穴受外加电场的作用，分别向两极运动，并被电极收集，产生脉冲电流，经放大后，由多道分析器或计数器记录。

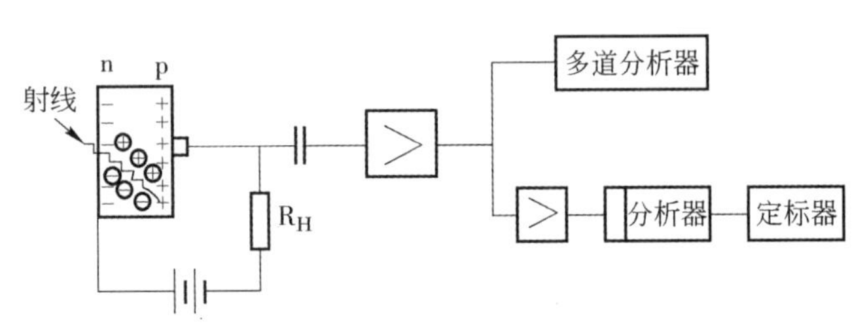

图 8-6　半导体检测器工作原理图

各种常用放射性检测器适用范围及特点见表 8-6。

表 8-6　各种常用放射性检测器适用范围及特点

射线种类	检测器	特点
α	闪烁检测器	检测灵敏度低，探测面积大
	正比计数管	检测效率高，技术要求高
	半导体检测器	本底小，灵敏度高，探测面积小
	电流电离室	检测较大放射性活度
β	正比计数管	检测效率较高，装置体积较大
	盖革计数管	检测效率较高，装置体积较大
	闪烁检测器	检测效率较低，本底小
	半导体检测器	探测面积小，装置体积小
γ	闪烁检测器	检测效率高，能量分辨能力强
	半导体检测器	能量分辨能力强，装置体积小

第三节　放射性监测

一、监测项目及频次

放射性监测包括陆地辐射环境质量监测和海洋辐射环境质量监测。其中，陆地辐射环境质量监测对象包括陆地γ辐射、空气、土壤、陆地水和生物，海洋辐射环境质量监测对象包括海水、沉积物和生物。放射性监测项目及频次要求如表 8-7 所示。

表 8-7 放射性监测项目及频次

监测对象		监测项目	监测频次
陆地环境	陆地 γ 辐射	γ 辐射空气吸收剂量率	连续监测
		γ 辐射累积剂量	1 次/季
		宇宙射线响应(剂量率、累积剂量)	1 次/年
	室外环境氡	^{222}Rn 浓度	累积测量，1 次/季
	空气中碘	^{131}I	1 次/季
	气溶胶	总 β、γ 能谱	连续监测，每天测一次总 β，当总 β 活度浓度大于该站点周平均值的 10 倍时，进行 γ 能谱分析
		γ 能谱、^{210}Po、^{210}Pb	1 次/月或 1 次/季
		^{90}Sr、^{137}Cs	1 次/年(1 季采集 1 次，每次采样体积应不低于 10000 m^3，累计全年测量)
	沉降物	γ 能谱	累积样/季
		^{90}Sr、^{137}Cs	1 次/年(1 季采集 1 次，累计全年测量)
	降水(雨、雪、雹)	^{3}H	累积样/季
	空气中氚、^{14}C	氚化水蒸气(HTO)、^{14}C	1 次/年
	地表水	总 α、总 β、U、Th、^{226}Ra、^{210}Po、^{210}Pb、^{90}Sr、^{137}Cs	2 次/年(枯水期、平水期各 1 次)
	饮用水源地水	省会城市：总 α、总 β、^{210}Po、^{210}Pb、^{90}Sr、^{137}Cs	1 次/半年
		其他地市级城市：总 α、总 β，有核设施的加测 ^{90}Sr、^{137}Cs	
	地下水	总 α、总 β、U、Th、^{226}Ra、^{210}Po、^{210}Pb	1 次/年
	生物	^{90}Sr、^{210}Po、^{210}Pb、γ 能谱	1 次/年
	土壤	γ 能谱、^{90}Sr	1 次/年
海洋环境	海水	U、Th、^{90}Sr、^{3}H、γ 能谱	1 次/年
	沉积物	^{90}Sr、γ 能谱	
	生物(藻类、软体类、甲壳类、鱼类)	^{90}Sr、^{210}Po、^{210}Pb、^{14}C、^{3}H、γ 能谱	

二、监测方法

(一)采样点布设

陆地 γ 辐射监测通常在某一重点区域具有代表性的环境点位，布点侧重人口聚集地，可设置自动监测站。

空气放射性监测采样点要选择在周围没有高大树木、没有建筑物影响的开阔地，或者没有高大建筑物影响的建筑物无遮盖平台上。沉降物监测时，注意干湿分开采样和测量。

土壤放射性监测常选择无水土流失的原野或田间。若采集农田土，应采样至耕种深度或根系深度。

陆地水放射性监测应注意远离污染源，避免受到人为干扰。

陆地生物放射性监测采集的谷类和蔬菜样品应选择当地居民摄入量较多且种植面积大的种类，并在成熟期采集。动物样品不得采集饵料饲喂的水产品。

海水辐射定点监测采样层次可选择 0.1~1，100，200，300，500，1000 m，部分点位加采 1500，2000 m，海水船舶走航监测采样层次为表层。沉积物一般采集表层，在海水取水区域采集。海洋生物样品采样区域尽量与海水取样区域一致，不得采集饵料饲喂的海产品。

(二)样品采集

1. 气溶胶态样品

气溶胶态样品一般选用表面收集特性和过滤效率好的滤材，取样高度一般距地面或基础面 1.5 m，取样流量控制在每分钟数立方米。取样结束后，小型滤纸小心装入测量盒，封盖好；大型滤纸把载尘面向里折叠成较小尺寸，用塑料膜包好密封。

2. 碘-131

碘-131 采用组合式全碘采样器采集，主要包括三层：第一层为滤纸，用于收集气流中的气溶胶态碘；第二层为活性炭滤纸，用于收集元素状态的碘；第三层是浸渍了三乙烯二胺(TEDA)的活性炭盒，用于收集有机碘。采样体积一般 100 m^3。采样结束后，将滤膜与活性炭盒放进样品盒，用胶粘纸封好，塑料袋封存。

3. 氚

氚包括降水中的氚以及水蒸气和氢气中的氚。

降水中的氚采集与降水采集方法相同，但采样容器中不加入酸。

水蒸气中的氚可采用干燥剂法、冷凝(冷冻)法或鼓泡法采集。其中，干燥剂法应用较为普遍，常用硅胶、分子筛、沸石等干燥剂。如硅胶法，采样前，先将粒度 1.98~2.36 mm 的干燥硅胶填充到直径 5 cm、长 50 cm 左右的硬质玻璃或硬质塑料管中，并用石英棉固定上下两端，抽滤空气一定时间，然后驱出其中的水样，供氚测量。冷凝法是将待测气流引入冷凝装置(制冷机、冷阱等)中，气流中的氚化水蒸气冷凝为液态水，再分析水中的氚。鼓泡法是使待测气流流经鼓泡器(如盛蒸馏水或乙二醇的容量瓶)，使气流与液体发生气液两相交换，以便把氚化水蒸气收集在液体中。

氢气中氚的收集一般先通过催化剂(钯、铂、氧化铜等)，使元素态氚被氧化成氚化水，再用水蒸气收集法采集。

4. 碳-14

碳-14 主要采用碱液吸收，用采样泵抽取一定体积的空气，经气动滤水器、粒子过滤器除去空气中的灰尘，然后通过 400 ℃高温氧化床，使其中微量的 CO 和碳氢化合物氧化成 CO_2，最后气流经过 4 个串联连接的装有氢氧化钠碱液的吸收瓶，CO_2气体被完全吸收后，带回实验室分析。

5. 沉降物

常用的沉降收集器为接收面积 0.25 m^2的不锈钢盘，盘深大于 30 cm。将采样盘安放在其开口上沿距地面或基础面 1.5 m 高度、周围开阔、无遮盖的平台上。盘底要保持水平。湿法采样时，采样盘中注入蒸馏水，保持水深 1~2 cm；干法采样时，在采样盘底部表面涂一薄层硅油或甘油，收集样品时，用蒸馏水冲洗干净，将样品装入塑料或玻璃容器备测。

6. 地表水

河川水、湖泊水、溪流、池塘水中^3H 的测定样品采用自动采水器或塑料桶采集。采样前，先用 1+10 盐酸洗涤，再用净水冲洗干净。采样位置主要为：水的使用地点（娱乐区、公共水源）、动物饮水或取水后用于饲喂动物的地方、用于灌溉的水源等。

河川水断面宽≤10 m 时，在水流中心采样；水断面宽>10 m 时，在左、中、右三点采样后混合。有排放水或支流汇入时，选择其汇合点的下游完全混合的地方。湖泊池塘应避开河川的流入和流出处采取表面水，水深≤10 m 时，在水面下 50 cm 处采样；水深>10 m 时，增加一次中层采样，采集后混合。

地表水采集后，立即在样品中按照 2 mL/L 水样的比例加入 1+1 盐酸或 1+1 硝酸，^{3}H（HTO）、^{14}C、^{131}I 测定除外。

7. 海水

近岸海域海水在潮间带外采集，近海海域（潮间带以外）水深<10 m 时，采集表层 0.1～1 m 水样；水深 10～25 m 时，分别采集表层 0.1～1 m 和海底 2 m 处水样，混合为一个水样；水深 50～100 m 时，分别采集表层 0.1～1，10，50 m 处和海底 2 m 处水样，混合为一个水样。

海水采集后，原则上不需要过滤处理，但当泥沙含量较高时，应立即过滤。供 γ 能谱分析的样品应在每升水中加入 1 mL 浓盐酸。供总 α、总 β、^{90}Sr、^{137}Cs 分析的样品预处理应在塑料桶中进行，取上清液，用浓硫酸调节至 pH<2。

8. 土壤

采用梅花形或蛇形布点法，采样点不少于 5 个。每个点在 10 m×10 m 范围内，采取 0～10 cm 表层土。采集后，去除植物、砂石等，现场混合后，取 2～3 kg，带回待测。

（三）样品预处理

预处理的目的是将样品的待测核素转变成适于测量的形态并进行浓集，以及去除干扰核素。常用的样品预处理方法有衰变法、共沉淀法、灰化法、电化学法等。

（1）衰变法。采样后，先将其放置一段时间，让样品中一些短寿命的非待测核素衰变除去，再进行放射性测量。例如，测定大气中气溶胶的总 α 和总 β 放射性时，常用这种方法，即用过滤法采样后，放置 4～5 h，使短寿命的氡、钍子体衰变除去。

（2）共沉淀法。用一般化学沉淀法分离环境样品中放射性核素，因核素含量很低，达不到溶度积，故不能达到分离目的。但若加入毫克数量级与欲分离放射性核素性质相近的非放射性元素载体，则由于二者之间发生同晶共沉淀或吸附共沉淀作用，载体将放射性核素载带下来，达到分离或富集的目的。

（3）灰化法。对蒸干的水样或固体样品，可在瓷坩埚内于 500 ℃马弗炉中灰化，冷却后，称重，再转入测量盘中，铺成薄层，检测其放射性。

（4）电化学法。该方法是通过电解将放射性核素沉积在阴极上，或以氧化物形式沉积在阳极上。

（四）环境中的放射性监测

1. 水样的总 α 和总 β 放射性活度的测定

水样采集后，先在电热板上 80 ℃左右缓慢蒸发浓缩至剩余 50 mL 左右。剩余液体转入蒸发皿中，再加入 1 mL 浓硫酸，置于红外箱或红外灯或水浴上加热，直至硫酸冒烟，再将蒸发皿转移至电热板上，低于 350 ℃条件下继续加热至烟雾散尽。将装有残渣的蒸发皿放入马弗炉内，在 350 ℃下灼烧 1 h，冷却后，转入研钵，研磨成细粉末状，准确称取不少于 0.1A mg（A 为以 mm^2 为单位的测量盘面积的数值）的残渣于测量盘内，用滴管滴加有机溶剂浸润，均匀地铺平，晾干或烘干，制成样品源。置于低本底 α、β 测量仪上，测量总 α 和总 β 的计数率，以计算样品中总 α 和总 β 的放射性活度浓度。

2. 土壤中总 α、β 放射性活度的测定

在采样点选定的范围内，沿直线每隔一定距离采集一份土壤样品，共采集 4~5 份。采样时，用取土器或小刀取 10 cm×10 cm、深 1 cm 的表土。除去土壤中的石块、草类等杂物，在实验室内晾干或烘干，移至干净的平板上压碎，铺成 1~2 cm 厚方块，用四分法反复缩分，直到剩余 200~300 g 土样，再于 500 ℃下灼烧，待冷却后，研细、过筛备用。称取适量的制备好的土样放于测量盘中，铺成均匀的样品层，用相应的探测器分别测量 α 和 β 比放射性活度(测 β 放射性的样品层应厚于测 α 放射性的样品层)。

3. 大气中氡的测定

^{222}Rn 是^{226}Ra 的衰变产物，为一种放射性惰性气体。它与空气作用时，能使之电离，因而可用电离型探测器通过测量电离电流测定其浓度。用由干燥罐、活性炭吸附管及采样动力组成的采样器，以一定的流量采集空气样品，气样中的^{222}Rn 被活性炭吸附管捕集，将吸附管置于解吸炉中，于 350 ℃进行解吸，并将解吸出来的氡导入电流电离室，使之与空气分子作用发生电离，用经过^{226}Ra 标准源校准的静电计测量产生的电离电流，计算^{222}Rn 的放射性比活度。

4. 大气中各种形态^{131}I 的测定

碘的同位素有很多，除^{127}I 是天然存在的稳定同位素外，其余都是放射性同位素。^{131}I 是裂变产物之一，它的裂变产额较高，半衰期较短，可作为反应堆中核燃料元件包壳是否保持完整状态的环境监测指标，也可以作为核爆炸后有无新鲜裂变产物的信号。

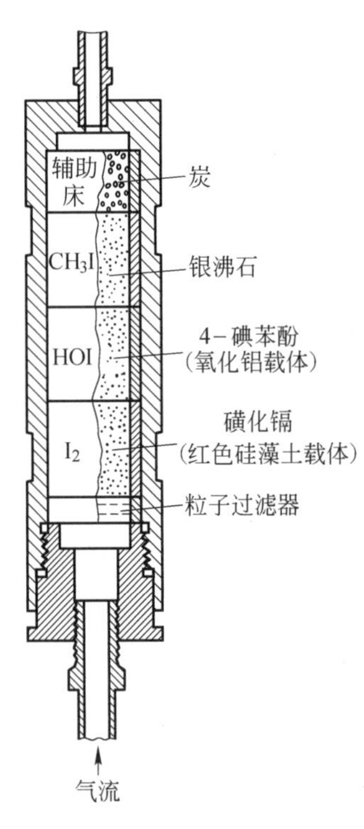

图 8-7 各种形态的^{131}I 采样器

空气中的^{131}I 呈单质、化合物等多种形态和蒸气、气溶胶等多种状态，因此采集方法各不相同。如图 8-7 所示采样器，由粒子过滤器、单质碘吸附器、次碘酸吸附器、甲基碘吸附器和碳辅助吸附床组成，可以实现对不同形态的碘的分别采集(一般低流量连续采样 1 周及以上)，再用 γ 谱仪分别定量测定。

复习题

(1)放射性衰变有几种类型？各有何特点？

(2)环境中放射性来源有哪些？

(3)简述放射性核素在环境中的分布特点。

(4)放射性监测实验室有几种？各有何要求？

(5)放射性检测器有哪些类型？各有何特征？

(6)简述放射性检测样品的采集方法。

(7)放射性检测样品的预处理方式有哪些？各种方法有何要求？

(8)简述水样中总 α 和总 β 放射性活度的测定步骤。

第九章 环境监测质量保证

环境监测质量保证是环境监测工作中十分重要的技术工作和管理工作。质量保证和控制是一种保证监测数据准确、可靠的方法，也是科学管理实验室和监测系统的有效措施，它可以保证数据质量，使环境监测建立在可靠的基础之上。

环境监测质量保证是整个监测过程的全面质量管理与控制，包括采样、样品预处理、储运、实验室环境、仪器设备选择与校准、试剂溶剂等选用、测定方法选择、数据记录与处理、监测报告编写，以及人员的要求与培训等。

环境监测质量控制是质量保证的一部分，分为实验室内部质量控制和外部质量控制两部分。实验室内部质量控制是自我控制的常规程序，能够反映分析质量的稳定性，以便及时发现问题并予以纠正。外部质量控制通常由常规检测以外的监测中心站或其他有经验的人员来执行，以便对数据质量进行独立评价，重点在发现存在的系统误差并及时调整改善。环境监测全过程质量控制要点见表 9-1。

表 9-1 环境监测全过程质量控制要点

监测过程	质量控制点	质量控制目的
布点	监测目标系统的控制； 监测点位的优化控制	空间的代表性和可比性
采样	采样次数和频率优化； 采样工具、方法的规范化	时间的代表性和可比性
样品保存与运输	运输过程的控制； 样品固定和保存控制	控制样品的可靠性，保证样品的代表性
分析测试	分析方法的准确度、精密度、检测范围控制； 分析人员的技术专业素质及实验室间质量控制	控制分析结果的准确度、精确度，保证结果的可靠性、可比性
数据处理与统计	数据整理、处理及精密度检验控制； 数据分布、分类管理制度的控制	控制监测结果的可靠性、可比性，保证结果的完整性、科学性
综合评价	信息量控制； 成果表达方式； 结论完整性、透彻性及对策控制	控制结论的真实性、完整性、科学性和适用性

第一节 实验室基础

实验室是获得监测结果的关键部门，要使监测结果符合要求，必须有合格的实验室和分析操作人员。实验室的基本条件包括实验用水、仪器和玻璃量器；实验室基础管理包括仪器的正确使用、定期校正、玻璃仪器的选用和校正、化学试剂和溶剂的选用、溶液的配制和标定、试剂的提纯、实验室的清洁度和安全工作、分析人员的操作技术等。

（一）实验用水

水是实验室最常用的溶剂，大量使用在配制试剂、标准物质、器皿洗涤等方面，用途不同对水质的要求不同。纯水按照电阻率可分为5级，其制备方法和用途也各异，详见表9-2。

表9-2　纯水分级

级别	电阻率(25 ℃)，/(MΩ·cm)	制水设备	用途
特	>16	混合床离子交换柱，0.45 μm滤膜，亚沸蒸馏器	配制标准水样
1	10~16	混合床离子交换柱，石英蒸馏器	配制分析超痕量(10^{-9})级物质用的试液
2	2~10	双级复合床或混合床离子交换柱	配制分析痕量(10^{-9}~10^{-6})级物质用的试液
3	0.5~2	单级复合床离子交换柱	配制分析10^{-6}级以上含量物质用的试液
4	<0.5	金属或玻璃蒸馏器	配制测定有机物(如COD、BOD_5等)用的试液

(1)蒸馏水。蒸馏水的质量因蒸馏器的材质与结构不同而不同，详见表9-3。

表9-3　不同蒸馏器制备的蒸馏水质量与用途

蒸馏器	材质	蒸馏水质量	用途
金属蒸馏器	纯铜、黄铜、青铜，镀纯锡	含有微量金属杂质，电阻率(25 ℃)小于0.1 MΩ·cm	用于清洗容器和配制一般试液
玻璃蒸馏器	硬质玻璃，二氧化硅含量约占80%	含痕量金属、微量玻璃溶出物，电阻率(25 ℃)约0.5 MΩ·cm	配制一般分析液，不宜配制重金属或痕量非金属试液
石英蒸馏器	二氧化硅含量占99.9%以上	含痕量金属杂质，电阻率(25 ℃)为2~3 MΩ·cm	用于配制分析痕量非金属的试液
亚沸蒸馏器	石英，自动补液	几乎不含金属杂质	用于配制出可溶性气体和挥发性物质以外的各种物质的痕量分析用试液

(2)去离子水。去离子水是用阳离子交换树脂和阴离子交换树脂以一定形式组合进行水处理而制得的。去离子水含金属杂质极少，但含有微量树脂浸出物和树脂崩解微粒，适于配制痕量金属分析用的试液，不适于配制有机物分析试液。制作时，如果原水为自来水，可能夹杂有余氯，会氧化破坏树脂，失去再生能力，在进入交换器之前，应充分曝气去除。原水中如含有大量的矿物质、硬度很高时，先蒸馏或电渗析去除，以延长树脂的使用周期。

（3）特殊要求的纯水。在分析某些指标时，对分析过程中所用的纯水中这些指标的含量越低越好，需要使用满足某些特殊要求的纯水，其制备方法见表 9–4。

表 9–4　特殊要求的纯水制备方法

纯水名称	制备方法	备注
无氯水	亚硫酸钠还原剂将水中余氯还原为氯离子，联邻甲苯胺检查不显黄色，用带缓冲球的全玻蒸馏器蒸馏	
无氨水	离子交换法：蒸馏水通过强酸性阳离子交换树脂（氢型）柱，收集流出液； 蒸馏法：在 1000 mL 蒸馏水中加入 0.1 mL 浓硫酸，在全玻璃蒸馏器中重蒸馏，弃去前 50 mL 馏出液，然后收集约 800 mL 馏出液	带有磨口塞的玻璃瓶贮存，每升馏出液加入 10 g 强酸性阳离子交换树脂（氢型）
无二氧化碳水	将重蒸馏水在烧杯中煮沸蒸发（蒸发量 10%），冷却后备用，也可使用纯水机制备的纯水或超纯水	应临用现制，并经检验 TOC 质量浓度不超过 0.5 mg/L
无铅水	用氢型强酸性阳离子交换树脂处理原水即可	贮水器事先用 6 mol/L 硝酸溶液浸泡过夜，再用无铅水洗净
无砷水	一般使用石英蒸馏器制取的蒸馏水和去离子水均能满足要求	石英贮水瓶、聚乙烯树脂管
无酚水	加碱蒸馏法：加氢氧化钠至 pH>11，并加入高锰酸钾至溶液呈紫红色，移入全玻璃蒸馏器中加热蒸馏，集取馏出液备用； 活性炭吸附法：每升水中加入 0.2 g 经 200 ℃ 活化 30 min 的活性炭粉末，充分振摇，放置过夜，用双层中速滤纸过滤备用	应贮于玻璃瓶中，取用时，避免与橡胶制品（橡胶塞或乳胶管等）接触
不含有机物的蒸馏水	加入少量的高锰酸钾碱性溶液，使水呈紫红色，进行蒸馏即可	蒸馏过程中红色褪去，应补加高锰酸钾
不含还原性物质的水	将 1 L 蒸馏水置于全玻璃蒸馏器中，加入 10 mL 1+3 硫酸和少量高锰酸钾溶液，蒸馏，弃去 100 mL 初馏液，收集余下馏出液	贮于具玻璃塞的细口瓶中
无锌水	将普通蒸馏水通过阴阳离子交换柱以除去锌	
无氟水	普通蒸馏水加氢氧化钠后蒸馏	

（二）试剂与试液

实验室中所用试剂、试液应根据实际需要，合理地选用相应规格的试剂（见表 9–5），按照规定浓度和需要量正确配制。试剂和配好的试液需按照规定要求妥善保存。另外，要注意保存时间，有时需对试剂进行提纯和精制，以保证分析质量。

表 9-5 化学试剂的规格

级别	纯度名称	英文代码	标志颜色	用途
一级品	优级纯	GR	绿色	精密的分析工作，在环境分析中，用于配制标准溶液
二级品	分析纯	AR	红色	配制定量分析中普通试液。如无注明，环境监测所用试剂均应为二级或二级以上
三级品	化学纯	CP	蓝色	配制半定量、定性分析试液和清洁液等

质量高于一级品的高纯试剂或超纯试剂目前国际上也无统一的规格，常以“9”的数目表示产品的纯度，在规格栏中标以 4 个 9(99.99%)、5 个 9(99.999%)、6 个 9(99.9999%)等。

(三)实验室的环境条件

实验室空气中如含有固体、液体气溶胶和污染空气，对痕量分析和超痕量分析会产生很大的影响。因此，痕量和超痕量分析及某些高灵敏度的仪器，应在超净实验室(100 号)进行或使用。实验室的清洁度一般依据悬浮颗粒物的粒径大小及数量分类，详见表 9-6。

表 9-6 实验室空气清洁度分类

清洁度分类	工作面上最大污染颗粒数(个/米^2)	颗粒直径/μm
100	100	≥0.5
	0	≥5.0
10000	10000	≥0.5
	65	≥5.0
100000	100000	≥0.5
	700	≥5.0

没有超净实验室条件的，可采取相应的措施。例如，样品的预处理、蒸干、消化等操作最好在专门的毒气柜内进行，并与一般实验室、仪器室分开。几种分析同时进行时，应注意防止交叉污染。

此外，电磁环境、电源稳定度、静电等是影响精密仪器灵敏度和准确度的重要因素，要保持稳定的电磁、电压环境等。

(四)实验室的管理及岗位责任制

1. 监测分析人员

所有从事监测活动的人员必须具备与承担工作相适应的能力，接受相应的教育和培训。国家实施环境监测人员持证上岗考核制度，持有合格证的人员，方能从事相应的监测工作；未取得合格证者，只能在持证人员的指导下开展工作，监测质量由持证人员负责。

考核内容包括基本理论、基本技能和样品分析。根据被考核人员的工作性质和岗位要求确定考核内容，详见表 9-7。

表 9-7　环境监测人员持证上岗考核内容

考核模块	主要内容	考核方式
基本理论	环境保护基本知识	闭卷笔试
	环境监测基础理论知识	
	环境保护标准和监测规范	
	质量保证和质量控制知识	
	常用数据统计知识	
	采样方法	
	样品预处理方法	
	分析测试方法	
	数据处理和评价模式	
基本技能	布点	现场操作演示与样品测试相结合
	采样	
	试剂配制	
	常用分析仪器的规范化操作	
	仪器校准	
	质量保证和质量控制措施	
	数据记录和处理	
	校准曲线制作	
	样品测试以及数据审核程序	
样品分析	考核样品分析测试	现场操作演示与样品测试相结合

2. 质量保证人员

应熟悉质量保证的内容、程序和方法，了解监测环节中的技术关键，具有有关的数理统计知识。

国家实施质量管理人员持证上岗考核制度，主要考核环境监测基本知识、环境保护标准和监测规范基本要求、质量管理规章制度、实验室分析和现场监测的基本知识和质控措施、数理统计知识、计量基础知识、量值溯源及案例分析等。

3. 实验室安全制度

实验室内应设置各种必须的安全设施（如通风橱、防尘罩、消防器材等），并应定期检查，保证随时可供使用。使用电、气、水、火时，应按照有关使用规则操作，保证安全。

实验室内的各种仪器、器皿应有规定的放置场所，不得随意堆放。

进入实验室应严格遵守实验室规章制度，尤其使用易燃易爆和剧毒试剂时，必须遵守有关规定操作。

实验室消防器材应定期检查，妥善保管，不得随意挪用。一旦实验室发生意外事故时，应立即切断电源、火源，立即采取有效措施，及时处理，并上报相关部门和领导。

4. 药品使用管理制度

实验室使用的化学试剂应有专人负责管理，分类存放，定期检查使用和管理情况。

易燃易爆物品应严格控制、加强管理，存放在阴凉通风的地方，并有相应的安全保障措施。易燃易爆试剂要随用随领，不得在实验室内大量保存。

剧毒试剂应有专人负责管理，加双锁存放，经批准后，方可使用。使用时，由双人共同称量，登记用量。

5. 仪器使用管理制度

各种精密仪器以及贵重器皿要有专人管理，分别登记造册、建档立卡。仪器档案包括仪器使用说明书、验收和调试记录、仪器的各种初始参数，定期保养维护。

精密仪器的安装、调试、使用和保养维护应遵照仪器说明书要求进行。上机操作人员应考核合格。

仪器使用前，应检查是否正常。发生故障时，应立即清查原因。排除故障后，方可继续使用。严禁带病使用。仪器使用完毕后，应及时清理，并恢复至使用前状态。

6. 样品管理制度

由于环境样品的特殊性，要求样品的采集、运送和保存各个环节都遵守相关规则，以保证样品的代表性和真实性。样品容器的材质应符合监测分析要求，容器应密塞、不渗不漏。采集及保存的样品均应做好登记，贴好标签，填写好采样记录。

第二节　环境监测数据处理

环境监测工作的最终目的是要获得准确度高的监测数据，为客观评价环境质量优劣、环境管理与执法、环境科学研究等提供基础数据。

在实际工作中，即使国标的分析方法附有计算公式或模型，但数据处理仍然是一项既十分烦琐又容易出现错误的工作，并最终影响整个监测工作的质量。尤其选择依靠标准曲线分析样品中某污染指标含量时，数据处理的过程更为复杂。专业的软件和程序虽然为工作提供了便利，提高了工作效率，但数据的处理终归属于数学的范畴。在用标准曲线法测某一污染指标时，首要的工作就是计算标准曲线的回归方程，再依据回归方程的截距、斜率以及样品的吸光度等，求得污染物的浓度，而计算标准曲线的回归方程的理论基础就是最小二乘法。

(一)最小二乘法方法基础

对于两组变量 $X(x_1, x_2, \cdots, x_n)$，$Y(y_1, y_2, \cdots, y_n)$，要找出其相关关系，就必须计算其回归方程，即 $Y=aX+b$。按照最小二乘法原理，应先对两组变量进行初步处理，求出中间参数 $\overline{X}$，$\overline{Y}$，$\overline{X^2}$，$\overline{Y^2}$，$\overline{X \times Y}$，再将这些参数代入如下计算公式：

$$L_{XX} = n(\overline{X^2} - \overline{X}^2)\ ,\ L_{YY} = n(\overline{Y^2} - \overline{Y}^2)\ ,\ L_{XY} = n(\overline{X \times Y} - \overline{X} \times \overline{Y})$$

$$P = \frac{L_{XX} - L_{YY}}{2L_{XY}}\ ,\ a = \sqrt{P^2 + 1} - P\ ,\ b = \overline{Y} - a \times \overline{X}$$

式中：n——样本容量；

a——回归方程斜率；

b——回归方程截距。

通过以上计算，即可求得两个变量的回归方程 $Y=aX+b$。

(二)最小二乘法在环境监测数据处理中的应用

环境监测工作中，采用最小二乘法处理数据的过程实际比较简单，只需要将与标准曲线在同等条件下测得的已扣除了空白值的样品吸光度代入回归方程，就能得出样品中某一污染指标的浓度。下面以纳氏试剂比色法测水中铵的浓度为例说明。

【例】已知铵标准溶液质量浓度为 10 μg/mL，空白试验吸光度为 0.015，水样吸光度为 1.048，比色管容量为 50 mL，标准曲线数据如表 9-8 所示，试用最小二乘法求该水样中铵的质量浓度。

表 9-8　纳氏试剂比色法水质铵的监测数据表

比色管标号	1	2	3	4	5	6	7	8
铵标准溶液用量/mL	0	0.5	1.0	2.0	3.0	5.0	7.0	10.0
标准曲线吸光度 Y	0.021	0.036	0.051	0.084	0.110	0.180	0.223	0.310

解：

步骤一，求标准曲线回归方程。首先应对表 9-8 数据进行初步处理，将标准曲线吸光度扣除空白实验吸光度，见表 9-9。

表 9-9　校正后监测数据表

比色管标号	1	2	3	4	5	6	7	8
铵标准溶液用量/mL	0	0.5	1.0	2.0	3.0	5.0	7.0	10.0
铵标准物质含量 X/μg	0	5	10	20	30	50	70	100
校正后标准曲线吸光度 $Y-Y_0$	0.006	0.021	0.036	0.069	0.095	0.165	0.208	0.295

然后计算中间参数 $\overline{X}$，$\overline{Y-Y_0}$，$\overline{X^2}$，$\overline{(Y-Y_0)^2}$，$\overline{X\times(Y-Y_0)}$，$L_{XX}$，$L_{(Y-Y_0)(Y-Y_0)}$，$L_{X(Y-Y_0)}$。经计算：

$\overline{X}=35.625$，$\overline{Y-Y_0}=0.112$，$\overline{X^2}=2353.125$，$\overline{(Y-Y_0)^2}=0.022$，$\overline{X\times(Y-Y_0)}=7.126$，

$L_{XX}=8671.875$，$L_{(Y-Y_0)(Y-Y_0)}=0.073$，$L_{X(Y-Y_0)}=25.121$

再将 L_{XX}，$L_{(Y-Y_0)(Y-Y_0)}$，$L_{X(Y-Y_0)}$ 数值代入 P，a，b 值计算公式。经计算：

$$P=172.603,\ a=0.003,\ b=0.009$$

则标准曲线回归方程为：

$$Y=0.003X+0.009$$

步骤二，水样吸光度已知，将其扣除空白试验值后代入回归方程，得：

$$1.048-0.015=0.003X+0.009$$

可求得水样中铵的质量为 341.333 μg，水样体积为 50 mL，则水样中铵的质量浓度为 6.827 mg/L。

（三）最小二乘法计算过程 Excel 建模

实际工作中，环境监测人员每天需要分析大量的样品，如果每一个样品均要采用最小二乘法计算，工作量巨大。为了简化计算过程，避免因计算产生的错误，可将最小二乘法的计算过程采用 Excel 编程的方式建立模型。以下仍以上述例题为例，阐述 Excel 编程建模过程。

步骤一，将表 9-9 数据输入 Excel 表格，并采用函数计算 $\overline{X}$，$\overline{Y-Y_0}$，$\overline{X^2}$，$\overline{(Y-Y_0)^2}$，$\overline{X\times(Y-Y_0)}$。

步骤二，L_{XX}，$L_{(Y-Y_0)(Y-Y_0)}$，$L_{X(Y-Y_0)}$，P，a，b 的计算过程使用 Excel 编程。

步骤三，将水样吸光度、铵标准溶液等数据输入 Excel 表格，并将相关计算过程编程，如图 9-1 所示。

	A	B	C	D	E	F	G	H	I	J
1	比色管标号	1	2	3	4	5	6	7	8	均值
2	铵标准溶液用量（mL）	0	0.5	1	2	3	5	7	10	
3	铵标准溶液浓度（μg/mL）	10	10	10	10	10	10	10	10	
4	铵标准物质含量（X，μg）	0	5	10	20	30	50	70	100	35.625
5	标准曲线吸光度	0.021	0.036	0.051	0.084	0.11	0.18	0.223	0.31	
6	空白吸光度	0.015	0.015	0.015	0.015	0.015	0.015	0.015	0.015	
7	空白校正后吸光度（Y）	0.006	0.0	编程:“=B5-B6”，同行后续计算采用格式刷					.295	0.112
8	X^2	0	2	编程:“=B4*B4”，同行后续计算采用格式刷					0000	2353.125
9	Y^2	0.000	0.0	编程:“=B7*B7”，同行后续计算采用格式刷					087	0.022
10	X×Y	0	0.1	编程:“=B4*B7”，同行后续计算采用格式刷					9.5	7.126
11	L_{xx}	8671.875	编程:“=8*（J8-J4*J4）”							
12	L_{yy}	0.073	编程:“=8*（J9-J7*J7)”							
13	L_{xy}	25.121	编程:“=8*(J10-J4*J7)”							
14	p	172.603	编程:“=（B11-B12)/(2*B13)”							
15	a	0.003	编程:“=SQRT（B14*B14+1）-B14”							
16	b	0.009	编程:“=J7-B15*J4”							
17	水样吸光度	1.048								
18	水样校正后吸光度	1.033	编程:“=B17-B6”							
19	水样中铵物质含量	341.333	编程:“=(B18-B16)/B15”							
20	比色管容量为（mL）	50								
21	水样中铵浓度（mg/L）	6.827	编程:“=B19/B20”							

图 9-1　水样铵浓度计算过程编程示例图

经过上述三个步骤，纳氏试剂比色法水质铵的测定数据处理 Excel 模板已经制成。在实际工作中，纳氏试剂比色法水质铵的测定时，铵标准溶液用量、比色管数量与容量是固定的，而标准曲线吸光度、空白试验吸光度、铵标准溶液浓度、水样吸光度则因试验条件或操作人员不同而不同。因此，环境监测工作人员可以通过以上方式建立 Excel 数据处理模型，将每次测得的相关数据输入到 Excel 数据处理模板的相应位置，即可快速求得水样铵的质量浓度。

通过建立 Excel 数据处理模板，使得整个实验的数据处理过程大大简化，节约了大量的数据处理时间。同时，随着数据处理程序的简化，大大地提高了数据处理的准确率，避免加减乘除过程中的失误。此外，建模还有利于数据处理的统一化，提高了数据间的可比性。

（四）Excel 函数在环境监测数据处理中的应用

Excel 作为强大的数据处理软件，包含大量的数学函数。从标准曲线的回归方程计算角度出发，可利用的函数有 slope（斜率）和 intercept（截距），通过利用这两个函数，可以实现进一步简化 Excel 数据处理模板。

步骤一，将数据输入 Excel 表格，先计算空白校正后的吸光度和各比色管中铵标准物质含量，再调用函数计算斜率和截距。

步骤二，后续步骤与 Excel 数据处理模板相同，如图 9-2 所示。

	A	B	C	D	E	F	G	H	I
1	比色管标号	1	2	3	4	5	6	7	8
2	铵标准溶液用量（mL）	0	0.5	1	2	3	5	7	10
3	铵标准溶液浓度（μg/mL）	10	10	10	10	10	10	10	10
4	铵标准物质含量（X，μg）	0	5	10	20	30	50	70	100
5	标准曲线吸光度	0.021	0.036	0.051	0.084	0.11	0.18	0.223	0.31
6	空白吸光度	0.015	0.015	0.015	0.015	0.015	0.015	0.015	0.015
7	空白校正后吸光度（Y）	0.006	0.021	0.036	0.069	0.095	0.165	0.208	0.295
8	a（斜率SLOPE）	0.003	编程:“=SLOPE(B7:I7,B4:I4)”						
9	b（截距INTERCEPT）	0.009	编程:“=INTERCEPT(B7:I7,B4:I4)”						
10	水样吸光度	1.048							
11	水样校正后吸光度	1.033	编程:“=B10-B6”						
12	水样中铵物质含量	341.333	编程:“=(B11-B9)/B8”						
13	比色管容量为（mL）	50							
14	水样中铵浓度（mg/L）	6.827	编程:“=B12/B13”						

图 9-2 Excel 函数数据处理模板示例图

第三节 监测数据的统计处理和结果表述

环境监测活动的产品是表达环境质量的数据，受多种因素限制，数据与真实状况必然存在差异，需要处理、校正。通过环境监测取得的大量数据，用于表征一个环境单元质量，需要鉴别、取舍。环境监测数据的统计处理采用数理统计的基本理论和方法，监测数据的表达执行国家环境保护主管部门的统一规定。

一、监测数据的有效位数

监测数据报出的位数，对监测结果的准确性和数据资料的统计整理都是十分重要的。监测数据的有效位数应与测试系统的准确度相适应。记录测试数据时，只保留一位可疑数字。

1. 大气监测数据

以 mg/m^3 计。

(1)降尘[吨/(月·千米^2)]取小数点后一位；硫酸盐化速率[SO_3 mg/(100cm^{2}碱片·d)]、CO 取小数点后二位；SO_2、NO_x、TSP、光化学氧化剂取小数点后三位。

(2)其他用比色法分析的项目取小数点后三位。

(3)气温(℃)、风速(m/s)、气压(hPa)取小数点后一位；湿度(%)保留整数位。

2. 环境水质监测数据

以 mg/L 计。

(1)重量法分析项目。悬浮物测值<1000 时取整数位，测值>1000 时取三位有效数字。

(2)容量法分析项目。溶解氧、总硬度取小数点后一位；高锰酸盐指数测值>10 时取小数点后一位，测值<10 时取小数点后两位；COD_{Cr}、BOD_5测值>100 时取三位有效数字，100>测值>10 时取小数点后一位，测值<10 时取小数点后两位。

(3)分光光度法分析项目。亚硝酸盐氮、挥发酚、氰化物、六价铬、总铬、砷、总磷、溶解性磷酸盐等取小数点后三位；硝酸盐氮、氨氮、氟化物、总氮、石油类、凯氏氮取小数点后两位。

(4)原子吸收分光光度法分析项目。铅、铁、镍、锰等取小数点后两位，石墨炉法测定时取小数点后四位；锌、镉取小数点后三位，镉用石墨炉法测定时取小数点后五位；钙、镁、钠、钾等取小数点后两位。

(5)冷原子吸收法测汞取小数点后四位，冷原子荧光法测汞取小数点后五位。

(6)气相色谱法分析项目，以 μg/L 计。DDT、六六六等取小数点后两位。

(7)硫酸盐、氯化物测值取三位有效数字。

(8)其他分析项目。盐度(%)、pH 值、氟化物(电极法)、透明度(m)等取小数点后两位；水温和气温(℃)、水深(m)、气压(hPa)等取小数点后一位。

3. 降水监测数据

(1)pH 值、阴阳离子含量(mg/L)取小数点后两位。

(2)电导率(μS/cm)取整数位；降雨量(mm)、风速(m/s)、气温(℃)取小数点后一位。

4. 底质、土壤监测数据

以 mg/kg 计。

(1)分光光度法分析项目。总铬取小数点后一位；砷、硫化物取小数点后两位。

(2)容量法分析项目。有机质(%)取小数点后两位。

(3)重量法分析项目。水份(%)取小数点后两位。

(4)原子吸收分光光度法分析项目。铅、铜、锌、镍取三位有效数字；镉取小数点后三位。

(5)冷原子吸收法测汞取小数点后两位，冷原子荧光法测汞取小数点后三位。

(6)气相色谱法分析项目。DDT、六六六等取小数点后三位。

5. 生物类监测数据

(1)大型底栖生物取整数，微型则取小数点后一位。

(2)浮游生物取整数。

(3)周边原生动物、着生藻类取小数点后两位。

6. 噪声监测数据

(1)L_{10}，L_{50}，L_{90}取整数。

(2)L_{eq}，σ 取小数点后一位。

7. 废气、废水污染源监测数据

废气、废水污染源监测数据的有效位数取法随着被测样品的浓度、测试系统的精度及测试人员的读数误差而定。如一般分光光度计读数可以记到小数点后三位，并且其有效数字位数最多也只有三位。所以，对于分光光度法分析项目，当测值<1 时，监测数据可取值小数后三位；当测值>1 时，监测数据最多取三位有效数字。又如废气污染源监测，由于采样流量最多也只有三位有效数字，所以废气排放量可以很大，污染物浓度可以很高，但其测值最多只能取三位有效数字。

二、数据修约规则

修约原则：四舍六入五考虑，五后非零则进一，五后皆零视奇偶，五前为偶应舍去，五前为奇则进一。

【例】将 15.354、15.356、15.3551、15.355、15.345 修约至小数点后两位数字。

解：15.354≈15.35，四舍；15.356≈15.36，六入；15.3551≈15.36，五后非零则进一；15.355≈15.36，五后皆零视奇偶，五前为奇则进一；

15.345≈15.34，五后皆零视奇偶，五前为偶应舍去。

三、可疑数据的取舍

实验分析过程中，出于实验条件和方法的偶然偏离，或观测、记录、计算的失误，出现了离群或可疑数据，可能歪曲实验结果。在数据处理时，应当采取恰当的方法对可疑数据进行判别，剔除离群数据，确保监测结果符合客观实际。可疑数据的取舍一般采用统计方法判别，最常用的为奈尔(Nair)检验法、狄克逊(Dixion)检验法和格拉布斯(Qrubbs)检验法。样本标准差已知时，可采用奈尔检验法；样本标准差未知时，可采用狄克逊检验法或格拉布斯检验法。

(一)奈尔检验法

奈尔检验法的样本量为 $3 \leqslant n \leqslant 100$，分为三种情形。

1. 上侧情形

(1)计算出统计量 R_n 的值：

$$R_n = (x_n - \bar{x})/\sigma$$

式中：σ——样本标准差；

$\bar{x}$——样本均值；

x_n——样本最大值。

(2)确定检出水平 α(一般取 $\alpha=0.95$)，在奈尔检验临界值表中查出临界值 $R_{1-\alpha(n)}$；

(3)当 $R_n > R_{1-\alpha(n)}$ 时，判定 x_n 为离群值，否则判未发现 x_n 为离群值；

(4)对于检出的离群值 x_n，确定剔除 α^*(一般取 $\alpha^*=0.99$)，在奈尔检验临界值表中查出临界值 $R_{1-\alpha^*(n)}$。当 $R_n > R_{1-\alpha^*(n)}$ 时，判定 x_n 为统计离群值；否则，判未发现 x_n 为统计离群值，而为歧离值。

2. 下侧情形

(1)计算出统计量 R'_n 的值：

$$R'_n = (\bar{x} - x_1)/\sigma$$

式中：x_1——样本最小值。

(2)确定检出水平 α(一般取 $\alpha=0.95$)，在奈尔检验临界值表中查出临界值 $R_{1-\alpha(n)}$；

(3)当 $R'_n > R_{1-\alpha(n)}$ 时，判定 x_1 为离群值，否则判未发现 x_1 为离群值；

(4)对于检出的离群值 x_1，确定剔除 α^*(一般取 $\alpha^*=0.99$)，在奈尔检验临界值表中查出临界值 $R_{1-\alpha^*(n)}$。当 $R'_n > R_{1-\alpha^*(n)}$ 时，判定 x_1 为统计离群值；否则，判未发现 x_1 为统计离群值，而为歧离值。

3. 双侧情形

(1)计算出统计量 R_n 和 R'_n 的值；

(2)确定检出水平 α(一般取 $\alpha=0.95$)，在奈尔检验临界值表中查出临界值 $R_{1-\alpha/2(n)}$；

(3)当 $R_n > R'_n$，且 $R_n > R_{1-\alpha/2(n)}$ 时，判定最大值 x_n 为离群值。当 $R'_n > R_n$，且 $R'_n > R_{1-\alpha/2(n)}$ 时，判定最小值 x_1 为离群值；否则判未发现离群值。当 $R_n = R'_n$ 时，同时对最小值和最大值进行检验；

(4)对于检出的离群值 x_1 或 x_n，确定剔除 α^*(一般取 $\alpha=0.99$)，在奈尔检验临界值表中查出临界值 $R_{1-\alpha^*/2(n)}$。当 $R'_n > R_{1-\alpha^*/2(n)}$ 时，判定 x_1 为统计离群值；否则，判未发现 x_1 为统计离群值，而为歧离值。当 $R_n > R_{1-\alpha^*/2(n)}$ 时，判定 x_n 为统计离群值；否则，判未发现 x_n 为统计离群值，而为歧离值。

(二)狄克逊检验法

狄克逊检验法的样本量为 $3 \leqslant n \leqslant 30$，分为两种情形。

1. 单侧情形

(1)计算出下述统计量的值，计算公式如表 9-10 所示。

表 9-10 狄克逊检验法统计量计算公式

样本量	检验高端离群值	检验低端离群值
n：3~7	$D_n = r_{10} = \frac{x_n - x_{n-1}}{x_n - x_1}$	$D'_n = r'_{10} = \frac{x_2 - x_1}{x_n - x_1}$
n：8~10	$D_n = r_{11} = \frac{x_n - x_{n-1}}{x_n - x_2}$	$D'_n = r'_{11} = \frac{x_2 - x_1}{x_{n-1} - x_1}$
n：11~13	$D_n = r_{21} = \frac{x_n - x_{n-2}}{x_n - x_2}$	$D'_n = r'_{21} = \frac{x_3 - x_1}{x_{n-1} - x_1}$
n：14~30	$D_n = r_{22} = \frac{x_n - x_{n-2}}{x_n - x_3}$	$D'_n = r'_{22} = \frac{x_3 - x_1}{x_{n-2} - x_1}$

(2)确定检出水平 α(一般取 $\alpha=0.95$)，在单侧狄克逊检验临界表中查出临界值 $D_{1-\alpha(n)}$。

(3)检验高端值，当 $D_n>D_{1-\alpha(n)}$时，判定 x_n为离群值。检验低端值，当 $D'_n>D_{1-\alpha(n)}$时，判定 x_1为离群值；否则判未发现离群值。

(4)对于检出的离群值 x_1或 x_n，确定剔除水平 α^*(一般取 $\alpha^*=0.99$)，在单侧狄克逊检验临界表中查出临界值 $D_{1-\alpha^*(n)}$。检验高端值，当 $D_n>D_{1-\alpha^*(n)}$时，判定 x_n为统计离群值。检验低端值，当 $D'_n>D_{1-\alpha^*(n)}$时，判定 x_1为统计离群值；否则，判未发现统计离群值，均视为歧离值。

2. 双侧情形

(1)计算出统计量 D_n和 D'_n的值。

(2)确定检出水平 α(一般取 $\alpha=0.95$)，在双侧狄克逊检验临界表中查出临界值 $\widetilde{D}_{1-\alpha(n)}$。

(3)当 $D_n>D'_n$，$D_n>\widetilde{D}_{1-\alpha(n)}$ 时，判定 x_n为离群值；当 $D'_n>D_n$，$D'_n>\widetilde{D}_{1-\alpha(n)}$ 时，判定 x_1为离群值；否则判未发现离群值。

(4)对于检出的离群值 x_1或 x_n，确定剔除水平 α^*(一般取 $\alpha^*=0.99$)，在双侧狄克逊检验临界表中查出临界值 $\widetilde{D}_{1-\alpha^*(n)}$。当 $D_n>D'_n$，且 $D_n>\widetilde{D}_{1-\alpha^*(n)}$ 时，判定 x_n为统计离群值。当 $D'_n>D_n$，且 $D'_n>\widetilde{D}_{1-\alpha^*(n)}$ 时，判定 x_1为统计离群值；否则，判未发现统计离群值，均视为歧离值。

(三)格拉布斯检验法

1. 上侧情形

(1)计算出统计量 G_n的值：

$$G_n = \frac{(x_n - \bar{x})}{s}, \quad s = \sqrt{\frac{1}{n-1}\sum_{i=1}^{n}(x_i - \bar{x})^2}$$

式中：s—样本的标准差。

(2)确定检出水平 α(一般取 $\alpha=0.95$)，在格拉布斯检验临界值表中查出临界值 $G_{1-\alpha(n)}$。

(3)当 $G_n>G_{1-\alpha(n)}$时，判定 x_n为离群值，否则判未发现 x_n为离群值。

(4)对于检出的离群值 x_n，确定剔除水平 α^*(一般取 $\alpha^*=0.99$)，在格拉布斯检验临界值表中查出临界值 $G_{1-\alpha^*(n)}$。当 $G_n>G_{1-\alpha^*(n)}$时，判定 x_n为统计离群值；否则，判未发现 x_n为统计离群值，而为歧离值。

2. 下侧情形

(1)计算出统计量 G'_n 的值：

$$G'_n = (\bar{x} - x_1)/s$$

(2)确定检出水平 α(一般取0.95)，在格拉布斯检验临界值表中查出临界值 $G_{1-\alpha(n)}$。

(3)当 $G'_n > G_{1-\alpha(n)}$ 时，判定 x_1 为离群值；否则判未发现 x_1 为离群值。

(4)对于检出的离群值 x_1，确定剔除水平 α^*(一般取 $\alpha^*=0.99$)，在格拉布斯检验临界值表中查出临界值 $G_{1-\alpha^*(n)}$。当 $G'_n > G_{1-\alpha^*(n)}$ 时，判定 x_1 为统计离群值；否则，判未发现 x_1 为统计离群值，而为歧离值。

3. 双侧情形

(1)计算出统计量 G_n 和 G'_n 的值。

(2)确定检出水平 α(一般取 $\alpha=0.95$)，在格拉布斯检验临界值表中查出临界值 $G_{1-\alpha/2(n)}$。

(3)当 $G_n > G'_n$，且 $G_n > G_{1-\alpha/2(n)}$ 时，判定最大值 x_n 为离群值。当 $G'_n > G_n$，且 $G'_n > G_{1-\alpha/2(n)}$ 时，判定最小值 x_1 为离群值；否则判未发现离群值。当 $G_n = G'_n$ 时，应重新考虑限定检出离群值的个数。

(4)对于检出的离群值 x_1 或 x_n，确定剔除 α^*(一般取 $\alpha^*=0.99$)，在格拉布斯检验临界值表中查出临界值 $G_{1-\alpha^*/2(n)}$。当 $G'_n > G_{1-\alpha^*/2(n)}$，判定 x_1 为统计离群值；否则，判未发现 x_1 为统计离群值，而为歧离值。当 $G_n > G_{1-\alpha^*/2(n)}$ 时，判定 x_n 为统计离群值；否则，判未发现 x_n 为统计离群值，而为歧离值。

四、测量结果的统计检验

在环境监测工作中，相同的样品由不同的分析人员或不同的分析方法所测得的均值之间往往存在差异，测量值的均值是否等于真值，测量方法的精密度是否可靠，均需要进行统计检验。常用的检验方法为显著性检验(即 t 检验)。

1. 样本均数与总体总数差别的显著性检验

该法常用于检验分析人员所测得样本均值与总体均值之间的差异。其检验步骤如下：

(1)作出统计假设，即假定与真值(μ)吻合；

(2)构造统计量并计算：

$$t = \frac{|\bar{x} - \mu|}{s}\sqrt{n}$$

式中：

$$s = \sqrt{\frac{1}{n-1}\sum_{i=1}^{n}(x_i - \bar{x})^2}$$

(3)查表：$t_{\alpha(n-1)}$，$f=n-1$，f 为自由度；

(4)判断：若 $t \leq t_{\alpha(n-1)}$，则假设成立，二者吻合；若 $t > t_{\alpha(n-1)}$，则存在显著性差异。

【例】某含铜标准物质，已知铜的总体均值为0.84，某分析人员对其进行8次测定的均值为0.83，标准偏差为0.009，检验此人测定的样本均值与总体均值之间有无显著性差异。

解：$\mu=0.84$，$\bar{x}=0.83$，$n=8$，$f=8-1=7$，$s=0.009$。

$$t = \frac{|0.83 - 0.84|}{0.009}\sqrt{8} = 3.14$$

查 $t_{0.05(7)}=1.895$，$t>t_{0.05(7)}$，样本均值与总体均值有显著性差异，测量不正常，需重新测量。

2. 两种测定方法的显著性检验

判断对同一试样由不同的人、用不同的方法、不同的仪器所测结果是否一致。其检验步骤如下：

(1)设两组数据分别为 x_1，x_2，…，x_n 和 y_1，y_2，…，y_n，则平均值和标准偏差分别为 $\bar{x}$，$\bar{y}$ 和 s_x，s_y，假定 $\bar{x}$ 和 $\bar{y}$ 相吻合；

(2)构造统计量并计算：

$$t=\frac{|\bar{x}-\bar{y}|}{\sqrt{(n_1-1)s_x^2+(n_2-1)s_y^2}}\sqrt{\frac{n_1n_2}{n_1+n_2}(n_1+n_2-2)}$$

当 $n_1=n_2=n$ 时，有

$$t=\frac{|\bar{x}-\bar{y}|}{\sqrt{s_x^2+s_y^2}}\sqrt{n}$$

(3)查 t 值表，$t_{\alpha(n_1+n_2-2)}$；

(4)判断，若 $t>t_{\alpha(n_1+n_2-2)}$，则存在显著性差异；否则不存在显著性差异。

【例】某实验室分别采用异烟酸-巴比妥酸分光光度法和异烟酸-吡唑啉酮分光光度法对同一水样中氰化物含量各进行了 4 次测定，结果见表 9-11，试分析两种测量方法的测定结果的可比性。

表 9-11　某水样中氰化物含量测定结果表

方法	实验室结果(mg/L)			
	1	2	3	4
异烟酸-巴比妥酸分光光度法(x)	0.016	0.018	0.017	0.016
异烟酸-吡唑啉酮分光光度法(y)	0.015	0.017	0.018	0.018

解：$\bar{x}=0.01675$，$\bar{y}=0.017$，$s_x=0.00096$，$s_y=0.00141$。

$$t=\frac{|0.01675-0.017|}{\sqrt{0.00096^2+0.00141^2}}\sqrt{4}=0.293$$

查 $t_{0.05(6)}=1.943$，$t=0.29<t_{0.05(6)}=1.943$，无显著性差异，两种测量方法的测定结果具有很好的可比性。

五、监测结果的表述

(1)算术平均值。多次测量求平均值($\bar{x}$)，可以代表测量结果与真值的集中趋势。增加测量次数，可以减少和排除系统误差和过失，使测量结果无限地接近真值，因此，使用算术平均值代表测量结果与真值的集中趋势在监测结果的表述中使用较广泛。

(2)算术平均值和标准偏差。算术平均值可以代表测量结果与真值的集中趋势，标准偏差可以表示监测结果的离散程度，而且算术平均值代表性的大小与标准偏差的大小相关，一般标准偏差大时，算术平均值的代表性就较小，因此，常用算术平均值加减标准偏差($\bar{x}\pm s$)表述测定结果的精密度。

(3)算术平均值、标准偏差和相对标准偏差。标准偏差的大小与所测数据的均值水平及测量单位有关，不同水平或单位的测量结果之间的标准偏差无法进行比较，但相对标准偏差(变异系数，C_V)是相对的，可以在一定范围内用来比较不同水平或单位的测量结果之间的差异，即用($\bar{x}\pm s$，C_V)表述测量结果。

六、环境监测结果的综合评价

(一)大气质量监测结果评价

1. 环境空气质量指数

环境空气质量指数用于空气质量指数日报、实时报和预报工作，主要为公众提供健康指引。

环境空气质量指数的确定方法大致分为两个步骤：首先依据空气质量分指数及对应的污染物项目浓度限值计算实际空气质量分指数，然后根据各个污染分指数数值大小确定综合空气质量指数。空气质量分指数及对应的污染物项目浓度限值见表 9-12。

表 9-12　空气质量分指数及对应的污染物项目浓度限值

空气质量分指数(IAQI)	污染物项目浓度限值									
	二氧化硫(SO_2)24 h平均/($\mu g/m^3$)	二氧化硫(SO_2)1 h平均/($\mu g/m^3$)(1)	二氧化氮(NO_2)24 h平均/($\mu g/m^3$)	二氧化氮(NO_2)1 h平均/($\mu g/m^3$)(1)	颗粒物(PM_{10})24 h平均/($\mu g/m^3$)	一氧化碳(CO)24 h平均/(mg/m^3)	一氧化碳(CO)1 h平均/(mg/m^3)(1)	臭氧(O_3)1 h平均/($\mu g/m^3$)	臭氧(O_3)8 h滑动平均/($\mu g/m^3$)	颗粒物($PM_{2.5}$)24 h平均/($\mu g/m^3$)
0	0	0	0	0	0	0	0	0	0	0
50	50	150	40	100	50	2	5	160	100	35
100	150	500	80	200	150	4	10	200	160	75
150	475	650	180	700	250	14	35	300	215	115
200	800	800	280	1200	350	24	60	400	265	150
300	1600	(2)	565	2340	420	36	90	800	800	250
400	2100	(2)	750	3090	500	48	120	1000	(3)	350
500	2620	(2)	940	3840	600	60	150	1200	(3)	500

注：(1)二氧化硫(SO_2)、二氧化氮(NO_2)和一氧化碳(CO)的 1 h 平均浓度限值仅用于实时报，在日报中需使用相应污染物的 24 h 平均浓度限值；(2)二氧化硫(SO_2)1 h 平均浓度值高于 800 $\mu g/m^3$的，不再进行其空气质量分指数计算，二氧化硫(SO_2)空气质量分指数按照 24 h 平均浓度计算的分指数报告；(3)臭氧(O_3)8 h 平均浓度值高于 800 $\mu g/m^3$的，不再进行其空气质量分指数计算，臭氧(O_3)空气质量分指数按照 1 h 平均浓度计算的分指数报告。

空气质量分指数计算公式为：

$$IAQI_P=\frac{IAQI_{Hi}-IAQI_{Lo}}{BP_{Hi}-BP_{Lo}}(c_P-BP_{Lo})+IAQI_{Lo}$$

式中：$IAQI_P$——污染物项目 P 的空气质量分指数；

c_P——污染物项目 P 的质量浓度值；

BP_{Hi}——污染物项目浓度限值表中与 c_P 相近的污染物浓度限值的高位值；

BP_{Lo}——污染物项目浓度限值表中与 c_P 相近的污染物浓度限值的低位值；

$IAQI_{Hi}$——污染物项目浓度限值表中与 BP_{Hi} 对应的空气质量分指数；

$IAQI_{Lo}$——污染物项目浓度限值表中与 BP_{Lo} 对应的空气质量分指数。

空气质量指数计算公式为： $AQI=\max\{IAQI_1, IAQI_2, IAQI_3, \cdots, IAQI_n\}$

式中：$IAQI_n$——第 n 种空气质量分指数；

n——污染物项目。

空气质量指数确定后，再依据其数值大小，确认空气质量等级，见表 9-13。

表 9-13　空气质量指数及相关信息

空气质量指数	空气质量指数级别	空气质量指数类别及表示颜色		对健康影响情况	建议采取的措施
0~50	一级	优	绿色	空气质量令人满意，基本无空气污染	各类人群可正常活动
51~100	二级	良	黄色	空气质量可接受，但某些污染物可能对极少数异常敏感人群健康有较弱影响	极少数异常敏感人群应减少户外活动
101~150	三级	轻度污染	橙色	易感人群症状有轻度加剧，健康人群出现刺激症状	儿童、老年人及心脏病、呼吸系统疾病患者应减少长时间、高强度的户外锻炼
151~200	四级	中度污染	红色	进一步加剧易感人群症状，可能对健康人群心脏、呼吸系统有影响	儿童、老年人及心脏病、呼吸系统疾病患者应避免长时间、高强度的户外锻炼，一般人群适量减少户外运动
201~300	五级	重度污染	紫色	心脏病和肺病患者症状显著加剧，运动耐受力降低，健康人群普遍出现症状	儿童、老年人的心脏病、肺病患者应停留在室内，停止户外运动，一般人群减少户外运动
>300	六级	严重污染	褐红色	健康人群运动耐受力降低，有明显强烈症状，提前出现某些疾病	儿童、老年人和病人应当留在室内，避免体力消耗，一般人群应避免户外活动

【例】某地区某日的空气质量指标分别为：SO_2 0.040 mg/m^3、NO_2 0.086 mg/m^3、PM_{10} 0.228 mg/m^3，该地区空气质量级别为多少？

解：三种污染物的空气质量分指数分别为：

$$IAQI_{SO_2}=\frac{50-0}{50-0}(40-0)+0=40，IAQI_{NO_2}=\frac{150-100}{180-80}(86-80)+100=103，$$

$$IAQI_{PM_{10}}=\frac{150-100}{250-150}(228-150)+100=139，AQI=\max\{IAQI_{SO_2}, IAQI_{NO_2}, IAQI_{PM_{10}}\}=139$$

故该地区某日的空气质量为三级，属于轻度污染。

2. 模糊数学评价法

模糊数学评价法能将影响环境质量的主要污染因子进行归一化处理，同时还能综合评价不同年份、不同区域环境质量及其变化趋势，在水和大气环境质量评价等领域的应用前景十分广阔。

(1)模糊数学评价法理论基础。

模糊数学评价法以模糊数学理论为基础，通过模糊数学基本原理中的隶属度计算，实现从总体上定量评价某一受多种因素制约的评价对象。

1)构建评价集合。

首先构建评价对象集合 U。

$$U=\{u_1, u_2, u_3, \cdots, u_n\}$$

然后构建评价标准集合 V。

$$V=\{v_1, v_2, v_3, \cdots, v_n\}$$

2)设立隶属度函数。

为了表示评价对象 X 属于评价标准 A 的程度高低，常采用取值于区间[0, 1]的隶属函数 $A(X)$。一般 $A(X)$ 越接近于0，X 属于 A 的程度越低，反之则越高。一般将隶属度分为三个区段，并分别构建计算公式。

$$当 j=1 时，r_{ij}=\begin{cases}0 & , X_i \geqslant S_{i(j+1)} \\ \dfrac{S_{i(j+1)}-X_i}{S_{i(j+1)}-S_{ij}} & , S_{ij}<X_i<S_{i(j+1)} \\ 1 & , X_i \leqslant S_{ij}\end{cases}$$

$$当 1<j<n 时，r_{ij}=\begin{cases}0 & , X_i \leqslant S_{i(j-1)} X_i \geqslant S_{i(j+1)} \\ \dfrac{X_i-S_{i(j-1)}}{S_{ij}-S_{i(j-1)}} & , S_{i(j-1)}<X_i<S_{ij} \\ \dfrac{S_{i(j+1)}-X_i}{S_{i(j+1)}-S_{ij}} & , S_{ij} \leqslant X_i \leqslant S_{i(j+1)}\end{cases}$$

$$当 j=n 时，r_{ij}=\begin{cases}0 & , X_i \leqslant S_{i(j+1)} \\ \dfrac{X_i-S_{i(j-1)}}{S_{ij}-S_{i(j-1)}} & , S_{i(j-1)}<X_i<S_{ij} \\ 1 & , X_i \geqslant S_{ij}\end{cases}$$

式中：X_i——i 因素的评价值，即实测值；

S_{ij}——i 因素对应 j 级的标准值。

3)构建模糊关系矩阵。

将评价对象实测值和评价标准值代入隶属度函数计算公式中，求出各个评价对象对应每一级评价标准的隶属度，然后构成隶属度模糊关系矩阵 $\boldsymbol{R}$。在环境空气质量评价中为6×3矩阵(污染因子6项，评价标准3级)。

$$\boldsymbol{R}=\begin{bmatrix} r_{PM_{2.5}} & r_{PM_{2.5}} & r_{PM_{2.5}} \\ r_{PM_{10}} & r_{PM_{10}} & r_{PM_{10}} \\ r_{O_3} & r_{O_3} & r_{O_3} \\ r_{SO_2} & r_{SO_2} & r_{SO_2} \\ r_{NO_2} & r_{NO_2} & r_{NO_2} \\ r_{CO} & r_{CO} & r_{CO} \end{bmatrix}$$

4)构建模糊权重矩阵。

权重是指某一评价对象相对于评价标准的重要程度，强调评价对象的相对重要程度。采用超标倍数赋权法归一化计算各个评价对象的权重值 a_i，并构建模糊权重矩阵 $\boldsymbol{A}$。

$$a_i=\frac{X_i/S_i}{\sum_{i=1}^{n}\dfrac{X_i}{S_i}}$$

式中：X_i——i 因素的评价值，即实测值；

S_i——i 因素评价标准的均值。

$$\boldsymbol{A} = (a_{PM_{2.5}} \quad a_{PM_{10}} \quad a_{O_3} \quad a_{SO_2} \quad a_{NO_2} \quad a_{CO})$$

5）构建模糊综合评价结果矩阵。

将模糊权重矩阵 $\boldsymbol{A}$ 和模糊关系矩阵 $\boldsymbol{R}$ 相乘，求得分级模糊综合评价结果矩阵 $\boldsymbol{B}$。

$$\boldsymbol{B} = \boldsymbol{A} \times \boldsymbol{R}$$

$$= (a_{PM_{2.5}} \quad a_{PM_{10}} \quad a_{O_3} \quad a_{SO_2} \quad a_{NO_2} \quad a_{CO}) \times \begin{bmatrix} r_{PM_{2.5}} & r_{PM_{2.5}} & r_{PM_{2.5}} \\ r_{PM_{10}} & r_{PM_{10}} & r_{PM_{10}} \\ r_{O_3} & r_{O_3} & r_{O_3} \\ r_{SO_2} & r_{SO_2} & r_{SO_2} \\ r_{NO_2} & r_{NO_2} & r_{NO_2} \\ r_{CO} & r_{CO} & r_{CO} \end{bmatrix}$$

$$= (b_{\mathrm{I}} \quad b_{\mathrm{II}} \quad b_{\mathrm{III}})$$

6）模糊综合评价结果加权平均处理。

将分级模糊综合评价结果按照评价标准级别进行加权平均处理，计算环境空气质量的权值隶属度 $\boldsymbol{R}'$。

（2）模糊数学评价法应用实例。

1）基础数据及评价标准。

按照《环境空气质量标准》（GB 3095—2012）中要求，评价 $PM_{2.5}$，PM_{10}，O_3，SO_2，NO_2和 CO 六项污染因子对环境空气质量的影响。2016—2019 年某市环境空气中六项污染因子的年均浓度值如表 9-14 所示。

表 9-14　2016—2019 年某市环境空气污染因子年均浓度　单位：mg/m^3

年份	$PM_{2.5}$	PM_{10}	O_3	SO_2	NO_2	CO
2016	0.052	0.076	0.132	0.016	0.03	1.8
2017	0.049	0.07	0.141	0.016	0.028	1.7
2018	0.043	0.066	0.13	0.016	0.03	1.6
2019	0.043	0.068	0.125	0.013	0.027	1.3

《环境空气质量标准》（GB 3095—2012）中将环境空气功能区分为两类，对应的质量标准为二级。为了提高综合评价结论的精确度，引入《环境空气质量指数（AQI）技术规定（试行）》（HJ 633—2012）中环境空气质量轻度污染的最低浓度限值，设置三级评价标准，详见表 9-15。

表 9-15　环境空气质量标准　单位：mg/m^3

评价标准等级	$PM_{2.5}$	PM_{10}	O_3	SO_2	NO_2	CO
Ⅰ级	0.015	0.04	0.1	0.02	0.04	4
Ⅱ级	0.035	0.07	0.16	0.06	0.04	4
Ⅲ级	0.075	0.15	0.2	0.15	0.08	10
平均值	0.042	0.087	0.153	0.077	0.053	6

2）模糊数学评价法数据处理。

① 隶属度计算。

将 2016—2019 年某市环境空气中 $PM_{2.5}$，PM_{10}，O_3，SO_2，NO_2，CO 六项污染因子的年均浓度值代入隶属度函数，分别计算各个年度的隶属度，得出每一年的六项污染因子的隶属度模糊关系矩阵。

$$\boldsymbol{R}_{2016}=\begin{bmatrix}0.000&0.575&0.425\\0.000&0.925&0.075\\0.467&0.533&0.000\\1.000&0.000&0.000\\0.000&1.000&0.000\\0.000&1.000&0.000\end{bmatrix},\ \boldsymbol{R}_{2017}=\begin{bmatrix}0.000&0.650&0.350\\0.000&1.000&0.000\\0.317&0.683&0.000\\1.000&0.000&0.000\\0.000&1.000&0.000\\0.000&1.000&0.000\end{bmatrix}$$

$$\boldsymbol{R}_{2018}=\begin{bmatrix}0.000&0.800&0.200\\0.133&0.867&0.000\\0.500&0.500&0.000\\1.000&0.000&0.000\\0.000&1.000&0.000\\0.000&1.000&0.000\end{bmatrix},\ \boldsymbol{R}_{2019}=\begin{bmatrix}0.000&0.800&0.200\\0.067&0.933&0.000\\0.583&0.417&0.000\\1.000&0.000&0.000\\0.000&1.000&0.000\\0.000&1.000&0.000\end{bmatrix}$$

② 模糊权重矩阵计算。

将 2016—2019 年某市各项污染因子的平均浓度值代入权重值 a_i 计算公式进行归一化处理，得出各年的模糊权重矩阵。

$$\boldsymbol{A}=\begin{bmatrix}0.308&0.216&0.212&0.051&0.139&0.074\\0.300&0.206&0.235&0.053&0.134&0.072\\0.280&0.207&0.230&0.057&0.153&0.072\\0.293&0.223&0.231&0.048&0.144&0.061\end{bmatrix}$$

③ 模糊综合评价计算。

将 2016 年某市环境空气质量模糊权重矩阵和隶属度模糊关系矩阵相乘，得出 2016 年环境空气质量分级模糊综合评价结果矩阵。

$$\boldsymbol{B}_{2016}=\boldsymbol{A}_{2016}\times\boldsymbol{R}_{2016}$$

$$=(0.308\quad 0.216\quad 0.212\quad 0.051\quad 0.139\quad 0.074)\times\begin{bmatrix}0.000&0.575&0.425\\0.000&0.925&0.075\\0.467&0.533&0.000\\1.000&0.000&0.000\\0.000&1.000&0.000\\0.000&1.000&0.000\end{bmatrix}$$

$$=(0.1505\quad 0.7026\quad 0.1469)$$

同理，可计算 2017—2019 年某市环境空气质量分级模糊综合评价结果，见表 9-16。

表 9-16　分级模糊综合评价结果

年份	分级模糊综合评价结果			最大值	环境空气质量等级
	Ⅰ级	Ⅱ级	Ⅲ级		
2016	0.1505	0.7026	0.1469	0.7026	Ⅱ级
2017	0.1275	0.7675	0.1050	0.7675	Ⅱ级
2018	0.1995	0.7444	0.0561	0.7444	Ⅱ级
2019	0.1979	0.7435	0.0586	0.7435	Ⅱ级

④ 模糊综合评价结果加权平均处理。

将2016年某市环境空气质量分级模糊综合评价结果代入加权平均处理计算公式，得出2016年某市环境空气质量的权属隶属度。

$$\boldsymbol{R}_{2016}=\frac{0.1505\times1+0.7026\times2+0.1469\times3}{0.1505+0.7026+0.1469}=1.9965$$

同理，可计算2017—2019年某市环境空气质量模糊综合评价结果加权平均处理结果，详见表9-17。

表9-17　加权平均处理结果

年份	加权平均处理结果	排序
2016	1. 9965	4
2017	1. 9775	3
2018	1. 8566	1
2019	1. 8607	2

3）模糊综合评价结果应用。

① 主要污染物分析。

采用超标倍数赋权法归一化计算得出某市各年六项污染因子的模糊权重矩阵后，可以从各年的权重分配情况比较出每个年度的主要环境空气污染物，如2019年某市环境空气中$PM_{2.5}$，PM_{10}，O_3，SO_2，NO_2，CO六项污染因子的模糊权重分别为0. 293，0. 223，0. 231，0. 048，0. 144，0. 061。因此，2019年影响某市环境空气质量的主要污染物为$PM_{2.5}$。

② 环境空气质量等级分析。

经计算得出每一年度环境空气质量分级模糊综合评价结果矩阵后，通过比较每一年环境空气质量各个等级的权重分布情况，即可判别每一年的环境空气质量等级。如2019年某市环境空气质量的分级模糊综合评价结果为Ⅰ级0. 1979、Ⅱ级0. 7435、Ⅲ级0. 0586，则2019年某市的环境空气质量等级为Ⅱ级。

③ 环境空气质量变化趋势分析。

通过计算某市每一年各项污染因子的模糊权重、分级模糊综合评价结果和加权平均处理结果，并进行统计分析和比较，了解和掌握历年来某市主要污染因子、环境空气质量等级变化情况和趋势。

从图9-3可以看出，自2016年以来，某市环境空气质量的主要影响因子均为$PM_{2.5}$，其次为O_3，PM_{10}，NO_2，CO，影响最小的为SO_2，且各项污染因子对环境空气质量的影响相对稳定。

从图9-4可以看出，自2016年以来，某市环境空气质量Ⅱ级所占比重远高于Ⅰ级和Ⅲ级。自2018年以来，Ⅱ级所占比重维持稳定，Ⅰ级的比重明显增加，Ⅲ级比重明显减少，某市环境空气质量总体向好趋势明显。

此外，从2016—2019年某市环境空气质量模糊综合评价结果的加权平均处理结果可以看出，自2016年以来，某市环境空气质量整体逐步提升，但2019年较上一年度有细微反弹，与模糊权重矩阵计算的主要污染物权重值反弹趋势一致。

④ 环境空气质量比较。

通过计算不同城市的环境空气质量评价结果的加权平均处理结果，可以比较城市间环境空气质量优劣，且这种计算方法为全因子比较法，较AQI指数法等单因子比较法更加全面，

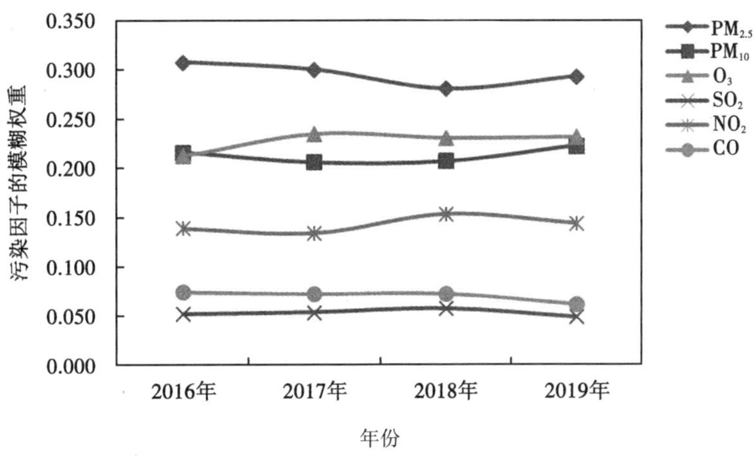

图 9-3 主要污染因子权重分布及变化趋势图

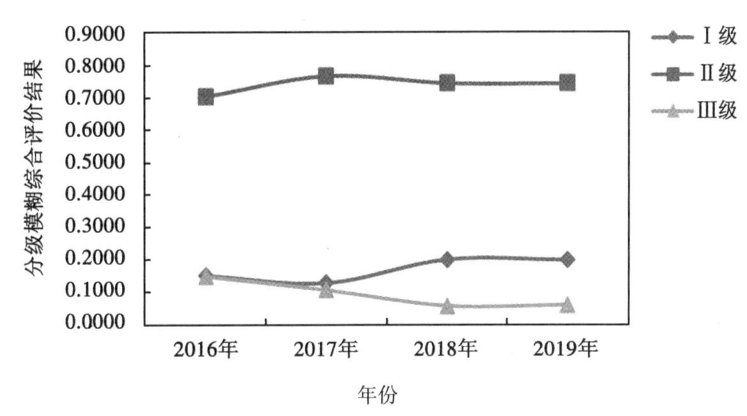

图 9-4 分级模糊综合评价结果分布及变化趋势图

综合考虑了各种污染因子对环境空气质量的影响。

采用模糊数学综合评价法对某市 12 个县(市、区)的环境空气质量实测数据进行处理,按照模糊综合评价结果的加权平均处理结果大小进行排序,即可得出某市每一年各个县(市、区)的环境空气质量优劣情况和逐年变化趋势。

表 9-18 2016—2019 年某市各县(市、区)环境空气质量排名

评价区域	2016 年		2017 年		2018 年		2019 年	
	综合评价值	排名	综合评价值	排名	综合评价值	排名	综合评价值	排名
全市	1.9965	—	1.9775	—	1.8566	—	1.8607	—
县(市、区)1	2.0054	9	1.9344	9	1.8716	8	1.8554	8
县(市、区)2	1.9716	7	2.0003	12	1.8986	9	1.8180	5
县(市、区)3	1.7239	2	1.6368	1	1.7101	1	1.6245	1
县(市、区)4	1.9820	8	1.9324	8	1.8106	4	1.8490	7
县(市、区)5	1.8596	4	1.8277	4	1.7283	2	1.7091	4
县(市、区)6	1.8959	5	1.8734	5	1.8554	7	1.8868	10
县(市、区)7	1.6088	1	1.6922	2	1.7391	3	1.6827	2
县(市、区)8	1.9715	6	1.9849	11	1.8444	6	1.8841	9
县(市、区)9	1.8223	3	1.7801	3	1.9189	11	1.7066	3

从表 9-18 可以看出,某市 9 个县(市、区)中,县(市、区)7、县(市、区)3 和县(市、区)

9 的环境空气质量相对较好；县(市、区)1、县(市、区)4 和县(市、区)2 的环境空气质量相对较差。

(二)水质监测结果评价

1. 水质指数法

(1)一般性水质因子。

$$S_{i,j}=\frac{C_{i,j}}{C_{si}}$$

式中：$S_{i,j}$——评价因子 i 的水质指数，大于 1 表明该水质因子超标；

$C_{i,j}$——评价因子 i 在 j 点的实测统计代表值，mg/L；

C_{si}——评价因子 i 的水质评价标准限值，mg/L。

(2)溶解氧。

$$S_{DO,j}=\frac{DO_s}{DO_j},\ DO_j \leqslant DO_f;\quad S_{DO,j}=\frac{|DO_f-DO_j|}{DO_f-DO_s},\ DO_j > DO_f$$

式中：$S_{DO,j}$——溶解氧的标准指数，大于 1 表明该水质因子超标。

DO_j——溶解氧在 j 点的实测统计代表值，mg/L。

DO_s——溶解氧的水质评价标准限值，mg/L。

DO_f——饱和溶解氧浓度，mg/L，对于河流，$DO_f=468/(31.6+T)$；对于盐度比较高的湖泊、水库及入海河口、近岸海域，$DO_f=(491-2.65S)/(33.5+T)$。

S——实用盐度符号，量纲为一。

T——水温，℃。

(3)pH 值。

$$S_{pH,j}=\frac{7.0-pH_j}{7.0-pH_{sd}},\ pH_j \leqslant 7.0;\quad S_{pH,j}=\frac{pH_j-7.0}{pH_{su}-7.0},\ pH_j > 7.0$$

式中：$S_{pH,j}$——pH 值的指数，大于 1 表明该水质因子超标；

pH_j——pH 值实测统计代表值；

pH_{sd}，pH_{su}——评价标准中 pH 值的下限值、上限值。

(4)水质综合污染指数。

$$K=\sum_{i=1}^{n}\frac{C_k}{C_{oi}}C_i \quad (i=1,2,3,\cdots,n)$$

式中：K——综合污染指数；

C_k——统一标准(常定为 0.1)；

C_{oi}——污染物地面水标准最高允许浓度，mg/L；

C_i——污染物地面水实测浓度，mg/L；

n——实测污染物个数。

(5)布朗水质指数(WQI)。

$$WQI=\sum_{i=1}^{n}W_i q_i$$

式中：WQI——水质指数(其值在 0~100 之间)；

q_i——污染物的质量指数($q_i=C_i/C_{0i}$)；

W_i——污染物的权重值；

n——污染物个数。

2. 底泥污染指数法

$$P_{i,j} = C_{i,j}/C_{si}$$

式中：$P_{i,j}$——底泥污染因子 i 的单项污染指数，大于 1 表明该水质因子超标；

$C_{i,j}$——调查点位污染因子 i 的实测值，mg/L；

C_{si}——污染因子 i 的评价标准值或参考值，可以根据土壤环境质量标准或所在水域底泥的背景值确定。

（三）土壤环境质量评价

土壤环境质量评价涉及评价因子、评价标准和评价模式。评价因子数量与项目类型取决于监测目的及现实的经济和技术条件。评价标准常采用国家土壤环境质量标准、区域土壤背景值或部门（专业）土壤质量标准。评价模式常用污染指数法或者与其有关的评价方法。

1. 污染指数、超标率（倍数）评价

土壤环境质量评价一般以单项污染指数为主，指数小污染轻，指数大污染重。当区域内土壤环境质量作为一个整体与外区域进行比较或与历史资料进行比较时，除用单项污染指数外，还常用综合污染指数。土壤由于地区背景差异较大，用土壤污染累积指数更能反映土壤的人为污染程度。土壤污染物分担率可评价确定土壤的主要污染项目，污染物分担率由大到小排序，污染物主次也同此序。除此之外，土壤污染超标倍数、样本超标率等统计量也能反映土壤的环境状况。污染指数和超标率等计算公式如下：

土壤单项污染指数=土壤污染物实测值/土壤污染物质量标准

土壤污染累积指数=土壤污染物实测值/污染物背景值

土壤污染物分担率(%)=土壤某项污染指数/各项污染指数之和×100%

土壤污染超标倍数=(土壤某污染物实测值-某污染物质量标准)/某污染物质量标准

土壤污染样本超标率(%)=土壤样本超标总数/监测样本总数×100%

2. 内梅罗污染指数（P_N）评价

$$P_N = \{[(PI_{均}^2) + (PI_{最大}^2)]/2\}^{1/2}$$

式中：$PI_{均}$——平均单项污染指数；

$PI_{最大}$——最大单项污染指数。

内梅罗指数反映了各污染物对土壤的作用，同时突出了高浓度污染物对土壤环境质量的影响，可按照内梅罗污染指数划定污染等级，详见表 9-19。

表 9-19　土壤内梅罗污染指数评价标准

等级	内梅罗污染指数	污染等级
Ⅰ	$P_N \leq 0.7$	清洁（安全）
Ⅱ	$0.7 < P_N \leq 1.0$	尚清洁（警戒限）
Ⅲ	$1.0 < P_N \leq 2.0$	轻度污染
Ⅳ	$2.0 < P_N \leq 3.0$	中度污染
Ⅴ	$P_N > 3.0$	重度污染

第四节　实验室质量保证

监测结果的质量保证包括采样和测量两部分，而实验室质量保证是测量部分的重要途径，又可以分为实验室内部质量控制和实验室间质量控制，其目的均为保证测量结果的精密度和准确度。

一、常见术语

1. 准确度

准确度是指在一定实验条件下多次测定的平均值与真值相符合的程度。它是反映分析方法或测量系统存在的系统误差和随机误差的综合指标，准确度越高，分析结果越可靠。准确度一般用绝对误差和相对误差表示。

准确度的检验方法主要有以下两种：

(1)分析标准物质。

(2)加标回收法测定回收率。即在样品中加入标准物质，测定其回收率。多次回收试验还可发现方法的系统误差。这是目前常用而方便的方法，其计算式是：

$$回收率=(加标试样测定值-试样测定值)/加标量\times100\%$$

通常，加入的标准物质量应与待测物质的浓度水平接近为宜。

2. 精密度

精密度是指用一特定的分析程序在受控条件下重复分析均一样品所得测定值的一致程度，它反映分析方法或测量系统所存在随机误差的大小。精密度是保证准确度的先决条件，但是高的精密度不一定能保证高的准确度。一般说来，测量精密度不好，就不可能有良好的准确度。测量精密度好，准确度不好，表明测定中随机误差小，但系统误差较大。精密度一般用极差、平均偏差、相对平均偏差、标准偏差和相对标准偏差等表示，较常用的是标准偏差。

精密度的检验方法主要有以下三种：

(1)平行性实验。平行性系指在同一实验室中，当分析人员、分析设备和分析时间都相同时，用同一分析方法对同一样品进行双份或多份平行样测定结果之间的符合程度。

(2)重复性实验。重复性系指在同一实验室，使用同一方法由同一操作者对同一被测对象使用相同的仪器和设备，在相同的测试条件下，相互独立的测试结果之间的一致程度。

(3)再现性实验。再现性系指在不同的实验室，使用同一方法由不同的操作者对同一被测对象使用相同的仪器和设备，在相同的测试条件下，所得测试结果之间的一致程度。

3. 灵敏度

灵敏度是指分析方法对单位浓度或单位量的待测物质的变化所引起的响应量变化的程度，它可以用仪器的响应量或其他指示量与对应的待测物质的浓度或量之比来描述。因此，常用标准曲线的斜率来度量灵敏度，斜率值越大，方法的灵敏度越高。

4. 空白试验

空白试验是指用蒸馏水代替试样的测定，操作过程中所加试剂和步骤与试样测定完全相同。空白试验应与试样测定同时进行，试样分析时仪器的响应值(如吸光度、峰高等)不仅是试样中待测物质的分析响应值，而且包括所有其他因素，如试剂中杂质、环境及操作进程的沾污等的响应值。这些因素是经常变化的，为了了解它们对试样测定的综合影响，在每次测定时，均进行空白试验，空白试验所得的响应值称为空白试验值。

当空白试验值偏高时，应全面检查试验用水、试剂纯度、量器和容器是否沾污、仪器的性能以及环境状况等。

5. 校准曲线

校准曲线是用于描述待测物质的浓度或量与相应的测量仪器的响应量或其他指示量之间

定量关系的曲线。校准曲线包括工作曲线(绘制校准曲线的标准溶液的分析步骤与样品分析步骤完全相同)和标准曲线(绘制校准曲线的标准溶液的分析步骤与样品分析步骤相比有所省略，如省略样品的前处理)。

监测中常用校准曲线的直线部分。某一方法的校准曲线的直线部分所对应的待测物质浓度(或量)的变化范围，称为该方法的线性范围。校准曲线不得长期使用，不得相互借用，应与样品测定同时进行。

必要时，应对校准曲线的相关性、精密度和置信区间进行统计分析，检验斜率、截距和相关系数是否满足标准方法的要求。如不满足，需从分析方法、仪器设备、量器、试剂和操作等方面查找原因，改进后，重新绘制校准曲线。

二、实验室内部质量控制

实验室内部质量控制是实验室人员对分析质量进行自我控制的过程。

1. 平行样分析

平行样分析是指在完全相同的条件下，同步分析所得的测试结果，一般作平行双样，对某些要求严格的测试，例如标定标准溶液、校准仪器等也可同时作 3~5 份平行测定。平行样分析反映的是分析结果的精密度，也可以检测同批测试结果之间的稳定性。

平行样的数量由多种因素决定，若条件允许，则应全部作平行双样，否则应随机抽取 10%~20%的样品作双样分析。

2. 标准物质比较分析

将标准样品同时测定，可以评价测试结果的准确度，了解是否存在系统误差或异常情况。一般地说，在同步工作的情况下，工作质量应该是相似的，当然，有过失误差或异常干扰存在的情况除外。

3. 加标分析

测定样品时，在其中加入一定量的标准物进行测定，求回收率。加标量应和待测量相近。当待测物浓度极低时，应按照检测下限的量加标，任何情况下加标量都不得超过待测物浓度的 2 倍。

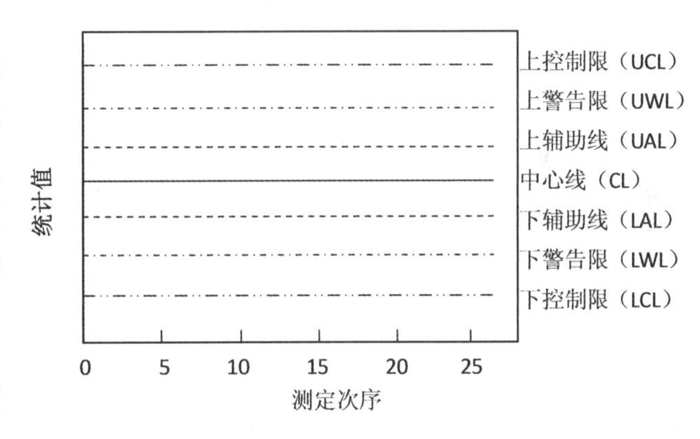

图 9-5 质量控制图的基本组成

4. 质量控制图

为了连续不断地监测和控制分析测定过程中可能出现的误差，经常用质量控制图进行质量保证。每种分析方法在操作过程中必然受到各种因素的影响，因此，测定结果存在变异。但在受控条件下，必须具有一定的准确度和精密度，并按照正态分布，以统计值为纵坐标、测定次数为横坐标，即得到质量控制图。通常，一张质量控制图应包括预期值(中心线)、目标值(上下警告线)、实测值的可接受范围(上下控制线)，如图 9-5 所示。

如均值质量控制图，先用同一方法在一定时间内重复测定，至少累积 20 个数据(不可将 20 个重复试验同时进行或一天分析两次及以上)，然后计算数据的总均值、标准偏差、平均极差等。用总均值绘制中心线，总均值加减标准偏差绘制上下辅助线，总均值加减 2 倍标准偏差绘制上下警告限，总均值加减 3 倍标准偏差绘制上下控制限。一般要求落在上下辅助线之间的点数占总数的 68%，如少于 50%，则分布不合理，质量控制图不可靠；如连续 7 点位于中心线同一侧，则表示数据失控，质量控制图失效，应及时查找原因，予以纠正。

三、实验室外部质量控制

在实验室间起支配作用的误差常为系统误差，为检查实验室间是否存在系统误差，它的大小和方向以及对分析结果的可比性是否有显著影响，可不定期地对有关实验室进行误差测验，以发现问题及时纠正。该项工作一般由某一系统的中心实验室、上级机关或权威单位负责。

(1)密码平行样。质量管理人员根据实际情况，按照一定比例随机抽取样品作为密码平行样，交付监测人员进行测定。若平行样测定偏差超出规定允许偏差范围，应在样品有效保存期内补测；若补测结果仍超出规定的允许偏差，则说明该批次样品测定结果失控，应查找原因，纠正后，重新测定。

(2)密码质量控制样及密码加标样。由质量管理人员使用有证标准样品或标准物质作为密码质量控制样品，或在随机抽取的常规样品中加入适量标准物质制成密码加标样，交付监测人员进行测定。若质量控制样品的测定结果在给定的不确定度范围内，则说明该批次样品测定结果受控。反之，该批次样品测定结果失控，应查找原因，纠正后，重新测定。

(3)人员比对。不同分析人员采用同一分析方法、在同样的条件下对同一样品进行测定，比对结果应达到相同的质量控制要求。

(4)实验室间比对。采用能力验证、比对测试或质量控制考核等方式进行实验室间比对，证明各实验室间的监测数据的可比性。

(5)留样复测。对于稳定的、测定过的样品保存一定时间后，若仍在测定有效期内，可进行重新测定，将两次测定结果进行比较，以评价该样品测定结果的可靠性。

第五节　环境质量图

环境质量图是用不同的符号、线条或颜色来表示各种环境要素的质量或各种环境单元的综合质量的分布特征和变化规律的图。通过绘制环境质量图，可以节省大量的文字说明，使监测结果更加直观，便于比较，有助于了解环境质量在空间上的分布特点和时间上的变化趋势等。以下重点介绍几种常见的环境质量图。

1. 等值线图

在一个区域内，根据一定密度测点的测定资料，用内插法画出等值线。这种图可以表示在空间分布上连续的和渐变的环境质量，常用来表示大气、海、湖和土壤中各种污染物的分布，如图 9-6 所示。

2. 点环境质量图

在确定的测点上，用不同形状或颜色表示各种环境要素及与之有关的事物，见图 9-7。

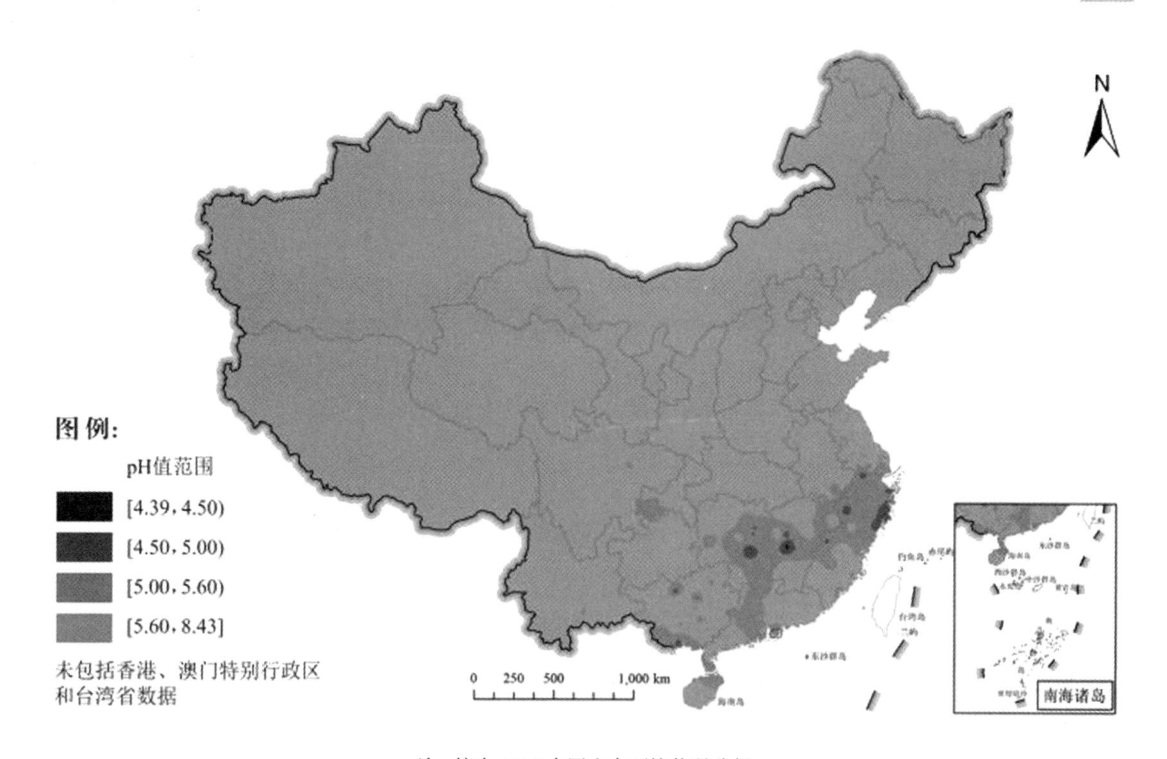

注：摘自 2020 中国生态环境状况公报。

图 9-6　2020 年全国降水 pH 年均值等值线分布示意图

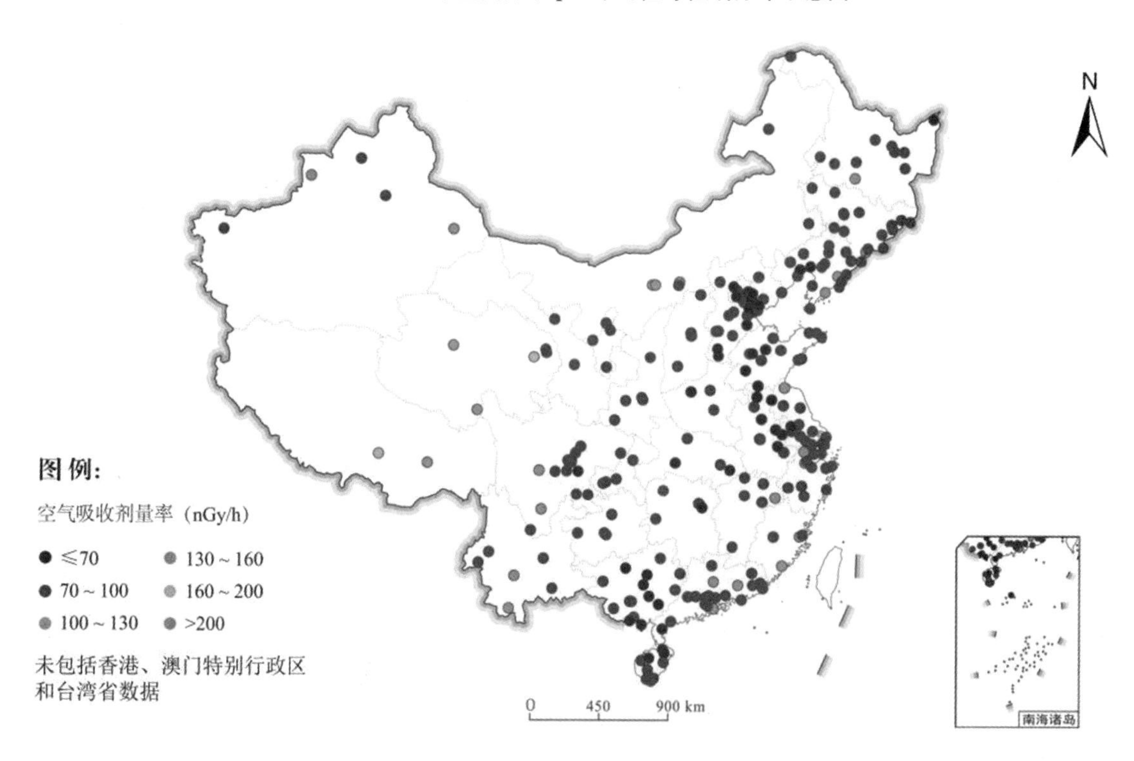

注：摘自 2020 中国生态环境状况公报。

图 9-7　2020 年全国辐射环境自动监测站实时连续空气吸收剂量率分布示意图

3. 区域环境质量图

将规定的范围(一个时间段、一个水域、一个行政区域或功能区域)的某种环境要素、综合质量，以及可以反映环境质量的综合等级，用不同的符号、线条或颜色表示出来，可以清楚地看到环境质量的变化，如图 9-8 所示。

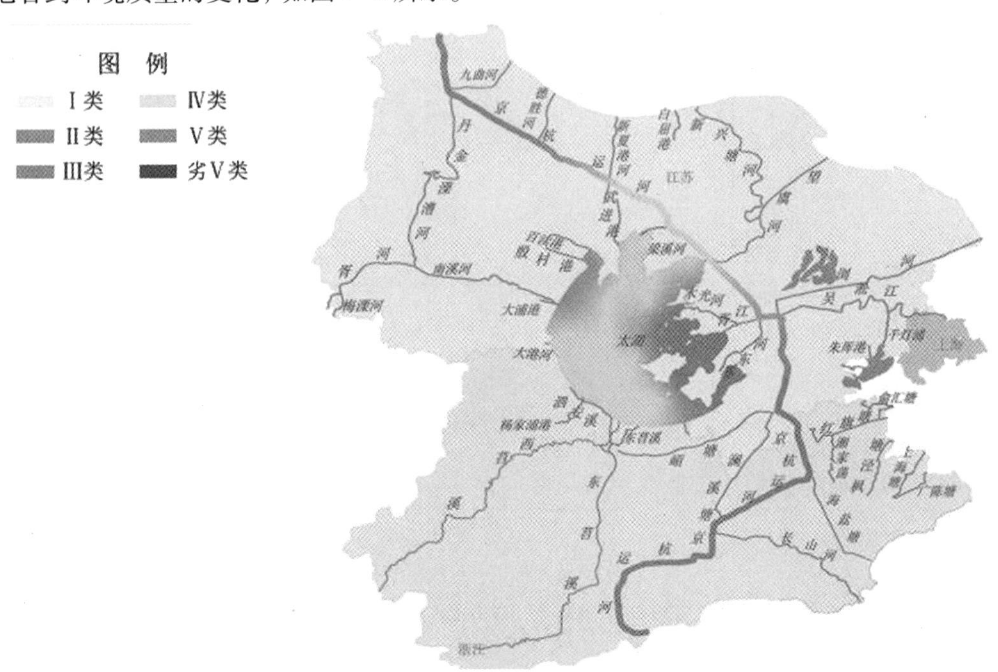

注：摘自 2020 中国生态环境状况公报。

图 9-8　2020 年太湖流域水质分布示意图

4. 时间变化图

用图表示各种污染物含量或某个指标在时间上的变化，如图 9-9 所示。

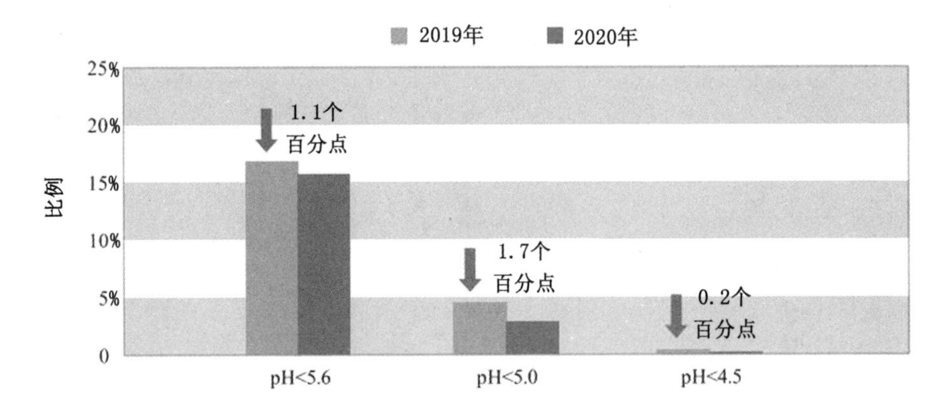

注：摘自 2020 中国生态环境状况公报。

图 9-9　2020 年不同降水 pH 年均值的城市比例年际比较图

5. 相对比较图

当污染物浓度变化较大时，常以相对比例表示某一种浓度出现机会的多少，见图 9-10。

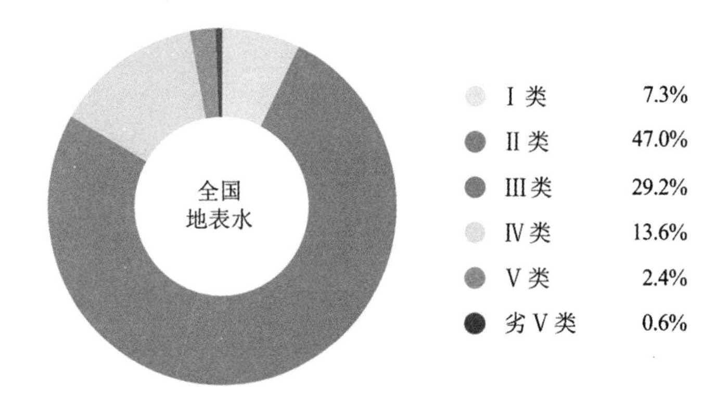

注：摘自 2020 中国生态环境状况公报。

图 9-10 2020 年全国地表水总体水质状况图

6. 累积图

污染物在不同生物体内的积累量，在同一生物体内各部位的积累量，可以用毒物累积图表示，如图 9-11 所示。

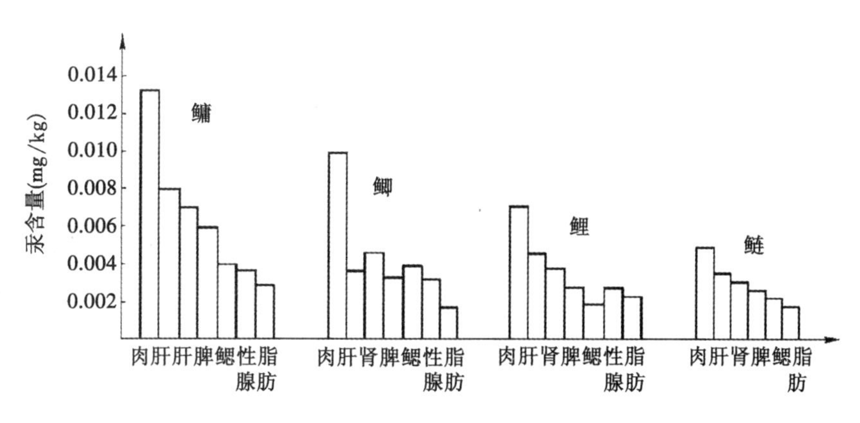

图 9-11 汞在各种鱼类中的质量分数累积图

第六节 编图图式

在环境监测工作中，常将某一辖区或某一监测区域制成图纸，并在图纸上用各类符号将污染源、采样点及污染物等信息一一标注。为了便于识别和管理，需使用统一的图式。

（1）污染源图式。污染源图式见图 9-12。

（2）采样点图式。采样点图式见图 9-13。

（3）污染物图式。污染物图式见图 9-14。

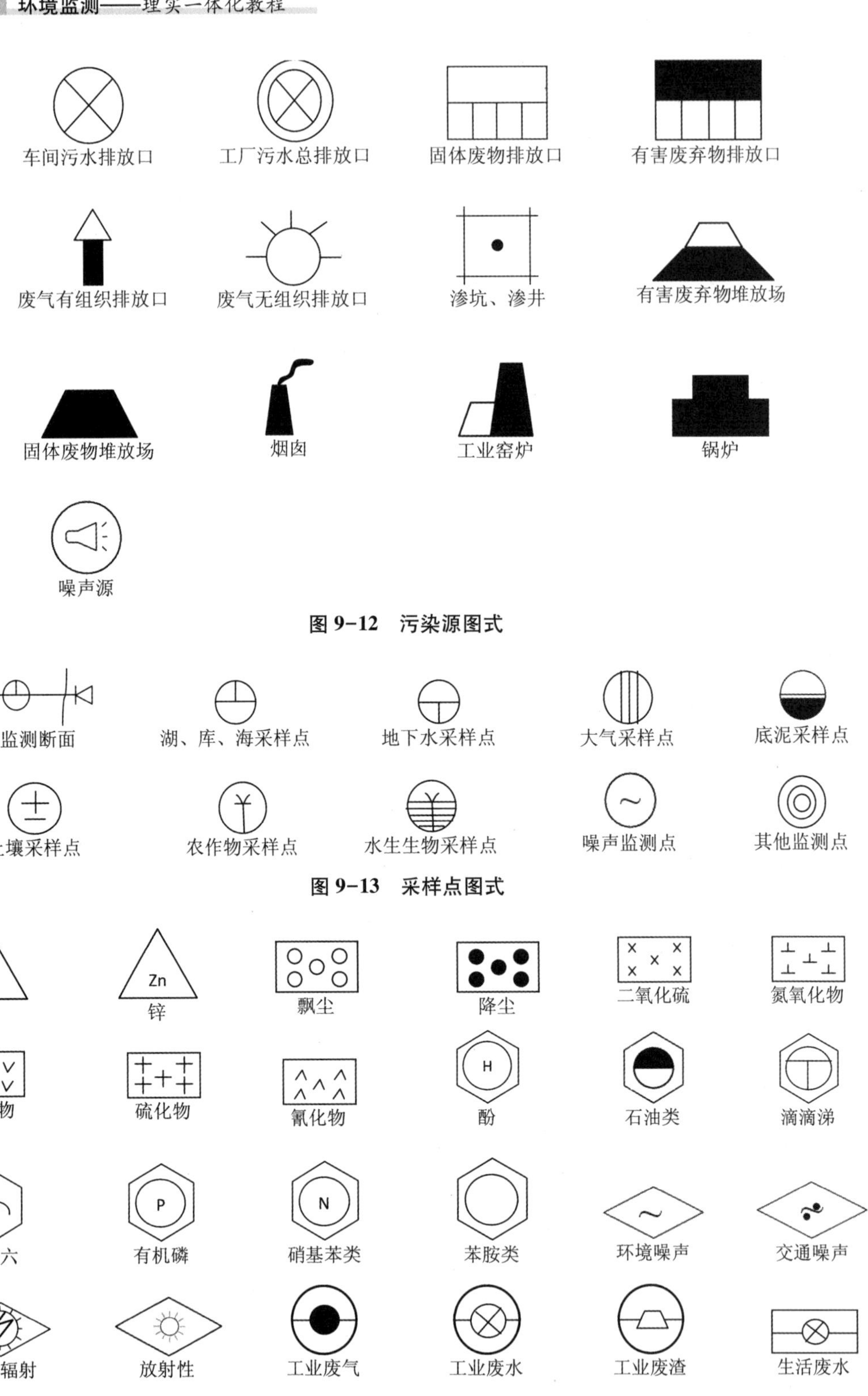

图 9-12　污染源图式

图 9-13　采样点图式

图 9-14　污染物图式

复习题

（1）环境监测全过程质量控制主要包括哪些内容？

（2）简述如何获得无浊度水。

（3）监测实验室应建立哪些管理制度？

（4）对同一样品作 10 次平行测定，获得的数据分别为 4.41，4.49，4.50，4.51，4.64，4.75，4.81，4.95，5.01，5.39，试检验最大值是否为异常值。取检验水平 $\alpha=5\%$。[$G_{0.95(10)}=2.176$]

（5）用两种不同的方法测定水样中的氨氮，采用方法 1 的测定结果为 2.04，2.06，2.03，2.05，2.04，采用方法 2 的测定结果为 2.04，2.04，2.03，2.02，2.01，检验两种方法测定结果有无显著差异。[$F_{0.025(4,4)}=9.60$，$t_{0.05(8)}=2.306$]

（6）假定某地区的 TSP 日均值为 0.35 mg/m^3，SO_2 日均值为 0.155 mg/m^3，NO_2 日均值为 0.060 mg/m^3，计算其空气污染指数，并判断主要污染物。

（7）什么是准确度？什么是精密度？它们在监测质量管理中有何作用？

（8）如何开展实验室内部质量控制？

（9）实验室外部质量控制的途径有哪些？

（10）质量浓度为 0.05 mg/L 的铅标准溶液，每天分析平行样品一次，连续 20 次，数值如下表所示，试做均值-极差图（$\bar{x}-R$）。

序号	吸光度 A				序号	吸光度 A			
	平行样 1	平行样 2	平均值	极差		平行样 1	平行样 2	平均值	极差
1	0.117	0.125			11	0.122	0.113		
2	0.118	0.126			12	0.123	0.130		
3	0.112	0.116			13	0.120	0.127		
4	0.118	0.127			14	0.127	0.118		
5	0.120	0.123			15	0.128	0.120		
6	0.120	0.120			16	0.120	0.126		
7	0.112	0.120			17	0.124	0.123		
8	0.114	0.125			18	0.123	0.128		
9	0.125	0.117			19	0.122	0.122		
10	0.124	0.122			20	0.126	0.120		

实　验

实验一　水质：浊度的测定
——分光光度法和浊度计法

浊度是天然水和饮用水的一项非常重要的水质指标，也是水体可能受到污染的重要标志。

一、适用范围

分光光度法适用于饮用水、天然水及高浊度水的浊度测定，最低检测浊度为 3 度。

浊度计法适用于地表水、地下水和海水中浊度的测定，检出限 0. 3NTU。

二、原理

分光光度法：在适当温度下，硫酸肼与六次甲基四胺聚合，形成白色高分子聚合物，以此作为浊度标准液，在一定条件下与水样浊度相比较。

浊度计法：利用一束稳定光源光线通过盛有待测样品的样品池，传感器处在与发射光线垂直的位置上测量散射光强度。光束射入样品时产生的散射光的强度与样品中浊度在一定浓度范围内成比例关系。

三、试剂

硫酸肼有毒，且为致癌物，在通风橱中配制，操作时佩戴防护器具，避免接触皮肤和衣物。

(1)无浊度水。将蒸馏水通过 0. 2 μm 滤膜过滤，收集于用滤过水荡洗两次的烧瓶中。

(2)浊度标准贮备液。硫酸肼溶液(1 g/100 mL)：称取 1. 000 g 硫酸肼[$(N_2H_4)H_2SO_4$]溶于水，定容至 100 mL。六次甲基四胺溶液(10 g/100 mL)：称取 10. 00 g 六次甲基四胺[$(CH_2)_6N_4$]溶于水，定容至 100 mL。吸取 5. 00 mL 硫酸肼溶液与 5. 00 mL 六次甲基四胺溶液于 100 mL 容量瓶中，混匀。于 25±3 ℃下静置反应 24 h。冷后，用无浊度水稀释至标线，混匀。此溶液浊度为 400 度。可保存一个月。

四、仪器

(1)具塞比色管，50 mL。

(2)可见分光光度计(分光光度法)。

(3)浊度计(浊度计法)。

(4)滤膜，孔径≤0.2 μm，临用前先用 100 mL 无浊度水浸泡 1 h，以免滤膜碎屑影响空白。

(5)一般实验室常用仪器和设备。

五、操作步骤

1. 分光光度法

(1)标准曲线的绘制。分别吸取 400 NTU 浊度标准液 0，0.50，1.25，2.50，5.00，10.00，12.50 mL，置于 50 mL 的比色管中，加无浊度水至标线。摇匀后，即得浊度为 0，4，10，20，40，80，100 度的标准系列。于 680 nm 波长处，用 30 mm 比色皿测定吸光度，绘制校准曲线。

注： *在 680 nm 波长下测定，天然水中存在淡黄色、淡绿色无干扰。*

(2)水样采集与测定。样品应收集到具塞玻璃瓶中，取样后，尽快测定。如需保存，可在冷暗处不超过 24 h。测定前振摇均匀，并恢复到室温。

吸取 50.0 mL 摇匀水样于 50 mL 比色管中，按照绘制校准曲线步骤测定吸光度。浊度超过 100 度的水样，可酌情少取，用无浊度水稀释后，再测定。

(3)空白试验。用无浊度水代替水样，后续操作步骤相同。

2. 浊度计法

(1)样品采集。样品应尽量现场测定。否则，应在 4 ℃以下冷藏避光保存，不超过 48 h。

(2)仪器自检与校准。按照仪器说明书打开仪器预热，仪器进行自检，仪器进入测量状态。将实验用水倒入样品池内，对仪器进行零点校准。按照仪器说明书将浊度标准使用液稀释成不同的浓度点，分别润洗样品池数次后，缓慢倒至样品池刻度线。按照仪器提示或仪器使用说明书的要求进行标准系列校准。

(3)样品测定。将样品摇匀，待可见的气泡消失后，用少量样品润洗样品池数次。将完全均匀的样品缓慢倒入样品池内，至样品池的刻度线即可。持握样品池位置尽量在刻度线以上，用柔软的无尘布擦去样品池外的水和指纹。将样品池放入仪器读数时，应将样品池上的标识对准仪器规定的位置。按下仪器【测量】键，待读数稳定后记录。超过仪器量程范围的样品，可用实验用水稀释后，测量。

(4)空白测定。按照与样品测定相同的测量条件进行实验用水的测定。

六、结果计算及数据报告

1. 分光光度法

(1)校准曲线绘制，见表实 1。

表实 1　分光光度法测定样品浊度校准曲线绘制

项目	1	2	3	4	5	6	7
浊度标准贮备液体积/mL	0	0.50	1.25	2.50	5.00	10.00	12.50
浊度/NTU	0	4	10	20	40	80	100
吸光度							
空白试验吸光度							
吸光度校正							
回归方程							
相关系数 γ							

相关系数计算公式为：

$$\gamma = \frac{\sum(x-\bar{x})(y-\bar{y})}{\sqrt{\sum(x-\bar{x})^2 \cdot \sum(y-\bar{y})^2}}$$

(2)浊度样品的测定数据记录，见表实 2。

表实 2 分光光度法测定数据登记表

项目	样品 1	样品 2	样品 3
吸光度			
从标准曲线中查得浊度/NTU			
水样浊度平均值/NTU			
相对极差(极差/平均值×100%)			

2. 浊度计法

一般仪器都能直接读出测量结果，无需计算。经过稀释的样品，读数乘以稀释倍数，即为样品的浊度值。

当测定结果小于 10 NTU 时，保留小数点后一位；当测定结果不小于 10 NTU 时，保留至整数位。

实验二 水质：碱度的测定
——指示剂法

碱度能反映废水在处理过程中所具有的对酸的缓冲能力，如果废水具有相对高的碱度，就可以对 pH 值的变化起到缓冲作用，使 pH 值相对稳定。碱度表示水样中与强酸中的氢离子结合的物质的含量，其大小可用水样在滴定过程中消耗的强酸量来测定。

一、适用范围

该方法适用于天然水、循环水及炉水中碱度的测定。

二、原理

采用连续滴定方法测定水中的碱度。首先以酚酞为指示剂，用 HCl 标准溶液滴定至终点溶液由红色变成无色，用量为 P(mL)；接着以甲基橙为指示剂，继续用同浓度的 HCl 溶液滴定至溶液由橙黄色变为橙红色，用量为 M(mL)，根据 P 和 M 数值关系判断碱度性质，可参考表实 3。

表实 3 盐酸溶液用量与碱度性质规律

盐酸溶液用量关系	碱度性质
$P>0$ $M=0$	只有 OH^- 碱度
$M>0$ $P>M$	只有 OH^- 和 CO_3^{2-} 碱度
$P=M$	只有 CO_3^{2-} 碱度
$P>0$ $M>P$	只有 CO_3^{2-} 和 HCO_3^- 碱度
$P=0$ $M>0$	只有 HCO_3^- 碱度

三、试剂

(1)无二氧化碳水。用于制备标准溶液及稀释用的蒸馏水或去离子水，临用前煮沸15 min，冷却至室温。pH 值应大于 6.0，电导率小于 2 μS/cm。

(2)氢氧化钠标准溶液(0.1 mol/L)。称取 4 g 氢氧化钠固体，用少量蒸馏水溶于小烧杯中，将烧杯中的氢氧化钠溶液转移到 1000 mL 的容量瓶中，定容。

(3)酚酞指示液。称取 1 g 酚酞溶于 100 mL 95%乙醇中，用 0.1 mol/L 氢氧化钠溶液滴至出现淡红色为止。

(4)甲基橙指示剂。称取 0.1 g 甲基橙溶于 100 mL 蒸馏水中。

(5)碳酸钠标准溶液(1/2 Na_2CO_3 0.0250 mol/L)。称取 1.3249 g(于 250 ℃烘干 4 h)的无水碳酸钠(Na_2CO_3)，溶于少量无二氧化碳水中，移入 1000 mL 容量瓶中，用无二氧化碳水稀释至标线，摇匀，贮于聚乙烯瓶中。保存时间不要超过一周。

(6)盐酸标准溶液(0.0250 mol/L)。用分度吸管吸取 2.1 mL 浓盐酸(n=1.19 g/mL)，并用蒸馏水稀释至 1000 mL，此溶液质量浓度约为 0.025 mol/L。其准确质量浓度按照下法标定：用无分度吸管吸取 25.00 mL 碳酸钠标准溶液于 250 mL 锥形瓶中，加无二氧化碳水稀释至约 100 mL，加入 3 滴甲基橙指示液，用盐酸标准溶液滴定至由橘黄色刚变成橘红色。记录盐酸标准溶液用量，记录在表实 4 中，按照下式计算其准确浓度：

$$c = \frac{25.00 \times 0.0250}{V}$$

式中：c——盐酸标准溶液质量浓度，mol/L；

V——盐酸标准溶液用量，mL。

表实 4　盐酸浓度标定数据记录

项目	1	2
滴定起点读数/mL		
滴定终点读数/mL		
温度补偿计算后体积/mL		
盐酸溶液质量浓度/(mg/L)		
平均值		
极差		
相对极差		

四、仪器

(1)酸式滴定管。

(2)锥形瓶。

(3)一般实验室常用仪器和设备。

五、操作步骤

(1)分取 100 mL 水样于 250 mL 锥形瓶中，加入 4 滴酚酞指示剂，摇匀，当溶液呈红色时，用盐酸标准溶液滴定至刚刚褪至无色，记录盐酸标准溶液用量于表实 5。若加入酚酞指示剂后，溶液无色，则不需用盐酸标准溶液滴定，并接着进行下项操作。

(2)向上述锥形瓶中加入3滴甲基橙指示剂，摇匀，继续用盐酸标准溶液滴定至溶液由橘黄色刚刚变为橘红色为止。记录盐酸标准溶液用量于表实5中。

表实5　碱度的测定数据记录

样品		样品1	样品2	样品3
酚酞指示剂	滴定管终点读数/mL			
	滴定管起点读数/mL			
	P_0/mL			
	滴定液体积补正值 P/mL			
	平均值			
甲基橙指示剂	滴定管终点读数/mL			
	滴定管起点读数/mL			
	M_0/mL			
	滴定液体积补正值 M/mL			
	平均值			

注：不同温度下标准滴定溶液体积的补正值见附录。

(3)对于多数天然水样，碱性化合物在水中所产生的碱度有五种情形。为说明方便，令以酚酞作为指示剂时，滴定至颜色变化，所消耗盐酸标准溶液的量为 P mL，以甲基橙作为指示剂时盐酸标准溶液用量为 M mL，则盐酸标准溶液总消耗量为 $T=M+P$。

第一种情形，当 $P=T$ 或 $M=0$ 时，P 代表全部氢氧化物及碳酸盐的一半，由于 $M=0$ 表示不含有碳酸盐，亦不含重碳酸盐，因此，$P=T=$ 氢氧化物。

第二种情形，当 $P>1/2T$ 时，说明 $M>0$，有碳酸盐存在，且碳酸盐 $=2M=2(T-P)$。而且由于 $P>M$，说明尚有氢氧化物存在，氢氧化物 $=T-2(T-P)=2P-T$。

第三种情形，当 $P=1/2T$，即 $P=M$ 时，M 代表碳酸盐的一半，说明水中仅有碳酸盐。碳酸盐 $=2P=2M=T$。

第四种情形，当 $P<1/2T$ 时，$M>P$，因此，M 除代表由碳酸盐生成的重碳酸盐外，尚有水中原有的重碳酸盐。碳酸盐 $=2P$，重碳酸盐 $=T-2P$。

第五种情形，当 $P=0$ 时，水中只有重碳酸盐存在。重碳酸盐 $=T=M$。

以上五种情形的碱度示于表实6中。

表实6　碱度的组成

滴定的结果	氢氧化物(OH^-)	碳酸盐(CO_3^{2-})	重碳酸盐(HCO_3^-)
$P=T$	P	0	0
$P>1/2T$	$2P-T$	$2P-T$	0
$P=1/2T$	0	$2P$	0
$P<1/2T$	0	$2P$	$T-2P$
$P=0$	0	0	T

六、结果计算及数据报告

$$总碱度(CaO计，mg/L)=\frac{c\times(P+M)\times 28.04}{V}\times 1000$$

$$总碱度(CaCO_3计，mg/L)=\frac{c\times(P+M)\times 50.05}{V}\times 1000$$

式中：V——水样的体积，mL；

c——盐酸标准滴定溶液的质量浓度，mol/L；

P——滴定酚酞碱度时，消耗盐酸标准滴定溶液的体积，mL；

M——滴定甲基橙碱度时，消耗盐酸标准滴定溶液的体积，mL；

28.04——氧化钙的摩尔质量(1/2CaO，g/mol)；

50.05——碳酸钙的摩尔质量(1/2$CaCO_3$，g/mol)。

实验三 水质：总硬度的测定
——EDTA 滴定法

水硬度的测定，是水质量控制的重要指标之一，是形成锅垢和影响产品质量的主要因素。水的硬度即水中钙、镁总量，为确定用水质量和进行水的处理提供了依据。

一、适用范围

适用于原水和循环冷却水中总硬度的测定。

二、原理

当 pH 值为 10 左右时，乙二胺四乙酸二钠盐(EDTA)能与水中的钙、镁离子生成稳定的络合物，钙、镁离子也能与指示剂生成络合物，但其稳定性不如 EDTA 与钙、镁离子所生成的络合物。当用 EDTA 滴定接近终点时，与指示剂络合的钙、镁离子被 EDTA 取代，从而显示出游离指示剂的颜色，指示终点。

三、试剂

(1)缓冲溶液(pH 值为 10)：将 10.8 g 氯化铵溶解于 40 mL 蒸馏水中，加浓氨水 70 mL，用纯水稀释至 200 mL。

(2)铬黑 T 指示剂(5 g/L)：称取 0.5 g 铬黑 T($C_{20}H_{12}N_3NaO_7S$)，溶于 100 mL 三乙醇胺中。

(3)盐酸羟胺溶液(10 g/L)：称取 1.0 g 盐酸羟胺($NH_2OH\cdot HCl$)，溶于纯水中，并稀释至 100 mL。

(4)乙二胺四乙酸二钠标准溶液 $c(C_{10}H_{14}N_2O_8Na_2\cdot 2H_2O)$ 为 0.01 mol/L：称取 3.72 g 乙二胺四乙酸二钠(简称 EDTA-2Na)，溶解于 1000 mL 蒸馏水中，标定其准确浓度。

(5)锌标准溶液：称取 0.8~0.9 g 氧化锌，溶于 1+1 盐酸溶液中，至完全溶解，移入容量瓶中，定容至 1000 mL，并按照下式计算锌标准溶液的质量浓度：

$$c_2(Zn)=(m/81.39)/V$$

式中：c_2——锌标准溶液的质量浓度，mol/L；

m——氧化锌的质量，mg；

81.39——氧化锌的摩尔质量，g/mol；

V——溶液体积，mL。

四、仪器

(1)酸式滴定管。

(2)锥形瓶。

(3)一般实验室常用仪器和设备。

五、操作步骤

(1)EDTA 浓度的标定。吸取 25.00 mL 锌标准溶液于 250 mL 锥形瓶中，逐滴加入 1∶1 氨水至开始出现 $Zn(OH)_2$白色沉淀为止，再依次加入 10 mL 缓冲溶液、20 mL 蒸馏水、少许铬黑 T 指示剂，摇匀。然后用 EDTA-2Na 溶液滴定至溶液由酒红色变为纯蓝色，记下所消耗的 EDTA 溶液体积 V_1，平行测定 3 次；同时做空白试验，记下所消耗的 EDTA 溶液体积 V_0，具体数据记录在表实 7 中。

(2)样品硬度的测定。吸取 50 mL 水样(若硬度过大，可少取水样，用纯水稀释至 50 mL；若硬度过低，改用 100 mL)，置于 250 mL 锥形瓶中。加入 5 mL 缓冲溶液、1~2 滴铬黑 T 指示剂，摇匀。用 EDTA 标准溶液滴定至溶液由紫红色变为纯蓝色，记下用量 V_3，同时做空白试验，记录用量 V_0于表实 8 中。

六、结果计算及数据报告

1. EDTA 标准溶液的标定

EDTA 浓度标定数据记录表见表实 7。

表实 7　EDTA 浓度标定数据记录

V_2/mL	25.00	25.00	25.00
$V_{1起}$/mL			
$V_{1终}$/mL			
$V_{1消耗}$/mL			
$V_{0空白}$/mL			
c(EDTA)/(mol/L)			
c(EDTA)平均/(mol/L)			
相对极差			

按照下式计算 EDTA-2Na 溶液的质量浓度：

$$c_1(EDTA-2Na)=c_2\times V_2/(V_1-V_0)$$

式中：c_1——EDTA-2Na 标准溶液的质量浓度，mol/L；

c_2——锌标准溶液的质量浓度，mol/L；

V_2——所取锌标准溶液的体积，mL；

V_1——消耗 EDTA-2Na 标准溶液的体积，mL；

V_0——空白试验消耗 EDTA-2Na 标准溶液的体积，mL。

2. 硬度的测定

硬度的测定数据记录见表实 8。

表实 8 硬度的测定数据记录

序号	1	2	3
$V_{3起}$/mL			
$V_{3终}$/mL			
$V_{3消耗}$/mL			
$V_{0空白}$/mL			
总硬度/(mg/L)			
平均总硬度/(mg/L)			
相对极差			

水的硬度以下式计算：

$$\rho(CaO)=(V_3-V_0)\times c_1\times M(CaO)\times 1000/V$$

式中：$\rho(CaO)$——总硬度，以 CaO 计，mg/L；

V_3——滴定中消耗 EDTA-2Na 溶液体积，mL；

V_0——空白消耗 EDTA-2Na 溶液体积，mL；

c_1——EDTA-2Na 标准溶液的质量浓度，mol/L；

$M(CaO)$——与 1.00mL EDTA-2Na 标准溶液[c(EDTA-2Na)= 1.00 mol/L]相当的以克表示的氧化钙的质量，56；

V——所取水样体积，mL。

实验四 水质：悬浮物的测定

——重量法

悬浮物指悬浮在水中的固体物质，包括不溶于水中的无机物、有机物及泥砂、黏土、微生物等。水中悬浮物含量是衡量水污染程度的指标之一，是造成水浑浊的主要原因。水体中的有机悬浮物沉积后易厌氧发酵，使水质恶化。

一、适用范围

既适用于地面水、地下水，也适用于生活污水和工业废水中悬浮物测定。

二、原理

水质中的悬浮物是指水样通过孔径为 0.45 μm 的过滤器，截留在过滤器上并经干燥后所得的固体物质。取一定体积水样，经过滤并在一定的温度下烘干，便可称得悬浮物的质量，进而可计算出水样中悬浮物的含量。

三、试剂

蒸馏水或同等纯度的水。

四、仪器

(1)全玻璃微孔滤膜过滤器。

(2)CN-CA 滤膜，孔径 0.45 μm、直径 60 mm。

(3)吸滤瓶、真空泵。

(4)无齿扁嘴镊子。

(5)常用实验室仪器。

五、操作步骤

1. 采样

所用乙烯瓶或硬质玻璃瓶要用洗涤剂洗净，再依次用自来水和蒸馏水冲洗干净。在采样之前，再用即将采集的水样清洗 3 次。然后，采集具有代表性的水样 500～1000 mL，盖严瓶塞。

采集的水样应尽快分析测定。如需放置，应贮存在 4 ℃冷藏箱中，但最长不得超过 7 d。保存过程中，不得加入任何保护剂，以防破坏物质在固、液间的分配平衡。

2. 滤膜准备

用扁嘴无齿镊子夹取微孔滤膜，放于事先恒重的称量瓶里，移入烘箱中，于 103～105 ℃烘干 30 min 后取出，置于干燥器内冷却至室温，称其质量。反复烘干、冷却、称量，直至两次称重的质量差≤0.2 mg。将恒重的微孔滤膜正确地放在滤膜过滤器的滤膜托盘上，加盖配套的漏斗，并用夹子固定好，用蒸馏水湿润滤膜，并不断地吸滤。

3. 测定

量取充分混合均匀的试样 100 mL，抽吸过滤。使水分全部通过滤膜，再以每次 10 mL 蒸馏水连续洗涤 3 次，继续吸滤，以除去痕量水分。停止吸滤后，仔细取出载有悬浮物的滤膜放在原恒重的称量瓶里，移入烘箱中，于 103～105 ℃烘干 1 h 后移入干燥器中，使冷却到室温，称其质量。反复烘干、冷却、称量，直至两次称量的质量差≤0.4 mg 为止。数据可记录于表实 9。

表实 9　重量法监测悬浮物(SS)指标原始记录登记表

样品	样品 1		样品 2		样品 3	
取样体积/mL						
称量范围	过滤前滤膜+称量瓶重量 B/g	过滤后悬浮物+滤膜+称量瓶重量 A/g	过滤前滤膜+称量瓶重量 B/g	过滤后悬浮物+滤膜+称量瓶重量 A/g	过滤前滤膜+称量瓶重量 B/g	过滤后悬浮物+滤膜+称量瓶重量 A/g
第一次称量						
第二次称量						
第三次称量						
…………						
最终值						

滤膜上截留过多的悬浮物可能夹带过多的水分，除延长干燥时间外，还可能造成过滤困难，遇此情况，可酌情少取试样。滤膜上悬浮物过少，则会增大称量误差，影响测定精度，必要时，可增大试样体积。一般以 5~100 mg 悬浮物量作为量取试样体积的实用范围。

六、结果计算及数据报告

水样中悬浮物的含量按照下式计算：

$$c = \frac{(A - B) \times 10^6}{V}$$

式中：c——水中悬浮物质量浓度，mg/L；

A——过滤后悬浮物+滤膜+称量瓶重量，g；

B——过滤前滤膜+称量瓶重量，g；

V——试样体积，mL。

实验五　实验室条件下的混凝实验

分散在水中的胶体颗粒带有电荷，同时在布朗运动及其表面水化膜作用下，长期处于稳定分散状态，不能用自然沉淀法去除，致使水中这种含浊状态稳定。混凝是指通过某种方法（如投加化学药剂）使水中胶体粒子和微小悬浮物聚集的过程，是水和废水处理工艺中的一种单元操作。混凝包括凝聚与絮凝两个过程。凝聚主要指胶体脱稳并生成微小聚集体的过程，絮凝主要指脱稳的胶体或微小悬浮物聚结成大的絮凝体的过程。影响混凝效果的主要因素有水温，pH 值，水中杂质的成分、性质和浓度及水力条件。

一、适用范围

本实验以目前在生活污水处理领域应用较为广泛的絮凝剂、助凝剂作为实验对象，如聚合硫酸铁（PFS）、聚合氯化铝（PAC）、聚丙烯酰胺（PAM）。

二、原理

向水中投加混凝剂后，能降低颗粒间的排斥能峰，降低胶粒的 ζ 电位，实现胶粒“脱稳”，同时能发生高聚物式高分子混凝剂的吸附架桥和网捕作用，从而达到颗粒的凝聚，最终沉淀，从水中分离出来。

由于各种原水有很大的差别，所以混凝效果不尽相同。混凝剂的混凝效果不仅取决于混凝剂投加量，而且取决于水的 pH 值、水流速度梯度等因素。

整个混凝过程可看作两个阶段：混合阶段和反应阶段。在混合阶段，要求原水与混凝剂快速均匀混合，所以搅拌强度要大，但搅拌时间要短。该阶段，主要使胶体脱稳，形成细小矾花，一般用眼睛难以看见。在反应阶段，要求将细小矾花进一步增大，形成较密实的大矾花，所以搅拌不能太快，太快矾花易被打碎，但反应时间要长，为矾花的增大提供足够的时间。

三、试剂

(1)聚合硫酸铁(PFS, 10 g/L):称取聚合硫酸铁粉末 10 g,溶于水,定容至 1000 mL。

(2)聚合氯化铝(PAC, 20 g/L):称取聚合氯化铝粉末 20 g,溶于水,定容至 1000 mL。

(3)聚丙烯酰胺(PAM,阴离子型,1 g/L):用天平称取 1 g 的 PAM,量取 400 mL 水注入 500 mL 烧杯中,将烧杯放于电磁搅拌机上,启动搅拌机。将 1 g PAM 分批逐次加入烧杯中,搅拌约 60 min,仔细观察溶液状态,待颗粒状及稠团状完全消失时,转入容量瓶,定容至 1000 mL。现用现配。

四、仪器

(1)混凝试验搅拌机,六联。

(2)浊度仪。

(3)pH 试纸。

(4)医用针筒。

(5)实验室常见玻璃仪器。

五、操作步骤

(1)确定原水特征,测定原水水样浊度、pH 值、温度。

(2)确定形成矾花所用的最小混凝剂量。在烧杯中加入 200 mL 原水,慢速搅拌,每次增加 0.5 mL 某种混凝剂,直至出现矾花为止。这时的混凝剂量作为形成矾花的最小投加量 m (mL)。

(3)分别用量筒量取 600 mL 原水水样倒入六联搅拌仪专用烧杯内,置于实验搅拌机平台上。取水样前,充分搅拌混合均匀,尽量保持 6 份水样的浊度等一致。

(4)确定混凝剂最佳投药量。根据步骤(2)确定的混凝剂的最小投量为 1 号杯的投加量,取最小投加量的 4 倍作为 6 号杯的投加量,2~5 号烧杯为最小投量的 1.5,2.0,2.5,3.0 倍。

(5)启动搅拌机,快速搅拌 30 s、转速约 300 r/min;中速搅拌 5 min,转速约 150 r/min;慢速搅拌 10 min,转速约 50 r/min。

(6)搅拌过程中,注意观察并记录“矾花”形成的过程,“矾花”形成的快慢、外观、大小、密实程度、下沉快慢等。水样静沉时,继续观察并记录“矾花”沉淀的过程,并记录。

(7)关闭搅拌机,沉淀 15 min 后,用医用针筒在 6 个水样中依次取出约 200 mL 的上清液,置于浊度仪的水样瓶中,用浊度仪测出其剩余浊度,并记录。

(8)以投药量为横坐标,以剩余浊度为纵坐标,绘制混凝曲线图。根据 6 个水样所测得的剩余浊度值,以及对水样混凝沉淀观察记录的分析,从混凝曲线图对最佳投药量作出判断。上述 6 个比例的投药比仍然找不到混凝曲线图的拐点时,酌情增加投药倍比。当拐点不够明确时,在出现拐点的区域适当地增加投药倍比密度。

六、结果计算及数据报告

(1)原水特征。

原水水质需记录数据见表实 10。

表实 10 原水水质表

原水浊度/NTU	原水温度/℃	原水 pH 值

(2)最小混凝剂量。

最小混凝剂用量记录于表实 11。

表实 11 最小混凝剂用量表

混凝剂名称	配制浓度/(g/L)	最小投加量/mL
聚合硫酸铁(PFS)		
聚合氯化铝(PAC)		
聚丙烯酰胺(PAM)		

(3)混凝曲线图绘制。

数据可记录于最佳混凝剂及投加量筛选实验数据表(表实 12)。

以剩余浊度为纵坐标、混凝剂加注量为横坐标，绘出浊度与药剂投加量的混凝曲线图，并从图上求出最佳混凝剂投加量。

表实 12 最佳混凝剂及投加量筛选实验数据表

混凝剂名称	水样编号		1#	2#	3#	4#	5#	6#
聚合硫酸铁(PFS)	投药量	mL						
		mg/L						
	出水浊度/NTU							
聚合氯化铝(PAC)	投药量	mL						
		mg/L						
	出水浊度/NTU							
聚丙烯酰胺(PAM)	投药量	mL						
		mg/L						
	出水浊度/NTU							

实验六 水质：溶解氧的测定

——碘量法

一、适用范围

本方法适用于各种溶解氧浓度大于 0.2 mg/L 和小于氧的饱和浓度 2 倍(约 20 mg/L)的水样。

二、原理

氧在碱性溶液中使二价锰氧化成四价锰，而四价锰在酸溶液中使碘离子氧化成碘分子，释放出来的碘量等于水中的溶解氧量，碘用硫代硫酸钠溶液测定。

三、试剂

(1)硫酸 H_2SO_4(相对密度 1.84)。

(2)硫酸锰溶液：称取 45 g 硫酸锰($MnSO_4 \cdot 4H_2O$)或 38g $MnSO_4 \cdot H_2O$ 溶于蒸馏水中，过滤，并稀释至 100 mL。过滤不澄清的溶液。

(3)碱性碘化钾溶液：称取 35 g 氢氧化钠(或 50 g 氢氧化钾)溶于 30~40 mL 去离子水中，另称取 30 g 碘化钾(或 27 g 碘化钠)溶于蒸馏水中，待氢氧化钠(或氢氧化钾)溶液冷却后，合并混匀，用蒸馏水稀释至 100 mL。静置 24 h，使沉淀物下沉，倒出上层澄清液，贮于棕色瓶中。用橡皮塞塞紧，避光保存。

若已知样品中亚硝酸盐高于 0.05 mg/L，则需向上述溶液中添加 1 g 叠氮化钠(NaN_3)。叠氮化钠有剧毒，需避免操作过程中中毒。

(4)淀粉溶液(1%)：称取 1 g 可溶性淀粉，用少量水调成糊状，用刚煮沸的水冲稀至 100 mL。冷却后，加入 0.1 g 水杨酸或 0.4 g 氯化锌($ZnCl_2$)防腐。

(5)重铬酸钾标准溶液($K_2Cr_2O_7$ 0.025 mol/L)：称取于 105~110 ℃烘干 2 h 并冷却的 $K_2Cr_2O_7$ 0.1226 g，溶于蒸馏水中，转移至 100 mL 容量瓶中，用水稀释至刻线，摇匀。

(6)硫代硫酸钠溶液：称取 6.2 g 硫代硫酸钠($Na_2S_2O_3 \cdot 5H_2O$)，溶于 1000 mL 煮沸后放凉的蒸馏水中，加入 0.2 g 碳酸钠(Na_2CO_3)，贮于棕色瓶中。此溶液质量浓度需要用 0.025 mol/L 重铬酸钾标准溶液标定。

标定：于 250 mL 锥形瓶中，加入 50 mL 蒸馏水和 1 g KI，用移液管吸取 10 mL 0.025 mol/L $K_2Cr_2O_7$标准溶液、5 mL 1∶5 H_2SO_4溶液，摇匀。置于暗处 5 min，取出后，用待标定的硫代硫酸钠溶液滴定至由棕色变为浅黄色时，加入 1 mL 淀粉溶液，继续滴定至蓝色刚好褪去为止，记录用量于表实 13 中。

四、仪器

(1)酸式滴定管。

(2)锥形瓶。

(3)溶解氧瓶。

(4)一般实验室常用仪器和设备。

五、操作步骤

(1)样品采集。先用水样冲洗溶解氧瓶，再沿瓶壁直接注入水样或用虹吸法将细管插入溶解氧瓶底部，注入水样至溢流出瓶容积的 1/3~1/2。要注意不使水样曝气或有气泡残存在溶解氧瓶中。

(2)现场固定。用移液管吸取 1 mL $MnSO_4$溶液，加入装有水样的溶解氧瓶中。加注时，应将移液管插入液面下。混匀，再加入 2 mL 碱性 KI 溶液。盖紧瓶塞，将样瓶颠倒混合数次，静置。待沉淀物降至瓶内一半时，再颠倒混合一次，待沉淀物下降至瓶底。

（3）游离碘。用移液管吸取 2 mL 浓 H_2SO_4，插入液面加入，盖紧瓶塞。颠倒混合，直至沉淀物全部溶解为止。放置暗处 5 min。

（4）滴定。用移液管吸取 100 mL 上述溶液于 250 mL 锥形瓶中，用已经标定的 $Na_2S_2O_3$ 标准溶液滴定至溶液呈淡黄色，加入 1 mL 淀粉溶液。继续滴定至蓝色刚刚褪去，记录硫代硫酸钠溶液用量。

六、结果计算及数据报告

1. 硫代硫酸钠溶液标定

实验数据记录可参考表实 13。

表实 13　硫代硫酸钠溶液的标定数据记录表

项目	1	2
滴定起点读数/mL		
滴定终点读数/mL		
温度补偿计算后体积/mL		
平均值/mL		
极差		
相对极差		

计算硫代硫酸钠浓度的公式为：

$$M = 10 \times 0.025 / V$$

式中：M——硫代硫酸钠的浓度，mol/L；

V——滴定时消耗硫代硫酸钠的体积，mL。

2. 溶解氧浓度计算

溶解氧滴定时数据记录可参考表实 14。

表实 14　溶解氧滴定数据记录表

项目	1	2	3
滴定起点读数/mL			
滴定终点读数/mL			
温度补偿计算后体积/mL			
溶解氧浓度/(mg/L)			
平均值/(mg/L)			
极差			
相对极差			

溶解氧用每升水里氧气的毫克数表示（O_2，mg/L），按照下式计算。

$$溶解氧(O_2,\ mg/L) = \frac{cV \times 8 \times 1000}{100} = 80cV$$

式中：c——硫代硫酸钠标液的浓度，mol/L；

V——滴定时消耗硫代硫酸钠标液的体积，mL。

实验七　水质：氨氮的测定
——纳氏试剂分光光度法

一、适用范围

适用于地表水、地下水、生活污水和工业废水中氨氮测定。当水样体积为 50 mL，使用 20 mm 比色皿时，检出限为 0.025 mg/L，测定下限为 0.1 mg/L，测定上限为 2.0 mg/L。

二、原理

以游离态的氨或铵离子等形式存在的氨氮与纳氏试剂反应，生成淡红棕色络合物，该络合物的吸光度与氨氮含量成正比，于波长 420 nm 处测量吸光度，用标准曲线定量。

三、试剂

(1)无氨水。本实验用水均为无氨水。① 离子交换法：蒸馏水通过强酸性阳离子交换树脂(氢型)柱，将流出液收集在带有磨口玻璃塞的玻璃瓶内。每升流出液加入 10 g 同样的树脂，以利于保存。② 蒸馏法：在 1000 mL 蒸馏水中，加入 0.1 mL 浓硫酸，在全玻璃蒸馏器中重蒸馏，弃去前 50 mL 馏出液，然后将约 800 mL 馏出液收集在带有磨口玻璃塞的玻璃瓶内。每升馏出液加入 10 g 强酸性阳离子交换树脂(氢型)。

(2)轻质氧化镁。不含碳酸盐，在 500 ℃下加热氧化镁(MgO)，以除去碳酸盐。

(3)硫代硫酸钠溶液。称取 3.5 g 硫代硫酸钠($Na_2S_2O_3$)溶于水中，稀释至 1000 mL。

(4)硫酸锌溶液。称取 10.0 g 硫酸锌($ZnSO_4 \cdot 7H_2O$)溶于水中，稀释至 100 mL。

(5)氢氧化钠溶液(ρ=250 g/L)。称取 25 g 氢氧化钠溶于水中，稀释至 100 mL。

(6)氢氧化钠溶液(c=1 mol/L)。称取 4 g 氢氧化钠溶于水中，稀释至 100 mL。

(7)盐酸溶液(c=1 mol/L)。量取 8.5 mL 盐酸于适量水中，用水稀释至 100 mL。

(8)硼酸溶液。称取 20 g 硼酸(H_3BO_3)溶于水，稀释至 1 L。

(9)溴百里酚蓝指示剂。称取 0.05 g 溴百里酚蓝溶于 50 mL 水中，加入 10 mL 无水乙醇，用水稀释至 100 mL。

(10)淀粉-碘化钾试纸。称取 1.5 g 可溶性淀粉于烧杯中，用少量水调成糊状，加入 200 mL沸水，搅拌混匀放冷。加入 0.50 g 碘化钾(KI)和 0.50 g 碳酸钠(Na_2CO_3)，用水稀释至 250 mL。将滤纸条浸渍后，取出晾干，于棕色瓶中密封保存。

(11)纳氏试剂。① 称取 15.0 g 氢氧化钾(KOH)，溶于 10 mL 水中，冷却至室温。称取 5 g 碘化钾(KI)溶于约 10 mL 水中，边搅拌边分次少量地加入 2.50 g 二氯化汞($HgCl_2$)粉末，直到溶液呈深黄色或出现淡红色沉淀溶解缓慢时。充分搅拌混合，并改为滴加二氯化汞饱和溶液，当出现少量朱红色沉淀不再溶解时，停止滴加。在搅拌下，将冷却的氢氧化钾溶液缓慢地加入到上述二氯化汞和碘化钾的混合液中，并稀释至 100 mL，于暗处静置 24 h，倾出上清液，贮于聚乙烯瓶内，用橡皮塞或聚乙烯盖子盖紧，存放暗处，可稳定 1 个月。② 称取 16 g 氢氧化钠(NaOH)，溶于 50 mL 水中，充分冷却至室温。称取 7 g 碘化钾(KI)和 10 g 碘化汞(HgI_2)溶于水，然后将此溶液在搅拌下徐徐地注入氢氧化钠溶液中，用水稀释至100 mL，贮于聚乙烯瓶中，用橡皮塞或聚乙烯盖子盖紧，存放暗处，有效期1年。

二氯化汞和碘化汞有剧毒，避免与皮肤和口腔接触。

(12)酒石酸钾钠溶液。称50 g酒石酸钾钠($KNaC_4H_4O_6 \cdot 4H_2O$)溶于100 mL水中，加热煮沸以除去氨，放冷，定容至100 mL。

(13)氨氮标准贮备溶液。3.819 g经100 ℃干燥过的优级纯氯化铵(NH_4Cl)溶于水中，移入1000 mL容量瓶中，稀释至标线。此溶液每毫升含1.00 mg氨氮。

(14)氨氮标准使用溶液。移取5.00 mL铵标准贮备液于500 mL容量瓶中，用水稀释至标线。此溶液每毫升含0.010 mg氨氮。

四、仪器

(1)可见分光光度计，具20 mm比色皿。

(2)氨氮蒸馏装置：由500 mL凯式烧瓶、氮球、直型冷凝管和导管组成，冷凝管末端可连接一段适当长度的滴管，使出口尖端浸入吸收液面下。

(3)一般实验室常用仪器和设备。

五、操作步骤

1. 样品采集与保存

水样采集在聚乙烯瓶或玻璃瓶内，要尽快分析。如需保存，应加硫酸使水样酸化至pH<2，2~5 ℃下可保存7 d。

2. 样品预处理

(1)余氯去除。若样品中存在余氯，可加入适量的硫代硫酸钠溶液去除。每加入0.5 mL可去除0.25 mg余氯。用淀粉-碘化钾试纸检验余氯是否除尽。余氯除尽，不变色；余氯未尽，则与碘化钾作用，产生碘，使淀粉变蓝。

(2)絮凝沉淀(浑浊或带有颜色的水样)。100 mL样品中加入1 mL硫酸锌溶液和0.1~0.2 mL氢氧化钠溶液，调节pH值约为10.5，混匀，放置，使之沉淀，倾取上清液分析。必要时，用经水冲洗过的中速滤纸过滤，弃去初滤液20 mL。

(3)预蒸馏(污染严重的水或工业污水)。将50 mL硼酸溶液移入接收瓶内，确保冷凝管出口在硼酸溶液液面之下。分取250 mL样品，移入烧瓶中，加几滴溴百里酚蓝指示剂，必要时，用氢氧化钠溶液或盐酸溶液调节pH值至6.0(指示剂呈黄色)~7.4(指示剂呈蓝色)，加入0.25 g轻质氧化镁及数粒玻璃珠，立即连接氮球和冷凝管。加热蒸馏，使馏出液速率约为10 mL/min，待馏出液达200 mL时，停止蒸馏，加水定容至250 mL。

3. 校准曲线的绘制

分别吸取0，0.5，1.00，2.00，4.00，6.00，8.00，10.0 mL氨氮标准使用液于50 mL比色管中，加入无氨水至标线，加入1.0 mL酒石酸钾钠溶液，混匀。再加入1.5 mL或1.0 mL纳氏试剂，混匀。放置10 min后，在波长420 nm处，用20 mm比色皿，以无氨水为参比，测量吸光度。

以空白校正后的吸光度为纵坐标，以其对应的氨氮含量(μg)为横坐标，绘制校准曲线。

4. 水样的测定

(1)清洁水样：直接取50 mL，按照与上述标准曲线相同的步骤测量吸光度。

(2)有悬浮物或色度干扰的水样：取经预处理的水样 50 mL，按照与上述标准曲线相同的步骤测量吸光度。

5. 空白试验

用无氨水代替水样，按照与样品相同的步骤进行预处理和测定。

六、结果计算及数据报告

(1)标准曲线的绘制，见表实 15。

表实 15　纳氏试剂光度法测定氨氮校准曲线绘制

项目	1	2	3	4	5	6	7	8
氨氮标液体积/mL	0	0.5	1	2	4	6	8	10
氨氮的质量/μg	0	5	10	20	40	60	80	100
吸光度								
空白吸光度								
校正后吸光度								
回归方程								
相关系数 γ								

(2)样品氨氮的测定。

数据记录可参考表实 16，水样测得的吸光度减去空白试验的吸光度后，从校准曲线上查得氨氮含量 m，再按照下式计算水样中氨氮浓度。

$$\rho_N = \frac{m}{V}$$

式中：ρ_N——水样中氨氮的质量浓度(以 N 计，mg/L)；

m——校准曲线上查得的氨氮含量，μg；

V——水样体积，mL。

表实 16　纳氏试剂光度法测定氨氮样品的测定

项目	样品 1	样品 2	样品 3
体积/mL			
吸光度			
空白吸光度			
校正后吸光度			
从标准曲线中查得氨氮的质量/μg			
试样中氨氮含量/(mg/L)			
试样中氨氮含量平均值/(mg/L)			
相对极差			

实验八 水质：正磷酸盐的测定

——磷钼蓝-抗坏血酸分光光度法

一、适用范围

本方法适用于原水、循环冷却水和磷-锌预膜液中磷酸根含量以及污水的测定，其测定范围是 PO_4^{3-} 含量为 0.02~50 mg/L。

二、原理

在酸性介质中，正磷酸盐与钼酸铵反应，生成黄色的磷钼杂多酸(即磷钼黄)，进而被还原剂抗坏血酸还原成磷钼蓝。磷钼蓝颜色(蓝色)的深浅与 PO_4^{3-} 含量成正比，故可用分光光度法在波长 710 nm 处测定。

三、试剂

(1)硫酸，1+1 硫酸溶液。

(2)抗坏血酸溶液(10%)。溶解 10 g 抗坏血酸于水中，并稀释至 100 mL。该溶液储存在棕色玻璃瓶中，在约 4 ℃可稳定几周。如颜色变黄，则弃去重配。

(3)钼酸盐溶液。溶解 13 g 钼酸铵[$(NH_4)_6Mo_7O_{24}\cdot 4H_2O$]于 100 mL 水中。溶解 0.35 g 酒石酸锑钾[$KSbC_4H_4O_7\cdot 1/2H_2O$]于 100 mL 水中。在不断搅拌下，将钼酸铵溶液徐徐地加到 300 mL 1+1 硫酸中，加酒石酸锑钾溶液并且混合均匀。贮存在棕色玻璃瓶中，于约 4 ℃保存，可稳定两个月。

(4)磷酸盐贮备溶液。将优级纯磷酸二氢钾(KH_2PO_4)于 110 ℃干燥 2 h，在干燥器中放冷，称取 0.2197 g 溶于水，移入 1000 mL 容量瓶中，加 1+1 硫酸 5 mL，用水稀释至标线。该溶液每毫升含 50.0 μg 磷(以 P 计)。该溶液在玻璃瓶中可贮存至少六个月。

(5)磷酸盐标准使用液。将贮备液稀释至浓度为 5 μg/mL 即可。临用现配。

四、仪器

(1)50 mL 具塞(磨口)比色管。

(2)分光光度计。

(3)一般实验室常用仪器和设备。

五、操作步骤

1. 预处理

现场取约 250 mL 实验室样品，经中速滤纸过滤后，贮存于 500 mL 烧杯中，即制成试样。

2. 吸收曲线绘制及测定波长选择

移取一定体积的磷标准使用溶液于 50 mL 比色管中，定容。加入 1 mL 抗坏血酸溶液，摇匀。再加入 2 mL 钼酸盐溶液，摇匀。放置 15 min 后，用 10 mm 比色皿，以蒸馏水为参比，在 600~800 nm 范围内，每隔 20 nm 测量一次吸光度。在吸收峰谷的波段内，以 5 nm 或更小的间隔测定一些点，以波长为横坐标、吸收度为纵坐标绘图，得吸收曲线，从曲线上确定最大吸收波长作为定量测定时的测量波长。

3. 比色皿校正值的测定

比色皿装蒸馏水，于最大吸收波长处，以一个比色皿为参比，测定其余比色皿的校正值。

校正方法：将纯净的蒸馏水注入比色皿中，把其中吸收小的比色皿的吸光度置为零，并以此为基准，测出其他比色皿的相对吸光度。测定比色液时，应将其吸光度减去比色皿的吸光度。同一组比色皿相互间的差异应小于测定误差，在测定同一溶液时，吸光度差值应小于0.5%，否则应对差值进行校正。

4. 校准曲线的绘制

根据吸收曲线上最大吸收波长时的吸光度及未知液的浓度范围，确定未知液的稀释倍数，并合理配制标准系列溶液。取 7 支 50 mL 具塞比色管，依次加入 0.0，0.5，1.0，3.0，5.0，10.0，15.0 mL 磷酸盐标准使用液，加蒸馏水至 25 mL。向各比色管中加入 1 mL 的 10% 抗坏血酸溶液，混匀。30 s 后加入 2 mL 钼酸盐溶液充分混匀，放置 15 min。在最大吸收波长处，以蒸馏水为参比，测定各自吸光度，并记录于表实 17。以浓度或质量为横坐标，以相应的吸光度为纵坐标，绘制校准曲线。

表实 17　分光光度法测定样品中正磷酸盐校准曲线绘制

比色管编号	1	2	3	4	5	6	7
磷标液体积/mL							
取磷的质量/μg							
吸光度							
吸光度校正							
回归方程							
相关系数 γ							

5. 样品中正磷酸盐含量的测定

分取 25 mL 经过预处理的水样，加入 50 mL 比色管中。以下按照校准曲线绘制的步骤进行显色和测量。减去空白试验的吸光度，记录于表实 18。

表实 18　分光光度法测定样品中正磷酸盐样品的测定

（样品的稀释倍数：________）

项目	样品 1	样品 2	样品 3
吸光度			
吸光度校正			
从工作曲线中查得磷的质量/μg			
试样中磷含量/(mg/L)			
试样中磷含量平均值/(mg/L)			
相对极差			

6. 空白实验

取 25 mL 蒸馏水代替水样，按照水样测定的步骤进行显色和测量。

六、结果计算及数据报告

正磷酸盐的含量以 c(mg/L)表示，按照下式计算。

$$c = \frac{m}{V}$$

式中：m——试样测得含磷量，mg；

V——测定用试样体积，L。

实验九　水质：高锰酸盐指数的测定
——酸性高锰酸钾氧化法

一、适用范围

适用于饮用水、水源水和地面水的测定，测定范围为 0.5~4.5 mg/L。对污染较重的水，可取水样，经适当稀释后测定。

二、原理

样品中加入已知量的高锰酸钾和硫酸，在沸水浴中加热 30 min，高锰酸钾将样品中的某些有机物和无机还原性物质氧化，反应后，加入过量的草酸钠还原剩余的高锰酸钾，再用高锰酸钾标准溶液回滴过量的草酸钠，通过计算得到样品中高锰酸盐指数。

三、试剂

(1)高锰酸钾贮备液，$c(1/5\ KMnO_4)$约为 0.1 mol/L。称取 3.2 g 高锰酸钾溶于 1.2 L 水中，加热煮沸，使体积减少至约 1 L，在暗处放置过夜，用 G-3 玻璃砂芯漏斗过滤，滤液贮于棕色瓶中保存。

(2)高锰酸钾使用液，$c(1/5\ KMnO_4)$约为 0.01 mol/L。吸取 25 mL 上述高锰酸钾贮备液，于 250 mL 容量瓶中摇匀、定容，贮于棕色瓶中。使用当天标定浓度。

(3)浓硫酸(H_2SO_4)，密度(ρ_{20})为 1.84 g/mL。

(4)1+3 硫酸溶液。在不断搅拌下，将 100 mL 浓硫酸慢慢地加入到 300 mL 水中。趁热加入数滴 0.1 mol/L 高锰酸钾溶液，直至溶液出现粉红色。

(5)草酸钠标准贮备液，$c(1/2\ Na_2C_2O_4)$= 0.1000 mol/L。称取 0.6705 g 经 120 ℃烘干 2 h 并放冷的草酸钠溶解水中，移入 100 mL 容量瓶中，用水稀释至标线，混匀，置 4 ℃保存。

(6)草酸钠标准使用液，$c(1/2\ Na_2C_2O_4)$= 0.0100 mol/L。吸取 10.00 mL 草酸钠标准贮备液移入 100 mL 容量瓶中，用水稀释至标线，混匀。

四、仪器

(1)水浴或相当的加热装置：有足够的容积和功率。

(2)酸式滴定管：25 mL。

(3)一般实验室常用仪器和设备。

注：新的玻璃器皿必须用酸性高锰酸钾溶液清洗干净。

五、操作步骤

(1)吸取 100.0 mL 经充分摇动、混合均匀的样品(或分取适量，用蒸馏水稀释至 100 mL)，置于 250 mL 锥形瓶中，加入 5±0.5 mL 1+3 硫酸溶液，用滴定管加入 10.00 mL 高锰酸钾标准溶液，摇匀。将锥形瓶置于沸水浴内 30±2 min(水浴沸腾开始计时)。

(2)取出后，用滴定管加入 10.00 mL 草酸钠标准溶液至溶液变为无色。趁热用高锰酸钾标准溶液滴定至刚出现粉红色，并保持 30 s 不退。记录消耗的高锰酸钾溶液体积 V_1。

(3)空白试验：用 100 mL 重蒸馏水代替样品，按照步骤(1)(2)测定，记录下回滴的高锰酸钾标准溶液体积 V_0，实验数据记录可参考表实 19。

表实 19　空白试验数据记录表

项目	1	2
滴定起点读数/mL		
滴定终点读数/mL		
温度补偿计算后体积/mL		
平均值/mL		
极差		
相对极差		

(4)高锰酸钾标准溶液标定：向空白试验滴定后的溶液中加入 10.00 mL 草酸钠标准溶液。如果需要，将溶液加热至 80 ℃。用高锰酸钾标准溶液继续滴定至刚出现粉红色，并保持 30 s 不退。记录下消耗的高锰酸钾标准溶液体积 V_2，实验数据记录可参考表实 20。

表实 20　高锰酸钾溶液的标定数据记录表

项目	1	2
滴定起点读数/mL		
滴定终点读数/mL		
温度补偿计算后体积/mL		
平均值/mL		
极差		
相对极差		

六、结果计算及数据报告

高锰酸盐指数(I_{Mn})用每升样品消耗的毫克氧数来表示(O_2，mg/L)，按照下式计算，实验数据记录可参考表实 21。

$$I_{Mn}=\frac{\left[(10+V_1)\dfrac{10}{V_2}-10\right]\times c\times 8\times 1000}{100}$$

式中：V_1——样品滴定时，消耗高锰酸钾标准溶液的体积，mL；

V_2——标定时，所消耗高锰酸钾标准溶液的体积，mL；
c——草酸钠标准溶液浓度，0.0100 mol/L；
8——1/2 氧原子摩尔质量，g/mol；
100——水样体积，mL；
1000——氧原子摩尔质量 g 转换成为 mg 的变换系数。

表实 21　高锰酸盐指数测定滴定数据记录

项目	样品 1	样品 2	样品 3
滴定起点读数/mL			
滴定终点读数/mL			
温度补偿计算后体积/mL			
高锰酸盐指数/(mg/L)			
平均值/(mg/L)			
极差			
相对极差			

如样品经稀释后测定，按照下式计算。

$$I_{Mn} = \frac{\{[(10+V_1)\frac{10}{V_2}-10]-[(10+V_0)\frac{10}{V_2}-10]\times f\}\times c\times 8\times 1000}{V}$$

式中：V_0——空白试验时，消耗高锰酸钾标准溶液的体积，mL；
V——水样体积，mL；
f——稀释样品时，蒸馏水在 100 mL 测定用体积内所占比例。

实验十　水质：化学需氧量的测定
——重铬酸盐法

一、适用范围

适用于地表水、生活污水和工业废水中化学需氧量的测定，不适用于含氯化物浓度大于 1000 mg/L(稀释后)的水中化学需氧量的测定。

二、原理

在水样中加入已知量的重铬酸钾溶液，并在强酸介质下，以银盐作为催化剂，经沸腾回流后，以试亚铁灵作为指示剂，用硫酸亚铁铵滴定水样中未被还原的重铬酸钾，由消耗的重铬酸钾的量计算出消耗氧的质量浓度。

三、试剂与材料

(1)重铬酸钾标准溶液，$c(1/6K_2Cr_2O_7)=0.250$ mol/L。准确称取 12.258 g 重铬酸钾溶

于水，定容至 1000 mL。低浓度 $K_2Cr_2O_7$ 溶液[$c(1/6K_2Cr_2O_7)=0.0250$ mol/L]是高浓度溶液稀释 10 倍而成的。

(2)硫酸银-硫酸溶液。称取 10 g 硫酸银，加到 1 L 硫酸中，放置 1~2 d 使之溶解，并摇匀，使用前，小心摇动。

(3)高浓度硫酸亚铁铵标准溶液(0.10 mo1/L)。溶解 39.5 g 硫酸亚铁铵[$(NH_4)_2Fe(SO_4)_2 \cdot 6H_2O$]于水中，加入 20 mL 浓硫酸，待溶液冷却后，稀释至 1000 mL。低浓度硫酸亚铁铵标准溶液(0.010 mo1/L)是高浓度溶液稀释 10 倍而成的。不同浓度硫酸亚铁铵标准溶液在临用前，都必须用重铬酸钾标准溶液准确标定其浓度。

(4)试亚铁灵指示剂。溶解 0.7 g 七水合硫酸亚铁于 50 mL 水中，加入 1.5 g 1，10-菲啰啉，搅拌至溶解，稀释至 100 mL。

(5)防爆沸玻璃珠。

四、仪器

(1)回流装置：磨口 250 mL 锥形瓶的全玻璃回流装置，可选用水冷或风冷全玻璃回流装置，其他等效冷凝回流装置亦可。

(2)加热装置：电炉或其他等效消解装置。

(3)分析天平：感量为 0.0001 g。

(4)酸式滴定管：25 mL 或 50 mL。

(5)一般实验室常用仪器和设备。

五、操作步骤

1. 硫酸亚铁铵标准溶液的标定

取 5.00 mL 重铬酸钾标准溶液置于锥形瓶中，用水稀释至约 50 mL，缓慢地加入 15 mL 硫酸，混匀。冷却后，加入 3 滴(约 0.15 mL)试亚铁灵指示剂，用硫酸亚铁铵滴定，溶液的颜色由黄色经蓝绿色变为红褐色即为终点。记录下硫酸亚铁铵的消耗量 V(mL)，标定时，应做平行双样，并记录在表实 22 中。

表实 22　重铬酸盐法测定样品化学需氧量硫酸亚铁铵标定数据记录

项目	1	2
滴定起点读数/mL		
滴定终点读数/mL		
温度补偿计算后体积/mL		
硫酸亚铁铵浓度/(mg/L)		
平均值/(mg/L)		
极差		
相对极差		

硫酸亚铁铵标准滴定溶液浓度按照下式计算：

$$c=\frac{1.25}{V}$$

式中：V——滴定时消耗硫酸亚铁铵溶液的体积，mL。

2. 样品的消解

取 10.0 mL 水样于锥形瓶中，依次加入重铬酸钾标准溶液 5.00 mL 和几颗防爆沸玻璃珠，摇匀。将锥形瓶连接到回流装置冷凝管下端，从冷凝管上端缓慢地加入 15 mL 硫酸银-硫酸溶液，以防止低沸点有机物逸出，不断地旋动锥形瓶，使之混合均匀。自溶液开始沸腾起，保持微沸回流 2 h。若为水冷装置，应在加入硫酸银-硫酸溶液之前，通入冷凝水。回流冷却后，自冷凝管上端加入 45 mL 水冲洗冷凝管，使溶液体积在 70 mL 左右，取下锥形瓶。

3. 样品的测定

溶液冷却至室温后，加入 3 滴试亚铁灵指示剂溶液，用硫酸亚铁铵标准溶液滴定，溶液的颜色由黄色经蓝绿色变为红褐色即为终点。记下硫酸亚铁铵标准溶液的消耗体积 V_1。

注：当样品浓度低时，取样体积可适当增加。

4. 空白试验

按照与样品消解、测定过程相同的步骤，以 10.0 mL 蒸馏水代替水样进行空白试验，记录下空白滴定时消耗硫酸亚铁铵标准溶液的体积 V_0，实验数据记录可参考表实 23。

表实 23 重铬酸盐法测定样品化学需氧量滴定数据记录

项目	空白 1	空白 2	样品 1	样品 2
滴定起点读数/mL				
滴定终点读数/mL				
温度补偿计算后体积/mL				
COD 含量/(mg/L)				
平均值/(mg/L)				
极差				
相对极差				

六、结果计算及数据报告

按照下式计算样品中化学需氧量的质量浓度 ρ(mg/L)。

$$\rho = \frac{c \times (V_0 - V_1) \times 8 \times 1000}{V_2} \times f$$

式中：c——硫酸亚铁铵标准溶液的质量浓度，mol/L；

V_0——空白试验所消耗的硫酸亚铁铵标准溶液的体积，mL；

V_1——水样测定所消耗的硫酸亚铁铵标准溶液的体积，mL；

V_2——水样的体积，mL；

f——样品稀释倍数；

8×1000——$\frac{1}{4}$ O_2的摩尔质量以 mg/L 为单位的换算值。

附：CYCOD-4 型消解仪操作规程

1. 计时

消解时间控制设定键。仪器开机设定时间为 3h00min。每按一次“计时”键，自动减去 5 min。用标准回流法测定 COD 时，应设定为 2 h。

2. 启动

消解开始控制键，按“启动”键后，仪器进行加热回流消解，并且从设定值(如2 h)处自动倒计时，加热指示灯亮。当达到设定时间后，仪器自动停止加热，且发出报警声音，加热指示灯灭。如停止加热，再按一次“启动”键。

3. 操作步骤

仪器在通电使用前，应先从回流管注水口处加入尽可能多的蒸馏水，以保证冷却效果。

(1)打开仪器右侧板电源开关。此时仪器显示“000”“111”“222”……“999”，最后显示消解时间最大设定值3h00min，风扇同时打开，风扇指示灯亮。

(2)改变消解时间设定值。按“计时”键，递减消解时间，使设定值最终为2 h。也可以根据需要，任意设定消解时间值。

(3)开始进行回流消解按“启动”键，仪器开始进行加热消解回流，开始指示灯亮，加热指示灯亮。

(4)回流消解结束。消解完毕后，仪器显示“000”并闪烁，开始指示灯灭，加热指示灯灭，且发出报警声音。

4. 注意事项

(1)样品杯必须放平，以最大面积地接触炉板，否则不能沸腾；

(2)操作务必规范，杜绝液体洒在加热板上，这样会缩短炉板的使用寿命。

实验十一　水质：草甘膦的测定
——高效液相色谱法

一、适用范围

适用于地表水、地下水、生活污水和工业废水中草甘膦的测定。

当进样体积为20 μL时，该方法的检出限为2 μg/L，测定下限为8 μg/L。

二、原理

样品在pH值为4~9的条件下，加入二水合柠檬酸三钠，经过滤或固相萃取净化后，与9-芴甲基氯酸酯(FMOC-Cl)进行衍生化反应，生成的荧光产物经二氯甲烷萃取净化去除衍生化副产物后，用高效液相色谱分离检测，以保留时间和特征波长定性，外标法定量。

三、试剂与材料

(1)实验用水：去离子水。

(2)乙腈(CH_3CN)，色谱纯。

(3)甲醇(CH_3OH)，色谱纯。

(4)二氯甲烷(CH_2Cl_2)，色谱纯。

(5)盐酸，$\rho(HCl)=1.19$ g/mL，优级纯。

(6)磷酸，$\rho(H_3PO_4)=1.69$ g/mL，优级纯。

(7)氢氧化钠(NaOH)。

(8)盐酸溶液，1+1。量取 50 mL 浓盐酸，缓慢地加入 50 mL 水中。

(9)氢氧化钠溶液，$c(NaOH)=0.1$ mol/L。称取 0.4 g 氢氧化钠溶于少量水中，定容至 100 mL。

(10)磷酸溶液，$\varphi(H_3PO_4)=0.2\%$。取 2.0 mL 浓磷酸于 1000 mL 容量瓶中，用水稀释定容至标线，混匀。

(11)二水合柠檬酸三钠($Na_3C_6H_5O_7 \cdot 2H_2O$)。

(12)十水合四硼酸钠($Na_2B_4O_7 \cdot 10H_2O$)。

(13)四硼酸钠溶液，$c(Na_2B_4O_7)=0.05$ mol/L。称取 1.91 g 十水合四硼酸钠溶于少量水中，定容至 100 mL。

(14)9-芴甲基氯甲酸酯($C_{15}H_{11}ClO_2$)标准品，纯度不低于 99.0%，4 ℃以下避光冷藏。

(15)9-芴甲基氯甲酸酯乙腈溶液，$\rho(C_{15}H_{11}ClO_2)=1000$ mg/L。称取 50 mg 9-芴甲基氯甲酸酯标准品，用少量的乙腈溶解，转移至 50 mL 容量瓶中，用乙腈稀释定容至标线，混匀。4 ℃以下避光冷藏，保质期 3 个月。

(16)草甘膦($C_3H_8NO_5P$)标准品，纯度不低于 99.0%，4 ℃以下避光冷藏。

(17)草甘膦标准贮备液，$\rho(C_3H_8NO_5P)=1000$ mg/L。准确称取 50.0 mg 草甘膦标准品，溶于少量水中，转移至 50 mL 容量瓶中，用水稀释定容至标线，混匀。4 ℃以下避光冷藏，保质期 6 个月，或直接购买有证标准溶液。

(18)草甘膦标准使用液，$\rho(C_3H_8NO_5P)=10.0$ mg/L。移取适量的草甘膦标准贮备液，用水稀释，配制浓度为 10.0 mg/L 的草甘膦标准使用液。4 ℃以下避光冷藏，保质期 2 个月。

(19)滤膜，0.45 μm，亲水性聚丙烯、玻璃纤维、亲水性聚四氟乙烯或其他等效材质。

上述部分溶剂及标准样品具有一定的毒性，试剂配制和样品的前处理过程应在通风橱中进行，操作时，应佩戴防护器具，避免接触皮肤和衣物。

四、仪器

(1)高效液相色谱仪(HPLC)：具有荧光检测器。

(2)色谱柱：填料粒径 5 μm，柱长 250 mm，内径 4.6 mm 的十八烷基键合硅胶(C_{18})反相色谱柱，或其他性能相近的色谱柱。

(3)固相萃取柱：填料为二乙烯基苯和 N-乙烯基吡咯烷酮共聚物或十八烷基硅胶的萃取柱，或同等柱效的萃取柱，规格为 500 mg/6 mL。

(4)聚乙烯塑料(PE)管：10 mL。

(5)水平振荡器。

(6)涡旋振荡器。

(7)棕色采样瓶：250 mL 或 500 mL 带聚四氟乙烯衬垫的螺旋盖玻璃瓶或磨口瓶。

(8)棕色样品瓶：2.0 mL 带聚四氟乙烯衬垫的螺旋盖玻璃瓶。

(9)一般实验室常用仪器和设备。

五、操作步骤

1. 样品采集和保存

用棕色采样瓶采集样品，样品满瓶采集。若采集的样品 pH 值不在 4~9 之间，用 1+1 盐酸溶液或 0.1 mol/L 氢氧化钠溶液调节其 pH 值至 4~9，4 ℃以下冷藏、避光保存，7 d 内完成样品分析工作。

2. 试样的制备

（1）固相萃取净化。依次用 6 mL 甲醇和 6 mL 水活化固相萃取柱，保证小柱柱头浸润。量取 10 mL 样品，加入 29.3 mg 二水合柠檬酸三钠，混匀后，以约 3 mL/min（约 1 滴/秒）的流速通过固相萃取柱，收集净化后的样品，待衍生。

注 1：对于清洁度较好的，对目标化合物测定没有明显干扰的样品，可加入二水合柠檬酸三钠后，直接经滤膜过滤，待衍生。

注 2：若样品浓度较高，先将样品稀释后，加入二水合柠檬酸三钠，再进行固相萃取净化，待衍生。

（2）衍生化反应。取 2.00 mL 净化后的样品于聚乙烯塑料（PE）管中，加入 0.50 mL 0.05 mol/L 四硼酸钠溶液，1.00 mL 9-芴甲基氯甲酸酯乙腈溶液，充分混匀后，置于水平振荡器上，40 ℃下衍生 1 h。

（3）液液萃取净化。在衍生后的样品中加入 5 mL 二氯甲烷，置于涡旋振荡器上涡旋萃取 2 min，取水相层，经滤膜过滤，收集 1 mL 滤液于棕色样品瓶中，待测。

3. 空白试样的制备

用实验用水代替样品，按照与试样的制备相同步骤进行实验室空白试样的制备。

4. 分析步骤

（1）液相色谱参考条件。流动相 A：乙腈；流动相 B：磷酸溶液，梯度洗脱程序见表实 24。流速：1.0 mL/min；柱温：30 ℃；进样量：20 μL；激发波长：254 nm；发射波长：以 302 nm 作为检测波长，以 315 nm 作为辅助定性波长。

表实 24　梯度洗脱程序

时间/min	流动相 A/%	流动相 B/%
0	35	65
10	25	75
15	80	20
20	35	65
25	35	65

注：15~20 min 用于清洗色谱柱，清洗时间可根据实际样品的复杂程度进行调整；20~25 min 为色谱柱的平衡时间。

（2）工作曲线的建立。分别取适量的草甘膦标准使用液，用水稀释，制备至少 5 个浓度点的标准系列，草甘膦的质量浓度分别为 0，10，20，50，100，200，500 μg/L（此为参考浓度）。首先进行衍生化反应；然后进行液液萃取净化；最后按照仪器参考条件，由低浓度到高浓度，依次对标准系列溶液进样，数据记录于表实 25。以草甘膦的浓度为横坐标、对应的色谱峰面积或峰高为纵坐标，绘制工作曲线。

表实 25　草甘膦标准曲线绘制

草甘膦标准系列	1	2	3	4	5	6	7
草甘膦浓度							

表实25(续)

草甘膦标准系列	1	2	3	4	5	6	7
保留时间							
峰面积							
峰高							
回归方程							

(3)试样测定。按照与建立工作曲线相同的仪器条件进行试样的测定。

(4)空白试验。按照与试样测定相同的仪器条件进行空白试样的测定，数据记录于表实 26。

表实 26 样品及空白实验数据登记表

样品编号	样品 1	样品 2	样品 3	空白
保留时间				
峰面积				
峰高				

六、结果计算及数据报告

1. 定性分析

根据样品中目标化合物的保留时间定性，必要时，可采用标准加入法、不同波长下的荧光强度比值等方法辅助定性。

在标准液相色谱参考条件下，100 μg/L 草甘膦溶液对应的衍生物标准色谱图如图实 1 所示。

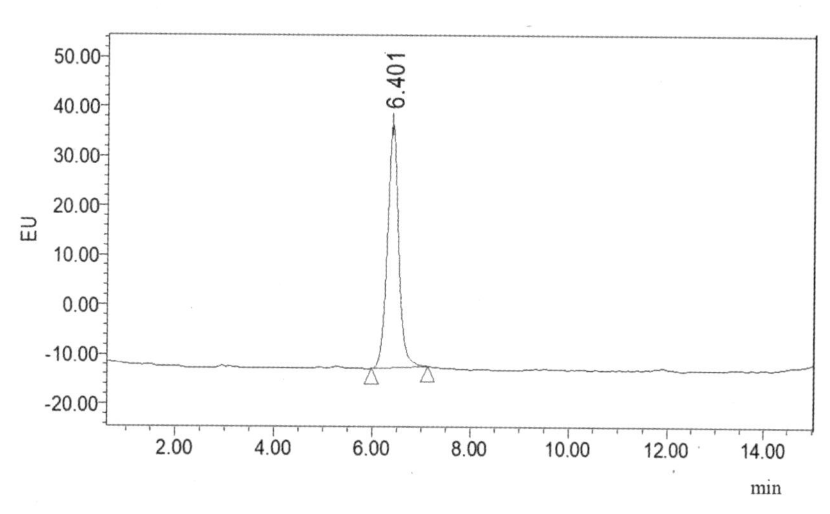

图实 1 草甘膦衍生物标准色谱图

2. 定量分析

样品中的草甘膦用外标法定量，草甘膦的质量浓度按照下式计算。

$$\rho = \rho_1 \times D$$

式中：ρ——样品中草甘膦的质量浓度，μg/L；

ρ_1——由工作曲线计算所得草甘膦的质量浓度，μg/L；

D——样品的稀释倍数。

3. 结果表示

测定结果小数点后位数的保留与方法检出限一致，最多保留三位有效数字。

附：岛津 LC-10AT 高效液相色谱仪操作规程

1. 开关机顺序

开机顺序：先打开泵、柱温箱、检测器电源开关，再打开系统控制器电源开关，点击电脑中 LC-Solution 工作站联机，联上后，能听到一声蜂鸣。

关机顺序：与开机顺序相反，即先关闭 LC-Solution 工作站-系统控制器、检测器、柱温箱、泵。

2. 流动相及样品的准备

流动相配制所用的试剂必须是色谱级。流动相须经 0.45 μm 的微孔滤膜过滤后，方能进入 LC 系统。水和有机相所用的微孔滤膜不同，有机相的过滤用 F 膜，水用水膜。

样品溶液亦必须用 0.45 μm 的微孔滤膜过滤后，才能进样。

3. 工作站的进入及系统的开启

双击桌面上的“labsolution”图标，选择“operation”项并单击，在弹出窗口后按“OK”键，进入工作站。

先打开仪器上的排空阀(open 方向旋转 180°)，然后点击仪器面板上“purge”键开始清洗 5 个流路 3 min，自动进样器 25 min，然后在分析参数设置页中设置流速、检测波长、柱温、停止时间等。在完成后，点击“Download”键，将分析参数传输至主机。

分析方法的保存：选择 file-save method file as-选择保存路径-取名保存文件。

系统的启动：点击“instrument on/off”键，开启系统(此时泵开始工作、柱温箱开始升温)。

4. 进样准备

观察基线及柱压，待基线平直(-5~30 mV)，压力稳定(0.5 MPa)时，方可进样。

5. 进样

点击助手栏中的“single start”键，弹出对话框，在对话框中输入“sample name”“method”“data file”等，然后填入进样体积(injection volumn)。

填完后，点击“start”键，仪器开始自动进样分析。

6. 数据文件的调用及查看

点击助手栏中的“Postrun analysis”键，打开数据处理窗口。

打开文件搜索器，定位至数据文件所在文件夹，选择文件的类型，双击文件名，即可打开数据文件(此时可以查看峰面积、保留时间等参数)。

7. 数据文件中图谱及数据打印

报告模板的制作：在助手栏中选择“report format”键，出现空白页后，点击 sample information、LC/PDA Peak Table 等快捷按钮，在空白页中拖曳鼠标，即可依次加入相应的统计信息。

报告模板的保存：file-save report format file as-桌面 lcsolution-templates。

数据文件的打印：在文件搜索器中选择欲打印的数据文件，拖曳至报告模板中，然后点击助手栏中的打印按钮即可。

实验十二　水质：硝酸盐氮的测定
——紫外分光光度法

一、适用范围

适用于地表水、地下水中硝酸盐氮的测定。该方法最低检出质量浓度为 0.08 mg/L，测定下限为 0.32 mg/L，测定上限为 4 mg/L。

二、原理

利用硝酸根离子在 220 nm 波长处的吸收而定量地测定硝酸盐氮。溶解的有机物在 220 nm 处也会有吸收，而硝酸根离子在 275 nm 处没有吸收。因此，在 275 nm 处作另一次测量，以校正硝酸盐氮值。

三、试剂

(1)实验用水为新制备的去离子水。

(2)氢氧化铝悬浮液。溶解 125 g 硫酸铝钾[$KAl(SO_4)_2 \cdot 12H_2O$]或硫酸铝铵[$NH_4Al(SO_4)_2 \cdot 12H_2O$]于 1000 mL 水中，加热至 60 ℃，在不断地搅拌过程中，徐徐地加入 55 mL 浓氨水。放置约 1 h 后，移入 1000 mL 量筒内，用水反复洗涤沉淀，最后至洗涤液中不含硝酸盐氮为止。澄清后，把上清液尽量全部倾出，只留稠的悬浮液，最后加入 100 mL 水，使用前，应振荡均匀。

(3)硫酸锌溶液，10%硫酸锌水溶液。

(4)氢氧化钠溶液，$c(NaOH)=5$ mol/L。

(5)大孔径中性树脂，CAD-40 或 XAD-2 型及类似性能的树脂。

(6)甲醇，分析纯。

(7)盐酸，$c(HCl)=1$ mol/L。

(8)硝酸盐氮标准贮备液，称取 0.722 g 经 105~110 ℃干燥 2 h 的优级纯硝酸钾(KNO_3)溶于水，移入 1000 mL 容量瓶中，稀释至标线，加入 2 mL 三氯甲烷作保存剂，混匀，至少可稳定 6 个月。该标准贮备液每毫升含 0.100 mg 硝酸盐氮。

(9)0.8%氨基磺酸溶液，避光保存于冰箱中。

四、仪器

(1)紫外分光光度计。

(2)离子交换柱，ϕ1.4 cm，装树脂高 5~8 cm。

五、操作步骤

(1)吸附柱的制备。新的大孔径中性树脂首先用 200 mL 水分两次洗涤，用甲醇浸泡过夜，弃去甲醇；然后用 40 mL 甲醇分两次洗涤；最后用新鲜去离子水洗至柱中流出液滴落于烧杯中无乳白色为止。树脂装入柱中时，树脂间绝不允许存在气泡。

(2)量取 200 mL 水样置于锥形瓶或烧杯中，加入 2 mL 硫酸锌溶液，在搅拌下滴加氢氧化钠溶液，调节至 pH 值为 7。或将 200 mL 水样调节至 pH 值为 7 后，加入 4 mL 氢氧化铝悬浮液。待絮凝胶团下沉后，或经离心分离，吸取 100 mL 上清液，分两次洗涤吸附树脂柱，以每秒 1~2 滴的流速流出，各个样品间流速保持一致，弃去。再继续使水样上清液通过柱子，收集 50 mL 于比色管中，备测定用。树脂用 150 mL 水分三次洗涤，备用。树脂吸附容量较大，可处理 50~100 个地表水水样，应视有机物含量而异。使用多次后，可用未接触过橡胶制品的新鲜去离子水作参比，在 220 nm 和 275 nm 波长处检验，测得吸光度应接近零。超过仪器允许误差时，需用甲醇再生。

(3)加入 10 mL 1 mol/L 盐酸溶液，0.1 mL 氨基磺酸溶液于比色管中，当亚硝酸盐氮低于 0.1 mg/L 时，可不加氨基磺酸溶液。

(4)用光程长 10 mm 石英比色皿，在 220 nm 和 275 nm 波长处，以经过树脂吸附的新鲜去离子水 50 mL 加入 1 mL 1 mol/L 盐酸溶液为参比，测量吸光度。

(5)校准曲线的绘制。于 5 个 200 mL 容量瓶中分别加入 0.50，1.00，2.00，3.00，4.00 mL 硝酸盐氮标准贮备液，用新鲜去离子水稀释至标线，其质量浓度分别为 0.25，0.50，1.00，1.50，2.00 mg/L 硝酸盐氮。按照与水样测定相同的操作步骤测量吸光度。

六、结果的计算

吸光度的校正值按照下式计算：

$$A_{校}=A_{220}-2A_{275}$$

式中：A_{220}——220 nm 波长测得吸光度；

A_{275}——275 nm 波长测得吸光度。

求得吸光度的校正值($A_{校}$)以后，从校准曲线中查得相应的硝酸盐氮量，即为水样测定结果(mg/L)。水样若经稀释后测定，则结果应乘以稀释倍数。

附：岛津 UV-2450 型紫外分光光度计操作规程

(1)依次分别开启电源开关，电脑、仪器及打印机开关。

(2)启动软件。双击【UVProbe】启动，检查分光光度计是否打开，点击连接键【Connect】。仪器进行初始化，约 15 min 后，所有初始化指标均为绿色时，单击确定完成仪器初始化(期间勿开样品室)。

(3)单击光度测定模块，操作界面图见图实 2。

(4)设定测量参数。除“wavelengthtpye”和“wavelength”，其余均选择默认值。

1)单击工具条【M】按钮(或选择【Edit】菜单【Method】项)，弹出光度测量参数设置对话框。进入对话框【Wavelength】窗口，在复选框【Wavelengthtpye】中，选择【Point】点波长类型；在【Wavelength(nm)】项下设置测量波长数、测量波长值，单击【Add】键，使所设波长值添加于【Entries】项中。单击【下一步】键，弹出对话框【Calibration】，在复选框【Tpye】中选择【Raw Data】原始数据测定类型。单击【下一步】键，弹出对话框【Measurement Parameter】，在复选框【Data Acquired】项下选择【Instrument】获得数据；在【Sample】项下输入测定次数，在复选框中选择【None】。单击【下一步】键，弹出对话框【File Properties】，在【File Name】项下输入文件

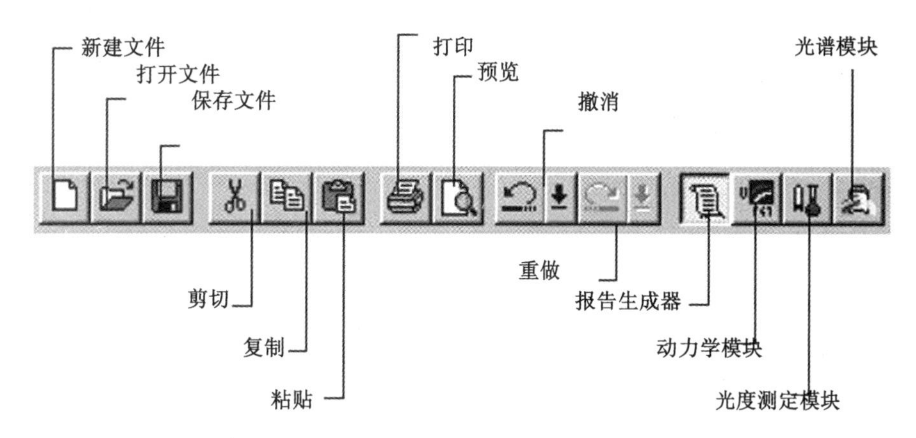

图实 2 岛津 UV-2450 型紫外分光光度计软件操作界面图

名。单击【完成】键，在对话框【Photometries Method】窗口中，单击【Instrument Parameters】选项标签，在复选框【Measuring Mode】项下选择【Absorbance】吸光度测光模式，在【Slit Width】项下选择狭缝宽度。单击【Close】键，进入光度测定界面。

2)空白校正。将样品及参比池均盛以空白溶液，分别置于光路中，单击命令条【Auto Zero】按钮，进行空白校正。

3)输入样品名称。在测试表格的【Sample ID】项下输入样品的名称，单击测试栏的任一项，命令条【Read Unk】按钮被激活。

4)空白基线校正。将样品及参比池均盛以空白溶液，分别置于光路中，单击命令条【Base Line】按钮，弹出基线校正的波长范围窗口(一般基线校正的波长范围应与扫描参数设定的波长范围一致)，单击【OK】键，进行基线校正。

(5)选择光度测定。在样品室放入空白对照样，点击光度计按键上的【go to wavelength】，输入波长，确认，点击【自动调零】。

(6)取出样品侧的空白样，放入待测样品溶液，点击样品表中的该样品 WL＊＊＊的空格处，然后点击读取。逐个把样品依次放入样品室，单击【Read Unk】按钮采集读数。

(7)新建 Excel 表格，将测定的结果复制到 Excel 并保存。

(8)退出【UVProbe】程序，关闭电脑和仪器。

(9)注意事项。

1)在光谱基线校正过程中，光度计状态窗口的读数变化。如测定过程中改变切换波长，必须重新进行基线校正。

2)光谱图像需要保存的，一定要选择另存，否则软件关闭后会丢失。

3)比色皿光亮面一定要用擦镜纸擦拭，避免划伤。

实验十三 环境空气：二氧化硫的测定

——甲醛吸收-副玫瑰苯胺分光光度法

一、适用范围

适用于环境空气中二氧化硫的测定。

当使用 10 mL 吸收液，采样体积为 30 L 时，测定空气中二氧化硫的检出限为 0.007 mg/

m^3，测定下限为0.028 mg/m^3，测定上限为0.667 mg/m^3。当使用50 mL吸收液，采样体积为288 L，试份为10 mL时，测定空气中二氧化硫的检出限为0.004 mg/m^3，测定下限为0.014 mg/m^3，测定上限为0.347 mg/m^3。

二、原理

二氧化硫被甲醛缓冲溶液吸收后，生成稳定的羟甲基磺酸加成化合物，在样品溶液中加入氢氧化钠，使加成化合物分解，释放出的二氧化硫与副玫瑰苯胺、甲醛作用，生成紫红色化合物，用分光光度计在波长577 nm处测量吸光度。

三、试剂

(1)碘酸钾(KIO_3)，优级纯，经110 ℃干燥2 h。

(2)氢氧化钠溶液，$c(NaOH)=1.5$ mol/L。称取6.0 g NaOH，溶于100 mL水中。

(3)环己二胺四乙酸二钠溶液，$c(CDTA-2Na)=0.05$ mol/L。称取1.82 g反式1，2-环己二胺四乙酸[(trans-1，2-cyclohexylenedinitrilo)tetraacetic acid，CDTA]，加入1.5 mol/L氢氧化钠溶液6.5 mL，用蒸馏水稀释至100 mL。

(4)甲醛缓冲吸收贮备液。吸取36%~38%的甲醛溶液5.5 mL，0.05 mol/L CDTA-2Na溶液20.00 mL；称取2.04 g邻苯二甲酸氢钾，溶于少量的蒸馏水中；将三种溶液合并，再用蒸馏水稀释至100 mL，贮于冰箱，可保存1年。

(5)甲醛缓冲吸收液。用蒸馏水将甲醛缓冲吸收贮备液稀释100倍。临用时现配。

(6)氨磺酸钠溶液，$\rho(NaH_2NSO_3)=6.0$ g/L。称取0.60 g氨磺酸(H_2NSO_3H)置于100 mL烧杯中，加入4.0 mL 1.5 mol/L氢氧化钠，用蒸馏水搅拌至完全溶解后，稀释至100 mL，摇匀。此溶液密封可保存10 d。

(7)碘贮备液，$c(1/2\ I_2)=0.10$ mol/L。称取12.7 g碘(I_2)于烧杯中，加入40 g碘化钾和25 mL蒸馏水，搅拌至完全溶解，用蒸馏水稀释至1000 mL，贮存于棕色细口瓶中。

(8)碘溶液，$c(1/2\ I_2)=0.010$ mol/L。量取碘贮备液50 mL，用蒸馏水稀释至500 mL，贮于棕色细口瓶中。

(9)淀粉溶液，ρ(淀粉)=5.0 g/L。称取0.5 g可溶性淀粉于150 mL烧杯中，用少量的水调成糊状，慢慢地倒入100 mL沸水，继续煮沸至溶液澄清，冷却后，贮于试剂瓶中。

(10)碘酸钾基准溶液，$c(1/6\ KIO_3)=0.1000$ mol/L。准确称取3.5667 g碘酸钾溶于蒸馏水，移入1000 mL容量瓶中，用蒸馏水稀至标线，摇匀。

(11)盐酸溶液，$c(HCl)=1.2$ mol/L。量取100 mL浓盐酸，加到900 mL蒸馏水中。

(12)硫代硫酸钠标准贮备液，$c(Na_2S_2O_3)=0.10$ mol/L。称取25.0 g硫代硫酸钠($Na_2S_2O_3 \cdot 5H_2O$)，溶于1000 mL、新煮沸但已冷却的蒸馏水中，加入0.2 g无水碳酸钠，贮于棕色细口瓶中，放置一周后备用。如溶液呈现混浊，必须过滤。

标定方法：吸取三份20.00 mL碘酸钾基准溶液，分别置于250 mL碘量瓶中，加入70 mL新煮沸但已冷却的蒸馏水，加入1 g碘化钾，振摇至完全溶解后，加入10 mL 1.2 mol/L盐酸溶液，立即塞好瓶塞，摇匀。于暗处放置5 min后，用硫代硫酸钠标准贮备溶液滴定溶液至浅黄色，加入2 mL淀粉溶液，继续滴定至蓝色刚好褪去为终点。硫代硫酸钠标准溶液的质量浓度按照下式计算：

$$c_1 = \frac{0.1000 \times 20.00}{V}$$

式中：c_1——硫代硫酸钠标准溶液的质量浓度，mol/L；

V——滴定所耗硫代硫酸钠标准溶液的体积，mL。

(13)硫代硫酸钠标准溶液，$c(Na_2S_2O_3) \approx 0.01000$ mol/L。取 50.0 mL 硫代硫酸钠贮备液置于 500 mL 容量瓶中，用新煮沸但已冷却的蒸馏水稀释至标线，摇匀。

(14)乙二胺四乙酸二钠盐(EDTA-2Na)溶液，ρ(EDTA-2Na)= 0.50 g/L。称取 0.25 g 乙二胺四乙酸二钠盐($C_{10}H_{14}N_2O_8Na_2 \cdot 2H_2O$)溶于 500 mL 新煮沸但已冷却的蒸馏水中。临用时现配。

(15)亚硫酸钠溶液，$\rho(Na_2SO_3)$= 1 g/L。称取 0.2 g 亚硫酸钠(Na_2SO_3)，溶于 200 mL EDTA-2Na 溶液中，缓缓地摇匀，以防充氧，使其溶解。放置 2~3 h 后标定。此溶液每毫升相当于含 320~400 μg 二氧化硫。

标定方法：① 取 6 个 250mL 碘量瓶(A_1，A_2，A_3，B_1，B_2，B_3)，在空白瓶 A_1，A_2，A_3内各加入 25 mL 乙二胺四乙酸二钠盐溶液，在样品瓶 B_1，B_2，B_3内各加入 25.00 mL 亚硫酸钠溶液。再向 6 个瓶内各加入 50.0 mL 碘溶液和 1.00 mL 冰乙酸，盖好瓶盖，摇匀。② 立即吸取 2.00 mL 亚硫酸钠溶液加到一个已装有 40~50 mL 甲醛吸收液的 100 mL 容量瓶中，并用甲醛吸收液稀释至标线，摇匀。该溶液即为二氧化硫标准贮备溶液，在 4~5 ℃下冷藏，可稳定 6 个月。③ A_1，A_2，A_3，B_1，B_2，B_3六个瓶子于暗处放置 5 min 后，用硫代硫酸钠溶液滴定至浅黄色，加 5 mL 淀粉指示剂，继续滴定至蓝色刚刚消失。平行滴定所用硫代硫酸钠溶液的体积之差应不大于 0.05 mL。

二氧化硫标准贮备溶液的质量浓度由下式计算：

$$\rho(SO_2) = \frac{(\overline{V_0} - \overline{V}) \times c_2 \times 32.02 \times 10^3}{25.00} \times \frac{2.00}{1.00}$$

式中：$\rho(SO_2)$——二氧化硫标准贮备溶液的质量浓度，μg/mL；

$\overline{V_0}$——空白滴定所用硫代硫酸钠溶液的体积，mL；

$\overline{V}$——样品滴定所用硫代硫酸钠溶液的体积，mL；

c_2——硫代硫酸钠溶液的质量浓度，mol/L。

(16)二氧化硫标准溶液，$\rho(SO_2)$= 1.00 μg/mL。用甲醛吸收液将二氧化硫标准贮备溶液稀释成每毫升含 1.0 μg 二氧化硫的标准溶液。该溶液用于绘制标准曲线，在 4~5 ℃下冷藏，可稳定 1 个月。

(17)盐酸副玫瑰苯胺(pararosaniline，简称 PRA，即副品红或对品红)贮备液，ρ(PRA)= 2.0 g/L。

(18)盐酸副玫瑰苯胺溶液，ρ(PRA)= 0.50 g/L。吸取 25.00 mL 副玫瑰苯胺贮备液于 100 mL 容量瓶中，加 30 mL 85%的浓磷酸，12 mL 浓盐酸，用水稀释至标线，摇匀，放置过夜后使用。避光密封保存。

(19)盐酸-乙醇清洗液。由三份 1+4 盐酸和一份 95%乙醇混合配制而成，用于清洗比色管和比色皿。

四、仪器

(1)分光光度计。

(2)多孔玻板吸收管：10 mL 多孔玻板吸收管，用于短时间采样；50 mL 多孔玻板吸收管，用于 24 h 连续采样。

(3)恒温水浴：0~40 ℃，控制精度为±1 ℃。

(4)具塞比色管：10 mL。

用过的比色管和比色皿应及时用盐酸-乙醇清洗液浸洗，否则红色难以洗净。

(5)空气采样器：用于短时间采样的普通空气采样器，流量范围 0.1~1 L/min，应具有保温装置。用于 24 h 连续采样的采样器应具备有恒温、恒流、计时、自动控制开关的功能，流量范围 0.1~0.5 L/min。

(6)一般实验室常用仪器。

五、操作步骤

1. 样品的采集与保存

(1)短时间采样：采用内装 10 mL 吸收液的多孔玻板吸收管，以 0.5 L/min 的流量采气 45~60 min。吸收液温度保持在 23~29 ℃范围。

(2)24 h 连续采样：用内装 50 mL 吸收液的多孔玻板吸收瓶，以 0.2 L/min 的流量连续采样 24 h。吸收液温度保持在 23~29 ℃范围。

(3)现场空白：将装有吸收液的采样管带到采样现场，除了不采气外，其他环境条件与样品相同。

注：样品采集、运输和贮存过程中，应避免阳光照射；放置在室(亭)内的 24 h 连续采样器，进气口应连接符合要求的空气质量集中采样管路系统，以减少二氧化硫进入吸收瓶前的损失。

2. 绘制校准曲线

取 14 支 10 mL 具塞比色管，分为 A、B 两组，每组 7 支，分别对应编号。A 组按照表实 27 配制校准色列。

表实 27　标准色列

管号	0	1	2	3	4	5	6
二氧化硫标准溶液/mL	0	0.50	1.00	2.00	5.00	8.00	10.00
甲醛缓冲吸收液/mL	10.00	9.50	9.00	8.00	5.00	2.00	0
二氧化硫含量/μg	0	0.50	1.00	2.00	5.00	8.00	10.00

在 A 组各管中分别加入 0.5 mL 氨磺酸钠溶液和 0.5 mL 1.5 mol/L 氢氧化钠溶液，混匀。

在 B 组各管中分别加入 1.00 mL 0.50 g/L 盐酸副玫瑰苯胺溶液。

将 A 组各管的溶液迅速地全部倒入对应编号并盛有酸副玫瑰苯胺溶液的 B 管中，立即加塞混匀后，放入恒温水浴装置中显色。在波长 577 nm 处，用 10 mm 比色皿，以水为参比测量吸光度。以空白校正后各管的吸光度为纵坐标，以二氧化硫的含量(μg)为横坐标，用最小二乘法建立校准曲线的回归方程。

显色温度与室温之差不应超过 3 ℃。根据季节和环境条件，按照表实 28 选择合适的显色温度与显色时间。

表实 28 显色温度与显色时间

显色温度/℃	10	15	20	25	30
显色时间/min	40	25	20	15	5
稳定时间/min	35	25	20	15	10
试剂空白吸光度 A_0	0.030	0.035	0.040	0.050	0.060

3. 样品测定

样品溶液中如有混浊物，则应离心分离除去。

采样后，样品放置 20 min，以使臭氧分解。

短时间采集的样品：将吸收管中的样品溶液移入 10 mL 比色管中，用少量的甲醛吸收液洗涤吸收管，洗液并入比色管中，并稀释至标线。加入 0.5 mL 氨磺酸钠溶液，混匀，放置 10 min，以除去氮氧化物的干扰。以下步骤同校准曲线的绘制。

连续 24 h 采集的样品：将吸收瓶中样品移入 50 mL 容量瓶(或比色管)中，用少量的甲醛吸收液洗涤吸收瓶后，再倒入容量瓶(或比色管)中，并用吸收液稀释至标线。吸取适当体积的试样(视浓度高低而决定取 2~10 mL)于 10 mL 比色管中，再用吸收液稀释至标线，加入 0.5 mL 氨磺酸钠溶液，混匀，放置 10 min，以除去氮氧化物的干扰，以下步骤同校准曲线的绘制。

空白实验所得吸光度记录于表实 29，标准曲线绘制时所测得的数据记录于表实 30，样品采集和测量值记录于表实 31。

表实 29 空白试验数据记录表

管号	1	2
吸光度		
平均值 A_0		

表实 30 标准曲线数据记录表

管号	0	1	2	3	4	5	6
吸光度							
校正后吸光度							
二氧化硫含量/μg	0	0.50	1.00	2.00	5.00	8.00	10.00

表实 31 样品采集及样品吸光度数据记录表

参数类别	指标	数值
气象参数	气温/℃	
	大气压/kPa	
采样参数	采样流量/(L/min)	
	采样时长/min	
样品吸光度 A		

六、结果计算及数据报告

空气中二氧化硫的质量浓度按照下式计算：

$$\rho(SO_2)=\frac{A-A_0-a}{b\times V_S}\times\frac{V_t}{V_a}$$

式中：$\rho(SO_2)$——二氧化硫的质量浓度，mg/m^3；

A——样品溶液的吸光度；

A_0——试剂空白溶液的吸光度；

b——标准曲线的斜率；

a——标准曲线的截距；

V_t——样品溶液的总体积，mL；

V_a——测定时所取的体积，mL；

V_S——换算为标准状态(101.325 kPa，273 K)的采样体积，L。

实验十四　环境空气：臭氧的测定

——靛蓝二磺酸钠分光光度法

一、适用范围

当采样体积为 30 L 时，检出限为 0.010 mg/m^3，测定下限为 0.040 mg/m^3。当采样体积为 30 L 时，吸收液质量浓度为 2.5 μg/mL 或 5.0 μg/mL 时，测定上限分别为 0.50 mg/m^3 或 1.00 mg/m^3。当空气中臭氧的质量浓度超过该上限时，可适当地减少采样体积。

二、原理

空气中的臭氧在磷酸盐缓冲溶液存在下，与吸收液中蓝色的靛蓝二磺酸钠等摩尔反应，退色生成靛红二磺酸钠，在 610 nm 处测量吸光度，根据蓝色减退的程度，定量空气中臭氧的浓度。

三、试剂

(1)去离子水或蒸馏水。

(2)溴酸钾标准贮备溶液，$c(1/6\ KBrO_3)=0.1000$ mol/L。准确地称取 1.3918 g 溴酸钾(优级纯，180 ℃烘 2 h)，置烧杯中，加入少量的水溶解，移入 500 mL 容量瓶中，用水稀释至标线。

(3)溴酸钾-溴化钾标准溶液，$c(1/6\ KBrO_5)=0.0100$ mol/L。吸取 10.00 mL 溴酸钾标准贮备溶液于 100 mL 容量瓶中，加入 1.0 g 溴化钾(KBr)，用水稀释至标线。

(4)硫代硫酸钠标准贮备溶液，$c(Na_2S_2O_3)=0.1000$ mol/L。称取 26 g 硫代硫酸钠($Na_2S_2O_3\cdot 5H_2O$)(或 16 g 无水硫代硫酸钠)，溶于 1 L 水中，并加热煮沸 10 min，冷却，避光两周后，过滤，备用。

(5)硫代硫酸钠标准工作溶液，$c(Na_2S_2O_3)=0.00500$ mol/L。临用前，取硫代硫酸钠标准贮备溶液，用新煮沸并冷却到室温的水准确稀释 20 倍。

(6)硫酸溶液，1+6。

（7）淀粉指示剂溶液，ρ=2.0 g/L。称取0.20 g可溶性淀粉，用少量的水调成糊状，慢慢地倒入100 mL沸水，煮沸至溶液澄清。

（8）磷酸盐缓冲溶液，$c(KH_2PO_4-Na_2HPO_4)$ = 0.050 mol/L。称取6.8 g磷酸二氢钾（KH_2PO_4）、7.1 g无水磷酸氢二钠（Na_2HPO_4），溶于水，稀释至1000 mL。

（9）靛蓝二磺酸钠（$C_{16}H_8O_8Na_2S_2$，IDS），分析纯、化学纯或生化试剂。

（10）IDS标准贮备溶液。称取0.25 g靛蓝二磺酸钠溶于水，移入500 mL棕色容量瓶内，用水稀释至标线，摇匀，在室温暗处存放24 h后标定。此溶液在20 ℃以下暗处存放可稳定2周。

标定方法：准确地吸取20.00 mL IDS标准贮备溶液于250 mL碘量瓶中，加入20.00 mL溴酸钾-溴化钾溶液，再加入50 mL水，塞好瓶塞。在16±1 ℃生化培养箱（或水浴）中放置至溶液温度与水浴温度平衡时（达到平衡的时间与温度有关，可以预先用相同体积的水代替溶液，加入碘量瓶中，加入温度计观察达到平衡所需的时间），加入5.0 mL 1+6硫酸溶液，立即盖塞、混匀并开始计时。于16±1 ℃暗处放置35±1.0 min后，加入1.0 g碘化钾，立即盖塞，轻轻地摇匀至溶解，暗处放置5 min。用硫代硫酸钠溶液滴定至棕色刚好褪去呈淡黄色，加入5 mL淀粉指示剂溶液，继续滴定至蓝色消退，终点为亮黄色。记录所消耗的硫代硫酸钠标准工作溶液的体积（平行滴定所消耗的硫代硫酸钠标准溶液体积不应大于0.1 mL）。

每毫升靛蓝二磺酸钠溶液相当于臭氧的质量浓度ρ（μg/mL）由下式计算：

$$\rho = \frac{c_1 V_1 - c_2 V_2}{V} \times 12.00 \times 10^3$$

式中：ρ——每毫升靛蓝二磺酸钠溶液相当于臭氧的质量浓度，μg/mL；

c_1——溴酸钾-溴化钾标准溶液的质量浓度，mol/L；

V_1——加入溴酸钾-溴化钾标准溶液的体积，mL；

c_2——滴定时所用硫代硫酸钠标准溶液的质量浓度，mol/L；

V_2——滴定时所用硫代硫酸钠标准溶液的体积，mL；

V——IDS标准贮备溶液的体积，mL；

12.00——臭氧的摩尔质量（1/4 O_3），g/mol。

（11）IDS标准工作溶液。将标定后的IDS标准贮备液用磷酸盐缓冲溶液逐级稀释成每毫升相当于1.00 μg臭氧的IDS标准工作溶液，此溶液于20 ℃以下暗处存放可稳定1周。

（12）IDS吸收液。取适量IDS标准贮备液，根据空气中臭氧质量浓度的高低，用磷酸盐缓冲溶液稀释成每毫升相当于2.5 μg（或5.0 μg）臭氧的IDS吸收液，此溶液于20 ℃以下暗处可保存1个月。

四、仪器

（1）空气采样器：流量范围0.0~1.0 L/min，流量稳定。使用时，用皂膜流量计校准采样系统在采样前后的流量，相对误差应小于±5%。

（2）多孔玻板吸收管：内装10 mL吸收液，以0.50 L/min流量采气，玻板阻力应为4~5 kPa，气泡分散均匀。

（3）具塞比色管：10 mL。

（4）生化培养箱或恒温水浴：温控精度为±1 ℃。

（5）水银温度计：精度为±0.5 ℃。

(6)分光光度计：具塞 20 mm 比色皿，可于波长 610 nm 处测量吸光度。

(7)一般实验室常用玻璃仪器。

五、操作步骤

1. 样品的采集与保存

用内装 10.00±0.02 mL IDS 吸收液的多孔玻板吸收管，罩上黑色避光套，以 0.5 L/min 流量采气 5~30 L。当吸收液褪色约 60%时(与现场空白样品比较)，应立即停止采样。样品在运输及存放过程中，应严格避光。当确信空气中臭氧的质量浓度较低，不会穿透时，可以用棕色玻板吸收管采样。样品于室温暗处存放至少可稳定 3 d。

现场空白样品：用同一批配制的 IDS 吸收液，装入多孔玻板吸收管中，带到采样现场。除了不采集空气样品外，其他环境条件保持与采集空气的采样管相同。每批样品至少带两个现场空白样品。

2. 绘制校准曲线

取 10 mL 具塞比色管 6 支，按照表实 32 制备标准色列。

表实 32　标准色列

管号	1	2	3	4	5	6
IDS 标准溶液/mL	10.00	8.00	6.00	4.00	2.00	0.00
磷酸盐缓冲溶液/mL	0.00	2.00	4.00	6.00	8.00	10.00
臭氧质量浓度/(μg/mL)	0.00	0.20	0.40	0.60	0.80	1.00

各管摇匀，用 20mm 比色皿，以水作参比，在波长 610 nm 下测量吸光度。以校准系列中零浓度管的吸光度(A_0)与各标准色列管的吸光度(A)之差为纵坐标、臭氧质量浓度为横坐标，用最小二乘法计算校准曲线的回归方程：

$$y = bx + a$$

式中：y——A_0-A，空白样品的吸光度与各标准色列管的吸光度之差；

x——臭氧的质量浓度，μg/mL；

b——回归方程的斜率；

a——回归方程的截距。

3. 样品测定

采样后，在吸收管的入气口端串接一个玻璃尖嘴，在吸收管的出气口端用吸耳球加压，将吸收管中的样品溶液移入 25 mL(或 50 mL)容量瓶中，用水多次洗涤吸收管，使总体积为 25.0 mL(或 50.0 mL)。用 20 mm 比色皿，以水作参比，在波长 610 nm 下测量吸光度。

空白实验所得吸光度记录于表实 33，标准曲线绘制时所测得的数据记录于表实 34，样品采集和测量值记录于表实 35。

表实 33　空白试验数据记录表

管号	1	2	3
吸光度			
平均值			

表实 34 标准曲线数据记录表

管号	1	2	3	4	5	6
吸光度						
校正后吸光度						
臭氧质量浓度/(μg/mL)	0.00	0.20	0.40	0.60	0.80	1.00

表实 35 样品采集及吸光度数据记录表

参数类别	指标	数值
气象参数	气温/℃	
	大气压/kPa	
采样参数	采样流量/(L/min)	
	采样时长/min	
吸光度		
校正后吸光度		

六、结果计算与数据报告

空气中臭氧的质量浓度按照下式计算：

$$\rho(O_3)=\frac{(A_0-A-a)\times V}{b\times V_0}$$

式中：$\rho(O_3)$——空气中臭氧的质量浓度，mg/m^3；

A_0——现场空白样品吸光度的平均值；

A——样品的吸光度；

b——标准曲线的斜率；

a——标准曲线的截距；

V——样品溶液的总体积，mL；

V_0——换算为标准状态(101.325 kPa、273 K)的采样体积，L。

实验十五 环境空气：PM_{10}和 $PM_{2.5}$的测定

——重量法

一、适用范围

当采用感量 0.1 mg 分析天平，样品负载量为 1.0 mg，采集 108 m^3空气样品时，可测定 0.010 mg/m^3以上环境空气中 PM_{10}和 $PM_{2.5}$。

二、原理

分别通过具有一定切割特性的采样器，以恒速抽取定量体积空气，使环境空气中 $PM_{2.5}$

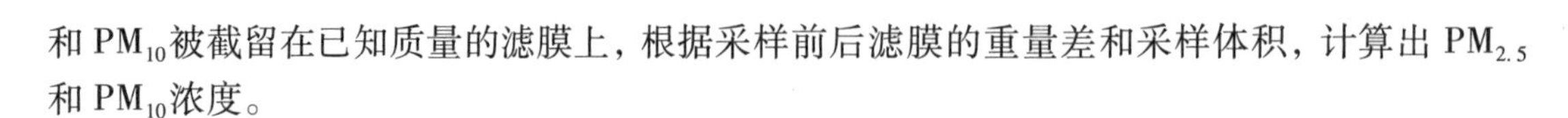

和 PM_{10} 被截留在已知质量的滤膜上，根据采样前后滤膜的重量差和采样体积，计算出 $PM_{2.5}$ 和 PM_{10} 浓度。

三、仪器

1. 切割器

PM_{10} 切割器、采样系统：切割粒径 $D_{a50}=(10\pm0.5)$ μm；捕集效率的几何标准差 $\sigma_g=(1.5\pm0.1)$ μm。其他性能和技术指标应符合 HJ/T 93—2003 的规定。

$PM_{2.5}$ 切割器、采样系统：切割粒径 $D_{a50}=(2.5\pm0.2)$ μm；捕集效率的几何标准差 $\sigma_g=(1.2\pm0.1)$ μm。其他性能和技术指标应符合 HJ/T 93—2003 的规定。

2. 采样器孔口流量计

大流量流量计：量程(0.8~1.4) m^3/min，误差≤2%。

中流量流量计：量程(60~125) L/min，误差≤2%。

小流量流量计：量程<30 L/min，误差≤2%。

3. 滤膜

根据样品采集目的，可选用玻璃纤维滤膜、石英滤膜等无机滤膜或聚氯乙烯、聚丙烯、混合纤维素等有机滤膜。滤膜对 0.3 μm 标准粒子的截留效率不低于 99%。空白滤膜先进行平衡处理至恒重，称量后，放入干燥器中备用。

4. 分析天平

感量 0.1 mg 或 0.01 mg。

5. 恒温恒湿箱(室)

箱(室)内空气温度在 15~30 ℃范围内可调，控温精度±1 ℃。箱(室)内空气相对湿度应控制在(50±5)%。恒温恒湿箱(室)可连续工作。

6. 干燥器

内盛变色硅胶。

四、操作步骤

1. 样品采集

环境空气监测中采样环境及采样频率的要求，按照《环境空气质量手工监测技术规范》(HJ/T 194—2017)中要求执行。采样时，采样器入口距地面高度不得低于 1.5 m。采样不宜在风速大于 8 m/s 的天气条件下进行。采样点应避开污染源及障碍物。如果测定交通枢纽处 PM_{10} 和 $PM_{2.5}$，采样点应布置在距人行道边缘外侧 1 m 处。

采用间断采样方式测定日平均浓度时，其次数不应少于 4 次，累积采样时间不应少于 18 h。

采样时，将已称重的滤膜用镊子放入洁净采样夹内的滤网上，滤膜毛面应朝进气方向，将滤膜牢固压紧至不漏气。如果测定任何一次浓度，每次需更换滤膜；如测日平均浓度，样品可采集在一张滤膜上。采样结束后，用镊子取出。将有尘面两次对折，放入样品盒或纸袋，并做好采样记录。

滤膜采集后，如不能立即称重，应在 4 ℃条件下冷藏保存。

2. 分析步骤

将滤膜放在恒温恒湿箱(室)中平衡 24 h，平衡条件为：温度取 15~30 ℃中任何一点，相对湿度控制在45%～55%范围内，记录平衡温度与湿度。在上述平衡条件下，用感量为0.1 mg或0.01 mg的分析天平称量滤膜，记录滤膜质量。同一滤膜在恒温恒湿箱(室)中相同条件下再平衡1 h后称重。对于PM_{10}和$PM_{2.5}$颗粒物样品滤膜，两次质量之差分别小于0.4 mg或0.04 mg为满足恒重要求。数据记录于表实36。

表实36　PM_{10}、$PM_{2.5}$采样及称量记录表

监测点		1		2		3	
气象参数	温度/℃						
	大气压/kPa						
	相对湿度/%						
	风速/(m/s)						
采样参数	采样流量/(L/min)						
	采样时长/min						
称量对象		空白滤膜质量 W_1 /g	采样后滤膜质量 W_2/g	空白滤膜质量 W_1 /g	采样后滤膜质量 W_2/g	空白滤膜质量 W_1 /g	采样后滤膜质量 W_2/g
第一次称量							
第二次称量							
第三次称量							
…………							
最终值							

五、结果计算与数据报告

$PM_{2.5}$和PM_{10}质量浓度按照下式计算：

$$\rho = \frac{W_2 - W_1}{V} \times 1000$$

式中：ρ——PM_{10}或$PM_{2.5}$质量浓度，mg/m^3；

W_2——采样后滤膜的质量，g；

W_1——空白滤膜的质量，g；

V——已换算成标准状态下的采样体积，m^3。

计算结果保留三位有效数字，小数点后数字可保留到第三位。

实验十六　环境空气：氮氧化物的测定

——盐酸萘乙二胺分光光度法

一、适用范围

适用于环境空气中氮氧化物、二氧化氮、一氧化氮的测定。

该方法检出限为0.12 μg/10 mL吸收液。当吸收液总体积为10 mL，采样体积为24 L时，空气中氮氧化物的检出限为0.005 mg/m^3。当吸收液总体积为50 mL，采样体积288 L时，空气中氮氧化物的检出限为0.003 mg/m^3。当吸收液总体积为10 mL，采样体积为12~24 L时，环境空气中氮氧化物的测定范围为0.020~2.5 mg/m^3。

二、原理

空气中的二氧化氮被串联的第一支吸收瓶中的吸收液吸收并反应，生成粉红色偶氮染料。空气中的一氧化氮不与吸收液反应，通过氧化管时，被酸性高锰酸钾溶液氧化为二氧化氮，被串联的第二支吸收瓶中的吸收液吸收并反应，生成粉红色偶氮染料。生成的偶氮染料在波长540 nm处的吸光度与二氧化氮的含量成正比。分别测定第一支和第二支吸收瓶中样品的吸光度，计算两支吸收瓶内二氧化氮和一氧化氮的质量浓度，二者之和即为氮氧化物的质量浓度(以NO_2计)。

三、试剂

(1)实验用水为无亚硝酸根的蒸馏水、去离子水或相当纯度的水。必要时，实验用水可在全玻璃蒸馏器中以每升水加入0.5 g高锰酸钾($KMnO_4$)和0.5 g氢氧化钡[$Ba(OH)_2$]重蒸。

(2)冰乙酸。

(3)盐酸羟胺溶液，ρ=0.2~0.5 g/L。

(4)硫酸溶液，$c(1/2H_2SO_4)$= 1 mol/L。取15 mL浓硫酸(ρ_{20}=1.84 g/mL)，徐徐地加到500 mL水中，搅拌均匀，冷却备用。

(5)酸性高锰酸钾溶液，$\rho(KMnO_4)$= 25 g/L。称取25 g高锰酸钾于1000 mL烧杯中，加入500 mL水，稍微加热使其全部溶解，然后加入1 mol/L硫酸溶液500 mL，搅拌均匀，贮于棕色试剂瓶中。

(6)N-(1-萘基)乙二胺盐酸盐贮备液，$\rho[C_{10}H_7NH(CH_2)_2NH_2 \cdot 2HCl]$=1.00 g/L。称取0.50 g N-(1-萘基)乙二胺盐酸盐于500 mL容量瓶中，用水溶解稀释至刻度。此溶液贮于密闭的棕色瓶中，在冰箱中冷藏，可稳定保存三个月。

(7)显色液。称取5.0 g对氨基苯磺酸($NH_2C_6H_4SO_3H$)溶解于约200 mL 40~50 ℃热水中，将溶液冷却至室温，全部移入1000 mL容量瓶中，加入50 mL N-(1-萘基)乙二胺盐酸盐贮备溶液和50 mL冰乙酸，用水稀释至刻度。此溶液贮于密闭的棕色瓶中，在25 ℃以下暗处存放可稳定三个月。若溶液呈现淡红色，应弃之重配。

(8)吸收液。使用时将显色液和水按照4∶1(体积分数)比例混合，即为吸收液。吸收液的吸光度应不大于0.005。

(9)亚硝酸盐标准贮备液，$\rho(NO_2^-)$= 250 μg/mL。准确称取0.3750 g亚硝酸钠($NaNO_2$，优级纯，使用前在105±5 ℃干燥恒重)溶于水，移入1000 mL容量瓶中，用水稀释至标线。此溶液贮于密闭棕色瓶中于暗处存放，可稳定保存三个月。

(10)亚硝酸盐标准工作液，$\rho(NO_2^-)$ = 2.5 μg/mL。准确吸取亚硝酸盐标准储备液1.00 mL于100 mL容量瓶中，用水稀释至标线。临用现配。

四、仪器

(1)分光光度计。

（2）空气采样器：流量范围 0.1~1.0 L/min。采样流量为 0.4 L/min 时，相对误差小于±5%。

（3）恒温、半自动连续空气采样器：采样流量为 0.2 L/min 时，相对误差小于±5%，能将吸收液温度保持在 20±4 ℃。采样连接管线为硼硅玻璃管、不锈钢管、聚四氟乙烯管或硅胶管，内径约为 6 mm，尽可能短些，任何情况下不得超过 2 m，配有朝下的空气入口。

（4）吸收瓶：可装 10，25，50 mL 吸收液的多孔玻板吸收瓶，液柱高度不低于 80 mm。使用棕色吸收瓶或采样过程中吸收瓶外罩黑色避光罩。新的多孔玻板吸收瓶或使用后的多孔玻板吸收瓶，应用 1+1 HCl 浸泡 24 h 以上，用清水洗净。

（5）氧化瓶：可装 5，10，50 mL 酸性高锰酸钾溶液的洗气瓶，液柱高度不能低于80 mm。使用后，用盐酸羟胺溶液浸泡洗涤。

（6）一般实验室常用玻璃仪器。

五、操作步骤

1. 样品的采集与保存

（1）短时间采样（1 h 以内）。取两支内装 10.0 mL 吸收液的多孔玻板吸收瓶和一支内装 5~10 mL 酸性高锰酸钾溶液的氧化瓶（液柱高度不低于 80 mm），用尽量短的硅橡胶管将氧化瓶串联在两支吸收瓶之间，以 0.4 L/min 流量采气 4~24 L。

（2）长时间采样（24 h）。取两支大型多孔玻板吸收瓶，装入 25.0 mL 或 50.0 mL 吸收液（液柱高度不低于 80 mm），标记液面位置。取一支内装 50 mL 酸性高锰酸钾溶液的氧化瓶，接入采样系统，将吸收液恒温在 20±4 ℃，以 0.2 L/min 流量采气 288 L。

注：氧化管中有明显的沉淀物析出时，应及时更换。

一般情况下，内装 50 mL 酸性高锰酸钾溶液的氧化瓶可使用 15~20 d（隔日采样）。

在采样过程中，注意观察吸收液颜色变化，避免因氮氧化物质量浓度过高而穿透。

采样前，应检查采样系统的气密性，用皂膜流量计进行流量校准。采样流量的相对误差应小于±5%。

采样期间，样品运输和存放过程中应避免阳光照射。当气温超过 25 ℃时，长时间（8 h 以上）运输和存放样品应采取降温措施。

采样结束时，为防止溶液倒吸，应在采样泵停止抽气的同时，闭合连接在采样系统中的止水夹或电磁阀。

样品采集、运输及存放过程中，避光保存，样品采集后，尽快分析。若不能及时测定，将样品于低温暗处存放。样品在 30 ℃暗处存放，可稳定 8 h；在 20 ℃暗处存放，可稳定 24 h；于 0~4 ℃冷藏，至少可稳定 3 d。

（3）现场空白样品。将装有吸收液的吸收瓶带到采样现场，与样品在相同的条件下保存，运输，直至送交实验室分析。在运输过程中，应注意防止沾污。要求每次采样至少做 2 个现场空白测试。

2. 绘制校准曲线

取 6 支 10 mL 具塞比色管，按照表实 37 制备亚硝酸盐标准溶液系列。根据表实 37 所示分别移取相应体积的亚硝酸钠标准工作液，加水至 2.00 mL，加入显色液 8.00 mL。

表实 37　标准色列

管号	0	1	2	3	4	5
标准工作液/mL	0.00	0.40	0.80	1.20	1.60	2.00
水/mL	2.00	1.60	1.20	0.80	0.40	0.00
显色液/mL	8.00	8.00	8.00	8.00	8.00	8.00
NO_2^-质量浓度/(μg/mL)	0.00	0.10	0.20	0.30	0.40	0.50

各管混匀，于暗处放置 20 min(室温低于 20 ℃时放置 40 min 以上)，用 10 mm 比色皿，在波长 540 nm 处，以水为参比测量吸光度。扣除 0 号管的吸光度以后，对应 NO_2^-的质量浓度(μg/mL)，用最小二乘法计算标准曲线的回归方程。

标准曲线斜率控制在 0.960~0.978 吸光度，截距控制在 0.000~0.005 之间(以 5 mL 体积绘制标准曲线时，标准曲线斜率控制在 0.180~0.195 吸光度，截距控制在±0.003 之间)。

3. 空白试验

实验室空白试验：取实验室内未经采样的空白吸收液，用 10 mm 比色皿，在波长 540 nm 处，以水为参比测定吸光度。实验室空白吸光度 A_0在显色规定条件下波动范围不超过±15%。

现场空白：同实验室空白试验测定吸光度。将现场空白和实验室空白的测量结果相对照，若现场空白与实验室空白相差过大，则查找原因，重新采样。

4. 样品测定

采样后，放置 20 min；室温 20 ℃以下时，放置 40 min 以上。用水将采样瓶中吸收液的体积补充至标线，混匀。用 10 mm 比色皿，在波长 540 nm 处，以水为参比测量吸光度，同时测定空白样品的吸光度。

若样品的吸光度超过标准曲线的上限，应用实验室空白试液稀释，再测定其吸光度。但稀释倍数不得大于 6。

空白实验所得吸光度记录于表实 38，标准曲线绘制时所测得的数据记录于表实 39，样品采集和测量值记录于表实 40。

表实 38　空白试验数据记录表

管号	1	2
吸光度		
平均值 A_0		

表实 39　标准曲线数据记录表

管号	0	1	2	3	4	5
吸光度						
校正后吸光度						
NO_2^-质量浓度/(μg/mL)	0.00	0.10	0.20	0.30	0.40	0.50

表实 40 样品采集及吸光度数据记录表

参数类别	指标	数值
气象参数	气温/℃	
	大气压/kPa	
采样参数	采样流量/(L/min)	
	采样时长/min	
吸光度		
校正后吸光度(扣除空白试验平均值)A		

六、结果计算与数据报告

(1)空气中二氧化氮的质量浓度按照下式计算:

$$\rho(NO_2)=\frac{(A_1-A_0-a)\times V\times D}{b\times f\times V_0}$$

(2)空气中一氧化氮的质量浓度按照下式计算:

$$\rho(NO)=\frac{(A_2-A_0-a)\times V\times D}{b\times f\times V_0\times K}$$

(3)空气中氮氧化物的质量浓度$\rho(NO_x)$以二氧化氮(NO_2)计,按照下式计算:

$$\rho(NO_x)=\rho(NO_2)+\rho(NO)$$

式中:$\rho(NO_2)$——空气中二氧化碳的质量浓度,mg/m^3;

$\rho(NO)$——空气中一氧化碳的质量浓度,mg/m^3;

$\rho(NO_x)$——空气中氮氧化物的质量浓度,mg/m^3;

A_0——实验室空白的吸光度;

A_1——串联在氧化管之前的样品的吸光度,吸收NO_2;

A_2——串联在氧化管之后的样品的吸光度,吸收氧化为NO_2的NO;

b——标准曲线的斜率;

a——标准曲线的截距;

V——采样用吸收液体积,mL;

V_0——换算为标准状态(101.325 kPa,273 K)的采样体积,L;

D——样品的稀释倍数;

K——$NO\to NO_2$氧化系数,取$K=0.68$;

f——Saltzman 实验系数,取$f=0.88$(当空气中二氧化氮的质量浓度高于0.72 mg/m^3时,取$f=0.77$)。

实验十七 室内空气质量检测

以实验室标准空气质量分光检测仪为例,测定室内空气中甲醛、苯、甲苯、二甲苯、氨和TVOC六项污染物浓度。

一、采样点布设

采样点的数量根据室内面积大小和现场情况而确定，一般 50 m^2以下的房间设 1 至 3 个点，50~100 m^2的房间设 3~5 个点，100 m^2以上的房间至少设 5 个点，采取对角线或梅花式布点法，如图实 3 所示。

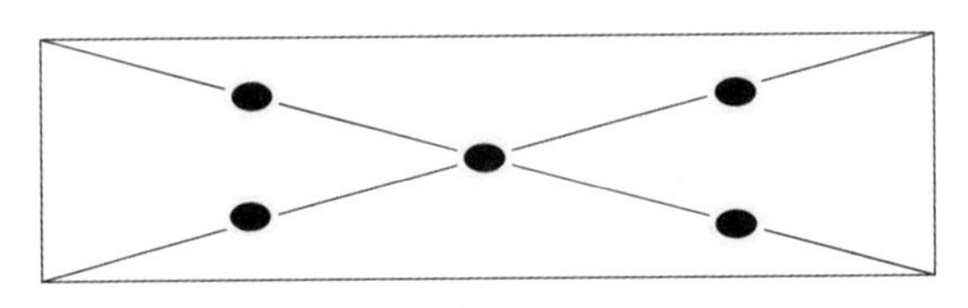

图实 3　布点示意图

二、采样

1. 采样条件

采样前，应关闭门窗 12 h。

采样时，应避开通风道和通风口，离墙壁距离应大于 1 m；采样点离地面高度 0.5~1.5 m。

评价居室时，应在人们正常活动情况下采样，至少监测一天，一天两次，不开门窗；评价办公建筑物时，应选择在无人活动情况下采样，至少监测一天，一天两次，不开门窗。

2. 采样方法

(1)将 5 mL 纯净水(或蒸馏水)加入试剂瓶中，反复摇晃，使试剂完全溶解后，转移至采样管。

(2)串联采样管和安全瓶，连接采样器。

(3)开启仪器，调节流量至 1000 mL/min，采气 10 min。

三、显色

将采样管中吸收液转移至 20 mm 比色皿中，加入显色液，静置 5 min。

四、测定

开机预热分光检测仪 5 min 左右。以纯净水(或蒸馏水)作参比，校准分光检测仪。将显色后的样品放入仪器，等待 5 s 后，按键检测，打印结果。记录甲醛、苯、甲苯、二甲苯、氨和 TVOC 六项室内空气污染物浓度，并对照《室内空气质量标准》(GB/T 18883—2002)中要求，分析和评价室内空气质量。

五、结果计算与数据报告

填写“室内空气质量检测报告”。

下面以附件的形式给出“室内空气质量检测报告”(空白)。

附件：室内空气质量检测报告（空白）

室内空气质量
检 测 报 告

________检字〔2021〕________-________号

被检测方：________________
地　　点：________________
检测日期：________________
检测项目：________________

检测机构：________________（盖章）

注 意 事 项

1. 报告无检测单位公章及检测专用章无效。
2. 复制报告未重新加盖检测单位公章无效。
3. 报告无检验、审核、批准人签字无效。
4. 报告涂改无效。
5. 对报告有异议，在收到报告之日起 15 日内，向本单位或上级主管部门申请复验，逾期不申请的，视为认可检测报告。

地　　址：
邮政编码：
电　　话：

检 测 报 告

检字〔2021〕________-________号　　共　页 第　页

被检测方	
检测方	
检测地点	
检测日期	
检测项目	
检测仪器	（填写所使用的主要仪器）
检测依据	（填写具体的测试方法）
评价依据	（填写执行的标准）

结论：

（检测报告专用章）
签发日期：　　年　月　日

备注：

采样及分析：　报告编写：　审核：　批准：

检 测 报 告

检字〔2021〕________-________号　　共　页 第　页

测试地点	测试项目	单位	实测值	标准值	单项判定

采样及分析：　报告编写：　审核：　批准：

实验十八　土壤样品制备及水分含量测定

从采样点取回的土壤样品，进行风干、磨细、过筛、混匀、装瓶等处理后，即成为分析测定样品。

一、样品制备的目的

(1)拣出非土壤部分，使样品能代表土壤真正的组成部分。
(2)磨细混匀，使称取少量样品时，有较高的代表性，以减少称样误差。
(3)将土粒磨细，增大表面积，使测定成分便于溶解、浸提。
(4)使样品能较长期保存，不致受微生物的作用而变质。
(5)便于工作使用。

二、原理

利用酒精和水互相溶解，通过酒精在土中燃烧，使其水分蒸发，由燃烧前后土样的减重算出土壤含水量。

三、试剂

酒精(纯度96%以上)。

四、仪器

(1)风干用白色搪瓷盘及木盘。
(2)粗粉碎用木锤、木滚、木棒、有机玻璃棒、有机玻璃板、硬质木板、无色聚乙烯薄膜。
(3)磨样用玛瑙研磨机(球磨机)或玛瑙研钵、白色瓷研钵。
(4)过筛用尼龙筛，规格为2~100目。
(5)装样用具塞磨口玻璃瓶，具塞无色聚乙烯塑料瓶或特制牛皮纸袋，规格视量而定。
(6)天平：感量0.01 g。
(7)蒸发皿。
(8)火柴。
(9)滴管。
(10)量筒：10 mL。

五、操作步骤

1. 风干

在风干室，将土样放置于风干盘中，摊成2~3 cm的薄层，适时地压碎、翻动，拣出碎石、砂砾、植物残体。

风干室朝南(严防阳光直射土样)，通风良好，整洁，无尘，无易挥发性化学物质。

2. 样品粗磨

在磨样室，将风干的样品倒在有机玻璃板上，用木锤敲打，用木滚、木棒、有机玻璃棒再次压碎，拣出杂质，混匀，并用四分法取压碎样，过孔径 0.85 mm(20 目)尼龙筛。过筛后的样品全部置于无色聚乙烯薄膜上，并充分地搅拌混匀，再采用四分法取其两份：一份交样品库存放，另一份作样品的细磨用。粗磨样可直接用于土壤 pH 值、阳离子交换量、元素有效态含量等项目的分析。

3. 细磨样品

用于细磨的样品再用四分法分成两份：一份研磨到全部过孔径 0.25 mm(60 目)筛，用于农药或土壤有机质、土壤全氮量等项目分析；另一份研磨到全部过孔径 0.15 mm(100 目)筛，用于土壤元素全量分析。

4. 样品分装

研磨混匀后的样品，分别装于样品袋或样品瓶，填写土壤标签，一式两份：瓶内或袋内一份，瓶外或袋外贴一份。

制样过程中采样时的土壤标签与土壤始终放在一起，严禁混错，样品名称和编码始终不变；制样工具每处理一份样后擦抹(洗)干净，严防交叉污染；分析挥发性、半挥发性有机物或可萃取有机物无需上述制样，用新鲜样按照特定的方法进行样品前处理。

5. 样品保存

(1)新鲜样品的保存。对于易分解或易挥发等不稳定组分的样品，要采取低温保存的运输方法，并尽快送到实验室分析测试。测试项目需要新鲜样品的土样，采集后，用可密封的聚乙烯或玻璃容器在 4 ℃以下避光保存，样品要充满容器。避免用含有待测组分或对测试有干扰的材料制成的容器盛装保存样品，测定有机污染物用的土壤样品要选用玻璃容器保存。

(2)预留样品。分析取用后的剩余样品，待测定全部完成数据报出后，也移交样品库保存。分析取用后的剩余样品一般保留半年，预留样品一般保留两年。特殊、珍稀、仲裁、有争议样品一般要永久保存。

(3)样品库要求。保持干燥、通风、无阳光直射、无污染；要定期清理样品，防止霉变、鼠害及标签脱落。样品入库、领用和清理均需记录，见表实 41。

表实 41　土壤样品制备登记表

样品编号	风干方式	研磨方式	质量/g	样品分装
1 (质量：________g)	□自然风干 □设备风干	□手工研磨 □仪器研磨	筛孔 0.85 mm：________ 筛孔 0.25 mm：________ 筛孔 0.15 mm：________	□样品瓶 □样品袋
2 (质量：________g)	□自然风干 □设备风干	□手工研磨 □仪器研磨	筛孔 0.85 mm：________ 筛孔 0.25 mm：________ 筛孔 0.15 mm：________	□样品瓶 □样品袋
3 (质量：________g)	□自然风干 □设备风干	□手工研磨 □仪器研磨	筛孔 0.85 mm：________ 筛孔 0.25 mm：________ 筛孔 0.15 mm：________	□样品瓶 □样品袋

6. 土壤含水量的测定——酒精燃烧法

(1)将烘干冷却的铝盒用 1/100 分析天平称重(记为 A)。

(2)用铝盒称土样 10 g 左右，注意操作迅速，取样均匀，称重(记为 B)。

(3)用滴管向铝盒滴加酒精，至盒中呈现自由液面时为止(约用 7 mL 酒精)，稍加振荡，使土样均匀地分布于盒中。

(4)点燃酒精(注意勿使火柴屑掉入土样中)，经数分钟后熄灭，待土样冷却后，再滴加酒精(2~3 mL)进行第二次燃烧。一般情况下，样品经3~4次燃烧后，即可达恒重。然后称重(记为C)，精确到0.01 g。

六、结果计算及数据报告

$$土壤含水量(水分\%)=\frac{B-C}{C-A}\times 100$$

式中：A——铝盒重，g；

B——湿土加铝盒重，g；

C——干土加铝盒重，g。

实验十九　土壤和沉积物：样品预处理及六价铬的测定

——碱溶液提取-火焰原子吸收分光光度法

一、适用范围

适用于土壤和沉积物中六价铬的测定。

当土壤和沉积物取样量为5.0 g，定容体积为100 mL时，检出限为0.5 mg/kg，测定下限为2.0 mg/kg。

二、原理

用pH值不小于11.5的碱性提取液提取出样品中的六价铬，喷入空气-乙炔火焰，在高温火焰中形成的铬基态原子对铬的特征谱线产生吸收，在一定范围内，其吸光度值与六价铬的质量浓度成正比。

三、试剂与材料

(1)实验用水为新制备的去离子水。

(2)硝酸：$\rho(HNO_3)=1.42$ g/mL，优级纯。

(3)碳酸钠(Na_2CO_3)。

(4)氢氧化钠(NaOH)。

(5)氯化镁($MgCl_2$)。

(6)磷酸氢二钾(K_2HPO_4)。

(7)磷酸二氢钾(KH_2PO_4)。

(8)磷酸氢二钾-磷酸二氢钾缓冲溶液，pH值为7。称取87.1 g磷酸氢二钾和68.0 g磷酸二氢钾溶于水中，稀释定容至1 L。

(9)碱性提取溶液。称取30 g碳酸钠与20 g氢氧化钠溶于水中，稀释定容至1 L，贮存在密封聚乙烯瓶中。使用前，必须保证其pH值大于11.5。

(10)重铬酸钾($K_2Cr_2O_7$)，基准试剂。称取5.0 g重铬酸钾于瓷坩埚中，在105 ℃干燥箱中烘 2 h，冷却至室温，保存于干燥器内，备用。

（11）六价铬标准贮备液，ρ = 1000 mg/L。准确地称取 2.829 g（精确至 0.1 mg）重铬酸钾，溶于水中，稀释定容至 1 L。也可直接购买市售有证标准物质或者有证标准溶液。

（12）六价铬标准使用液，ρ = 100 mg/L。准确地移取 10.0 mL 六价铬标准贮备液，加入 100 mL 容量瓶中，用水定容至标线，摇匀。常温保存 6 个月。

（13）滤膜，0.45 μm。

（14）聚乙烯薄膜。

四、仪器

（1）火焰原子吸收分光光度计。

（2）铬空心阴极灯或其他光源。

（3）搅拌加热装置：具有磁力加热搅拌器、控温装置，可升温至 100 ℃。

（4）真空抽滤装置。

（5）pH 计：精度为 0.1 pH 单位。

（6）天平：感量为 0.1 mg。

（7）尼龙筛：0.15 mm（100 目）。

（8）一般实验室常用仪器和设备。

五、操作步骤

1. 试样制备

准确地称取 5.0 g（精确至 0.01 g）制备好的样品，置于 250 mL 烧杯中，加入 50.0 mL 碱性提取溶液，再加入 400 mg 氯化镁和 0.5 mL 磷酸氢二钾-磷酸二氢钾缓冲溶液。

放入搅拌子，用聚乙烯薄膜封口，置于搅拌加热装置上。常温下搅拌样品 5 min 后，开启加热装置，加热搅拌至 90~95 ℃，保持 60 min。取下烧杯，冷却至室温。

用滤膜抽滤，将滤液置于 250 mL 烧杯中，用硝酸调节溶液的 pH 值至 7.5±0.5。

将此溶液转移至 100 mL 容量瓶中，用水定容至标线，摇匀，待测。

注：调节试样溶液 pH 值时，如果有絮状沉淀产生，需再用滤膜过滤；制备好的试样，若不能立即分析，在 0~4 ℃ 下密封保存，保存期为 30 d。

2. 空白试样制备

不加样品，按照与试样制备相同的步骤制备空白试样。

3. 工作曲线建立

分别移取 0，0.10，0.20，0.50，1.00，2.00 mL 六价铬标准使用液，置于 250 mL 烧杯中，按照试样制备的步骤，制备工作曲线溶液，参考浓度为 0，0.10，0.20，0.50，1.00，2.00 mg/L。以空白试样调整仪器零点，按照浓度由低到高的顺序依次测定其吸光度，仪器参考条件见表实 42。以六价铬浓度为横坐标、吸光度为纵坐标，绘制工作曲线，见表实 43。

表实 42　仪器参考条件

元素	Cr
测定波长/nm	357.9
通带宽度/nm	0.2
火焰性质	富焰还原性(使光源光斑通过火焰亮蓝色部分)
次灵敏线/nm	359.0；360.5；425.4
燃烧头高度	调整至使光源光斑通过中间反应区

表实 43　工作曲线数据记录

项目	1	2	3	4	5	6
六价铬标准使用液体积/mL	0	0.10	0.20	0.50	1.00	2.00
六价铬质量浓度/(mg/L)	0	0.10	0.20	0.50	1.00	2.00
吸光度						
吸光度校正						
回归方程						
相关系数 γ						

4. 试样测定

按照与工作曲线绘制相同的分析条件进行试样的测定。

5. 空白试验

按照与试样测定相同的分析条件进行空白试样的测定，数据记录于表实 44。

表实 44　样品及空白实验数据记录表

项目	样品 1	样品 2	空白实验
吸光度			

六、结果计算及数据报告

(1)通过工作曲线计算试样中六价铬的质量浓度 ρ；

(2)土壤样品中六价铬的含量 w，按照下式计算：

$$w=\frac{\rho\times V\times D}{m\times W_{dm}}$$

式中：w——土壤样品中六价铬的含量，mg/kg；

ρ——试样中六价铬的质量浓度，mg/L；

V——试样定容体积，mL；

D——试样稀释倍数；

m——称取土壤样品的质量，g；

W_{dm}——土壤样品干物质含量，%。

附 1：原子吸收分光光度计(AA-7020 型)基本操作指南

一、仪器操作

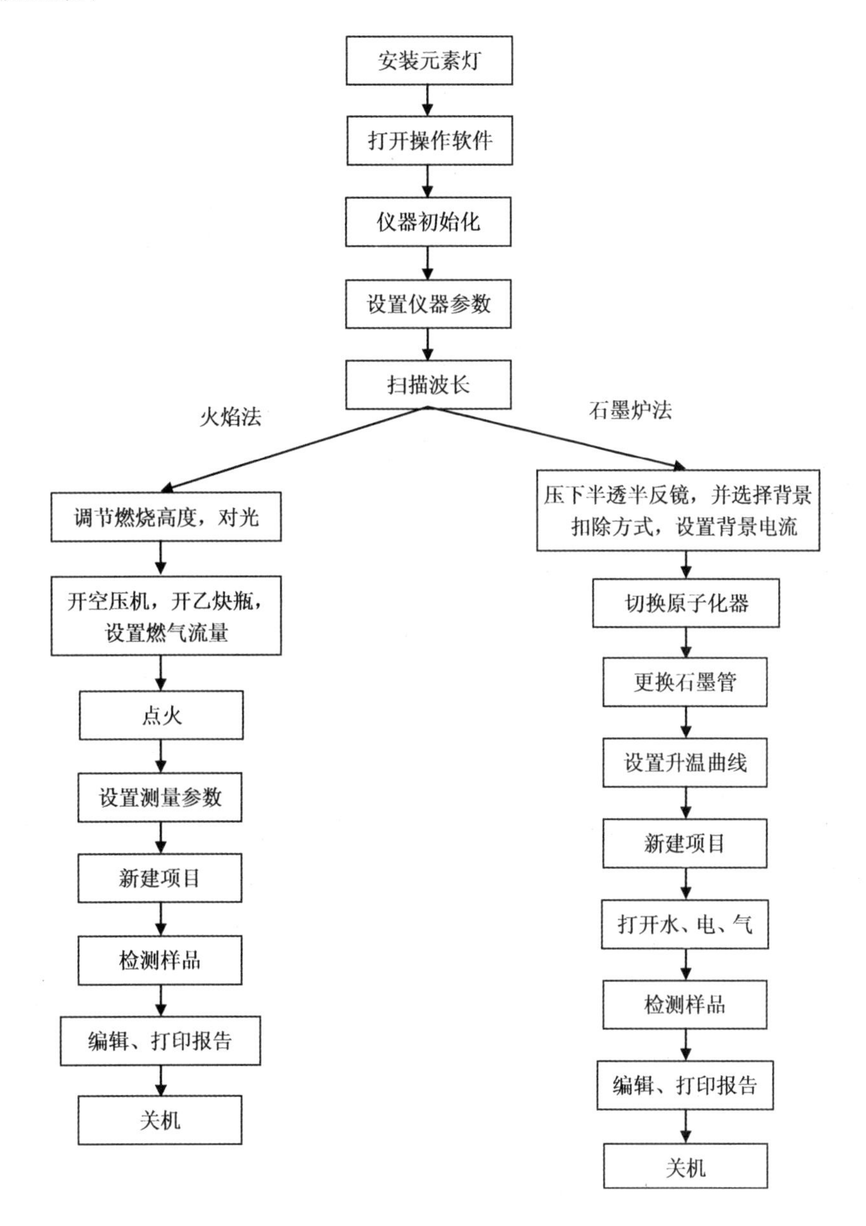

图实 4　AA-7020 型原子吸收分光光度计操作流程图

仪器操作过程见图实 4。在开始使用前，首先要了解元素的测量范围；开机前，要插电源，检查水封。水封中的水要达到安装固定的铁环之上即可。

1. 安装元素灯

左手握住元素灯金属部分，右手拿住元素灯插座，对准位置(突出部对凹陷部)插入。

注意：元素灯的安装或换灯必须在仪器关闭断电情况下操作；另外，在安装元素灯时，一定要记录所装的元素灯为何元素，对应的灯座是几号座。

2. 打开操作软件

开机，等 20 s 后，双击桌面图标，弹出操作界面，再单击该界面，即可进入初始化界面。

3. 仪器初始化

在弹出的初始化仪器窗体中显示仪器当前状态。初始化是自动进行的，打开软件后，等右面出现所有的项目都打勾即可。

4. 设置仪器参数

以测量 Cu 元素为例进行说明。

点击菜栏中的分析设置—设置仪器参数对话框—选中元素灯。

(1)选择元素灯的设置方法：如在安装元素灯时，把 Cu 灯装在 3 号插座，这时点选，然后在该处点击【选择灯】按钮，进行元素的选择。

(2)设置元素、方法及波长。如用 Cu 灯，则该处选 Cu；方法为火焰吸收；波长为 324. 7 nm，波长的选择可以根据 Cu 灯上的提示，或者参照《原子吸收分光光度计分析方法》中 1. 14Cu 的分析参数。

(3)设置狭缝。参照《原子吸收分光光度计分析方法》中待测元素的分析参数(Cu 为 0. 2 nm)。

(4)设置负高压和灯电流。负高压为 200 V 左右(无论是分析哪种元素都用该值)。

灯电流：参照《原子吸收分光光度计分析方法》元素的分析参数(Cu 为 2 mA)。

设置背景校正：无。

(5)C_2H_2流量，开机后，再设置。

灰色的部分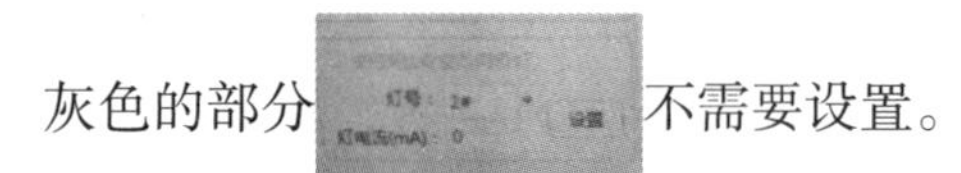不需要设置。

设置完成后，点下一步进行扫描。

5. 波长扫描

点击扫描，自动进行扫描，当出现蓝色竖线时，最上方的波长在324. 7±0. 5 nm 范围内波动即可。点调整灯位置—能量平衡—调整灯位置—能量平衡(达到 100%)—确定—创建项目(否)。

点击分析设置—测量参数设置。

采样速度(无论测何种元素)：调整至 250 ms；平滑计数：一般元素都为 10(测 Zn、Hg、Se、As 元素时调至 15 或 20)；采样方式：自动；其他设置使用默认。点击【保存】按钮，退出。

6. 火焰法

燃烧头高度调节法：用一张白纸旋转在燃烧头的最右面，使白纸底边与燃烧头最右面上平面平齐，使圆光斑与白纸底边相切，如不相切，则调节燃烧头右下面的黑色旋钮，直至相切。然后查看电脑软件下方的能量是否达到 100%，如不是，点击分析设置—能量平衡，直到达到 100%为止。

对光：把对光角板插入燃烧头中缝位置，对光角板与燃烧头下面的白色长中线对直，看能量平衡是否在 50%左右(40%~60%即可，影响不太大)，如相差太大，则需要调节燃烧头左下面的小黑色旋钮，至能量平衡达到 50%左右；然后把对光角板移至最右面，看能量平衡条是否显示50%左右，如不是，通过旋转燃烧头进行调整；再把对光角板移至最左面，看能量平衡条是否显示50%左右，如不是，通过旋转燃烧头进行调整。对光完成以后，灯预热5~10 min。

7. 新建项目

在电脑软件中新建要测试的项目(自建，数据保存的文档)，具体操作参见图实5。

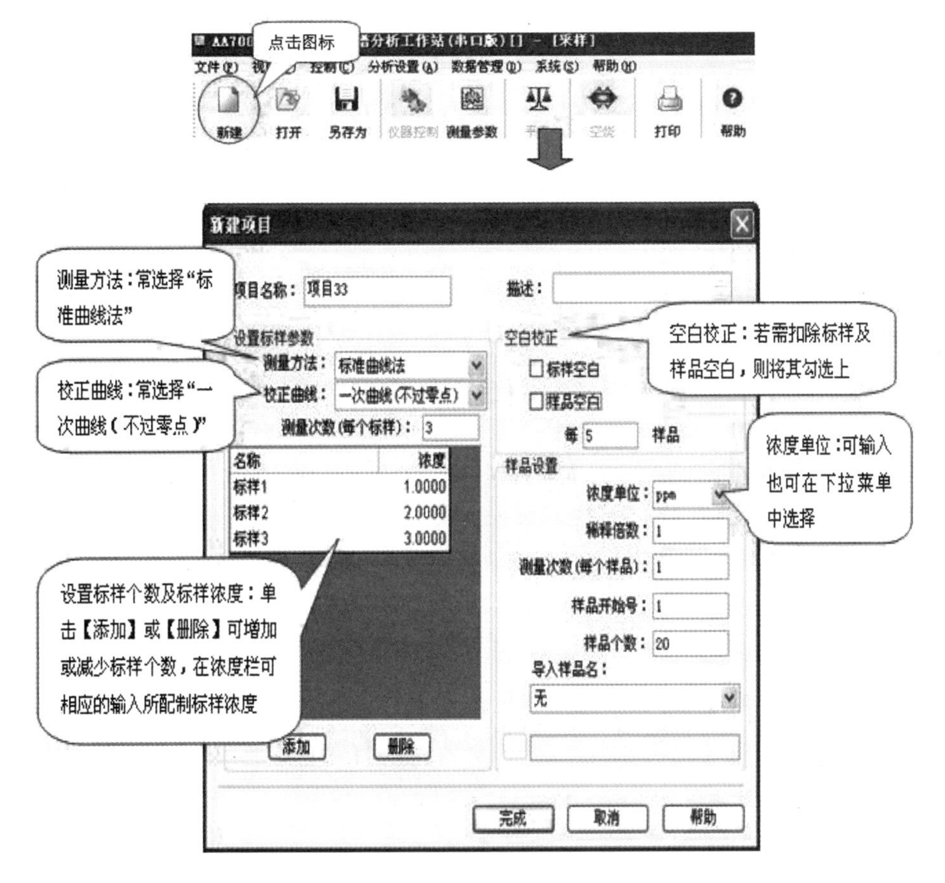

图实5 AA-7020型原子吸收分光光度计新建项目操作界面图

8. 开空压机

空压机使用方法：

(1)开机。打开空压机按钮，压力超过0.3 MPa即可。若在0.3 MPa以下，需要拔起右下的黑色旋钮，旋转(顺时针调大，逆时针调小)，至0.3 MPa多一点即可，然后按下黑色旋钮。

(2)关机。关空压机前，选按放水的红色按钮，至压力表下降到0.1 MPa以下时，关机。

9. 开乙炔瓶

逆时针旋转1~2圈，压力表显示明显上升后为止。

乙炔瓶使用注意事项：

逆时针旋转1~2圈为打开，压力表显示明显上升；当乙炔瓶压力表显示压力下降至0.4 MPa以下时，提示需要更换乙炔瓶；输出压力表(最左面的)一般不需要调整，提醒学生不要动此旋钮，输出压力一般为0.06~0.08 MPa之间，高出0.08 MPa不需调整，仪器主机点火燃烧一段时间后，压力会下降至0.06~0.08 MPa范围内；如压力在0.06 MPa以下时，旋转黑色按钮进行调整；关乙炔瓶为顺时针旋转，至压力表显示明显下降至 0 MPa 为止。

10. 设置燃气流量

打开电脑的燃气流量，设置燃气流量，参照《原子吸收分光光度计分析方法》中待测元素的分析参考值。比如 Cu 为贫燃焰，则设置为 1.2。

贫燃焰：1.2~1.5，火焰为淡蓝色；中性燃焰：1.6~1.8，火焰颜色是下面一排为黄色，上面为蓝色；富燃焰：2.2~2.5，火焰为黄色。

燃气流量设置：燃气流量一般设置为 1.2 L/min。

注意： 根据空气湿度及时给空气压缩机排水（在关闭乙炔气后，按下空气压缩机侧面的两个金属按钮几秒即可），养成每次工作完后排水的习惯。

11. 点火

按住仪器上的红色点火开关不放，直到火焰点燃为止。点着火后，可根据分析元素实际需要，调节燃气流量，使火焰成富燃（还原性火焰）、贫燃（氧化性火焰）或中性（化学计量火焰）状态。

注意： 点火之前，必须检查水封瓶中是否有水，水封装置见图实 6。

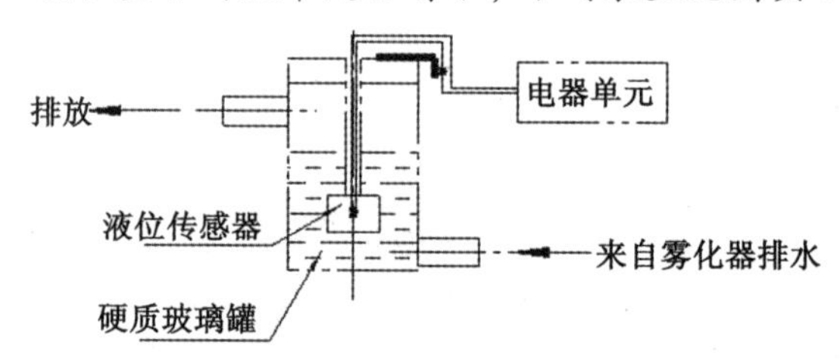

图实 6　AA-7020 型原子吸收分光光度计水封装置示意图

12. 能量平衡

把测量管插入纯水中，观察能量平衡条是否达到 100%，如果达不到，点能量平衡，直至达到 100%为止。

13. 标准曲线制定及样品测试

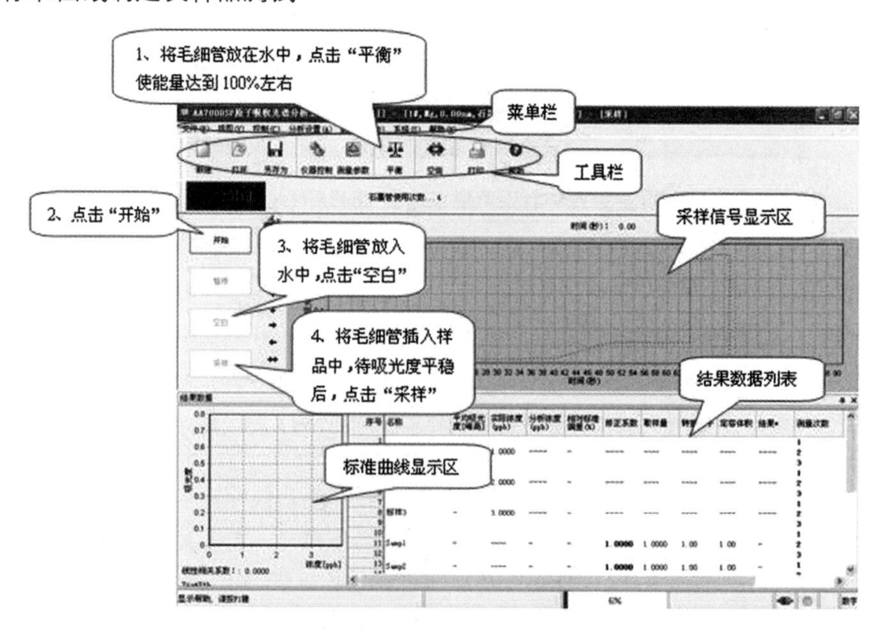

图实 7　AA-7020 型原子吸收分光光度计标准曲线制定操作界面图

测定顺序：先测标准样品，做出标准曲线，然后测定样品，待所有样品测完后，点击【停止】按钮，结束分析。操作界面图见图实7。

注意：当红色迹线出来以后，点空白样，进行测定。当三个值全部出现，且线条达到稳定后，把测定管放入第一个标样中。等红色迹线上升至一定水平，并逐渐稳定后，点试样测定，待三个值全部出现后，更换样品。测定全部完成后，把测定管放入纯水中清洗5~6 min。

注意：建议每做一个样品都要用去离子水过渡，并在水中扣一次“空白”。

14. 编辑、打印报告

点击【文件】按钮，可将报告“另存为”或“打印”。

15. 关机

试验完成后，应吸去离子水5~10 min，以冲洗干净雾化室，再执行下面的关机操作。

(1)关闭乙炔气钢瓶主阀，让火焰自动熄灭，并按压绿色【灭火】键。

(2)关闭空气压缩机，注意压缩机应先放水后关机。

(3)关闭AA7000SP原子吸收分析工作站。

(4)关闭原子吸收光谱仪主机电源。

二、仪器维护

1. 使用注意事项

(1)气体钢瓶应放在通风良好无直射阳光的专用房间，通过管道引入实验室。

(2)气瓶存放处不应有任何化学药品，温度不应超过40 ℃，附近不得有明火。

(3)气瓶应直立放置，理想状态是用绳索固定，以防翻倒，尤其是乙炔瓶绝不可横放在地上。

(4)乙炔钢瓶应使用专用乙炔减压阀。在停止使用时，一定要关闭主阀，要经常用肥皂水检查有无漏气，决不使用主阀会漏气的乙炔瓶。所有气体管道连接处均应检查，不得漏气。

(5)乙炔是溶解在丙酮中的，当开启乙炔钢瓶阀门时，乙炔就会从丙酮中放出，进入管道。因此，为避免压力过低时损失丙酮，当乙炔钢瓶压力降至0.4MPa时，应停止使用，重新灌气。乙炔钢瓶的输出压力不得超过0.1 MPa。

(6)保护气推荐使用纯度在99.99%以上的氩气，主要是为了保护石墨管。

(7)石墨炉灵敏度非常高，绝不允许注入高浓度样品(一般样品浓度应小于100 μg/L)，过高的浓溶液会严重污染石墨炉，并产生严重的记忆效应。

(8)切记测量开始前通入冷却水和保护气。切记打开石墨炉更换或检查石墨管之前一定要关闭石墨炉电源！

2. 日常维护

(1)元素灯(空心阴极灯)使用时，应注意三方面：① 窗玻璃应十分干净，若被弄脏(灰尘或油脂)将严重影响透光，此时应用蘸有无水酒精和丙酮混合物(1∶1)的脱脂棉球轻轻擦去污物。② 插、拔灯时，应一手捏住脚座，另一手捏住灯管金属壳部插入或拔出，不可在玻璃壳体上用力，小心断裂。③ 绝对避免使用最大灯电流工作，灯不用时，应装入灯盒内。

(2)燃烧头。长期分析含有大量有机物的溶液后，在燃烧头缝口上会形成许多固体污物，严重时，会使火焰部分分叉。清洗的办法是拆下燃烧头，用去污粉和毛刷将其刷净，然后用水冲洗干净即可。

（3）测量后的保养。每次测量完后，继续吸入纯水3~5 min，将雾化器混合室内残存的样品溶液（含有酸类物质）冲洗出来，以避免它们长期停留在混合室内腐蚀内壁。当使用有机溶剂后，更应充分洗涤，办法是先用1∶1的酒精和丙酮的混合溶液吸喷数分钟，再用纯水吸喷5~10 min，然后关火。这样做的目的是为了将有机溶剂从排废液管和水封管内全部排出，以免有机溶剂加速这些塑料制品的老化。石墨管长期使用后，会在进样口周围沉积一些污物，应及时用软布擦去。炉两端的窗玻璃最容易被样品弄脏而影响吸光度，应随时观察窗玻璃的清洁程度，一旦积有污物，应拆下窗玻璃，用无水酒精软布擦净后，重新安装好。

（4）空气压缩机（简称空压机）。应经常排放空压机内的积水。积水过多会严重影响火焰的稳定性，并可能将积水带入仪器管道、流量计内，严重影响仪器正常操作。

附2：pH计操作规程（PHBJ-260型）

一、开机

正确安装pH计，开机前，确认电源接通。电极的连接须可靠，防止腐蚀性气体侵袭。安装好电池，按下【ON/OFF】键，仪器液晶全显，数秒后，仪器自动进入pH测量状态。仪器长时间不用时，须将电池取出。

二、pH电极准备

如图实8所示，取下E-301-C复合电极前段的电极套（图示11），移动电极上部的胶皮护套（图示13），使氯化钾加液孔（图示12）部分露出。用蒸馏水清洗电极。确定在开机状态下，将电极插入缓冲溶液后，开始测量。仪器在测量状态下，同时计算pH值和电极电位，可以按【▲/pH/mV】键进行切换显示。

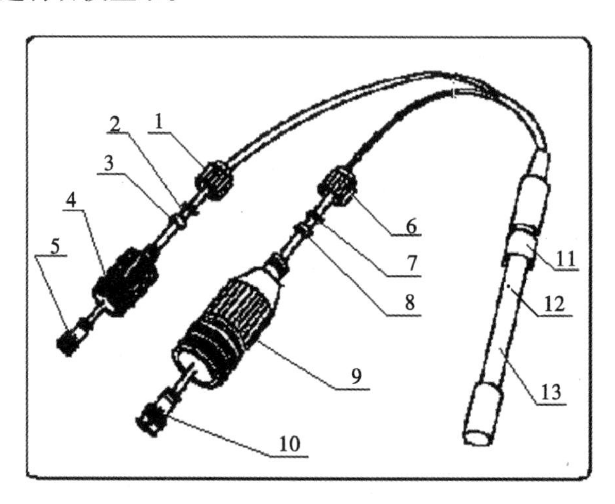

图实8　E-301-C复合电极结构图

温度接头防水系统：1—压帽，2—顶圈，3—电缆密封圈，4—测量密封套，5—温度电极插头（Q6）；
pH接头防水系统：6—压帽，7—顶圈，8—电缆密封圈，9—测量密封套，10—pH电极插头（Q9）；
三复合电极：11—电极套，12—氯化钾加液孔，13—胶皮护套

第一次使用或长期停用的pH电极，在使用前，必须在3 mol/L氯化钾溶液中浸泡24 h。电极使用后，电极前端应用保护套封好，保护套内应放少量的氯化钾补充液，以保持电

极球泡的湿润；同时移动电极上部的胶皮护套，遮住氯化钾加液孔，以防氯化钾溶液溢出。

三、pH 电极的标定

仪器使用前，首先要标定。一般情况下，仪器在连续使用时，每天要标定一次。

PHBJ-260 型便携式 pH 计允许执行一点或两点标定，为了获得高测量精度，须采用两点标定。PHBJ-260 型便携式 pH 计可以自动识别 1.679pH、4.003pH、6.865pH、9.182pH、12.454pH 五种标准缓冲溶液，一般选择其中两种进行标定。缓冲溶液的 pH 值与温度关系见表实 45。

表实 45 缓冲溶液的 pH 值与温度关系对照表

<table>
<tr><th>溶液序号</th><th>标准物质
名称</th><th>分子式</th><th>标准溶液
浓度/(mol/kg)</th><th>配制 1 L 标准溶液
所需标准物质质量/g</th><th>25 ℃下对
应的 pH 值</th></tr>
<tr><td>B1</td><td>四草酸氢钾</td><td>$KH_3(C_2O_4)_2 \cdot 2H_2O$</td><td>0.05</td><td>12.61</td><td>1.680</td></tr>
<tr><td>B4</td><td>邻苯二甲酸氢钾</td><td>$KHC_8H_4O_4$</td><td>0.05</td><td>10.12</td><td>4.003</td></tr>
<tr><td rowspan="2">B6</td><td>磷酸氢二钠</td><td>Na_2HPO_4</td><td>0.025</td><td>3.533</td><td rowspan="2">6.864</td></tr>
<tr><td>磷酸二氢钾</td><td>KH_2PO_4</td><td>0.025</td><td>3.387</td></tr>
<tr><td>B9</td><td>四硼酸钠</td><td>$Na_2B_4O_7 \cdot 10H_2O$</td><td>0.01</td><td>3.80</td><td>9.182</td></tr>
<tr><td>B12</td><td>氢氧化钙</td><td>$Ca(OH)_2$</td><td>25 ℃饱和
约为 0.020</td><td>>2</td><td>12.460</td></tr>
</table>

注：配制 pH 值为 6.86 和 pH 值为 9.18 标准缓冲溶液所用的蒸馏水必须用新蒸沸并冷却的蒸馏水。

1. 一点标定

确定 pH 复合电极与仪器已可靠连接，并将该电极用蒸馏水清洗干净，放入 pH 标准缓冲溶液 A 中(规定的五种 pH 标准缓冲溶液中的任意一种)，用于标定的缓冲溶液的 pH 值越接近被测溶液的 pH 值越好。

在仪器处于测量状态下，按【模式/测量】键，仪器即进入模式选择状态，按【▲/pH/mV】键或【▼/贮存】键，选择“STD”(显示在液晶左下部)。

按【确认/打印】键，仪器即进入一点标定工作状态，此时，仪器显示“STD1”以及当前测得 pH 值或 mV 值(可通过【▲/pH/mV】键切换)和温度值。当显示屏上的 pH 值和温度值读数均趋于稳定后，按【确认/打印】键，在完成标定后，仪器将以闪烁状态显示标定的 pH 值。

再按【确认/打印】键，仪器一点标定结束，自动进入“STD2”状态。如不需要进行两点标定，可按【模式/测量】键，取消两点标定，仪器进入 pH 值测量状态。

2. 两点标定

在完成一点标定后，自动进入两点标定状态。此时仪器显示“STD2”以及当前测得 pH 值或 mV 值和温度值。将电极取出，重新用蒸馏水清洗干净，放入 pH 标准缓冲溶液 B 中。当显示屏上的 mV 和温度值读数均趋于稳定后，按下【确认/打印】键，仪器先后显示当前温度下此种缓冲溶液的标正 pH 值和电极斜率值各 5 s，这时两点标定结束，退出“STD”状态，进入模式选择状态。

进行两点标定时，可能由于误操作，采用了同一种标准溶液进行标定，仪器会在状态指示中显示“KERR”，同时在主测量值中显示“00000”，5 s 后，返回一点标定“STD1”状态，需要重新标定。

为保证测量精度，被测液 pH 值最好位于 A、B 两种缓冲溶液 pH 值内。

四、pH 值的测量

经标定过的仪器，即可用来测量被测溶液，在 pH 测量状态下，仪器显示当前被测溶液的 pH 值和温度值。

五、仪器的维护

(1)电子单元维护。电子单元的输入端(测量电极的插座)必须保持干燥清洁。仪器不用时，将 Q9 短路插头插入插座，防止灰尘及水汽浸入。在环境湿度较高的场所使用时，应把电极插头用干净纱布擦干。

(2)电极维护。电极避免长期浸在蒸馏水、蛋白质溶液和酸性氟化物溶液中；避免与有机硅油接触；电极长期使用后，如发现斜率略有降低，则可把电极下端浸泡在 4%HF(氢氟酸)中 3~5 s，用蒸馏水洗净，然后在 0.1 mol/L 盐酸溶液中浸泡，使之更新。

实验二十　土壤：有效磷的测定

——碳酸氢钠浸提-钼锑抗分光光度法

一、适用范围

适用于石灰性和中性土壤中有效磷的测定。

当取样量为 2.50 g，使用 50 mL 碳酸氢钠溶液浸提，采用 10 mm 比色皿时，本方法检出限为 0.5 mg/kg，测定下限为 2.0 mg/kg。

二、原理

用 0.5 mol/L 碳酸氢钠溶液(pH=8.5)浸提土壤中的有效磷。浸提液中的磷与钼锑抗显色剂反应，生成磷钼蓝，在波长 880 nm 处测量吸光度。在一定浓度范围内，磷的含量与吸光度值符合朗伯-比尔定律。

三、试剂

(1)硫酸，$\rho(H_2SO_4)=1.84$ g/mL。

(2)硝酸，$\rho(HNO_3)=1.51$ g/mL。

(3)冰乙酸，$\rho(C_2H_4O_2)=1.049$ g/mL。

(4)磷酸二氢钾(KH_2PO_4)，优级纯。取适量的磷酸二氢钾于称量瓶中，置于 105 ℃烘干 2 h，干燥箱内冷却，备用。

(5)氢氧化钠溶液，$w(NaOH)=10\%$。称取 10 g 氢氧化钠溶于水中，用水稀释至 100 mL，贮于聚乙烯瓶中。

(6)硫酸溶液，$c(1/2H_2SO_4)=2$ mol/L。于 800 mL 水中，在不断地搅拌过程中，缓慢地加入 55 mL 硫酸，待溶液冷却后，加水至 1000 mL，混匀。

(7)硝酸溶液，1+5(V/V)。

(8)浸提剂，$c(NaHCO_3)=0.5$ mol/L。称取42.0 g碳酸氢钠溶于约800 mL水中，加水稀释至约990 mL，用10%氢氧化钠溶液调节至pH=8.5(用pH计测定)，加水定容至1 L，温度控制在25±1 ℃。贮存于聚乙烯瓶中，该溶液应在4 h内使用。

注：浸提剂温度需控制在25±1 ℃。具体控制时，最好有一小间恒温室，冬季除室温要维持25 ℃外，还需将去离子水事先加热至26~27 ℃后，再进行配制。

(9)酒石酸锑钾溶液，$\rho[K(SbO)C_4H_4O_6 \cdot 1/2H_2O]=5$ g/L。称取0.5 g酒石酸锑钾，溶于100 mL水中。

(10)钼酸盐溶液。量取153 mL硫酸，缓慢地注入约400 mL水中，搅匀，冷却。另取10.0 g钼酸铵，溶于300 mL约60 ℃的水中，冷却。然后将该硫酸溶液缓慢地注入钼酸铵溶液中，搅匀，再加入100 mL酒石酸锑钾溶液，最后用水定容至1 L。该溶液中含10 g/L钼酸铵和2.75 mol/L硫酸。该溶液贮存于棕色瓶中，可保存一年。

(11)抗坏血酸溶液，$w(C_6H_8O_6)=10\%$。取10 g抗坏血酸溶于水中，加入0.2 g乙二胺四乙酸二钠EDTA和8 mL冰乙酸，加水定容至100 mL。该溶液贮存于棕色试剂瓶中，在4 ℃下可稳定3个月。如颜色变黄，则弃之重配。

(12)磷标准贮备溶液，$\rho(P)=100$ mg/L。称取0.4394 g磷酸二氢钾，溶于约200 mL水中，加入5 mL浓硫酸，然后移至1000 mL容量瓶中，加水定容，混匀。该溶液贮存于棕色试剂瓶中，有效期为1年。或直接购买市售有证标准物质。

(13)磷标准使用液，$\rho(P)=5.00$ mg/L。量取5.00 mL磷标准贮备溶液于100 mL容量瓶中，用浸提剂稀释至刻度。临用现配。

(14)指示剂，2，4-二硝基酚或2，6-二硝基酚($C_6H_4N_2O_5$)，$w=0.2\%$。称取0.2 g 2，4-二硝基酚或2，6-二硝基酚，溶于100 mL水中，该溶液贮存于玻璃瓶中。

四、仪器

实验中的玻璃器皿需先用无磷洗涤剂洗净，再用1+5硝酸溶液浸泡24 h，使用前，再依次用自来水和去离子水洗净。

(1)分光光度计：配备10 mm比色皿。

(2)恒温往复振荡器：频率可控制在150~250 r/min。

(3)土壤样品粉碎设备：粉碎机、玛瑙研钵。

(4)分析天平：精度为0.0001 g。

(5)土壤筛：孔径1 mm或20目尼龙筛。

(6)具塞锥形瓶：150 mL。

(7)一般实验室常用仪器和设备。

(8)滤纸：经检验不含磷的滤纸。

五、操作步骤

1. 试样制备

称取2.50 g制备好的试样，置于干燥的150 mL具塞锥形瓶中，加入50.0 mL浸提剂，塞紧。置于恒温往复振荡器上，在25±1 ℃下，以180~200 r/min的振荡频率振荡30±1 min，立即用无磷滤纸过滤，滤液应当天分析。

注：浸提时，最好有一小间恒温室，冬季应先开启空调，待室温达到 25 ℃，且恒温往复振荡器内温度达到 25 ℃后，再打开振荡器进行振荡计时。

2. 工作曲线绘制

分别量取 0，1.00，2.00，3.00，4.00，5.00，6.00 mL 磷标准使用液，于 7 个 50 mL 容量瓶中，用浸提剂加至 10.0 mL。分别加水至 15~20 mL 左右，再加入 1 滴指示剂，然后逐滴加入 2 mol/L 硫酸溶液，调至溶液近无色，加入 0.75 mL 抗坏血酸溶液，混匀。30 s 后，加入 5 mL 钼酸盐溶液，用水定容至 50 mL，混匀。此标准系列中磷浓度依次为 0.00，0.10，0.20，0.30，0.40，0.50，0.60 mg/L。

注：上述操作过程中，会有 CO_2气泡产生，应缓慢地摇动容量瓶，勿使气泡溢出瓶口。

将上述容量瓶置于室温下，放置 30 min（若室温低于 20 ℃，可在 25~30 ℃水浴中放置 30 min）。

用 10 mm 比色皿在 880 nm 波长处，室温高于 20 ℃的环境条件下比色，以去离子水为参比，分别测量吸光度，数据记录于表实 46。以试剂空白校正吸光度为纵坐标、对应的磷浓度（mg/L）为横坐标，绘制校准曲线。

表实 46　工作曲线数据记录

项目	1	2	3	4	5	6	7
磷标准使用液体积/mL	0	1.00	2.00	3.00	4.00	5.00	6.00
磷浓度/（mg/L）	0	0.10	0.20	0.30	0.40	0.50	0.60
吸光度							
吸光度校正							
回归方程							

3. 试样测定

量取 10.0 mL 过滤后的试液于干燥的 50 mL 容量瓶中。然后按照与工作曲线相同的操作步骤进行显色和测量。

注：当试料中的含磷量较高时，可适当地减少试料体积，用浸提剂稀释至 10.0 mL。

4. 空白试验

不加入土壤试样，按照与工作曲线和试样相同的操作步骤进行显色和测量。样品及空白实验数据记录于表实 47。

表实 47　样品及空白实验数据记录表

项目	样品 1	样品 2	空白实验
吸光度			

六、结果计算及数据报告

土壤样品中有效磷的含量 w 按照下式计算：

$$w=\frac{[(A-A_0)-a]\times V_1\times 50}{b\times V_2\times m\times W_{dm}}$$

式中：w——土壤样品中有效磷的含量，mg/kg；

A——试样吸光度；

A_0——空白实验吸光度；

a——工作曲线的截距；

V_1——试样体积，50mL；
50——显色时定容体积，mL；
b——工作曲线的斜率；
V_2——吸取的试样体积，mL；
m——试样量，2.5 g；
W_{dm}——土壤样品干物质含量，%。

附：THZ-92C 型往复气浴恒温摇床操作规程

（1）接通 220 V 电源，打开电源开关和振荡开关。双功能振荡，振荡开关黑色，分为上下两个挡。

（2）当仪表出现 END 闪烁，按住【RUN】运行键 3~5 s 后，机器开始运作。

（3）速度设定：按下【SPEED】速度键，可通过【SHIFT】移位键以及【上下】键调整速度值，调整到所需数值后，再次点击【SPEED】速度键。

（4）温度设定：按下【TEMP】温度键，可通过【SHIFT】移位键以及【上下】键调整温度值，调整到所需数值后，再次点击【TEMP】温度键。

（5）时间设定：按下【TIMER】时间键，可通过【SHIFT】移位键以及【上下】键调整时间值，调整到所需数值后，再次点击【TIMER】时间键。

（6）若仪表出现 ER 或报警声，可能是设定时间已到或者是振荡开关仍未打开，请关掉电源后，重新启动仪器，打开电源开关和振荡开关。

（7）如不需要振荡，把表上速度设为零。

实验二十一　土壤和沉积物：有机氯农药的测定
——气相色谱法

一、适用范围

土壤和沉积物中 α-六六六、六氯苯、γ-六六六、β-六六六、δ-六六六、硫丹Ⅰ、艾氏剂、硫丹Ⅱ、环氧七氯、外环氧七氯、o，p′-滴滴伊、γ-氯丹、α-氯丹、反式-九氯、p，p′-滴滴伊、o，p′-滴滴滴、狄氏剂、异狄氏剂、o，p′-滴滴涕、p，p′-滴滴滴、顺式-九氯、p，p′-滴滴涕、灭蚁灵等 23 种有机氯农药的测定。

当取样量为 10.0 g 时，23 种有机氯农药的方法检出限为 0.04~0.09 μg/kg，测定下限为 0.16~0.36 μg/kg。

二、原理

土壤和沉积物中的有机氯农药经过提取、净化、浓缩、定容等处理后，用具电子捕获检测器的气相色谱检测。根据保留时间定性，外标法定量。

三、试剂与材料

（1）正己烷（C_6H_{14}），色谱纯。

(2)丙酮(CH_3COCH_3),色谱纯。

(3)二氯甲烷(CH_2Cl_2),色谱纯。

(4)无水硫酸钠(Na_2SO_4),优级纯。在马弗炉中 450 ℃烘烤 4 h,冷却后,置于具磨口塞的玻璃瓶中,并放干燥器内保存。

(5)丙酮-正己烷混合溶剂Ⅰ,1+1。用丙酮和正己烷按照 1∶1 的体积比混合。

(6)丙酮-正己烷混合溶剂Ⅱ,1+9。用丙酮和正己烷按照 1∶9 的体积比混合。

(7)有机氯农药标准贮备液,ρ=10~100 mg/L。购买市售有证标准溶液,在 4 ℃下避光密闭冷藏保存,或参照标准溶液证书保存。使用时,应恢复至室温并摇匀。

(8)有机氯农药标准使用液,ρ=1.0 mg/L。用正己烷稀释有机氯农药标准贮备液。在 4 ℃下避光密闭冷藏,保存期为半年。

(9)硅酸镁固相萃取柱,市售,1000 mg/6 mL。

(10)石英砂,270~830 μm(50~20 目)。在马弗炉中 450 ℃烘烤 4 h,冷却后,置于具磨口塞的玻璃瓶中,并放干燥器内保存。

(11)硅藻土,37~150 μm(400~100 目)。在马弗炉中 450 ℃烘烤 4 h,冷却后,置于具磨口塞的玻璃瓶中,并放干燥器内保存。

(12)玻璃棉或玻璃纤维滤膜。在马弗炉中 400 ℃烘烤 1 h,冷却后,置于具磨口塞的玻璃瓶中密封保存。

(13)高纯氮气,纯度≥99.999%。

(14)异狄氏剂和 p,p′-滴滴涕混合标准溶液,ρ=1.0 mg/L。购买市售有证异狄氏剂和 p,p′-滴滴涕标准溶液,用正己烷稀释。在 4 ℃下避光密封冷藏。

实验中所用的有机溶剂及标准物质为有毒物质,标准溶液配制及样品前处理过程应在通风橱中进行,操作时,应佩戴防护器具,避免接触皮肤和衣物。

四、仪器

(1)气相色谱仪:具有电子捕获检测器(ECD),具分流/不分流进样口,可程序升温。

(2)色谱柱 1:柱长 30 m,内径 0.32 mm,膜厚 0.25 μm,固定相为 5%聚二苯基硅氧烷和 95%聚二甲基硅氧烷,或其他等效的色谱柱。

(3)色谱柱 2:柱长 30 m,内径 0.32 mm,膜厚 0.25 μm,固定相为 14%聚苯基氰丙基硅氧烷和 86%聚二甲基硅氧烷,或其他等效的色谱柱。

(4)提取装置:微波萃取装置、索氏提取装置、加压流体萃取装置或具有相当功能的设备,所有接口处严禁使用油脂润滑剂。

(5)浓缩装置:氮吹仪、旋转蒸发仪、K-D 浓缩仪或具有相当功能的设备。

(6)采样瓶:广口棕色玻璃瓶或聚四氟乙烯衬垫螺口玻璃瓶。

(7)一般实验室常用仪器和设备。

五、操作步骤

1. 样品采集和保存

土壤样品按照《土壤环境监测技术规范》(HJ/T 166—2004)中相关要求采集和保存,地表水沉积物样品按照《地表水和污水监测技术规范》(HJ/T 91—2002)和《水质 采样技术指导》(HJ 494—2009)中相关要求采集和保存。样品保存在预先清洗洁净的采样瓶中,尽快运回实验室分析，运输过程中应密封避光。如暂不能分析，应在 4 ℃以下冷藏保存，保存时间为 14 d。样品提取液 4 ℃以下避光冷藏保存，保存时间为 40 d。

2. 样品的制备

除去样品中的异物(石子、叶片等)，称取两份约 10 g(精确到 0.01 g)的样品。土壤样品一份用于测定干物质含量；另一份加入适量的无水硫酸钠，研磨均化成流砂状脱水。若使用加压流体萃取法提取，则用硅藻土脱水。沉积物样品一份用于测定含水率，另一份参照土壤样品脱水。

3. 水分的测定

土壤样品干物质含量的测定按照《土壤干物质和水分的测定 重量法》(HJ 613—2011)执行，沉积物样品含水率的测定按照《海洋监测规范 第 5 部分：沉积物分析》(GB 17378.5—2007)执行。

4. 试样的制备

(1)提取。① 微波萃取：将制备好样品全部转移至萃取罐中，加入 30 mL 丙酮-正己烷混合溶剂Ⅰ，设置萃取温度 110 ℃，微波萃取 10 min。离心或过滤后，收集提取液。② 索氏提取：将制备好的样品全部转移至索氏提取器纸质套筒中，加入 100 mL 丙酮-正己烷混合溶剂Ⅰ，提取 16~18 h，回流速度为 3~4 次/小时。离心或过滤后，收集提取液。③ 加压流体萃取：按照《土壤和沉积物有机物的提取 加压流体萃取法》(HJ 783—2016)中要求进行萃取。

(2)脱水。在玻璃漏斗上垫一层玻璃棉或玻璃纤维滤膜，铺加约 5 g 无水硫酸钠，然后将提取液经漏斗直接过滤到浓缩装置中，再用 5~10 mL 丙酮-正己烷混合溶剂Ⅰ充分洗涤盛装提取液的容器，经漏斗过滤到上述浓缩装置中。

(3)浓缩。在 45 ℃以下将脱水后的提取液浓缩到 1 mL，待净化。

如需更换溶剂体系，则将提取液浓缩至 1.5~2.0 mL 后，用 5~10 mL 正己烷置换，再将提取液浓缩到 1 mL，待净化。

(4)净化。用约 8 mL 正己烷洗涤硅酸镁固相萃取柱，保持硅酸镁固相萃取柱内吸附剂表面浸润。用吸管将浓缩后的提取液转移到硅酸镁固相萃取柱上停留 1 min 后，弃去流出液。加入 2 mL 丙酮-正己烷混合溶剂Ⅱ，并停留 1 min，用 10 mL 小型浓缩管接收洗脱液，继续用丙酮-正己烷混合溶剂Ⅱ洗涤小柱，至接收的洗脱液体积到 10 mL 为止。

(5)浓缩定容。将净化后的洗脱液按照浓缩的步骤浓缩，并定容至 1.0 mL，再转移至 2 mL 样品瓶中，待分析。

5. 空白试样制备

用石英砂代替实际样品，按照试样制备的步骤制备空白试样。

6. 分析步骤

(1)气相色谱仪参考条件。进样口温度：220 ℃。进样方式：不分流进样至 0.75 min 后，打开分流装置，分流出口流量为 60 mL/min。载气：高纯氮气，2.0 mL/min，恒流。尾吹气：高纯氮气，20 mL/min。柱温升温程序：初始温度 100 ℃，以 15 ℃/min 升温至 220 ℃，保持 5 min；以 15 ℃/min 升温至 260 ℃，保持 20 min。检测器温度：280 ℃。进样量：1.0 μL。

(2)校准。① 标准曲线建立。分别量取适量的有机氯农药标准使用液，用正己烷稀释，配制标准系列，有机氯农药的质量浓度分别为 5.0，10.0，20.0，50.0，100，200，500 μg/L(参考浓度)。按照仪器条件，由低浓度到高浓度，依次对标准系列溶液进行进样、检测，记录目标物的保留时间、峰高或峰面积。以标准系列溶液中目标物浓度为横坐标、其对应的峰高或峰面积为纵坐标，建立标准曲线。② 标准样品的色谱图。在推荐的仪器参考条件下，目标物在色谱柱 1 和色谱柱 2 的色谱图分别如图实 9 和图实 10 所示。

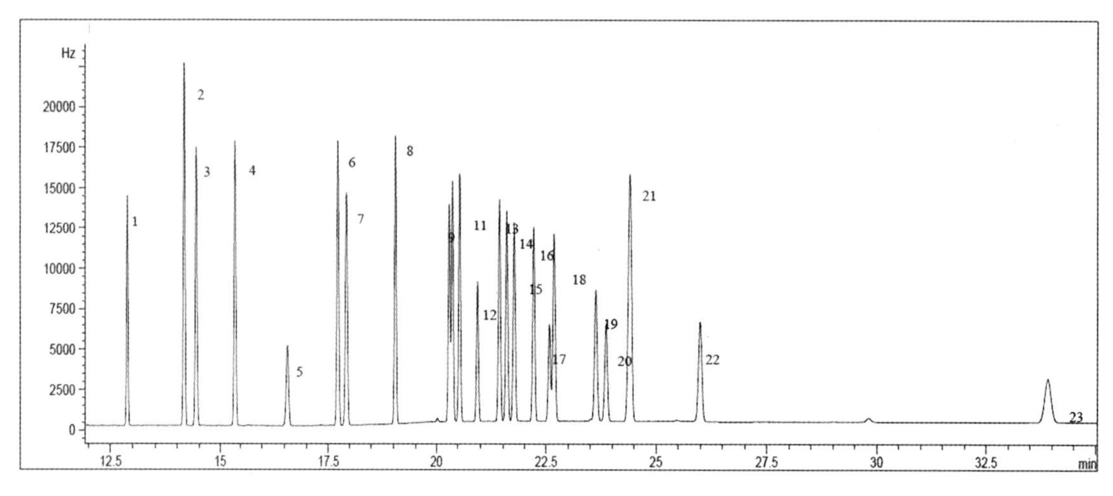

图实 9　23 种有机氯农药标准样品参考气相色谱图（色谱柱 1，ρ=100 μg/L）

1. α-六六六；2. 六氯苯；3. γ-六六六；4. β-六六六；5. δ-六六六；6. 硫丹Ⅰ；7. 艾氏剂；8—硫丹Ⅱ；9. 环氧七氯；10. 外环氧七氯；11. o，p′-滴滴伊；12. γ-氯丹；13. α-氯丹；14. 反式-九氯；15. p，p′-滴滴伊；16. o，p′-滴滴滴；17. 狄氏剂；18. 异狄氏剂；19. o，p′-滴滴涕；20. p，p′-滴滴滴；21. 顺式-九氯；22. p，p′-滴滴涕；23. 灭蚁灵

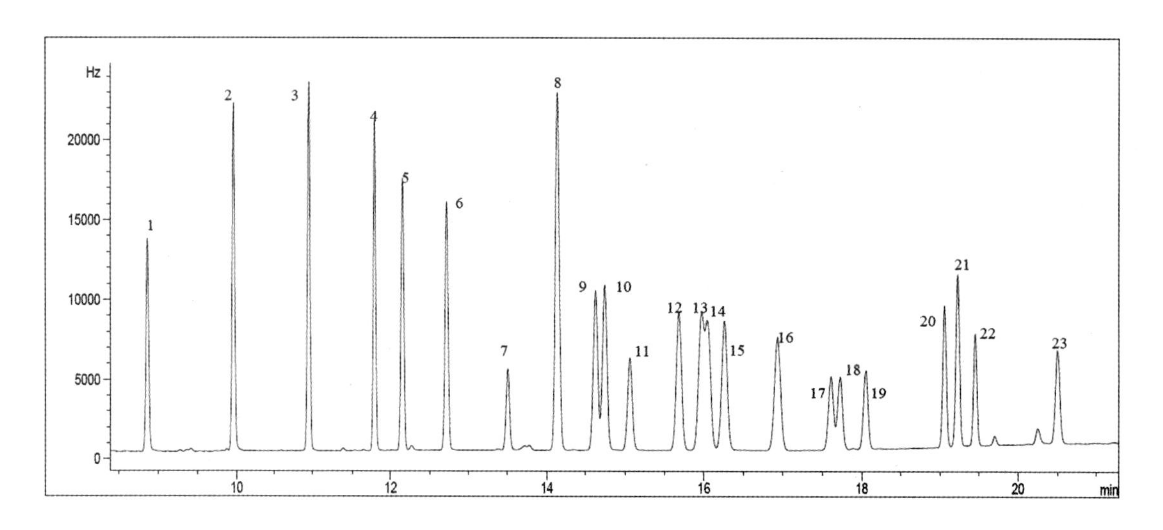

图实 10　23 种有机氯农药标准样品参考气相色谱图（色谱柱 2，ρ=100 μg/L）

1. 六氯苯；2. α-六六六；3. γ-六六六；4. 硫丹Ⅰ；5. 艾氏剂；6. β-六六六；7. δ-六六六；8. 硫丹Ⅱ；9. 环氧七氯；10. 外环氧七氯；11. o，p′-滴滴伊；12. γ-氯丹；13. 氯丹；14. 反式-九氯；15. p，p′-滴滴伊；16. 狄氏剂；17. o，p′-滴滴滴；18. 异狄氏剂；19. o，p′-滴滴涕；20. p，p′-滴滴滴；21. 顺式-九氯；22. p，p′-滴滴涕；23. 灭蚁灵

（3）试样的测定。按照与标准曲线建立相同的仪器分析条件进行试样的测定。

（4）空白试样的测定。按照与试样测定相同的仪器分析条件进行空白试样的测定。

六、结果计算及数据报告

1. 定性分析

根据目标物的保留时间定性。样品分析前，应建立保留时间窗口 $t \pm 3S$，t 为 72 h 内标准系列溶液中某目标物保留时间的平均值，S 为标准系列溶液中某目标物保留时间平均值的标准偏差。当分析样品时，目标物保留时间应在保留时间窗口内。

当分析色谱柱上有目标物检出时，须用另一根极性不同的色谱柱辅助定性。目标物在双柱上均检出时，视为检出，否则视为未检出。

2. 定量分析

根据建立的标准曲线，按照目标物的峰面积或峰高，采用外标法定量。

3. 结果计算

（1）土壤样品的结果计算。土壤中目标物含量 w_1 按照下式计算。

$$w_1 = \frac{\rho \times V}{m \times W_{dm}}$$

式中：w_1——土壤样品中的目标物含量，μg/kg；

ρ——由标准曲线计算所得试样中目标物的质量浓度，μg/L；

V——试样的定容体积，mL；

m——称取样品的质量，g；

W_{dm}——样品中的干物质含量，%。

（2）沉积物样品的结果计算。沉积物中目标物含量 w_2 按照下式计算。

$$w_2 = \frac{\rho \times V}{m \times (1 - W_{H_2O})}$$

式中：w_2——沉积物样品中的目标物含量，μg/kg；

ρ——由标准曲线计算所得试样中目标物的质量浓度，μg/L；

V——试样的定容体积，mL；

m——称取样品的质量，g；

W_{H_2O}——样品中的含水率，%。

（3）结果表示。当测定结果小于 1.00 μg/kg 时，结果保留小数点后两位；当测定结果不小于 1.00 μg/kg 时，结果保留三位有效数字。

附：岛津 GC-2014C 气相色谱仪操作规程（毛细柱注样）

（1）进行毛细柱实验时，首先根据样品要求选择好毛细色谱柱，然后将毛细色谱柱通过毛细柱进样口与对应的检测器相连接，连接方法按照 GC-2014C 气相色谱仪操作说明进行。

（2）确认 GC-2014C 气相色谱仪处于关闭状态，然后将氮气钢瓶的给气阀门开到最大（注意不是减压阀门），正常情况下氮气压力表（右边块）指示值一般在 5~15 MPa 之间（当氮气瓶气压降到 3 MPa 时，应停止使用，并填充氮气），再调节减压阀门（左边的手动阀门），将压力调节到 0.5~0.8 MPa。

（3）打开 GC-2014C 气相色谱仪顶部后边的压力表保护罩：

左边有 5 块 0~200 kPa 的压力表：MAKE UP 是 ECD 保护源压力表，一般为 20~30 kPa；上面两块为 FID 点火氢气给气，一般为 60 kPa；下边两块为 FID 点火空气给气，一般为

50 kPa。

中间：一个浮子流量计（没有接气源），下方对应的左边为毛细柱分流调节旋钮及其对应的排气孔，右边为毛细柱隔垫吹扫调节旋钮及其对应的排气孔。

右边四块压力表：左上 0~1000 kPa 的为氮气压力总表 PRIMARY，一般为 500 kPa“恒压”；左下为毛细柱氮气给气压力表，一般为 80~120 kPa“恒压”；右边压力表为 FID 的载气“恒流”，其下方对应两个气体流量调节阀，分别对应左边和右边两路 FID。

（4）毛细柱注样实验压力表保护罩内要使用到的压力表及调节旋钮有：

左边 5 块：MAKE UP 压力表及其对应的流量调节旋钮 ECD 保护源压力表，调节其对应的旋钮，将压力调节至 20~30 kPa。

中间浮子流量计下方：对应的左边为毛细柱分流调节旋钮 SPLIT 及其对应的排气孔，根据样品分析要求，调节是否进行分流，其详细参数见 GC-2014C 气相色谱仪说明书；右边为毛细柱隔垫吹扫调节旋钮 PURGE 及其对应的排气孔；先顺时针关严，再按操作箭头逆时针旋转 3 圈即可。（两个开关旋转 1 周的流量都为 1 mL/min，3 周的流量都为 5 mL/min，5 周的流量都为 20 mL/min）。

右边 4 块压力表：左上方氮气压力总表 PRIMARY 及其调节旋钮，调节其压力为 500 kPa；左下毛细柱氮气给气压力表及其调节旋钮，调节其压力为 80~120 kPa；右边 FID2 的载气压力表及其调节旋钮，将调节旋钮顺时针关闭，然后逆时针旋转 5 周（设置好 FID2 的尾吹气，用于加快毛细柱进样速度，使色谱柱的波峰更明显）。

（5）以上工作完成之后，打开 GC-2014C 气相色谱仪电源开关，仪器进入运行状态。

（6）打开 CBM-102 通信总线模块，与工作站进行通信，开启工作站，运行软件 CS-Light Real Time Analysis。

（7）按下 GC-2014C 气相色谱仪的【MONIT】键，查看色谱仪的柱箱、进样口和检测器温度是否正常，再按照操作说明，先按下【SET】键，再按下 PF2 进入流路配置界面，用【左右】方向键选择进样口、检测器，按【ENTER】键确认。

（8）将空气和氢气的给气阀门打开，通过减压阀调节左边的空气阀门，使左边的压力表指示到 0.8 MPa 左右，氢气的减压阀也调节到其左边的压力表指示 0.8 MPa 左右。

（9）通过调节 FID 点火氢气和空气的给气旋扭（注意是右边列）至氢气压力为 60 kPa、空气压力为 50 kPa。

（10）通过【INJ】按键设置进样口温度，通过【DET】按键设置检测器温度、火焰、控制模式以及信号范围等，按下【COL】键，设置柱箱的温度，可以进行 8 阶段的分阶段加热设置，详细情况根据检测样品的需求来确定（设置温度时，一般要将进样口和检测器的温度设置高于柱箱 30~50 ℃左右）；先确定选择的毛细柱为非极性、弱极性和强极性中的一种（开机前，已换好毛细柱），根据其温度情况进行老化处理，将柱箱温度设置到老化温度（老化温度的设置见说明书），相应的进样口和检测器的温度则高于柱箱温度 30~50 ℃左右。

（11）在 GC-2014C 气相色谱仪处于关闭状态下，按下【SYSTEM】键，选择 PF1“启动 GC”，老化等待时间需要 2~4 h。

（12）待毛细柱老化完成后，再通过【COL】键、【INJ】键、【DET】键，根据待测样品的温度要求设置柱箱、进样口和检测器的温度，等待温度稳定（如果待测样品不需要分阶段升温或对温度要求简单，可以通过【SET】键直接设置柱箱、进样口和检测器的温度），等待温度达到检测要求。

(13)进入 CS-Light Real Time Analysis 操作界面，首先通过【样品记录】按扭选择采集数据的存储路径和名称，然后选择【单次分析】，上部为显示曲线，下部为参数设置。可以对采样速度和停止时间进行设置，设置完成后，点击【开始】按扭，系统进入等待状态。

(14)等待 GC-2014C 气相色谱仪前面板 LCD 显示器上方的“STATUS”“TEMP”指示灯由橙色变成绿色后，即可进行样品注入。

(15)使用注射器时，应先用色谱纯甲醇或乙醇对注射器进行清洗，再注入样品。当注射器取样后，注射器内会有气泡，这时用一个隔垫将针头插入，针头向上，然后推挤注射器的手柄，这时气泡的柱体会变得扁平，并自动浮向上方。这时取下隔垫，将多余的被测溶液推出，针尖部分溢出的残余溶液用滤纸擦干。

(16)GC-2014C 气相色谱仪上方有三个进样口，从左到右分别为毛细柱进样口、填充柱1进样口、填充柱2进样口，使注射器对准毛细柱进样口正上方，小心地扎入。扎入时，一般用右手持注射器、左手扶针头(习惯左手则操作相反)，当针头扎入时，如果遇到阻力，应立即拔出，重新对准后，再扎，扎入后，应立即注射，并迅速取出针头，并按下 GC-2014C 气相色谱仪 LCD 显示器上方的【START】键。这时，工作站上软件由“等待”状态变为“采集”状态，当采集时间达到停止时间后，即完成一次单次分析。

(17)如果还需要进行下次采样分析，对于同种样品只需重新注样即可，对于不同样品或混合样品，则要根据样品温度要求，通过【COL】键、【INJ】键、【DET】键或【SET】键将柱箱、进样口和检测器的温度重新设置，用色谱纯甲醇或乙醇清洗样品注射器，参照(15)(16)操作步骤进行实验。

(18)实验完成后，可以用 CS-Light Postrun Analysis 软件进行离线数据分析处理。详细操作说明见软件课件。

(19)实验完成后，通过【COL】键、【INJ】键、【DET】键或【SET】键将柱箱、进样口和检测器的温度分别设置成 30，30，30℃，然后关闭氢气钢瓶的给气阀门，再关闭 FID 点火氢气调节旋扭，使其气压值为 0.0 kPa；然后关闭空气钢瓶的给气阀门；等待温度降至以上温度后，关闭 GC-2014C 气相色谱仪电源开关。

(20)关闭氮气钢瓶给气阀门，关闭 CBM-102 通信总线模块，关闭工作站和打印机，关闭总电源。

实验二十二　区域声环境监测

一、适用范围

适用于监测和评价城市声环境质量状况开展的城市声环境常规监测及乡村地区声环境监测。

二、原理

采用声级计测定各监测点 10 min 内的等效连续 A 声级 L_{eq}，再计算监测区域的平均等效声级。

三、仪器

本实验所用仪器为声级计(AWA6270+G 型噪声分析仪或 AWA5688 型声级计),其主要技术指标如下:

(1)测量范围:25~130 dB。

(2)频率特性:A 计权、C 计权。

(3)检波特性:真实有效值。

(4)动态特性:快和慢。

(5)传声器:1/2 英寸驻极体电容传声器。

四、操作步骤

1. 点位设置

将整个测量区域划分为若干个功能分区,监测点位位于功能分区中心位置,若中心点不宜测量,应将监测点位移动到距离中心点最近的可测量位置进行测量。监测点位高度距地面 1.2~4.0 m。

2. 监测频次、时间

监测时段分为昼间和夜间,“昼间”是指 6:00~22:00 之间的时段;“夜间”是指 22:00~次日 6:00 之间的时段。

监测工作安排在每年的春季或秋季,每个城市监测日期应相对固定,且避开节假日和非正常工作日。

3. 测量内容

测量各监测点 10 min 内的等效连续 A 声级 L_{eq},记录累积百分声级 L_{10},L_{50},L_{90},L_{max}和L_{min}和标准偏差(SD)于表实 48。

表实 48　区域声环境监测记录表

测点名称	L_{eq}	L_{10}	L_{50}	L_{90}	L_{max}	L_{min}	标准偏差(SD)

五、结果计算及数据报告

(1)将各个测点测得的等效连续 A 声级 L_{eq} 按照下式进行算术平均运算,得出平均等效声级。

$$\overline{S} = \frac{1}{n}\sum_{i=1}^{n} L_i$$

式中:$\overline{S}$——区域昼间平均等效声级或夜间平均等效声级,dB(A);

L_i——第 i 个测点测得的等效声级,dB(A);

n——测点总数。

(2)求出平均等效声级后，按照表实49所列标准进行评价。

表实49 城市区域环境噪声总体水平等级划分 单位：dB(A)

等级	一级	二级	三级	四级	五级
昼间平均等效声级	≤50.0	50.1~55.0	55.1~60.0	60.1~65.0	>65.0
夜间平均等效声级	≤40.0	40.1~45.0	45.1~50.0	50.1~55.0	>55.0

注：城市区域环境噪声总体水平等级“一级”至“五级”可分别对应评价为“好”、“较好”、“一般”、“较差”和“差”。

附：AWA5688型声级计操作说明

1. 主要性能指标

AWA5688型多功能声级计是采用数字信号处理技术的新一代噪声测量仪器。具有统计积分测量、总值积分测量、倍频程(1/1OCT)分析、1/3倍频程(1/3OCT)分析、噪声谱密度(FFT)分析、声暴露级测量、数字记录等功能。

时间计权：并行(同时)快速F、慢速S和脉冲I。

频率计权：并行(同时)A、C、Z。

主要测量指标：瞬时计权声压级(L_{xyi})、1 s内最大计权声压级(L_{xyp})、等效计权声压级(L_{eq})、最大声压级(L_{xmax})、最小声压级(L_{xmin})、夜间等效声级(L_{xN})、均方偏差(SD)、声暴露级(SEL)、峰值C声级(LC_{peak})等，x为A、C、Z，y为F、S、I，N为1~99，LC_{peak}测量下限为测量上限减70 dB。

2. 使用方法

(1)参数设置。

第一次使用仪器时，应按照测量要求设置测量时间、频率计权等相关系统参数，系统参数设置好后，仪器会自动记录下来，下次再用时自动调入。按下仪器的【复位/开机】键，移动光标到“仪器设置”菜单上，按【确认】键进入参数设置。启动测量时，不能进入参数设置。AWA5688多功能声级计操作面板见图实11。

1)测量时间和启动模式设置。

“仪器设置”菜单下的分析仪设置、基本设置和快速设置里都可以对测量时间和启动模式进行参数设置。“基本设置”里可将多个分析仪设置为同步或异步启动。设为同步时，各个分析仪的Ts和启动模式自动改为与“基本设置”中的一致；基本设置设为“同步”后，将Ts改为10 s，退出回到分析仪设置界面下，各分析仪的Ts就都已改为10 s，见图实12。

“分析仪设置”里可对各个分析仪进行独立的测量时间和启动模式设置。当“基本设置”里设为“同步”后，又在“分析仪设置”里对个别分析仪的测量时间做了修改，在测量界面启动测量时，如其他分析仪的Ts大于启动界面的Ts时，在测量结束时，将不保存其他分析仪的测量结果。

“快速设置”里已按照测量标准的要求设定好测量时间，启动模式可根据需要进行修改。也可以根据需要调整相关参数。适用标准有声环境质量标准(GB 3096—2008)、工业企业厂界噪声排放标准(GB 12348—2008)、社会生活环境噪声排放标准(GB 22337—2008)、建筑施工场界环境噪声排放标准(GB 12523—2011)、铁路边界噪声限值及测量方法(GB 12525—1990)等5种国家标准。光标可以在“适用标准”和“测量方法”上移动，按【参数】键可以选

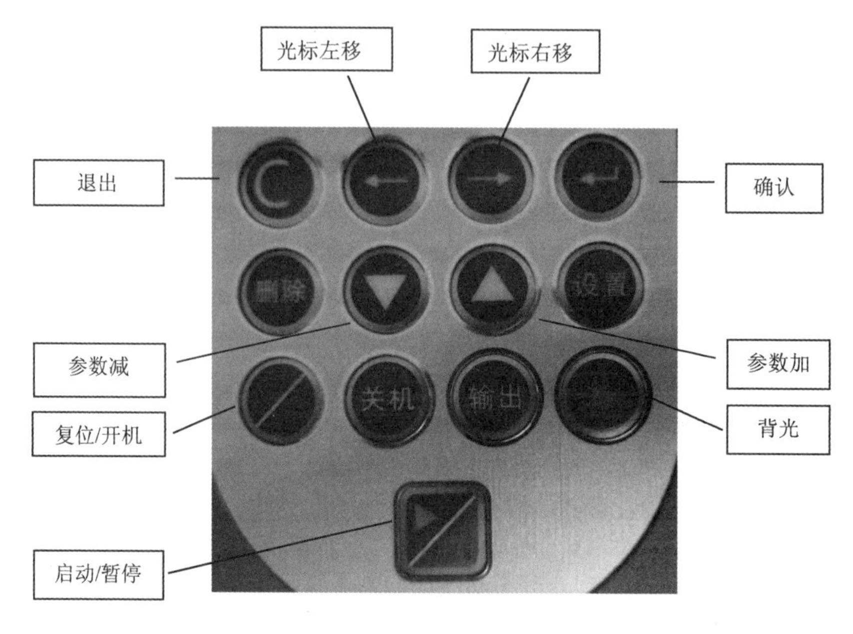

图实 11　AWA5688 型多功能声级计操作面板图

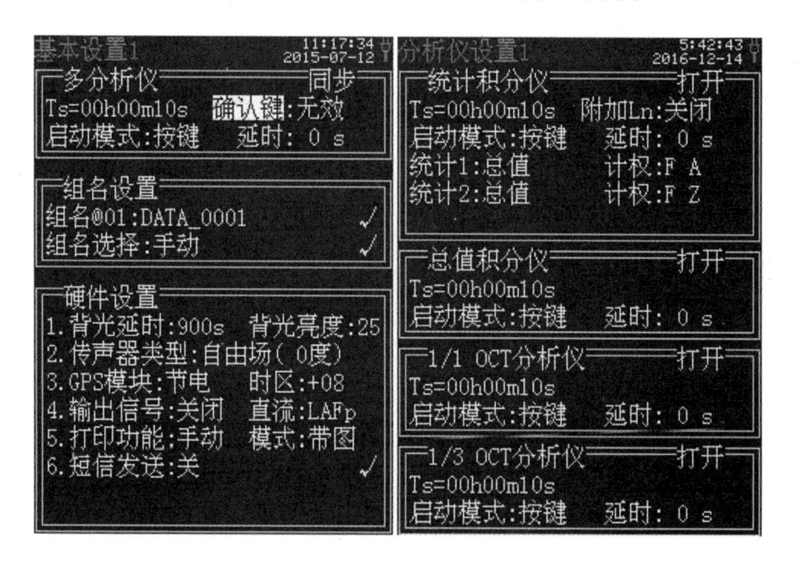

图实 12　AWA5688 型多功能声级计参数设置界面图

择，按【确认】键保存并退出。

2）频率计权和时间计权设置。

在统计界面下，可以测量“统计 1”和“统计 2”两组计权下的指标，其参数可以在“仪器设置”里“分析仪设置”的“统计积分仪”里更改。设置参数内容如表实 50 所示。

表实 50　AWA5688 型多功能声级计参数内容一览表

	分析模式	频率计权	时间计权	中心频率及总值
统计 1 统计 2	总值	A、C、Z	F、S、I	
	1/1OCT	A、C、Z	F、S	各中心频率点及 A、C、Z 计权声级可选
	1/3OCT	A、C、Z	F、S	

也可以在快速设置里更改，只需要选择相关标准和测量方法即可。还可根据需要，通过【光标】键和【参数】键，对统计分析的模式和计权进行更改。

(2)噪声单次测量。

在“快速设置”里选好相关标准和测量方法后，进入统计测量界面，就自动进入单次测量模式。也可以按照特殊要求，设好测量时间、启动模式、统计用频率计权、时间计权和组名等参数后，进入统计测量界面。将最下一行的蓝色背景的第二个菜单项改为“单次”，就可进入单次测量界面，按下【启动/暂停】键，开始测量，见图实 13。

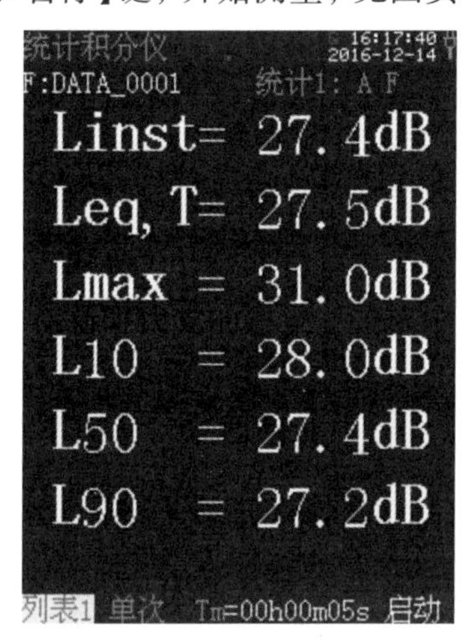

图实 13　AWA5688 型多功能声级计测定界面图

仪器启动测量后，同时计算所有测量指标，可以在不同的显示内容和显示模式下切换，不会影响测量。测量过程中，如果想暂停测量，可以再按下【启动/暂停】键，仪器的状态显示行提示“暂停”。此时仪器暂停统计分析和总值测量，统计声级和等效声级停止刷新，瞬时值仍然会随着环境噪声变化。如果想停止测量，并保存当前测量结果，可以按【输出】键；如果想停止测量，并清除当前测量结果，可以按【删除】键；如果想继续测量，可以再按【启动/暂停】键。

(3)24 h 自动监测。

在“快速设置”里选好相关标准和测量方法后，进入测量界面，就自动进入了 24 h 的测量模式。也可以按照特殊要求，设好测量时间、启动模式、统计用频率计权、时间计权和组名等参数后，进入统计测量界面，将最下一行的分析模式切换为“24H”，就可进入 24 h 测量界面。此时仪器的状态显示行显示“准备”，当日历时钟到达整点时，仪器就自动开始测量。

(4)数据调阅。

从主菜单将光标移到“数据调阅”上，按【确认】键，进入数据调阅子菜单。用【参数】键将光标移到想查看的组号上，按【光标】键可查看测点名、测量日期、测量时间和测量方式等信息，按【确认】键可以查看详细测量结果。

当调阅的数据是采用单次方法测量到的结果时，测量方式处显示 Stat-One，按【确认】键进入列表界面，再按下【确认】键，进入图像界面。列表界面记录有测点名、测量日期、测量启动时间、测量方式、分析仪模式、仪器型号、串号、校准日期和灵敏度级等信息。

当测量结果是 24 h 自动监测时，测量方式处显示 Stat-24H * *。* * 为 01~24 之间的数字，表示第 1 组至第 24 组，01 表示启动测量后的第 1 个时间段的测量结果。每个时间段测量结束后，仪器自动保存该时间段的测量结果，每次完整的 24 h 测量会保存 Stat-24H01~Stat-24H24 共 24 组数据。按【参数】键，选择序号，按【确认】键，进入测量结果界面，光标移到需要查看的数据组处，按下【确认】键，可以查看全体数据。

(5)数据删除。

在数据调阅的主界面，无论光标在哪个序号上，只要按下【删除】键，就会提示“确定要删除全部数据吗?”按【确认】键，删除；按其他键，返回调阅主界面。

在数据调阅的主界面，移动光标至要删除的序号上，按下【确认】键，进入数据界面，再按【删除】键，就会提示“确定要删除这个文件吗?”按【确认】键，删除；按其他键，返回调阅主界面。

(6)数据打印。

仪器的测量结果可以用 AH40 微型打印机打印出来。打印前，应将 AH40 微型打印机与仪器对接好，打开 AH40 微型打印机的电源，并确定联机灯点亮。进入数据调阅菜单，选定要打印的组号，按【确认】键，显示出测量结果，再按【输出】键，可以将测量结果按照当前设定的打印模式打印出来。

3. 仪器校准

仪器使用一定时间后，应进行声校准。声校准要求使用 AWA6221 型声级校准器或其他同类型声级校准器，要求声级校准器的工作频率为 1000±1%Hz，谐波失真小于 1%，也可以使用活塞发声器进行校准。

在主菜单上，将光标移到仪器校准上，按【确认】键，进入校准界面。

(1)采用 AWA6221A 校准器进行声校准。

第一次声校准时，根据声级校准器的检定证书设定“校准器声压级”。一般声级校准器的声压级是 1 kHz 94.0 dB，但当检定出的声压级不是 94.0 dB 时，应按照实际检定结果进行设定。例如是 94.2 dB，此时应按下【设置】键，进入可修改界面，将光标移至“校准器声压级”右侧的“dB”上，按【参数】键，调整至 94.2 dB，按【确认】键，保存更改。将声校准器套到传声器上，打开校准器电源，稳定几秒后，按下仪器的【启动/暂停】键，仪器开始自动校准。在“当前声压级”后显示声压级，这个声压级约等于校准器声压级减去自由场修正量。在“新灵敏度级”右侧的蓝色背景中显示当前的灵敏度级。在显示器的左下角显示一个数值，从 0 跳到 21 后停下来。按【确认】键，新的传声器灵敏度级被保存下来。当新校准出的灵敏度级与上一次保存的灵敏度级相差 3 dB 以上时，仪器会提示“新校准出的传声器灵敏度变化较大，不能保存，请确定校准操作是否正确，按删除键重新开始”，此时应检查传声器是否损坏。如传声器正常，则可手动输入相近的灵敏度级后(与实际灵敏度级相差 3 dB 内)，再进行声校准。

(2)用活塞发声器进行校准。

活塞发声器的工作频率是 250 Hz，该频率下自由场型传声器的自由场修正量为 0，所以应当先将自由场修正量改为 0。此时应按下【设置】键，进入可修改界面，将光标移至“自由场修正量”右侧的“dB”上。按【参数】键，调整至 0dB，因活塞发生器输出声音为 124.0 dB，因此还需将校准器声压级改为 124.0dB，将光标移至“校准器声压级”右侧的“dB”上，按【参数】键，调整至 124.0 dB。将活塞发声器套到传声器上，打开校准器电源，稳定几秒后，按下仪器的【启动/暂停】键，仪器开始自动校准。校准结束后，按【确定】键，新的传声器灵敏度级被保存下来。

实验二十三　道路交通声环境监测

一、适用范围

适用于为了解声环境质量状况而开展的城市声环境常规监测及乡村地区声环境监测。

二、原理

采用声级计测定各监测点 20 min 内的等效连续 A 声级 L_{eq}，再计算测点的平均等效声级。

三、仪器

本实验所用仪器为声级计(AWA6270+G 型噪声分析仪或 AWA5688 型声级计)，其主要技术指标如下：

(1)测量范围：25~130 dB。

(2)频率特性：A 计权、C 计权。

(3)检波特性：真实有效值。

(4)动态特性：快和慢。

(5)传声器：1/2 英寸驻极体电容传声器。

四、操作步骤

1. 点位设置

测点设置在两路口之间，距离任一路口大于 50 m，当路段不足 100 m 时，设置在路段中点，测点位于人行道上距离路面 20 cm 处，监测点距离地面 1.2~6.0 m。测点应避开非道路交通源噪声干扰，传声器指向被测声源。

2. 监测频次和时间

监测时段分为昼间和夜间，“昼间”是指 6：00~22：00 之间的时段；“夜间”是指 22：00~次日 6：00 之间的时段。

监测工作安排在每年的春季或秋季，每个城市监测日期应相对固定，且避开节假日和非正常工作日。

3. 测量内容

某单位内部道路交通噪声监测内容包括：

(1)单位内选择一段相对较长的路段，记录其总长度 l 和各个分段长度 l_1，l_2，…，l_n 于表实 51。

表实 51　道路交通信息记录表

路段	长度
l_1	
l_2	
l_3	

表实51(续)

路段	长度
⋮	
l_n	

(2)每个测点测量20 min内的等效连续声级L_{eq}，记录累积百分声级L_{10}，L_{50}，L_{90}，L_{max}，L_{min}和标准偏差(SD)于表实52。

表实52 道路交通噪声监测记录表

测点名称	L_{eq}	L_{10}	L_{50}	L_{90}	L_{max}	L_{min}	标准偏差(SD)
L_1							
L_2							
L_3							
⋮							
L_n							

五、结果计算及数据报告

(1)将各个路段测得的等效连续A声级L_{eq}和路段长度按下式进行加权算术平均运算，得出道路交通噪声平均值。

$$\bar{L}=\frac{1}{l}\sum_{i=1}^{n}(l_i\times L_i)$$

式中：$\bar{L}$——道路交通昼间平均等效声级或夜间平均等效声级，dB(A)；

l——监测路段总长度，m；

l_i——第i测点路段长度，m；

L_i——第i测点的等效声级，dB(A)。

(2)求出道路交通噪声平均值后，按照表实53所列标准进行评价。

表实53 道路交通噪声强度等级划分 单位：dB(A)

等级	一级	二级	三级	四级	五级
昼间平均等效声级	≤68.0	68.1~70.0	70.1~72	72.1~74.0	>74.0
夜间平均等效声级	≤58.0	58.1~60.0	60.1~62.0	62.1~64.0	>64.0

注： 道路交通噪声强度等级“一级”至“五级”可分别对应评价为“好”、“较好”、“一般”、“较差”和“差”。

实验二十四 工业企业厂界噪声监测

一、适用范围

工业企业、机关、事业单位、团体等单位噪声排放管理、评价及控制，特指在工业生产活动中使用固定设备等产生的、在厂界处例行测量和控制的干扰周围生活环境噪声的监测。

二、原理

采用声级计测定各监测点的等效连续 A 声级 L_{eq} 和最大声级 L_{max}，经修正后，直接评价。

三、仪器

测量仪器为积分平均声级计或环境噪声自动监测仪。测量 35 dB 以下的噪声应使用 1 型声级计，且测量范围应满足所测量噪声的需要。

测量仪器和校准仪器应定期检定合格，并在有效使用期限内使用；每次测量前后，必须在测量现场进行声学校准，其前后校准示值偏差不得大于 0.5 dB，否则测量结果无效。

测量时传声器加防风罩。

测量仪器时间计权特性设为“F”挡，采样时间间隔不大于 1 s。

四、操作步骤

1. 监测布点

根据工业企业声源、周围噪声敏感建筑物的布局以及毗邻的区域类别，在工业企业厂界布设多个测点，其中包括距噪声敏感建筑物较近以及受被测声源影响大的位置。

一般情况下，测点选在工业企业厂界外 1 m、高度 1.2 m 以上、距任一反射面距离不小于 1 m 的位置。

当厂界有围墙且周围有受影响的噪声敏感建筑物时，测点应选在厂界外 1 m、高于围墙 0.5 m 以上的位置。

当在厂界无法测量到声源的实际排放状况时(如声源位于高空、厂界设有声屏障等)，应在受影响的噪声敏感建筑物外面 1 m 处另设测点。

室内噪声测量时，室内测量点位设在距任一反射面至少 0.5 m 以上、距地面 1.2 m 高度处，在受噪声影响方向的窗户开启状态下测量。

固定设备结构传声至噪声敏感建筑物室内，在噪声敏感建筑物室内测量时，测点应距任一反射面至少 0.5 m 以上、距地面 1.2 m、距外窗 1 m 以上，窗户关闭状态下测量。被测房间内的其他可能干扰测量的声源(如电视机、空调机、排气扇以及镇流器较响的日光灯、运转时出声的时钟等)应关闭。

2. 测量

分别在昼间、夜间两个时段测量。夜间有频发、偶发噪声影响时，同时测量最大声级。

被测声源是稳态噪声(测量时间内，被测声源的声级起伏不大于 3 dB)，采用 1 min 的等效声级。

被测声源是非稳态噪声(测量时间内，被测声源的声级起伏大于 3 dB)，测量被测声源有代表性时段的等效声级，必要时，测量被测声源整个正常工作时段的等效声级。工业企业厂界噪声监测记录见表实 54。

表实 54 工业企业厂界噪声监测记录表

项目名称　　　　　　　　　　　　监测日期：

方法依据：

声级计型号及编号：　　　　　　　声级计检定/校准有效期：

天气状况：　　　　　　　　　　　风速：

序号	监测点名称	时段	监测时间		主要声源	L_{eq}值，dB(A)			L_{max}	监测结果，dB(A)
			自时分起	自时分止		测量值	背景值	修正值		
		□昼 □夜								
		□昼 □夜								
		□昼 □夜								

备注：

<table>
<tr><td rowspan="2">声级计校准</td><td>校准器型号及编号：　　　　　　校准器检定/校准有效期：
昼间监测前校准值：　　dB(A)　　昼间监测后校准值：　　dB(A)
夜间监测前校准值：　　dB(A)　　夜间监测后校准值：　　dB(A)</td></tr>
<tr><td>质控结论：
质量监督员：
年　月　日</td></tr>
</table>

监测人：　　　　　业主代表：　　　　　校核人：　　　　　审核人：

年　月　日　　年　月　日　　年　月　日　　年　月　日

3. 背景噪声测定

在不受被测声源影响且其他声环境与测量被测声源一致、测量时段与被测声源测量的时间长度相同的情况下，测定背景噪声。

五、结果计算及数据报告

1. 测量结果的修正

当噪声测量值与背景噪声值相差大于 10 dB(A)时，结果不必修正；当噪声测量值与背景噪声值相差 3~10 dB(A)时，需进行修正，见表实 55。

表实 55 测量结果修正表　　　　单位：dB(A)

差值	3	4~5	6~10
修正值	−3	−2	−1

当噪声测量值与背景噪声值相差小于 3 dB(A)时，应采取措施降低背景噪声，再考虑是否需要修正。

2. 结果评价

各个测点的测量结果单独评价，同一测点每天的测量结果按照昼间和夜间进行评价，取最大等效声级(L_{max})直接评价。工业企业厂界环境噪声排放限值见表实56。

表实56 工业企业厂界环境噪声排放限值 单位：dB(A)

厂界外声环境功能区类型	时段	
	昼间	夜间
0	50	40
1	55	45
2	60	50
3	65	55
4	70	55

注：夜间频发噪声的最大声级超过限值的幅度不得高于10 dB(A)；夜间偶发噪声的最大声级超过限值的幅度不得高于15 dB(A)；当厂界与噪声敏感建筑物距离小于1 m时，厂界环境噪声应在噪声敏感建筑物的室内测量，并将相应的限值减10 dB(A)作为评价依据。

实验二十五 环境监测报告编制

监测报告是环境监测工作最终成果的呈现形式，《环境监测质量管理技术导则》中对报告内容做了明确要求。

一、监测报告一般内容

(1)报告标题及其他标志。

(2)监测性质：委托、监督等。

(3)报告编制单位名称、地址、联系方式、编制时间，采样或监测现场的地点。

(4)委托单位或受检单位名称、地址、联系方式。

(5)报告统一编号或唯一性标志，总页数和页码。

(6)监测目的、监测依据：依据的文件号和编号。

(7)样品的标志：样品名称、类别和监测项目等必要的描述，若为委托样，应特别予以注明。

(8)样品接收和测试日期。

(9)需要时，列出采样与分析人员，监测所使用的主要仪器名称、型号及品牌。

(10)监测结果：按监测方法的要求报出结果，包括监测值和计量单位等信息。

(11)报告编制人员、审核人员、授权签字人的签名和签发日期。

(12)监测委托情况：委托方、委托内容和项目等。

(13)需要时，应注明监测结果仅对样品或批次有效的声明。

二、特殊情况下报告内容

1. 需对监测结果做出解释时

(1)对监测方法的偏离、增添或删节，以及特殊监测条件，如环境条件的说明。

(2)当委托单位或受检单位有特殊要求时，应包括测量不确定度的信息。

（3）质量保证与质量控制：监测报告中应包含质量保证措施和质量控制数据的统计结果和结论。

（4）需要时，提出其他意见和解释。

（5）特定方法、委托单位或受检单位要求附加信息。

2. 包含采样结果在内时

（1）采样时间。

（2）采集样品的名称、类别、性质和监测项目。

（3）采样地点，必要时，应附点位布置图或照片。

（4）采用方案或程序的说明等。

（5）若采样过程中的环境条件（如生产工况、环保设施运行情况、采样点周围情况、天气情况等）可能影响监测结果时，应附详细说明。

（6）列出与采样方法或程序有关的标准或规范，以及对这些规范的偏离、增添或删节时的说明。

（7）需要时，增加项目工程建设、生产工艺、污染物的产生与治理介绍等。

（8）其他信息包括监测全过程质量控制和质量保证情况、有关图表、必要的建议等。

三、监测板告模板

下面以附件的形式，给出监测报告模板，具体内容是＊＊市环境监测站监测数据报告。

附件 监测报告模板

＊＊市环境监测站

监测数据报告

＊环监字(20＊＊)第＊＊＊号

项目名称： ＊＊＊

委托单位： ＊＊＊

监测类别： 委托监测

(加盖业务专用章)

二〇二 年 月 日

第1页，共12页

承 担 单 位：＊ ＊市环境监测站

站　　　长：

分管副站长：

项目负责人：

报 告 编 写：

报 告 审 核：

报 告 审 定：

监 测 人 员：

第 2 页，共 12 页

监 测 报 告 说 明

1. 本报告只能作为实现本次监测目的的依据。
2. 报告内容需填写齐全、清楚；涂改无效；无审核签发者签字无效。
3. 委托方如对监测报告结果有异议，收到本监测报告之日起十日内向我站提出，来函来电请注明报告编号，逾期不予受理。
4. 本报告无本站业务专用章、计量认证章(扫描件)、骑缝章无效。
5. 本报告不得用于广告宣传。
6. 复制本报告中的部分内容无效。

＊＊市环境监测站

地址：＊＊＊

邮编：＊＊＊

电话：＊＊＊

传真：＊＊＊

第3页，共12页

1 任务来源

受＊＊＊委托，根据《＊＊＊》的要求，＊＊＊市环境监测站于＊＊年＊＊月＊＊日~＊＊日对该工程施工期地表水、环境空气、声环境质量情况及废水排放情况进行了现场监测并编制本数据报告。

2 工作内容

2.1 空气和废气监测内容

本工程环境空气监测项目、点位、频次设计详见表1。

表1 环境空气监测项目、点位及频次

<table>
<tr><th>序号</th><th>监测点位</th><th>点位编号</th><th>监测项目</th><th>监测频次</th><th>备注</th></tr>
<tr><td>1</td><td>料场居民点</td><td>○1</td><td rowspan="3">二氧化硫、二氧化氮、总悬浮颗粒物</td><td rowspan="3">每季度监测2天，监测日均值</td><td>/</td></tr>
<tr><td>2</td><td>坝址右岸(＊＊村)</td><td>○2</td><td>/</td></tr>
<tr><td>3</td><td>坝址左岸(＊＊村)</td><td>○3</td><td>/</td></tr>
</table>

2.2 水和废水监测内容

本工程水和废水监测内容详见表2和表3。

表2 地表水监测点位、项目及频次

<table>
<tr><th>序号</th><th>监测点位</th><th>点位编号</th><th>监测项目</th><th>监测频次</th><th>备注</th></tr>
<tr><td>1</td><td>坝址上游(距坝址500 m)按左中右设3个采样点</td><td>☆1</td><td rowspan="3">pH值、悬浮物、高锰酸盐指数、氨氮、化学需氧量、五日生化需氧量、溶解氧、总铅、总镉、总砷、总汞、六价铬、石油类、粪大肠菌群</td><td rowspan="3">每季度监测2天，每天1次</td><td>/</td></tr>
<tr><td>2</td><td>坝址下游(距坝址约1 km)处按左中右设3个采样点</td><td>☆2</td><td>/</td></tr>
<tr><td>3</td><td>＊＊断面按左中右设3个采样点</td><td>☆3</td><td>/</td></tr>
</table>

表3 废水监测点位、项目及频次

<table>
<tr><th>序号</th><th>污染源名称</th><th>监测点位</th><th>点位编号</th><th>监测项目</th><th>监测频次</th><th>备注</th></tr>
<tr><td>1</td><td>基坑废水</td><td>集水坑</td><td>★3</td><td rowspan="2">pH值、悬浮物、镉、铅、砷、汞、流量</td><td rowspan="3">每季度监测两天，每天一次</td><td>/</td></tr>
<tr><td>2</td><td>砂石骨料生产和混凝土拌和废水</td><td>总排口</td><td>★1</td><td>采样期间未生产</td></tr>
<tr><td>3</td><td>营地生活污水</td><td>总排口</td><td>★2</td><td>pH值、化学需氧量、五日生化需氧量、悬浮物、动植物油、总氮、总磷</td><td>/</td></tr>
</table>

2.3 噪声监测内容

本工程噪声监测内容详见表4。

表4 噪声监测点位、项目及频次

序号	监测点位	点位编号	监测项目	监测频次	备注
1	坝址左岸	△4	昼间噪声和夜间噪声	每季度监测2天，每天昼间和夜间各监测1次	/
2	坝址右岸	△3			/
3	进厂公路	△5			/
4	营地	▲2			/
5	居民点	▲1			/

3 监测点位示意图

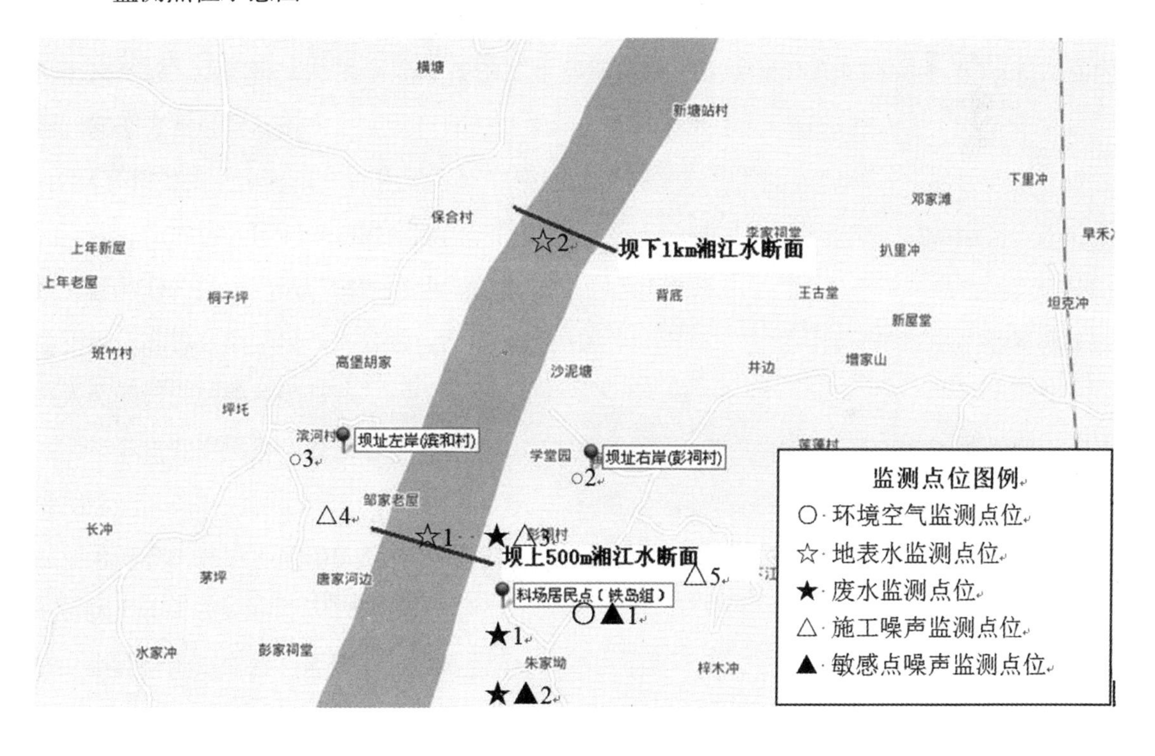

第5页，共12页

4 监测分析方法及质量控制

4.1 监测分析方法

表5 监测分析方法一览表

类别	项目	分析方法名称	分析方法来源	方法检出限
环境空气	总悬浮颗粒物	重量法	GB/T 15432—1995	0.001 mg/m^3
	二氧化氮	盐酸萘乙二胺分光光度法	HJ 479—2009	0.003 mg/m^3
	二氧化硫	甲醛吸收副玫瑰苯胺分光光度法	HJ 482—2009	0.004 mg/m^3
水质	pH值	玻璃电极法	GB 6920—86	2~12
	化学需氧量	重铬酸盐法	HJ 828—2017	5.00 mg/L(地表水)
				10.0 mg/L(废水)
	悬浮物	重量法	GB 11901—1989	4 mg/L
	高锰酸盐指数	高锰酸盐指数的测定	GB 11892—89	0.5 mg/L
	五日生化需氧量	稀释与接种法	HJ 505—2009	0.5 mg/L
	溶解氧	碘量法	GB 7489—87	0.2 mg/L
	氨氮	纳氏试剂比色法	HJ 535—2009	0.025 mg/L
	总氮	碱性过硫酸钾消解紫外分光光度法	HJ 636—2012	0.05 mg/L
	总磷	钼酸铵分光光度法	GB 11893—1989	0.01 mg/L
	粪大肠菌群	多管发酵法	HJ 347.2—2018	/
	铅	石墨炉原子吸收分光光度法	《水和废水监测分析方法》(第四版)	0.001 mg/L
	镉	石墨炉原子吸收分光光度法		0.0001 mg/L
	总汞	冷原子荧光法		0.05 μg/L
	总砷	原子荧光分光光度法		0.3 μg/L
	总铅	火焰原子吸收分光光度法	GB 7475—87	0.05 mg/L
	总镉			0.002 mg/L
	六价铬	二苯碳酰二肼分光光度法	GB 7467—1987	0.004 mg/L
	石油类	红外分光光度法	HJ 637—2018	0.016 mg/L
	动植物油	红外分光光度法	HJ 637—2018	0.08 mg/L
环境噪声	环境噪声	声环境质量标准	GB 3096—2008	30~130 dB(A)
				25~125 dB(A)

第6页，共12页

表 6 监测仪器一览表

序号	监测仪器名称及型号	仪器编号	监测项目
1	T6 新世纪紫外可见分光光度计	HHJ143	二氧化硫、二氧化氮
2	AB204S 梅特勒-托利多电子天平	HHJ003	总悬浮颗粒物
3	PHS-3C 酸度计	HHJ131	pH 值
4	滴定管	/	化学需氧量、高锰酸盐指数、溶解氧
5	LRH-250A BOD 培养箱	HHJ185	五日生化需氧量
6	723N 型可见光分光光度计	HHJ186	总磷、氨氮、六价铬
7	T6 紫外可见分光光度计	HHJ222	总氮
8	AFS-810 原子荧光分光光度计	HHJ018	总砷
9	Agilent 240FS 原子吸收分光光度计	HHJ221	镉、总镉、铅、总铅
10	ZYG-II 测汞仪	HHJ134	总汞
11	JDS-105U 红外分光测油仪	HHJ142	动植物油、石油类
12	WMK-10 生化培养箱	HHJ089	粪大肠菌群
13	PYX-DHS 隔水式恒温培养箱	HHJ076	
14	ME204/02 梅特勒-托利多电子天平	HHJ004	悬浮物
15	AWA6218B	HHJ123	环境噪声
16	AWA6228	HHJ177	

注：监测仪器包括现场监测仪器和实验室分析仪器。

第 7 页，共 12 页

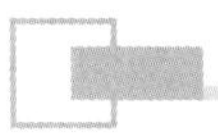

4.2 质量控制与质量保证

(1)监测分析方法采用国家和行业标准分析方法，监测人员经过持证上岗考核并持有合格证书，所用监测仪器设备状态正常且均在有效检定周期内。

(2)气态及颗粒物样品现场采样和测试前，仪器使用标准流量计进行流量校准，有证标准物质校准，并按照国家标准、技术规范和质量保证的要求进行全过程质量控制。

(3)在监测期间，样品采集、运输、保存均按照环境保护部发布的《环境监测质量管理技术导则》(HJ 630—2011)的要求进行。

(4)监测数据和报告实行三级审核制度。

项目质控结果统计详见表7。

表7　内部质控考核结果统计表(平行样分析)

监测点位	监测项目	测定值/(mg/L)		相对偏差/%	允许偏差	评价结论
第一天砂石料拌和废水	pH值(无量纲)	>12.00	>12.00	/	0.05ΔpH值	合格
第二天营地生活污水	pH值(无量纲)	7.62	7.62	0	0.05ΔpH值	合格
第二天坝下中	高锰酸盐指数	3.5	3.4	1.4	20%	合格
第二天坝下右	高锰酸盐指数	3.2	3.3	-1.5	20%	合格
第二天营地生活污水	总磷	2.21	2.22	-0.2	10%	合格
第二天营地生活废水(第一次)	总氮	11.7	11.7	0	5%	合格
第一天坝上左	氨氮	0.137	0.134	11	15%	合格
第二天坝下右	氨氮	0.101	0.104	-1.5	15%	合格
第一天**断面左	砷	0.0038	0.0040	-2.6	20%	合格
第二天坝上右	砷	0.0190	0.0190	0	20%	合格
第二天基坑废水	砷	0.0146	0.0146	0	20%	合格
第一天坝上左	镉	0.0010	0.0009	5.3	20%	合格
第二天坝下右	镉	0.0006	0.0006	0	20%	合格
第一天坝上左	铅	0.001L	0.001L	/	30%	合格
第二天坝下右	铅	0.003	0.002	20.0	30%	合格
第一天坝上左	汞	0.00005L	0.00005L	/	30%	合格
第二天坝上左	汞	0.00005L	0.00005L	/	30%	合格
第一天坝上左	六价铬	0.004L	0.004L	/	15%	合格
第一天坝下中	六价铬	0.004L	0.004L	/	15%	合格
备注：0.001L表示分析方法检出限为0.001，L代表未检出。下同						

第8页，共12页

5 监测结果

5.1 监测期间运行工况

＊＊年＊＊月＊＊日~＊＊日＊＊市环境监测站对＊＊项目进行了现场监测，监测期间施工正常，气象条件符合监测要求。

5.2 监测结果

5.2.1 水和废水

水和废水监测结果详见表8至表10。

表8 生产废水监测结果 单位：mg/L pH值无量纲

监测位置	日期	悬浮物	pH值	总砷	总汞	总镉	总铅
砂石骨料生产、混凝土搅和废水★1							
基坑废水★3							

表9 营地生活污水监测结果 单位：mg/L pH值无量纲

废水	日期	COD	BOD_5	总氮	总磷	动植物油	悬浮物	pH值
营地生活污水★2								

表 10　地表水监测结果

监测位置	监测因子(单位)	监测结果					
		月　日			月　日		
		左	中	右	左	中	右
坝址上游（距坝址 500 m）☆1	pH 值(无量纲)						
	悬浮物/(mg/L)						
	溶解氧/(mg/L)						
	高锰酸盐指数/(mg/L)						
	化学需氧量/(mg/L)						
	五日生化需氧量/(mg/L)						
	氨氮/(mg/L)						
	砷/(mg/L)						
	汞/(mg/L)						
	镉/(mg/L)						
	六价铬/(mg/L)						
	铅/(mg/L)						
	石油类/(mg/L)						
	粪大肠菌群/(个/升)						
坝址下游（距坝址约 1 km）☆2	pH 值(无量纲)						
	悬浮物/(mg/L)						
	溶解氧/(mg/L)						
	高锰酸盐指数/(mg/L)						
	化学需氧量/(mg/L)						
	五日生化需氧量/(mg/L)						
	氨氮/(mg/L)						
	砷/(mg/L)						
	汞/(mg/L)						
	镉/(mg/L)						
	六价铬/(mg/L)						
	铅/(mg/L)						
	石油类/(mg/L)						
	粪大肠菌群/(个/升)						

第 10 页，共 12 页

表 10(续)

监测位置	监测因子(单位)	监测结果					
		月 日			月 日		
		左	中	右	左	中	右
* * 断面 ☆3	pH 值(无量纲)						
	悬浮物/(mg/L)						
	溶解氧/(mg/L)						
	高锰酸盐指数/(mg/L)						
	化学需氧量/(mg/L)						
	五日生化需氧量/(mg/L)						
	氨氮/(mg/L)						
	砷/(mg/L)						
	汞/(mg/L)						
	镉/(mg/L)						
	六价铬/(mg/L)						
	铅/(mg/L)						
	石油类/(mg/L)						
	粪大肠菌群/(个/升)						

5.2.2 噪声

噪声监测结果详见表 11。

表 11 噪声监测结果

测点编号	点位类型	测点位置	等效声级 L_{eq}/dB(A)			
			昼间		夜间	
			月 日	月 日	月 日	月 日
△4	施工噪声	坝址左岸				
△3	施工噪声	坝址右岸				
△5	施工噪声	进厂公路				
▲2	敏感点噪声	营地				
▲1	敏感点噪声	居民点				

第 11 页，共 12 页

5.2.3 空气和废气

空气和废气监测结果详见表12至表13。

表12 环境空气监测期间气象参数

监测时间	天气	风向	风速/(m/s)	气温/℃	气压/kPa
月　日		/	/		
月　日		/	/		

表13 环境空气监测结果

监测因子	监测点位	监测时间	日均值监测结果/(mg/m^3)
SO_2	料场居民点○1		
	坝址右岸(彭祠村)○2		
	坝址左岸(滨河村)○3		
NO_2	料场居民点○1		
	坝址右岸(彭祠村)○2		
	坝址左岸(滨河村)○3		
总悬浮颗粒物	料场居民点○1		
	坝址右岸(彭祠村)○2		
	坝址左岸(滨河村)○3		

＊＊市环境监测站

年　月　日

第12页，共12页

参考文献

[1] 国家环境保护总局.空气和废气监测分析方法[M].4 版.北京:中国环境科学出版社,2003.
[2] 国家环境保护总局.水和废水监测分析方法[M].4 版.北京:中国环境科学出版社,2002.
[3] 奚旦立.环境监测[M].5 版.北京:高等教育出版社,2019.
[4] 季宏祥.环境监测技术[M].北京:化学工业出版社,2012.
[5] 奚旦立.环境工程手册:环境监测卷[M].北京:高等教育出版社,1998.
[6] 中国环境监测总站.环境水质监测质量保证手册[M].2 版.北京:化学工业出版社,1994.
[7] 石碧清.环境监测技能训练与考核教程[M].北京:中国环境出版社,2015.
[8] 李理,梁红.环境监测[M].2 版.武汉:武汉理工大学出版社,2018.
[9] 奚旦立.环境监测实验[M].北京:高等教育出版社,2011.
[10] 严金龙.环境监测实验与实训[M].北京:化学工业出版社,2014.
[11] 国家环境保护总局.(HJ/T 91—2002),地表水和污水监测技术规范[S].
[12] 生态环境部.(HJ 164—2020),地下水环境监测技术规范[S].
[13] 生态环境部.(HJ 91.1—2019),污水监测技术规范[S].
[14] 环境保护部.(HJ 495—2009),水质 采样方案设计技术规定[S].
[15] 环境保护部.(HJ 494—2009),水质 采样技术指导[S].
[16] 国家环境保护总局.(HJ/T 52—1999),水质 河流采样技术指导[S].
[17] 国家环境保护总局.(GB/T 14581—93),水质 湖泊和水库采样技术指导[S].
[18] 环境保护部.(HJ 493—2009),水质 样品的保存和管理技术规定[S].
[19] 环境保护部.(HJ 730—2014),近岸海域环境监测点位布设技术规范[S].
[20] 环境保护部.(HJ 194—2017),环境空气质量手工监测技术规范[S].
[21] 环境保护部.(HJ 664—2013),环境空气质量监测点位布设技术规范(试行)[S].
[22] 国家环境保护总局.(HJ/T 167—2004),室内环境空气质量监测技术规范[S].
[23] 国家环境保护总局.(HJ/T 55—2000),大气污染物无组织排放监测技术导则[S].
[24] 国家环境保护总局.(HJ/T 373—2007),固定污染源监测质量保证与质量控制技术规范(试行)[S].
[25] 国家环境保护总局.(HJ/T 397—2007),固定源废气监测技术规范[S].
[26] 国家环境保护总局.(HJ/T 166—2004),土壤环境监测技术规范[S].
[27] 生态环境部.(HJ 298—2019),危险废物鉴别技术规范[S].
[28] 生态环境部.(HJ 61—2021),辐射环境监测技术规范[S].
[29] 国家环境保护总局.(GB 12379—90),环境核辐射监测规定[S].
[30] 环境保护部.(HJ 640—2012),环境噪声监测技术规范 城市声环境常规监测[S].
[31] 环境保护部.(HJ 707—2014),环境噪声监测技术规范 结构传播固定设备室内噪声[S].
[32] 环境保护部.(HJ 706—2014),环境噪声监测技术规范 噪声测量值修正[S].
[33] 环境保护部.(HJ 918—2017),环境振动监测技术规范[S].
[34] 环境保护部.(HJ 630—2011),环境监测质量管理技术导则[S].
[35] 环境保护部.(HJ 641—2012),环境质量报告书编写技术规范[S].
[36] 国家质量监督检验检疫总局.(GB/T 8170—2008),数值修约规则与极限数值的表示和判定[S].

附　录

附录 1　不同温度下标准滴定溶液体积的补正值表

单位：mL/L

温度/℃	水及 0.05 mol/L 以下的各种水溶液	0.1 mol/L 及 0.2 mol/L 以下的各种水溶液	温度/℃	水及 0.05 mol/L 以下的各种水溶液	0.1 mol/L 及 0.2 mol/L 以下的各种水溶液
5	+1.38	+1.7	21	-0.18	-0.2
6	+1.38	+1.7	22	-0.38	-0.4
7	+1.36	+1.6	23	-0.58	-0.6
8	+1.33	+1.6	24	-0.80	-0.9
9	+1.29	+1.5	25	-1.03	-1.1
10	+1.23	+1.5	26	-1.26	-1.4
11	+1.17	+1.4	27	-1.51	-1.7
12	+1.10	+1.3	28	-1.76	-2.0
13	+0.99	+1.1	29	-2.01	-2.3
14	+0.88	+1.0	30	-2.30	-2.5
15	+0.77	+0.9	31	-2.58	-2.7
16	+0.64	+0.7	32	-2.86	-3.0
17	+0.50	+0.6	33	-3.04	-3.2
18	+0.34	+0.4	34	-3.47	-3.7
19	+0.18	+0.2	35	-3.78	-4.0
20	0.00	0.00	36	-4.10	-4.3

注：本表数据是以 20 ℃为标准温度以实测法测出。

附录 2 奈尔检验临界值表

n	0.90	0.95	0.975	0.99	0.995
3	1.497	1.738	1.955	2.215	2.396
4	1.696	1.941	2.163	2.431	2.618
5	1.835	2.080	2.304	2.574	2.764
6	1.939	2.184	2.408	2.679	2.870
7	2.022	2.267	2.490	2.761	2.952
8	2.091	2.334	2.557	2.828	3.019
9	2.150	2.392	2.613	2.884	3.074
10	2.200	2.441	2.662	2.931	3.122
11	2.245	2.484	2.704	2.973	3.163
12	2.284	2.523	2.742	3.010	3.199
13	2.320	2.557	2.776	3.043	3.232
14	2.352	2.589	2.806	3.072	3.261
15	2.382	2.617	2.834	3.099	3.287
16	2.409	2.644	2.860	3.124	3.312
17	2.434	2.668	2.883	3.147	3.334
18	2.458	2.691	2.905	3.168	3.355
19	2.480	2.712	2.926	3.188	3.374
20	2.500	2.732	2.945	3.207	3.392
21	2.519	2.750	2.963	3.224	3.409
22	2.538	2.768	2.980	3.240	3.425
23	2.555	2.784	2.996	3.256	3.440
24	2.571	2.800	3.011	3.270	3.455
25	2.587	2.815	3.026	3.284	3.468
26	2.602	2.829	3.039	3.298	3.481
27	2.616	2.843	3.053	3.310	3.493
28	2.630	2.856	3.065	3.322	3.505
29	2.643	2.869	3.077	3.334	3.516
30	2.656	2.881	3.089	3.345	3.527

注：部分摘录。

附录3 狄克逊检验临界值表

n	单侧		双侧		n	单侧		双侧	
	0.95	0.99	0.95	0.99		0.95	0.99	0.95	0.99
3	0.941	0.988	0.970	0.994	17	0.489	0.580	0.527	0.614
4	0.765	0.889	0.829	0.926	18	0.475	0.564	0.513	0.602
5	0.642	0.782	0.710	0.821	19	0.462	0.550	0.500	0.582
6	0.562	0.698	0.628	0.740	20	0.450	0.538	0.488	0.570
7	0.507	0.637	0.569	0.680	21	0.440	0.526	0.479	0.560
8	0.554	0.681	0.608	0.717	22	0.431	0.516	0.469	0.548
9	0.512	0.635	0.564	0.672	23	0.422	0.507	0.460	0.537
10	0.477	0.597	0.530	0.635	24	0.413	0.497	0.449	0.522
11	0.575	0.674	0.619	0.709	25	0.406	0.489	0.441	0.518
12	0.546	0.642	0.583	0.660	26	0.399	0.482	0.436	0.509
13	0.521	0.617	0.557	0.638	27	0.393	0.474	0.427	0.504
14	0.546	0.640	0.587	0.669	28	0.387	0.468	0.420	0.497
15	0.524	0.618	0.565	0.646	29	0.381	0.462	0.415	0.489
16	0.505	0.597	0.547	0.629	30	0.376	0.456	0.409	0.480

注：部分摘录。

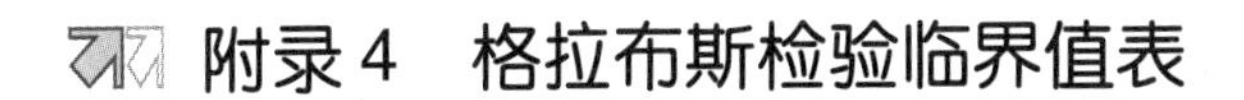

附录4 格拉布斯检验临界值表

n	α				
	0.90	0.95	0.975	0.99	0.995
3	1.148	1.153	1.155	1.155	1.155
4	1.425	1.463	1.481	1.492	1.496
5	1.602	1.672	1.715	1.749	1.764
6	1.729	1.822	1.887	1.944	1.973
7	1.828	1.938	2.020	2.097	2.139
8	1.909	2.032	2.216	2.221	2.274
9	1.977	2.110	2.215	2.323	2.387
10	2.036	2.176	2.290	2.410	2.482
11	2.088	2.234	2.355	2.485	2.564
12	2.134	2.285	2.412	2.550	2.636
13	2.175	2.331	2.462	2.607	2.699
14	2.213	2.371	2.507	2.659	2.755
15	2.247	2.409	2.549	2.705	2.806
16	2.279	2.443	2.585	2.747	2.852
17	2.309	2.475	2.620	2.785	2.894
18	2.335	2.504	2.651	2.821	2.932
19	2.361	2.532	2.681	2.854	2.968
20	2.385	2.557	2.709	2.884	3.001
21	2.408	2.580	2.733	2.912	3.031
22	2.429	2.603	2.758	2.939	3.060
23	2.448	2.624	2.781	2.963	3.087
24	2.467	2.644	2.802	2.987	3.112
25	2.486	2.663	2.822	3.009	3.135
26	2.502	2.681	2.841	3.029	3.157
27	2.519	2.698	2.859	3.049	3.178
28	2.534	2.714	2.876	3.068	3.199
29	2.549	2.730	2.893	3.085	3.218
30	2.583	2.745	2.903	3.103	3.236

注：部分摘录。

附录5 t值表

自由度	置信度(%)：1-α/双尾							
	20	40	60	80	90	95	98	99
	置信度(%)：1-α/单尾							
	60	70	80	90	95	97.5	99	99.5
1	0.325	0.727	1.376	3.078	6.314	12.706	31.821	63.657
2	0.289	0.617	1.061	1.886	2.920	4.303	6.965	9.925
3	0.277	0.584	0.978	1.638	2.353	3.182	4.541	5.641
4	0.271	0.569	0.941	1.533	2.132	2.776	3.747	4.064
5	0.267	0.559	0.920	1.476	2.015	2.571	3.365	4.032
6	0.265	0.553	0.906	1.440	1.943	2.447	3.143	3.707
7	0.263	0.549	0.896	1.415	1.895	2.365	2.998	3.499
8	0.262	0.546	0.889	1.397	1.860	2.306	2.896	3.355
9	0.261	0.543	0.883	1.383	1.833	2.262	2.821	3.250
10	0.260	0.542	0.879	1.372	1.812	2.228	2.764	3.169
11	0.260	0.540	0.876	1.363	1.796	2.201	2.718	3.106
12	0.259	0.539	0.873	1.356	1.782	2.179	2.681	3.055
13	0.258	0.538	0.870	1.350	1.771	2.160	2.650	3.012
14	0.258	0.537	0.868	1.345	1.761	2.145	2.624	2.977
15	0.2588	0.536	0.866	1.341	1.753	2.131	2.602	2.947
16	0.258	0.535	0.865	1.337	1.746	2.120	2.583	2.921
17	0.257	0.534	0.863	1.333	1.740	2.110	2.567	2.898
18	0.257	0.534	0.862	1.330	1.734	2.101	2.552	2.878
19	0.257	0.533	0.861	1.328	1.729	2.093	2.539	2.861
20	0.257	0.533	0.860	1.325	1.725	2.086	2.528	2.845
21	0.257	0.532	0.859	1.323	1.721	2.080	2.518	2.831
22	0.256	0.532	0.858	1.321	1.717	2.074	2.508	2.819
23	0.256	0.532	0.858	1.319	1.714	2.069	2.500	2.807
24	0.256	0.531	0.857	1.318	1.711	2.064	2.492	2.797
25	0.256	0.531	0.856	1.316	1.708	2.060	2.485	2.787
26	0.256	0.531	0.856	1.315	1.706	2.056	2.479	2.779
27	0.256	0.531	0.855	1.314	1.703	2.052	2.473	2.771
28	0.256	0.530	0.855	1.313	1.701	2.045	2.467	2.763
29	0.256	0.530	0.854	1.311	1.699	2.042	2.462	2.756
30	0.256	0.530	0.854	1.310	1.697	2.021	2.457	2.750
40	0.255	0.529	0.851	1.303	1.684	2.000	2.423	2.704
60	0.254	0.527	0.848	1.296	1.671	1.980	2.390	2.660
120	0.254	0.526	0.845	1.289	1.658	1.960	2.358	2.617
∞	0.253	0.524	0.842	1.282	1.645		2.326	2.576